머리글

최근 공기업과 공단은 전기직군을 채용할 때 NCS 기반의 전공 역량평가와 한국사 능력평가를 실시하고 있다. 평균적으로 전공 역량평가는 50문제, 한국사는 10문제가 출제되나 광범위한 시험범위로 인해 수험생들이 어려움을 겪고 있다.

이 책은 전공과 한국사에 대한 출제 경향과 그 흐름을 빨리 파악하고 싶은 수험생들을 위해 그들의 눈높이에서 만들어졌다. 또한, 광범위한 전기 분야 전공영역과 한국사 분야에서 최소한 이것만은 알고 시험장에 들어가야 한다는 일종의 가이드라인을 제공하고자 하는 것도 하나의 목표이다. 어떤 시험이든 한 권의 책으로 합격을 달성하기란 어려운 일이어서 많은 수험생이 다양한 전공서적이나 수험서적으로 시험 준비를 하는데, 이 책은 많은 책에서 정보를 얻은 후 그에 살을 붙여 나갈 뼈대가 되었으면 하는 목적으로 만들었다.

공기업의 성격에 따라 출제영역과 비율이 달라 시험 준비에 어려움을 겪을 수 있으나, 이 책은 그동안의 공기업 기출문제들을 분석하여 가장 많이 출제되었던 영역순으로 구성하였다. 시험 준비 시 다음과 같이 이 책을 활용할 것을 권장한다.

첫째, 하루 1시간씩 전공영역 주제를 속독한다. 전공용어에 노출되는 횟수가 많을수록 실전에서 문제 파악의 시간을 줄일 수 있다.

둘째, 매주 한 번씩 백지에 자신이 외운 이론과 그 핵심단어들이 영역별 몇 개나 되는지 스스로 피드백(Feedback)하여 다음 주의 공부 방향을 잡는다.

셋째, 한국사는 매일 10개의 모듈(Module)을 가볍게 읽음으로써 공부라기보다 역사를 알아간다는 마음으로 가볍게 접근한다.

넷째, 이 책을 기준으로 시험 전날과 당일 시험장에서 볼 Summary Book을 만든다. 이 책에서 외워지지 않는 부분을 뼈대로 하고, 이 책에 없는 이론들을 추가하여 한 권의 Summary Book을 만들어 시험 당일 시험장에서 중요한 핵심내용만 확인할 수 있도록 한다.

위와 같이 이 책을 활용한다면 수험생 여러분이 우수한 성적으로 필기시험을 통과하고 면접전형으로 나아가는 데 훌륭한 디딤돌 역할을 할 것이다.

이 책이 출판되기까지 조언을 아끼지 않았던 많은 분들께 깊은 감사를 드리며, 시대고시기획 관계자 분들께도 감사드린다.

편저자 씀

주요 공기업 및 공단의 전기직 채용 정보

한국 전력공사

채용 예상 시기	상반기(5~8월) / 하반기(9~12월)
채용 전형	서류 → 직무능력검사 · 인성검사 → 직무면접 → 종합면접
2차 필기시험 내용	• 전공(기사 수준) : 15문항 • NCS : 40문항 • 인성검사 : 적부판정
필기시험 선발 인원	채용 인원의 2.5배수
3, 4차 면접	• 직무면접 • 종합면접

한국 수력원자력

채용 예상 시기	상반기(4~5월) / 하반기(7~8월)
채용 전형	서류 → NCS 직무역량검사 → 면접
2차 필기시험 내용	• 직업기초능력 : 70% • 직무수행능력(전공) : 25% • 직무수행능력(상식, 한국사) : 5%
필기시험 선발 인원	채용 인원의 3배수
3차 면접	• 인성검사 및 심리건강진단 : 적부판정 • 직업기초능력면접 • 직무수행능력면접 • 관찰면접

한국 남동발전

채용 예상 시기	상반기(3월) / 하반기(10월)
채용 전형	서류 → 필기시험 → 면접
2차 필기시험 내용	• NCS선발평가 : 105문항 • 직무수행능력(각 직군별 직무지식) : 60문항 • 직업기초능력(의사소통, 문제해결, 자원관리) : 45문항
필기시험 선발 인원	채용 인원의 2.5~3배수
3차 면접	• 인성역량면접 • 상황면접

공기업

공사 공단

필수이론 500제

전기직 + 한국사 포함

사람이 길에서 우연하게 만나거나 함께 살아가는 것만이 인연은 아니라고 생각합니다.
책을 펴내는 출판사와 그 책을 읽는 독자의 만남도 소중한 인연입니다.
(주)시대고시기획은 항상 독자의 마음을 헤아리기 위해 노력하고 있습니다.
늘 독자와 함께하겠습니다.

한국 중부발전

채용 예상 시기	상반기(7월) / 하반기(9월)
채용 전형	서류 → 직무적합도평가(인 · 적성검사) → 직무능력평가(필기전형) → 심층면접(면접전형)
2차 필기시험 내용	• 한국사 및 직무지식평가 : 70문항 – 공통 : 한국사 10문항 – 전공(원론 수준 50% 이상) : 50문항 – 직무수행능력평가(직군별 직무상황 연계형) : 10문항 • 직업기초능력평가 중 인지요소 : 80문항
필기시험 선발 인원	채용 인원의 3배수
3차 면접	• 1차 면접 : 직군별 직무역량평가(PT면접/토론면접 등) • 2차 면접 : 인성면접

한국 서부발전

채용 예상 시기	상반기(3월) / 하반기(9월)
채용 전형	서류 → 직무지식평가(한국사 포함) → 직업기초능력평가 / 인성검사 → 역량구조화 면접
1, 2차 필기시험 내용	[1차 직무지식평가] • 전공(기사 수준) : 70문항 • 한국사 : 10문항 [2차 직업기초능력평가/인성검사] • 직업기초능력평가 • 인성검사 : 적부판정
필기시험 선발 인원	채용 인원의 2~3배수
3차 면접	• 개별인터뷰(인성면접) • 직무상황면접(그룹면접)

한국 동서발전

채용 예상 시기	상반기(4월) / 하반기(9월)
채용 전형	서류 → 필기시험 → 면접
2차 필기시험 내용	• 직무수행능력평가 – 전공 : 전기 분야 [illegible]0점 – 한국사 : 10점 • NCS직업기초능력평가 : 100점 • 인성검사 : 적부판정
필기시험 선발 인원	채용 인원의 5배수
3차 면접	• 직무PT면접 • 인성면접

Guide

한국 남부발전

채용 예상 시기	상반기(4월) / 하반기(9월)
채용 전형	서류 → 필기시험 → 면접
2차 필기시험 내용	• 인성평가 : 적부판정 • 기초지식평가 – 직무능력평가(K-JAT) – 전공기초(기사 수준) : 50문항 – 한국사 : 20문항 – 영어 : 20문항
필기시험 선발 인원	채용 인원의 3배수
3차 면접	• 1차 면접 • 2차 면접

한국 가스공사

채용 예상 시기	상반기(5월) / 하반기(10월)
채용 전형	서류 → 필기시험 → 면접
2차 필기시험 내용	• NCS직업기초능력 : 50% • 전공(직무수행능력) : 50% • 인성검사 : 적부판정
필기시험 선발 인원	채용 인원의 2~5배수
3차 면접	• 직무PT면접 • 직업기초면접

서울 시설공단

채용 예상 시기	하반기(10월)
채용 전형	서류 → 1차 필기시험(전공시험) → 2차 필기시험(NCS직업기초능력 및 인성검사) → 면접
1, 2차 필기시험 내용	• 전공 : 50문항 • NCS직업기초능력 : 50문항 • 인성검사
필기시험 선발 인원	• 1차 : 채용 인원의 3~5배수 • 2차 : 채용 인원의 2~2.5배수
3차 면접	• 실무 및 인성면접 • 토론면접

※ 상기 채용일정은 각 공기업 및 공단의 사정에 따라 변경될 수 있으니, 해당 기업의 채용 정보에서 확인하시기 바랍니다.

이 책의 구성과 특징

제1과목 전기자기학

Module 001

쿨롱의 법칙 (Coulomb's Law) [전 하]

핵심이론

- 전하를 가진 두 물체 사이에 작용하는 힘
  : $F = \frac{Q_1 Q_2}{4\pi\varepsilon_0 r^2} = 9\times10^9 \times \frac{Q_1 Q_2}{r^2}$[N]
  여기서, r : 두 물체(점) 사이의 거리[m], Q_1, Q_2 : 전하량[C]
- 전하를 가진 두 물체의 극성이 같으면 반발력(= 척력)
- 전하를 가진 두 물체의 극성이 다르면 흡인력(= 인력)
- 진공 중의 유전율 $\varepsilon_0 = 8.854\times10^{-12}$[F/m]
- 유전율 $\varepsilon = \varepsilon_r \varepsilon_0 = 1 \cdot \varepsilon_0$[F/m](진공 중일 경우 비유전율 $\varepsilon_r = 1$)

용어정리

- 쿨롱의 법칙(Coulomb's Law) : 두 전하 사이에 작용하는 정전기적 인력이 두 전하의 곱에 비례하고, 두 전하 사이의 거리(r)의 제곱에 반비례한다는 법칙이다.
- 유전율(Permittivity) : 전하 사이에 전기장이 작용할 때, 그 전하 사이의 매질이 전기장에 미치는 영향을 나타내는 물리적 단위이며, 매질이 저장할 수 있는 전하량으로 볼 수도 있다.

01

핵심이론(전공)

전기직 영역의 최신 출제 기준과 경향을 분석하여 시험에 꼭 나오고 반드시 학습해야 하는 내용을 정리하여 수록하였습니다.

제8과목 한국사

Module 001

선사시대 대표적 유물

핵심이론

- 구석기시대 : 주먹도끼, 막집
- 신석기시대 : 움집, 빗살무늬토기, 가락바퀴, 뼈바늘
- 청동기시대 : 비파형동검, 거친무늬거울, 고인돌, 벼농사시작, 반달돌칼, 민무늬토기
- 철기시대 : 세형동검, 반량전이나 명도전 등의 화폐사용

핵심 길잡이

선사시대(先史時代)

인류가 문자를 발명하여 역사를 기록하기 시작한 "역사시대" 이전의 시대

Module 002

8조법(8조금법)

핵심이론

고조선 때 8개 조항의 법으로 현재는 3개의 조항만이 전해진다.

[8조법 조항]

- 사람을 죽인 자는 즉시 사형에 처한다.

02

한국사

한국사 시험이 많이 중요해짐에 따라 10~20문항 정도가 출제되고 있습니다. 출제경향을 파악하여 중요한 핵심이론을 수록하였습니다.

제1회 기출복원문제

01 $i_1 = \frac{15}{\sqrt{2}}\left(\cos\frac{\pi}{3} + j\sin\frac{\pi}{3}\right)$[A], $i_2 = \frac{3}{\sqrt{2}}\left(\cos\frac{\pi}{6} + j\sin\frac{\pi}{6}\right)$[A]의 두 벡터를 $\frac{i_1}{i_2}$로 계산할 경우 알맞은 값은?

① $5\left(\cos\frac{\pi}{6} + j\sin\frac{\pi}{6}\right)$

② $\frac{5}{\sqrt{2}}\left(\cos\frac{\pi}{3} + j\sin\frac{\pi}{3}\right)$

③ $\frac{5}{2}\left(\cos\frac{\pi}{3} + j\sin\frac{\pi}{3}\right)$

④ $10\left(\cos\frac{\pi}{6} + j\sin\frac{\pi}{6}\right)$

02 우리가 사용하는 통신사 주파수가 1.8[GHz]일 경우 그 파장[m]으로 가장 알맞은 것은?(단, 진공 중으로 가정한다)

03 다음 중 [보기]의 용어에 대한 설명으로 옳은 것끼리 있는 대로 모두 고른 것은?

[보 기]

정도를 나타낸다.

(나) 투자율은 자속밀도(B)와 자화의 세기(H)의 비$\left(\mu = \frac{B}{H}\right)$로 나타낼 수 있다.

(다) 유전율은 전속밀도(D)와 전계의 세기(E)의 비$\left(\varepsilon = \frac{D}{E}\right)$로 나타낼 수 있다.

(라) 전도율은 고유저항의 역수로 도체에 전류가 흐르기 쉬운 정도를 나타낸다.

① (나), (다)

② (나), (라)

③ (가), (다), (라)

④ (가), (나), (다), (라)

04 진공 중에 점전하 5[μC]을 놓았을 때 점전하로부터 3[m] 떨어진 지점에서 크기[V/m]로 알맞은 것은?

03

기출복원문제

최신 출제경향을 파악하여, 출제 빈도가 높고 새로운 유형의 문제를 복원하였습니다. 기출복원문제를 통해 중요한 이론을 한 번 더 점검해 보고 새로운 유형의 문제에 대비할 수 있도록 구성하였습니다.

Contents

목 차

제1과목 전기자기학 003

제2과목 회로이론 037

제3과목 제어공학 071

제4과목 전기기기 103

제5과목 전력공학 173

제6과목 전기설비기술기준 및 판단기준 213

제7과목 디지털 논리회로 249

제8과목 한국사 263

부 록 I

기출복원문제 357

부 록 II

KEC(한국전기설비규정) 477

제 1 과목

전기자기학

Module 40제

공사공단 공기업 전공 [필기]

전기직 필수 이론 500제

(주)시대고시기획
(주)시대교육
www.sidaegosi.com
시험정보 · 자료실 · 이벤트
합격을 위한 최고의 선택

시대에듀
www.sdedu.co.kr
자격증 · 공무원 · 취업까지
BEST 온라인 강의 제공

제 1 과목

전기자기학

Module 001

쿨롱의 법칙 (Coulomb's Law) [전 하]

핵심이론

- 전하를 가진 두 물체 사이에 작용하는 힘

  : $F = \frac{Q_1 Q_2}{4\pi\varepsilon_0 r^2} = 9 \times 10^9 \times \frac{Q_1 Q_2}{r^2}$[N]

  여기서, r : 두 물체(점) 사이의 거리[m], Q_1, Q_2 : 전하량[C]

- 전하를 가진 두 물체의 극성이 같으면 반발력(= 척력)
- 전하를 가진 두 물체의 극성이 다르면 흡인력(= 인력)
- 진공 중의 유전율 $\varepsilon_0 = 8.854 \times 10^{-12}$[F/m]
- 유전율 $\varepsilon = \varepsilon_r \varepsilon_0 = 1 \cdot \varepsilon_0$[F/m](진공 중일 경우 비유전율 $\varepsilon_r = 1$)

용어 정의

- **쿨롱의 법칙(Coulomb's Law)** : 두 전하 사이에 작용하는 정전기적 인력이 두 전하의 곱에 비례하고, 두 전하 사이의 거리(r)의 제곱에 반비례한다는 법칙이다.
- **유전율(Permittivity)** : 전하 사이에 전기장이 작용할 때, 그 전하 사이의 매질이 전기장에 미치는 영향을 나타내는 물리적 단위이며, 매질이 저장할 수 있는 전하량으로 볼 수도 있다.

Module 002

전계의 세기

핵심이론

[점전하에 의한 전계(구도체와 비교하여 공부, 쿨롱의 법칙에서 전하가 1개 빠진 모형)]

- $E = \dfrac{F}{Q} = \dfrac{Q}{4\pi\varepsilon_0 r^2} = 9 \times 10^9 \times \dfrac{Q}{r^2}$[V/m]
- 단위가 [V/m]가 나오는 이유는 전계와 전압과의 관계를 생각해 볼 것
- 평소에 자주 접하던 $F = Q \cdot E$[N]을 생각해 보면 전하와 전계와 힘의 관계를 유추할 수 있음
- 전계의 세기 E를 구도체에 의한 전계와 비교하여 암기하도록 한다.
- 전계의 세기(E)는 거리의 제곱(r^2)에 반비례한다.

※ 선전하 $E_r = \dfrac{\lambda}{2\pi\varepsilon r}$[V/m], 면전하 $E_s = \dfrac{\sigma}{2\varepsilon}$[V/m]

[쿨롱의 법칙]

Q_1[C] Q_2[C]
(X_1, Y_1, Z_1) r[m] (X_2, Y_2, Z_2)

- $F = k\dfrac{Q_1 Q_2}{r^2} = \dfrac{1}{4\pi\varepsilon_0} \times \dfrac{Q_1 Q_2}{r^2} \fallingdotseq 9 \times 10^9 \dfrac{Q_1 Q_2}{r^2}$[N]
- 같은 종류(부호)의 전하 사이에는 반발력 작용
- 다른 종류(부호)의 전하 사이에는 흡입력 작용
- 힘의 크기는 두 전하량의 곱에 비례, 떨어진 거리의 제곱에 반비례
- 힘의 방향은 두 전하 사이를 연결하는 일직선상으로 존재
- 힘의 크기는 두 전하 사이에 존재하는 매질에 따라 달라진다.

[무한장 직선도체에 의한 전계(원통도체와 비교하여 공부)]

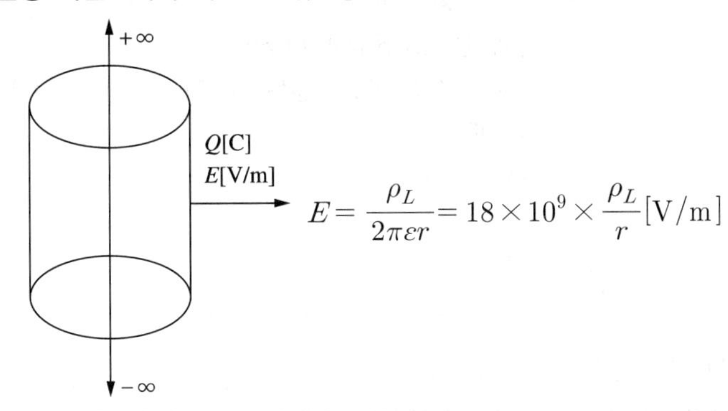

• 선전하밀도는 $\rho_L = \lambda$[C/m]으로 사용되기도 하며, 전계의 세기 E를 원주(원통)도체의 전계와 비교하여 암기하도록 한다(전계의 세기(E)는 거리(r)에 반비례한다).

용어 정의

전계(Electric Field, = 전계의 세기)
단위정전하(+1[C])를 전계 내의 임의의 점에 놓았을 때 그 단위정전하에 작용하는 힘이다.

Module 003

구대전체 (점전하 포함)의 전계와 전위

핵심이론

구 분	모 형	구 간	전계 E[V/m]	전위 V[V]
전하가 균일하게 대전되어 있을 때 (내부에 전하 (Q)가 존재)		내부 ($r < a$)	$\frac{Q \cdot r}{4\pi\varepsilon a^3}$	$\frac{Q(3a^2 - r^2)}{8\pi\varepsilon a^3}$
		외부 ($r > a$)	$\frac{Q}{4\pi\varepsilon r^2}$	$\frac{Q}{4\pi\varepsilon r}$
전하가 표면에만 있을 때 (내부에 전하 (Q)가 존재하지 않음)		내부 ($r < a$)	0	$\frac{Q}{4\pi\varepsilon r}$ ※ 대전 구도체의 내부 전위는 표면 전위와 같다 ($r = a$).
		외부 ($r > a$)	$\frac{Q}{4\pi\varepsilon r^2}$	$\frac{Q}{4\pi\varepsilon r}$

전위(Electric Potential)
시간에 따라 변하지 않는 전기장에서 단위전하가 가지게 되는 전기적 위치에너지이다.

Module 004

동심구도체의 전계와 전위

핵심이론

구 분	모 형	구 간	전계 E[V/m]	전위 V[V]
내구 I에 $+Q$, 외구 II에 0		내부 $(a<r<b)$	$\frac{Q}{4\pi\varepsilon r^2}$	$V_a=\frac{Q}{4\pi\varepsilon}\left(\frac{1}{a}-\frac{1}{b}+\frac{1}{c}\right)$
		외부 $(r>c)$	$\frac{Q}{4\pi\varepsilon r^2}$	$V_r=\frac{Q}{4\pi\varepsilon r}$ (단, 경계면은 $V_c=\frac{Q}{4\pi\varepsilon c}$)
내구 I에 0, 외구 II에 $+Q$		내부 $(a<r<b)$	0	$V_a=\frac{Q}{4\pi\varepsilon c}$
		외부 $(r>c)$	$\frac{Q}{4\pi\varepsilon r^2}$	$V_r=\frac{Q}{4\pi\varepsilon r}$ (단, 경계면은 $V_c=\frac{Q}{4\pi\varepsilon c}$)
내구 I에 $+Q$, 외구 II에 $-Q$ (외측 접지)		내부 $(a<r<b)$	$\frac{Q}{4\pi\varepsilon r^2}$	$V_a=\frac{Q}{4\pi\varepsilon}\left(\frac{1}{a}-\frac{1}{b}\right)$
		외부 $(r>c)$	0	0

Module 005 원통(원주)도체에 의한 전계

핵심이론

구 분	모 형	구 간	전계 E[V/m]	전위 V[V]
전하가 균일하게 대전되어 있을 때 (내부에 전하(Q)가 존재)	r, Q (균일)	내부 ($r<a$)	$\frac{\lambda \cdot r}{2\pi\varepsilon a^2}$	※ (무한장)직선도체에서 b만큼 떨어진 지점부터 a만큼 떨어진 지점 사이의 전위차 $V_{ab}=\frac{\lambda}{2\pi\varepsilon}\ln\frac{b}{a}$ ※ 외부($r>a$) (무한장) 직선도체에서 r만큼 떨어진 지점에서의 전위 $V=-\int_{\infty}^{r} E \cdot dr=\infty$
		외부 ($r>a$)	$\frac{\lambda}{2\pi\varepsilon r}$ (무한장)직선도체 공식과 동일함(단, $\rho_L=\lambda$)	
전하가 표면에만 있을 때 (내부에 전하(Q)가 존재하지 않음)	r, Q가 표면에만 존재	내부 ($r<a$)	0	
		외부 ($r>a$)	$\frac{\lambda}{2\pi\varepsilon r}$ (무한장)직선도체 공식과 동일함(단, $\rho_L=\lambda$)	

Module 006 무한평면도체에 의한 전계

핵심이론

구 분	모 형	전계 E[V/m]	전위 V[V]
구도체 표면에서의 전계의 세기	E, dN개, σ[C/m²], dS[m²]	$\frac{\rho_s}{\varepsilon}$ 면전하밀도는 $\rho_s=\sigma$[C/m²]으로 사용되기도 하며, 전계의 세기(E)는 거리(r)와 무관하다.	• $V_{내부}=E_{내부}\cdot r$ =표면전위 $=\frac{Q}{4\pi\varepsilon a}=\frac{\rho_s a}{\varepsilon}$ • $V_{외부}=E_{외부}\cdot r=\frac{Q}{4\pi\varepsilon r}$
무한평면에 의한 전계의 세기	E, σ[C/m²], $-\infty$, $+\infty$, E	$\frac{\rho_s}{2\varepsilon}$ 면전하밀도는 $\rho_s=\sigma$[C/m²]으로 사용되기도 하며, 전계의 세기(E)는 거리(r)와 무관하다.	$V=\infty$

Module 007

무한평면 2장 (평행판 전극)에 의한 전계의 세기

핵심이론

구 분	모 형	구 간	전계 E[V/m]	전위 V[V]
다른 극성의 $+\rho_s$, $-\rho_s$[C/m²] 2장이 d[m] 간격으로 분포된 경우	ρ, $-\rho$, +1, +1, d	내 부	$\frac{\rho_s}{\varepsilon}$	$V = E \cdot d$ $= \frac{\rho_s}{\varepsilon} \cdot d$
		외 부	0	

※ 전계의 세기(E)는 거리(r)와 무관하다.

Module 008

전계와 자계의 비교

핵심이론

명 칭	전 계	자 계	명 칭
쿨롱의 법칙	$F = \frac{Q_1 Q_2}{4\pi\varepsilon_0 r^2}$ $= 9 \times 10^9 \times \frac{Q_1 Q_2}{r^2}$[N]	$F = \frac{m_1 m_2}{4\pi\mu_0 r^2}$ $= 6.33 \times 10^4 \times \frac{m_1 m_2}{r^2}$[N]	쿨롱의 법칙
전계의 힘	$F = Q \cdot E$[N]	$F = m \cdot H$[N]	자계의 힘
전계(장)의 세기	$E = \frac{Q}{4\pi\varepsilon_0 r^2}$[V/m]	$H = \frac{m}{4\pi\mu_0 r^2}$[AT/m]	자계(장)의 세기
진공의 유전율	$\varepsilon_0 = 8.854 \times 10^{-12}$	$\mu_0 = 4\pi \times 10^{-7}$	진공의 투자율
유전율	$\varepsilon = \varepsilon_r \varepsilon_0$[F/m]	$\mu = \mu_r \mu_0$[H/m]	투자율
전속밀도	$D = \frac{Q}{S}$[C/m²]	$B = \frac{\phi}{S}$[Wb/m²]	자속밀도
	$D = \varepsilon \cdot E$ $= \varepsilon_r \varepsilon_0 \cdot E$[C/m²]	$B = \mu \cdot H$ $= \mu_r \mu_0 \cdot H$[Wb/m²]	

Module 009

쿨롱의 법칙 (Coulomb's Law) [자 하]

핵심이론

• 자하를 가진 두 물체 사이에 작용하는 힘

: $F = \frac{m_1 m_2}{4\pi\mu_0 r^2} = 6.33 \times 10^4 \times \frac{m_1 m_2}{r^2}$[N]

여기서, r : 두 물체(점) 사이의 거리[m], m_1, m_2 : 자하량[Wb]

• 자하를 가진 두 물체의 극성이 같으면 반발력(= 척력)
• 자하를 가진 두 물체의 극성이 다르면 흡인력(= 인력)
• 진공 중의 투자율 $\mu_0 = 4\pi \times 10^{-7}$[H/m]
• 투자율 $\mu = \mu_r \mu_0 = 1 \cdot \mu_0$[H/m](진공 중일 경우 비투자율 $\mu_r = 1$)

용어 정의

• 자하(Magnetic Charge) : 자기장 또는 자기현상의 원인이 되는 기본적인 물리량이며, 전기장 또는 전기적 현상을 만드는 가장 기본적인 물리량인 전하와 유사한 개념으로 고안된 것이다.
• 투자율(Permeability) : 어떤 매질이 주어진 자기장에 대하여 얼마나 자화하는지를 나타내는 물리적 단위이다.

Module 010

자계의 세기

핵심이론

[점자하에 의한 자계]

• $H = \frac{m}{4\pi\mu_0 r^2} = 6.33 \times 10^4 \times \frac{m}{r^2}$[AT/m], [A/m]

• 단위가 [AT/m]가 나오는 이유는 자계와 전류와의 관계를 생각해 볼 것
• 평소에 자주 접하던 $F = m \cdot H$[N]를 생각해 보면 자하와 자계와 힘의 관계를 유추할 수 있음
• 자계의 세기(H)를 구도체에 의한 자계와 비교하여 암기하도록 한다.
• 자계의 세기(H)는 거리의 제곱(r^2)에 반비례한다.

[원형 중심에서의 자계]

$H = \frac{NI}{l} = \frac{NI}{2a}$[AT/m]

[무한장 직선도체에서의 자계]

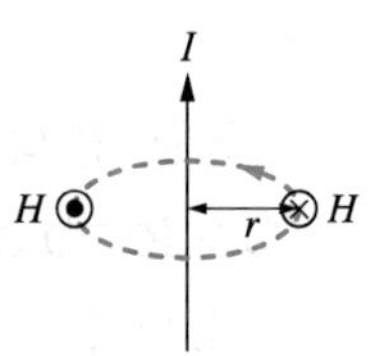

- $H \cdot l = N \cdot I$(암페어의 오른나사 법칙, 암페어의 주회적분 법칙)
- $H = \dfrac{NI}{l} = \dfrac{I}{2\pi r}$[AT/m]

(도선이 1가닥일 경우 $N=1$, 자로의 길이 $l = 2\pi r$[m])

[유한장 직선도체에서의 자계(비오-사바르 법칙)]

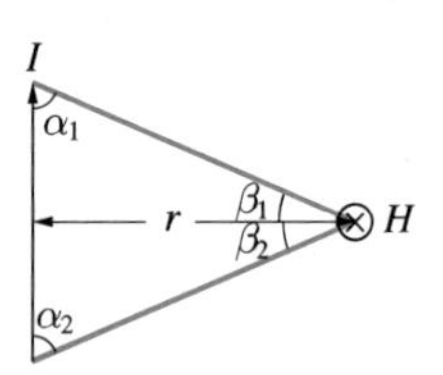

$$H = \frac{I}{4\pi r}(\cos\alpha_1 + \cos\alpha_2)$$
$$= \frac{I}{4\pi r}(\sin\beta_1 + \sin\beta_2)$$

※ 유한장 직선도체의 자계공식을 이용한 문제

정삼각형 중심에서의 자계(H)	$\alpha_1=30$, $\alpha_2=30$, a, $\frac{l}{2}$, I, l	• 먼저 정삼각형의 중심을 지정하고 한 직선 도체와 중심과의 거리(a)를 구한다. • $\tan 30° = \dfrac{1}{\sqrt{3}} = \dfrac{a}{\frac{l}{2}}$ 이므로, $a = \dfrac{l}{2\sqrt{3}}$ • 중심은 3개의 직선도체에서 영향을 받고 있으므로 $H = \dfrac{I}{4\pi r}(\cos\alpha_1 + \cos\alpha_2)$에 3배를 취함 $\therefore H = \dfrac{I}{4\pi a}(\cos 30° + \cos 30°) \times 3$ $= \dfrac{I}{4\pi \cdot \frac{l}{2\sqrt{3}}}\left(\dfrac{\sqrt{3}}{2} + \dfrac{\sqrt{3}}{2}\right) \times 3$ $= \dfrac{9I}{2\pi l}$[AT/m]
정사각형 중심에서의 자계(H)	$\alpha_1=45$, $\alpha_2=45$, a, $\frac{l}{2}$, I, l	• 먼저 정사각형의 중심을 지정하고 한 직선 도체와 중심과의 거리(a)를 구한다. • $\tan 45° = 1 = \dfrac{a}{\frac{l}{2}}$ 이므로, $a = \dfrac{l}{2}$ • 중심은 4개의 직선도체에서 영향을 받고 있으므로 $H = \dfrac{I}{4\pi r}(\cos\alpha_1 + \cos\alpha_2)$에 4배를 취함 $\therefore H = \dfrac{I}{4\pi a}(\cos 45° + \cos 45°) \times 4$ $= \dfrac{I}{4\pi \cdot \frac{l}{2}}\left(\dfrac{\sqrt{2}}{2} + \dfrac{\sqrt{2}}{2}\right) \times 4$ $= \dfrac{2\sqrt{2}I}{\pi l}$[AT/m]

정육각형 중심에서의 자계(H)	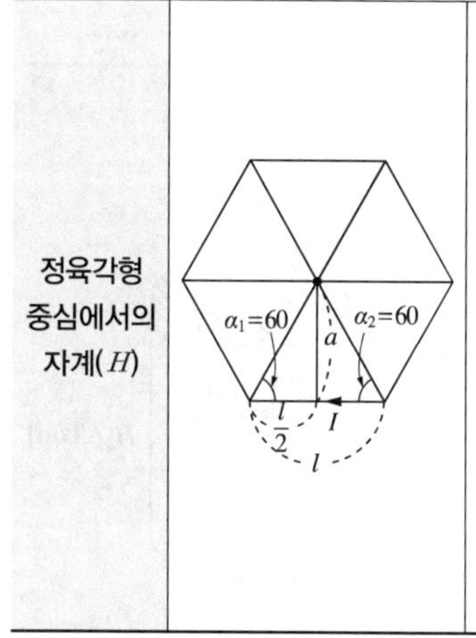	• 먼저 정육각형의 중심을 지정하고 한 직선 도체와 중심과의 거리(a)를 구한다. • $\tan 60° = \sqrt{3} = \frac{a}{\frac{l}{2}}$ 이므로, $a = \frac{\sqrt{3}l}{2}$ • 중심은 6개의 직선도체에서 영향을 받고 있으므로 $H = \frac{I}{4\pi r}(\cos\alpha_1 + \cos\alpha_2)$에 6배를 취함 $\therefore H = \frac{I}{4\pi a}(\cos 60° + \cos 60°) \times 6$ $= \frac{I}{4\pi \cdot \frac{\sqrt{3} \cdot l}{2}}\left(\frac{1}{2} + \frac{1}{2}\right) \times 6$ $= \frac{\sqrt{3}I}{\pi l}$[AT/m]

용어 정의

- **자계의 세기** : 단위정자하(+1[Wb])를 자계 내의 임의의 점에 놓았을 때 그 단위정자하에 작용하는 힘이다.
- **암페어의 오른나사 법칙(Right Handed Screw Rule)** : 전류의 방향과 자기장의 방향을 오른나사를 이용하여 설명하는 방식이다. 오른나사를 돌렸을 때 나사의 진행방향이 전류의 방향이고 나사의 회전방향이 자기장의 방향이다.
- **암페어의 주회적분 법칙(Ampere's Circuital Law)** : 닫힌 원형 회로에서의 전류가 이루는 자기장에서 어떤 경로를 따라 단위자극을 일주시키는 데에 필요한 일의 양은 그 경로를 가장자리로 하는 임의의 면을 관통하는 전류의 총량에 비례한다는 것이다.
- **비오-사바르 법칙(Biot-Savart Law)** : 주어진 전류가 생성하는 자기장이 전류에 수직이고 전류에서의 거리의 역제곱에 비례한다는 물리 법칙이다.

Module 011

동축원통(원주) 도체에서의 자계

핵심이론

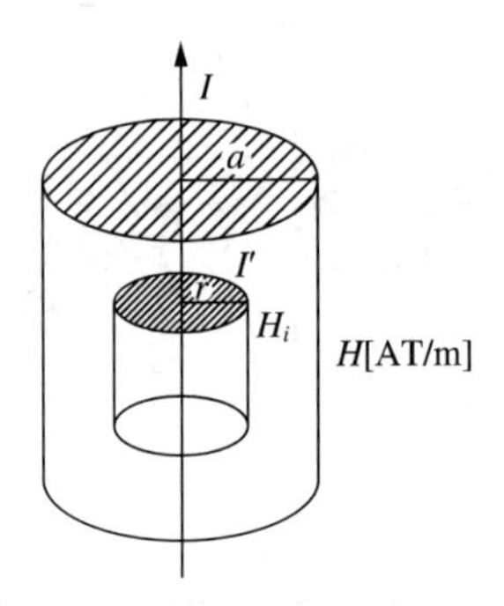

[원통 내부에 전류가 균일하게 흐르고 있을 때(내부에 전류(I)가 존재)]

- 내부($r < a$) : $H = \dfrac{I \cdot r}{2\pi a^2}$[AT/m]
- 외부($r > a$) : $H = \dfrac{I}{2\pi r}$[AT/m](무한장 직선도체의 자계공식과 동일함)

[원통 표면에만 전류가 흐르고 있을 때(내부에 전류(I)가 존재하지 않음)]

- 내부($r < a$) : $H = 0$[AT/m]
- 외부($r > a$) : $H = \dfrac{I}{2\pi r}$[AT/m](무한장 직선도체의 자계공식과 동일함)

Module 012

환상 솔레노이드의 자계

핵심이론

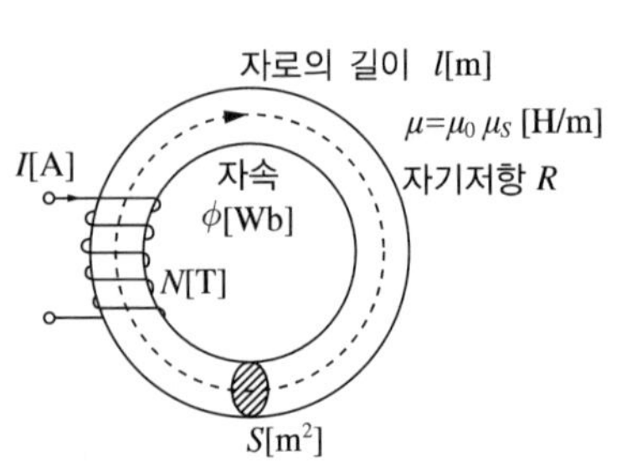

- $H \cdot l = N \cdot I$(암페어의 오른손 법칙, 암페어의 주회적분 법칙)
- 내부 : $H = \dfrac{NI}{2\pi r}$[AT/m]

• 외부 : $H = 0[\mathrm{AT/m}]$
• 중심 : $H = 0[\mathrm{AT/m}]$

용어 정의

• 솔레노이드(Solenoid) : 도선을 촘촘하게 원통형으로 말아 만든 기구이며, 솔레노이드에 전기를 흘려 자기장을 만들 수 있어 전자석으로 주로 이용된다.
• 암페어의 오른나사 법칙(Right Handed Screw Rule) : 전류의 방향과 자기장의 방향을 오른나사를 이용하여 설명하는 방식이다. 오른나사를 돌렸을 때 나사의 진행방향이 전류의 방향이고 나사의 회전방향이 자기장의 방향이다.
• 암페어의 주회적분 법칙(Ampere's Circuital Law) : 닫힌 원형 회로에서의 전류가 이루는 자기장에서 어떤 경로를 따라 단위자극을 일주시키는 데에 필요한 일의 양은 그 경로를 가장자리로 하는 임의의 면을 관통하는 전류의 총량에 비례한다는 것이다.

Module 013

무한장 솔레노이드의 자계

핵심이론

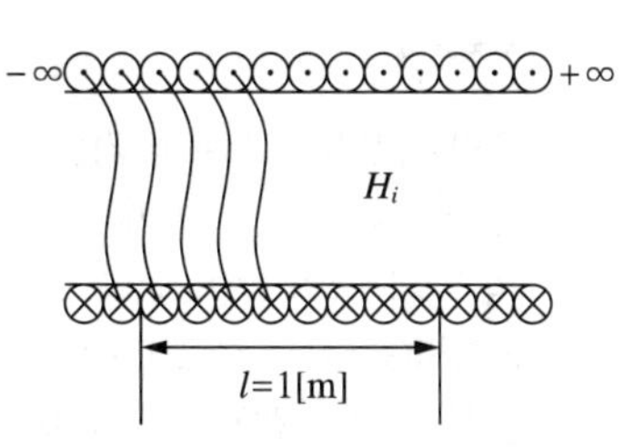

• $H \cdot l = N \cdot I$ (암페어의 오른손 법칙, 암페어의 주회적분 법칙)
• 내부 : $H = \dfrac{NI}{l} = nI[\mathrm{AT/m}]$

여기서 N : 권수[회, T], n : 1[m]당 권수[회/m, T/m]

• 외부 : $H = 0[\mathrm{AT/m}]$

Module 014 평행도선의 힘

핵심이론

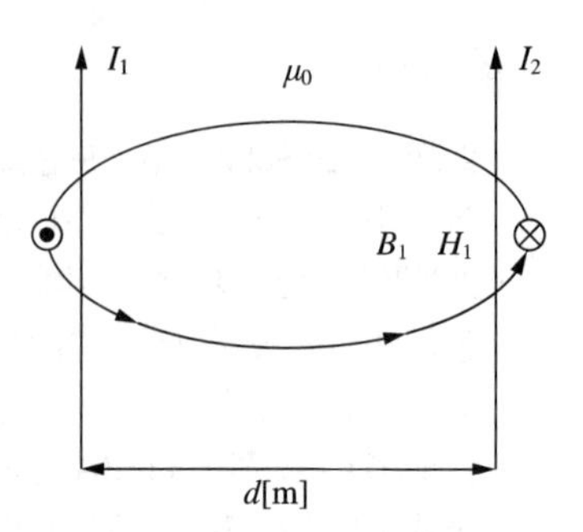

- 평행도선 사이의 작용력 : $F = \dfrac{\mu_0 I_1 I_2}{2\pi d} = \dfrac{2I_1 I_2}{d} \times 10^{-7}$[N/m]
- 왕복도선 사이의 작용력 : $F = \dfrac{\mu_0 I_1 I_2}{2\pi d}$[N/m]
- 전류의 방향이 같을 때 : 흡인력(인력)
- 전류의 방향이 반대일 때 : 반발력(척력)

용어 정의

- **흡인력(인력)** : 서로 당기는 힘을 의미하며 질량을 가진 두 물체 사이의 중력, 전하 부호가 다른 전하를 가진 두 입자 사이의 전자기력, 극이 다른 자석 사이의 당기는 힘 등이 있다.
- **반발력(척력)** : 서로 미는 힘을 의미하며 전하 부호가 같은 전하를 가진 두 입자 사이의 전자기력, 극이 같은 자석 사이의 미는 힘 등이 있다.

Module 015

콘덴서 (Capacitance)

핵심이론

[콘덴서의 직렬(Series)접속(전하량(Q) 동일)]

합성정전용량(C_T) : $C_T = \dfrac{1}{\dfrac{1}{C_1}+\dfrac{1}{C_2}+\dfrac{1}{C_3}}$[F]

TIP 저항 병렬합성처럼 계산
콘덴서를 직렬접속한 경우에는 각 콘덴서의 간격(d_1, d_2, d_3) 거리가 합해져 합성콘덴서의 간격(d_T)이 길어지는 효과가 있다. 따라서 $C_T = \varepsilon\dfrac{S_T}{d_T}$[F]에 의해 콘덴서의 정전용량이 감소하게 된다.

[콘덴서의 병렬(Parallel)접속(전압(V) 동일)]

합성정전용량(C_T) : $C_T = C_1 + C_2 + C_3$[F]

TIP 저항 직렬합성처럼 계산
콘덴서를 병렬접속한 경우에는 각 콘덴서의 극판(S_1, S_2, S_3) 면적이 합해져 합성콘덴서의 면적(S_T)이 넓어지는 효과가 있다. 따라서 $C_T = \varepsilon\dfrac{S_T}{d_T}$[F]에 의해 콘덴서의 정전용량이 증가하게 된다.

[정전에너지]

정전에너지(W_C) : $W_C = \dfrac{1}{2}CV^2$[J]

TIP 자기에너지(W_L)$= \dfrac{1}{2}LI^2$[J]

용어 정의

- **콘덴서(Capacitor, Condenser)** : 마주 놓인 두 전극 사이에 유전체를 끼워 만들어진 전기용량이 있는 것으로 축전기라고도 한다.
- **정전용량(Capacitance)** : 축전기가 전하를 저장할 수 있는 능력을 나타내는 물리량이며, 단위전압에서 축전기가 저장하는 전하이다. 기호는 C, 단위는 [F]를 사용한다.
- **정전에너지(Electrostatic Energy)** : 콘덴서에 전압을 가하여 충전했을 때 그 유전체 내에 축적되는 에너지이다.
- **자기에너지(Magnetic Energy)** : 자기장에 저장된 에너지를 자기에너지라고 한다.

Module 016

전압(V)을 과도하게 인가할 경우 가장 먼저 파괴되는 콘덴서의 순서

핵심이론

콘덴서를 직렬로 접속하는 경우는 회로 전체의 내압을 늘려야 할 때이다. 직렬접속을 통해 비록 전체 정전용량은 감소하겠지만 회로 전체의 내압을 증가시킬 수 있어 사용자의 필요에 의해 사용되기도 한다.

예 인가전압 20[V]에서 콘덴서 내압 15[V] 1개를 사용할 경우 파괴의 위험이 존재하지만, 15[V] 1개를 추가 직렬접속할 경우 10[V]씩 전압분배되어 파괴를 방지할 수 있다.
$Q_1 = C_1 V_1$, $Q_2 = C_2 V_2$, $Q_3 = C_3 V_3$(여기서, V_1, V_2, V_3는 콘덴서의 내압)
Q_1, Q_2, Q_3 중 그 값이 가장 작은 콘덴서가 과전압에 대해서 가장 먼저 파괴된다. 그러므로 인가할 수 있는 최대전압(Q_1이 가장 작다고 가정할 경우) 즉, 인가될 수 있는 전압의 한계는 V_1이다.

$$V_1 = \frac{\frac{1}{C_1}}{\frac{1}{C_1}+\frac{1}{C_2}+\frac{1}{C_3}} \times V[\text{V}]$$

$$\therefore V = \frac{\frac{1}{C_1}+\frac{1}{C_2}+\frac{1}{C_3}}{\frac{1}{C_1}} \times V_1\ [\text{V}]$$

콘덴서를 병렬로 접속하는 경우는 용량을 늘려할 때이다. 병렬접속을 통해 비록 전체 정전용량은 증가하겠지만 각 콘덴서의 내압이 작은 것부터 순차적으로 파괴의 위험이 있다.

예 인가전압 100[V]에서 콘덴서 내압 100[V] 1개를 사용할 경우 파괴의 위험은 없지만, 내압 콘덴서 15[V] 1개를 추가 병렬접속할 경우 15[V] 콘덴서가 파괴될 수 있다.

Module 017

인덕턴스

핵심이론

[가동 · 차동 분류하는 법]

i → 전류가 유입-유입 } 가동형(가극성)
i → 전류가 유출-유출 }

i → 전류가 유입-유출 } 차동형(감극성)
i → 전류가 유출-유입 }

[직렬접속]

- 가동접속(가극성) $L = L_1 + L_2 + 2M(M = k\sqrt{L_1 L_2})$
- 차동접속(감극성) $L = L_1 + L_2 - 2M(M = k\sqrt{L_1 L_2})$

[병렬접속]

- 가동접속(가극성) $L = \dfrac{L_1 L_2 - M^2}{L_1 + L_2 - 2M}$
- 차동접속(감극성) $L = \dfrac{L_1 L_2 - M^2}{L_1 + L_2 + 2M}$

[자기인덕턴스]

$$L = \frac{N\phi}{I} = \frac{\mu A N^2}{l}[\mathrm{H}]$$

[자기에너지]

$$W_L = \frac{1}{2}LI^2[\mathrm{J}]$$

용어 정의

- 가극성(Additive Polarity) : 일반적으로 단상변압기 고압측은 U, V로, 저압측은 u, v로 표시하는데, 보통 U와 u가 서로 대각선에 위치하는 변압기는 가극성이다.
- 감극성(Subtractive Polarity) : 일반적으로 단상변압기 고압측은 U, V로, 저압측은 u, v로 표시하는데, 보통 U와 u가 서로 마주보는 변압기는 감극성이다.
- 자기인덕턴스(Self-Inductance) : 도선 주위에 생기는 자속(ϕ)은 그곳에 흐르는 전류(I)에 비례하므로 $\phi \propto I$라 쓰고 $\phi = LI$의 관계를 얻을 수 있다.

Module 018

진공 중에 고립된 도체구(전하가 모두 구 표면에 분포하는 경우)의 정전용량

핵심이론

[도체 표면에서의 전계]

$$E = \frac{Q}{4\pi\varepsilon_0 a^2}[\mathrm{V/m}]$$

[도체구의 전위]

$$V = -\int_{\infty}^{a} E \cdot dl = \frac{Q}{4\pi\varepsilon_0 a}[\mathrm{V}]\text{(Gauss 법칙)}$$

$$\therefore C = \frac{Q}{V} = 4\pi\varepsilon_0 a[\mathrm{F}]$$

용어 정의

- 정전용량(Capacitance) : 축전기가 전하를 저장할 수 있는 능력을 나타내는 물리량이며, 단위전압에서 축전기가 저장하는 전하이다. 기호는 C, 단위는 [F]를 사용한다.
- Gauss 법칙(Gauss's Law) : 맥스웰 방정식의 하나로, 폐곡면을 통과하는 전기선속이 폐곡면 속에 존재하는 전하량과 동일하다는 법칙이다.

Module 019

동심구도체의 정전용량 ($a \le r \le b$)

핵심이론

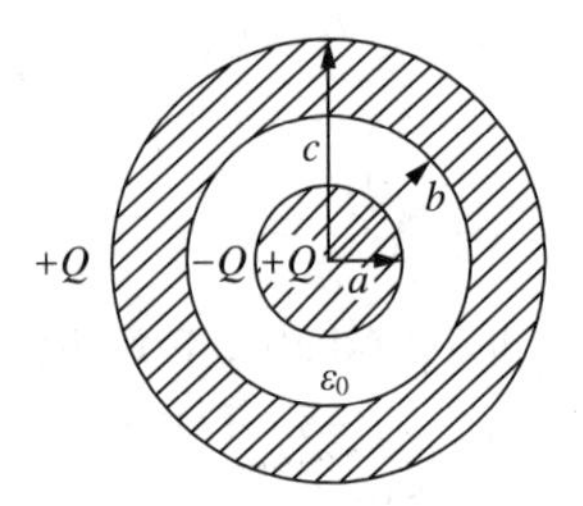

[조 건]

중심이 동일한 두 개의 구형도체가 전하량 A : $+Q$[C], B : $-Q$[C]을 갖는 경우

- $E_r = \dfrac{Q}{4\pi\varepsilon r^2}[\mathrm{V/m}]$

• 도체 사이의 전위차 :

$$V_{ab}=-\int_b^a E_r \cdot dr=-\int_b^a \frac{Q}{4\pi\varepsilon r^2}dr$$

$$=\frac{Q}{4\pi\varepsilon r}\Big|_b^a=\frac{Q}{4\pi\varepsilon}\left(\frac{1}{a}-\frac{1}{b}\right)[\text{V}]$$

$$\therefore C=\frac{Q}{V_{ab}}=\frac{4\pi\varepsilon}{\frac{1}{a}-\frac{1}{b}}=4\pi\varepsilon\left(\frac{ab}{b-a}\right)[\text{F}]$$ (단, $a<b$인 경우)

Module 020

동축케이블 (동심원통) 도체의 정전용량 ($a \le r \le b$)

핵심이론

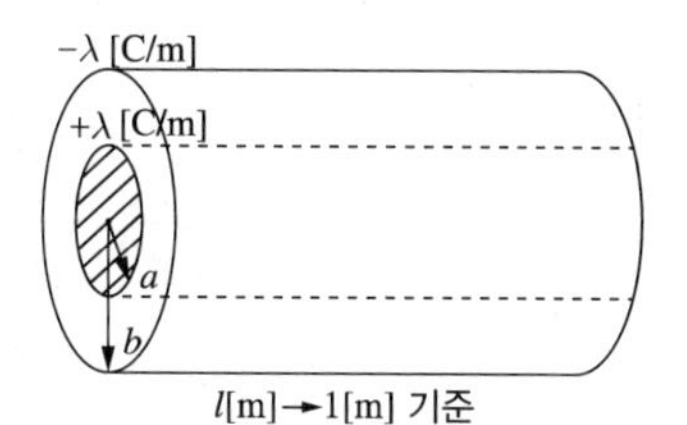

원통도체 내부에 선전하밀도 $+\lambda$[C/m]가 존재한다면, 도체 외부 내면에는 $-\lambda$[C/m]의 전하가 유도된다. 이때 두 도체 사이에는 균일한 전기력선이 존재하게 된다.

$$E_L=\frac{\lambda}{2\pi\varepsilon r}[\text{V/m}]$$

원통 끝단에서 발산되는 전기력선이 아주 작은 양이라 가정하면,

전위차 $V_{ab}=-\int_b^a E_L \cdot dr=-\int_b^a \frac{\lambda}{2\pi\varepsilon r}dr=-\frac{\lambda}{2\pi\varepsilon}\ln[r]_b^a$

$$=\frac{\lambda}{2\pi\varepsilon}\ln\left(\frac{b}{a}\right)[\text{V}]$$

여기서 정전용량(C)은(단, 도체 내부의 전하량(Q)은 원통의 길이에 비례하므로 $Q=\rho_L \cdot L$로 표현 가능)

$$C=\frac{Q}{V_{ab}}=\frac{\lambda \cdot L}{\frac{\lambda}{2\pi\varepsilon}\ln\left(\frac{b}{a}\right)}=\frac{2\pi\varepsilon L}{\ln\left(\frac{b}{a}\right)}[\text{F}]$$

단위길이당(1[m]) 정전용량(C_0)은 $C_0=\frac{2\pi\varepsilon}{\ln\left(\frac{b}{a}\right)}[\text{F/m}]$

Module 021

평행도체의 정전용량

핵심이론

[평행판 전극에서의 정전용량]

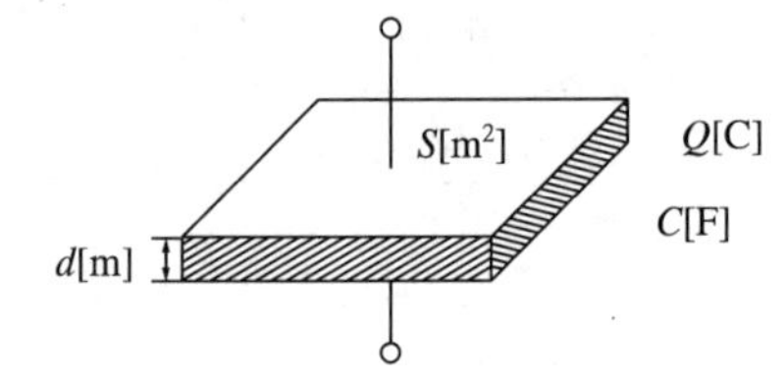

$$C = \frac{Q}{V} = \frac{\sigma S}{\frac{\sigma}{\varepsilon} d} = \frac{\varepsilon S}{d} [\text{F}]$$

[평행왕복도선 사이의 정전용량]

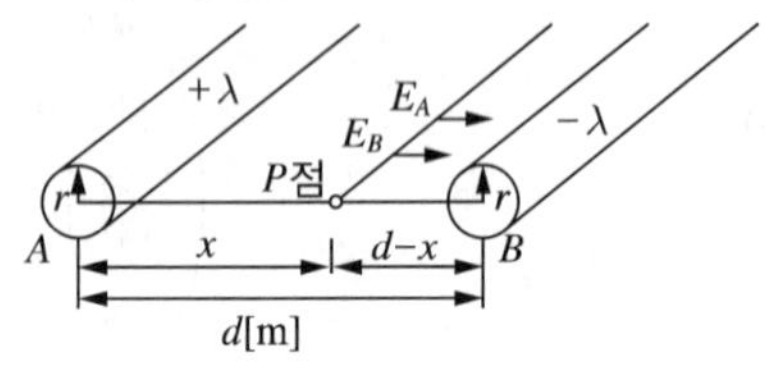

$$C = \frac{Q}{V} = \frac{\lambda \cdot 1}{V} = \frac{\lambda}{\frac{\lambda}{\pi \varepsilon} \ln \frac{d}{a}} = \frac{\pi \varepsilon}{\ln \frac{d}{a}} [\text{F}]$$

Module 022

도체의 성질

핵심이론

- 도체 내부 전계의 세기는 0이다.
- 도체는 등전위이고 그 표면은 등전위면이다.
- 중공부(내부의 빈 공간)에 전하가 없는 도체는 도체 외부의 표면에만 분포한다.
- 도체 표면에만 전하가 분포되고 도체면에서의 전계는 도체 표면에 항상 수직이다.
- 도체 표면에서 전하밀도는 곡률이 클수록(뾰족할수록), 곡률 반경은 작을수록 높다.

Module 023

전기력선의 성질

핵심이론

- 전기력선의 밀도는 전계의 세기와 같다.
- 전기력선은 서로 교차하지 않고 반발한다.
- 전기력선은 도체 표면과 수직으로 통과한다.
- 전기력선은 정(+)전하에서 부(-)전하에 그친다.
- 전기력선은 그 자신만으로 폐곡선이 되지 않는다.
- 전기력선은 도체 표면(= 등전위면)에 수직(= 직교)한다.
- 전기력선은 전위가 높은 곳에서 낮은 곳으로 향한다.
- 전계의 방향은 전기력선의 접선방향과 같다.
- 대전, 평형상태에서는 표면에만 전하가 분포한다.
- 전기력선수는 $\dfrac{Q}{\varepsilon_0}$로 표현 가능하다(Q는 전속수).
- 전하가 없는 곳에서는 전기력선의 발생과 소멸이 없으며 연속이다.
- 전하는 뾰족한(날카로운) 부분일수록 많이 모이려는 성질을 갖는다.

구 분		
곡 률	크다.	작다.
곡률 반지름	작다.	크다.
표면전하밀도	크다.	작다.

Module 024

자기력선의 성질

핵심이론

- 자력선의 밀도는 자계의 세기와 같다.
- 자기력선은 서로 교차하지 않고 반발한다.
- 자기력선은 N극에서 S극에 그친다.
- 자기력선은 스스로 폐곡선을 이룬다.
- 임의의 점에서 자기력선의 접선방향과 자계의 방향은 같다.
- 임의의 점에서 자기력선의 밀도는 자계의 세기와 같다.
- 자기력선은 등자위면에 수직으로 교차한다.
- 자기력선수는 $\dfrac{m}{\mu_0}$으로 표현 가능하다(m은 자속수).

Module 025

등전위면의 성질

핵심이론

- 등전위면에서 하는 일은 항상 0이다.
- 다른 전위의 등전위면은 서로 교차하지 않는다.
- 등전위면은 폐곡면이고 전기력선과 수직으로 교차한다.
- 전하는 등전위면에 직각으로 이동하고 등전위면의 밀도가 높으면 전기장의 세기도 크다.

Module 026

대전도체 표면에 작용하는 힘과 에너지

핵심이론

[단위면적당 힘]

$$f = \frac{1}{2}ED = \frac{1}{2}E\varepsilon_0 E = \frac{1}{2}\varepsilon_0 E^2 = \frac{1}{2}\frac{D}{\varepsilon_0}D = \frac{D^2}{2\varepsilon_0}[\mathrm{N/m^2}]$$

(단, $\varepsilon_s = 1$)

[단위체적당 에너지]

$$W = \frac{1}{2}ED = \frac{1}{2}\varepsilon_0 E^2 = \frac{D^2}{2\varepsilon_0}[\mathrm{J/m^3}]\text{(단, } \varepsilon_s = 1)$$

Module 027

자기적 현상

핵심이론

구 분	핀치효과	홀효과	스트레치효과
물 질	액체 도체	도체, 반도체	직사각형 도체
입 력	전류를 흘려 전자력 발생	전류에 수직인 자계	대전류에 의해 반발력
출 력	수축과 복귀 반복	도체 표면에 기전력 발생	원형태 도체

구 분	강자성체	상자성체	반자성체(역자성체)
투자율	$\mu_s \gg 1$	$\mu_s > 1$	$\mu_s < 1$
자화율	$\chi > 0$	$\chi > 0$	$\chi < 0$
자기 모멘트			
종 류	철, 코발트, 니켈 등	알루미늄, 백금, 산소 등	비스무트, 은, 구리, 물 등

용어 정의

- **핀치효과(Pinch Effect)** : 직류(DC)선로에서 전선의 중심으로 힘이 작용하여 전류가 중심으로 집중되는 현상이다.
- **홀효과(Hall Effect)** : 도체가 자기장 속에 놓여 있을 때 그 자기장에 직각방향으로 전류를 흘려주면 자기장과 전류 모두에 수직인 방향으로 전위차가 발생(기전력)하는 현상이다.
- **스트레치효과(Stretch Effect)** : 어떠한 도선에 전류를 흘리면 그 도선이 원을 형성하는 현상이다.
- **강자성체(Ferromagnetic Material)** : 자석에 강력하게 이끌리고, 자석에서 떨어진 후에도 강한 자성을 띠고 있는 물질을 말한다.
- **상자성체(Paramagnetic Material)** : 외부 자계에 의해서 매우 약한 자성을 나타내는 자성체로, 진공 중보다 약간 큰 투자율을 갖는 물질을 말한다.
- **반자성체(역자성체, Diamagnetic Material)** : 반자성을 보이는 물질이며 외부 자기장에 의해서 자기장과 반대방향으로 자화되는 물질을 말한다.

Module 028

전자유도법칙

핵심이론

[패러데이법칙]

- 코일에서 발생하는 기전력의 크기는 자속의 시간적인 변화에 비례한다.
- $e = -N\frac{d\phi}{dt} = -N\frac{dBS}{dt} = -N\frac{dBlx}{dt} = -NBlv[\mathrm{V}]$, $e = -L\frac{dI}{dt}[\mathrm{V}]$

[렌츠의 법칙]

코일에서 발생하는 기전력의 방향은 자속(ϕ)의 증감을 방해하는 방향(-)으로 발생한다.

[유기기전력]

- 도체의 운동으로 발생하는 기전력
- $e = \frac{d\phi}{dt} = Blv\sin\theta = (\overline{v} \times \overline{B})l[\mathrm{V}]$

용어 정의

- **패러데이 법칙** : 영국의 화학자이자 물리학자인 패러데이가 발견한 전자기유도 법칙으로 도선에 유도되는 기전력은 그 속을 통과하는 자기력선의 수가 변할 때(자속)나 도선이 자기력선(자속)을 끊고 지나갈 때 나타난다.
- **렌츠의 법칙** : 독일의 물리학자인 렌츠가 패러데이 법칙을 더욱 자세히 연구하여 만든 법칙(방향성 추가)으로 유도기전력의 방향은 코일면을 통과하는 자속의 변화를 방해하는 방향으로 나타난다. 즉, 유도전류에 의한 자기장은 자속의 변화를 방해하는 방향이 된다.
- **유기기전력** : 패러데이, 렌츠의 법칙을 기반으로 발생하는 기전력이다.

Module 029

분극의 세기 (P, 분극도)

핵심이론

$$P = D\left(1 - \frac{1}{\varepsilon_s}\right) = \varepsilon E\left(1 - \frac{1}{\varepsilon_s}\right) = \varepsilon_0 \varepsilon_s E\left(1 - \frac{1}{\varepsilon_s}\right) = \varepsilon_0 E(\varepsilon_s - 1)[\mathrm{C/m^2}]$$

용어 정의

분극의 세기
유전체 내의 한 점에서 전계방향에 수직인 단위면적을 통하여 변위되는 분극의 전하량이다.

Module 030

유전체(자성체)에서의 경계조건

핵심이론

- 전계(자계)의 접선성분은 같다.
  ($E_1 \sin\theta_1 = E_2 \sin\theta_2$, $H_1 \sin\theta_1 = H_2 \sin\theta_2$)
- 전속(자속)밀도의 법선성분은 같다.
  ($D_1 \cos\theta_1 = D_2 \cos\theta_2$, $B_1 \cos\theta_1 = B_2 \cos\theta_2$)
- 굴절의 법칙이 성립한다$\left(\frac{\tan\theta_2}{\tan\theta_1} = \frac{\varepsilon_2}{\varepsilon_1},\ \frac{\tan\theta_2}{\tan\theta_1} = \frac{\mu_2}{\mu_1}\right)$.
- 경계면의 두 점의 전위는 같다.
- 유전체(자성체)의 단위면적당 받는 힘 : $f = \frac{1}{2}ED = \frac{1}{2}\varepsilon E^2 = \frac{D^2}{2\varepsilon}$,
  $f = \frac{1}{2}BH = \frac{1}{2}\mu H^2 = \frac{B^2}{2\mu}[\mathrm{N/m^2}]$

Module 031

열전효과 (Thermoelectric Effect)

핵심이론

[제베크효과(Seebeck Effect)]

금속선 양쪽 끝을 접합하여 폐회로를 구성하고 한 접점에 열을 가하게 되면 두 접점에 온도차로 인해 생기는 전위차에 의해 전류가 흐르게 되는 현상

[펠티에효과(Peltier Effect)]

두 종류의 다른 금속을 접속하여 폐회로를 만들고 금속 접속면에 온도차가 생기면 열기전력이 발생하는 현상(접합점의 한쪽에서는 열이 발생, 다른 쪽은 열을 빼앗기는 현상 → 냉동기 또는 항온조 제작 등에 이용)

[톰슨효과(Thomson Effect)]

동일한 금속도체의 두 점에 온도차가 있을 때 전류를 흘리면 발열 또는 흡열이 일어나는 현상

Module 032

맥스웰 방정식(Maxwell's Equations)의 표현

핵심이론

구 분	미분형	적분형
패러데이 법칙	$\nabla \times \overline{E} = \text{rot}\,\overline{E} = -\dfrac{\partial \overline{B}}{\partial t}$	$\oint_c \overline{E} \cdot d\overline{l} = -\int_s \dfrac{\partial \overline{B}}{\partial t} \cdot d\overline{s}$
암페어 법칙	$\nabla \times \overline{H} = \text{rot}\,\overline{H} = \dfrac{\partial \overline{D}}{\partial t} + i$	$\oint_c \overline{H} \cdot d\overline{l} = \int_s \dfrac{\partial \overline{D}}{\partial t} \cdot d\overline{s} + I$
가우스 법칙	$\nabla \cdot \overline{D} = \text{div}\,\overline{D} = \rho$	$\oint_s \overline{D} \cdot d\overline{s} = \int_{vol} \rho_v \, dv = Q$
가우스 자기 법칙	$\nabla \cdot \overline{B} = \text{div}\,\overline{B} = 0$	$\oint_s \overline{B} \cdot d\overline{s} = 0$

용어 정의

- 패러데이 법칙(미분형) : 자기장에 시간 변화가 생기면 그것을 반대하는 방향으로 회전하는 전계가 발생한다.
- 암페어 법칙(미분형) : 전류밀도나 전기장에 시간변화가 생기면 회전하는 성분의 자계가 발생한다.

- 가우스 법칙(미분형) : 발산하는 전기선속의 합은 전하량과 같다(전속의 발산 및 불연속성).
- 가우스 자기 법칙(미분형) : 독립된 자극은 존재할 수 없다(자속의 연속성).

Module 033

전자계

핵심이론

[특성(파동, 고유)임피던스(Z_0)]

- $Z_0 = \sqrt{\frac{\mu_0}{\varepsilon_0}} = \frac{E}{H} = 377[\Omega]$(단, μ_s와 ε_s를 1로 가정)
- 전계$(E) = 377H$
- 자계$(H) = \frac{E}{377}$

[전파속도(v)]

- $v = \frac{1}{\sqrt{\mu\varepsilon}} = \frac{1}{\sqrt{\mu_0\varepsilon_0}}\frac{1}{\sqrt{\mu_s\varepsilon_s}} = \frac{3\times10^8}{\sqrt{\mu_s\varepsilon_s}} = f\cdot\lambda[\mathrm{m/s}]$

  $\therefore$ 파장$(\lambda) = \frac{v}{f} = \frac{1}{f\sqrt{\mu\varepsilon}}[\mathrm{m}]$ (공진 → 진동 시 $f = \frac{1}{2\pi\sqrt{LC}}[\mathrm{Hz}]$)
- 파장은 길이(length)이므로 기본단위를 [m]를 사용하지만 계산에 따라 다르게 표현될 수도 있다.

[포인팅 벡터($\overline{P}$)(Pointing Vector)]

- 단위시간동안 단위면적을 통과하는 에너지를 계산(면적당 방사에너지)
- $\overline{P} = \overline{E}\times\overline{H} = EH\sin\theta = 377H^2 = \frac{1}{377}H^2[\mathrm{W/m^2}]$

  (전계와 자계는 시작점이 같지만, 서로 90°의 차이를 가지고 진행하므로 $\sin\theta = \sin 90° = 1$)

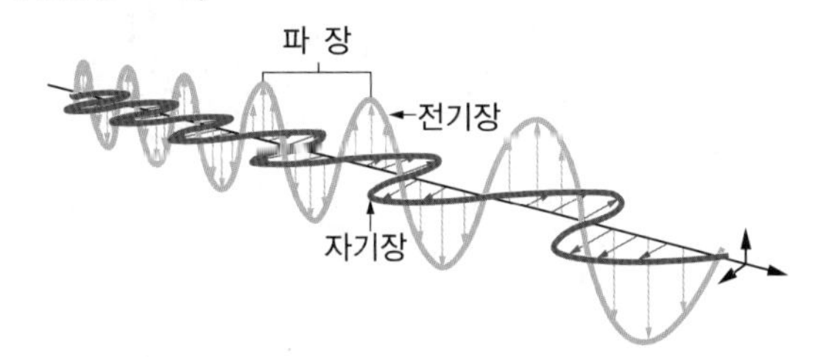

[축척되는 에너지]

$$W = \frac{1}{2}\varepsilon E^2 + \frac{1}{2}\mu H^2 = \sqrt{\varepsilon\mu}\,EH = \frac{1}{v}P\,[\mathrm{J/m^3}]$$

[기 타]

- 반사계수 $\rho = \dfrac{Z_L - Z_0}{Z_L + Z_0}$
- 투과계수 $\tau = \dfrac{2Z_L}{Z_L + Z_0}$
- 정재파비 $S = \dfrac{1 + |\rho|}{1 - |\rho|}$

여기서, Z_0: 특성임피던스, Z_L: 부하임피던스, ρ : 반사계수

용어 정의

- **특성임피던스(Characteristic Impedance)** : 무한정 선로의 전압, 전류는 송전단에서 멀어질수록 그 진폭은 점차 감소하고 그 진폭비는 선상 어디서나 일정한데 그 비를 특성임피던스라 한다.
- **반사계수(Reflection Coefficient)** : 전송선로의 수단에서 부하임피던스 Z_r이 선로의 특성임피던스 Z_0와 같지 않으면 수단에서 반사가 일어나 입사파의 일부는 반사파로서 송전단으로 되돌아간다.
- **투과계수(Transmission Coefficient)** : 선로상수가 다른 두 전송 선로가 접속된 경우에 입사파전압 일부는 접합부에서 반사되어 반사파전압을 형성하고, 나머지는 투과파전압으로서 제2선로 안으로 진입한다.
- **정재파(Standing Wave)** : 유한 길이의 전송선로에서 종단의 부하임피던스가 선로의 특성임피던스와 같지 않으면 입사파의 일부가 반사되어 반사파가 생기고, 이때 선로상의 전압 및 전류는 이들 반사파와 입사파를 합성한 것이 되는데, 이러한 입사파와 반사파의 합성파이다.
- **정재파 비(SWR ; Standing Wave Ratio)** : 전송선로상에 생기는 정재파의 크기를 나타내는 것이다.

Module 034

벡터의 계산 (Gradient, Divergence, Curl)

핵심이론

[Gradient]

- 편미분 연산 : $\nabla = \dfrac{\partial}{\partial x}i + \dfrac{\partial}{\partial y}j + \dfrac{\partial}{\partial z}k$
- $\mathrm{grad}\,A = \nabla A = \left(\dfrac{\partial}{\partial x}i + \dfrac{\partial}{\partial y}j + \dfrac{\partial}{\partial z}k\right)A = \dfrac{\partial A}{\partial x}i + \dfrac{\partial A}{\partial y}j + \dfrac{\partial A}{\partial z}k$

[Divergence]

$$\mathrm{div}\,\overrightarrow{A} = \nabla \cdot \overrightarrow{A} = \left(\frac{\partial}{\partial x}i + \frac{\partial}{\partial y}j + \frac{\partial}{\partial z}k\right) \cdot (A_x i + A_y j + A_z k)$$

$$= \frac{\partial A_x}{\partial x} + \frac{\partial A_y}{\partial y} + \frac{\partial A_z}{\partial z}$$

[Curl(= Rotation)]

$$\mathrm{curl}\,\overrightarrow{A} = \nabla \times \overrightarrow{A} = \left(\frac{\partial}{\partial x}i + \frac{\partial}{\partial y}j + \frac{\partial}{\partial z}k\right) \times (A_x i + A_y j + A_z k)$$

$$= \begin{vmatrix} i & j & k \\ \dfrac{\partial}{\partial x} & \dfrac{\partial}{\partial y} & \dfrac{\partial}{\partial z} \\ A_x & A_y & A_z \end{vmatrix}$$

$$= i\left(\frac{\partial A_z}{\partial y} - \frac{\partial A_y}{\partial z}\right) - j\left(\frac{\partial A_z}{\partial x} - \frac{\partial A_x}{\partial z}\right) + k\left(\frac{\partial A_y}{\partial x} - \frac{\partial A_x}{\partial y}\right)$$

용어 정의

- Gradient : 스칼라값의 증가율이 최대가 되는 방향과 그 값을 표현(벡터)
- Divergence : 어떤 매우 작은 부피에서 바깥으로 발산하는 Flux양을 표현(스칼라)
- Curl : 어떤 매우 작은 단위면적에서 회전하는 벡터성분이 얼마나 존재하는지 그 크기와 방향으로 표현(벡터)

Module 035

전기쌍극자에 의한 전계의 세기

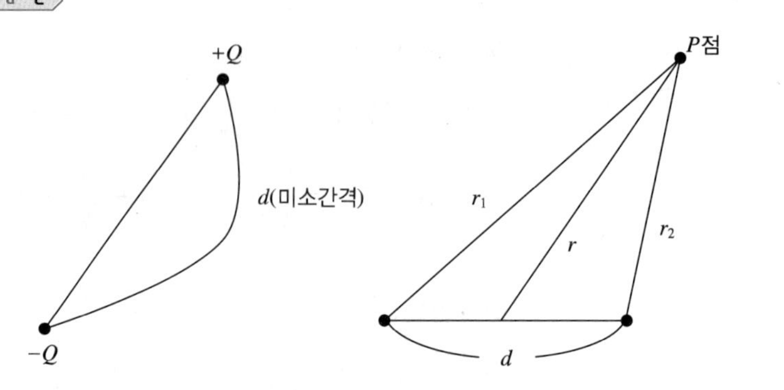

전위(V)	$V=\dfrac{+Q}{4\pi\varepsilon r_1}+\dfrac{-Q}{4\pi\varepsilon r_2}=\dfrac{Q\cdot\delta}{4\pi\varepsilon r^2}\cos\theta=\dfrac{M}{4\pi\varepsilon r^2}\cos\theta[\mathrm{V}]$ (단, 전기쌍극자 모멘트 $M=Q\cdot d[\mathrm{C\cdot m}]$) $\therefore V=\dfrac{M}{4\pi\varepsilon r^2}\cos\theta[\mathrm{V}]$
전계(E)	$E=-\nabla V=-\left(\dfrac{\partial}{\partial r}a_r+\dfrac{\partial}{r\cdot\partial\theta}a_\theta\right)V=-\dfrac{\partial V}{\partial r}a_r-\dfrac{\partial V}{r\cdot\partial\theta}a_\theta$ $=\dfrac{M\cos\theta}{2\pi\varepsilon r^3}a_r+\dfrac{M\sin\theta}{4\pi\varepsilon r^3}a_\theta$ $\therefore \lvert E\rvert=\sqrt{\left(\dfrac{M\cos\theta}{2\pi\varepsilon r^3}\right)^2+\left(\dfrac{M\sin\theta}{4\pi\varepsilon r^3}\right)^2}=\dfrac{M}{2\pi\varepsilon r^3}\sqrt{\cos^2\theta+\dfrac{\sin^2\theta}{4}}$ $=\dfrac{M}{4\pi\varepsilon r^3}\sqrt{\cos^2\theta+\sin^2\theta+3\cos^2\theta}$ $E=\dfrac{M}{4\pi\varepsilon r^3}\sqrt{1+3\cos^2\theta}\,[\mathrm{V/m}]$

- 전계의 최댓값 $E_{max}=\dfrac{M}{2\pi\varepsilon r^3}[\mathrm{V/m}]$(단, $\theta=0°$일 경우)
- 전계의 최솟값 $E_{min}=\dfrac{M}{4\pi\varepsilon r^3}[\mathrm{V/m}]$(단, $\theta=90°$일 경우)

Module 036

자성체의 의한 토크

핵심이론

[자속밀도(B)]

$$B=\frac{\phi}{S}=\mu_0 H[\text{Wb/m}^2]$$

여기서, ϕ : 자속, S : 단면적, μ_0 : 진공 중 투자율, H : 자계의 세기

[막대자석의 회전력(= 토크, T)]

- 자기모멘트$(M)=m \cdot l[\text{Wb} \cdot \text{m}]$
- 회전력$(T)=M\times H=MH\sin\theta=mlH\sin\theta[\text{N}\cdot\text{m}]$

여기서, m : 자극의 세기, l : 막대자석의 길이

용어 정의

- **자기모멘트** : 자기장 속에서 토크의 크기를 결정하는 자기쌍극자의 고유 물리량이다.
- **자기쌍극자** : N극과 S극을 가지는 작은 물체 자기장과 나란한 방향이 되도록 회전하려는 토크가 발생한다.

Module 037

플레밍의 법칙 (Fleming's Rule, 우발좌전)

핵심이론

[플레밍의 오른손 법칙(발전기 원리)]

$$e=\int(v\times B)\cdot dl=vBl\sin\theta[\text{V}]$$

여기서, e : 유기기전력(중지), v : 도체의 운동속도(엄지), B : 자속밀도(검지), l : 도체 길이

[플레밍의 왼손 법칙(전동기 원리)]

$$f=\int(I\times B)\cdot dl=IBl\sin\theta[\text{N}]$$

여기서, f : 도체에 작용하는 힘(엄지), I : 전류(중지), B : 자속밀도(검지), l : 도체길이

용어 정의

- 플레밍의 오른손 법칙(Fleming's Right Hand Rule) : 자기장 속 도선에 전류가 흐를 때, 자기장의 방향과 도선에 흐르는 전류의 방향으로 도선이 받는 힘의 방향이 결정된다.
- 플레밍의 왼손 법칙(Fleming's Left Hand Rule) : 자기장의 방향, 중지를 전류의 방향으로 했을 때, 엄지가 가리키는 방향이 도선이 받는 힘의 방향이 된다.

Module 038

자화의 세기(J)

핵심이론

$$J = \chi H = B\left(1 - \frac{1}{\mu_s}\right) = \mu H\left(1 - \frac{1}{\mu_s}\right) = \mu_0 \mu_s H\left(1 - \frac{1}{\mu_s}\right)$$
$$= \mu_0 H(\mu_s - 1)[\mathrm{Wb/m^2}]$$

용어 정의

자화의 세기
강자성체 내에서 자계의 방향으로 전향한 단위자석의 자속밀도

Module 039

히스테리시스 곡선 (Hysteresis Loop, $B-H$곡선)

핵심이론

- 변압기 철심에 교류전원이 가해질 경우 파형의 한 주기에(자계 세기의 변화) 따라 히스테리시스 곡선(자속밀도)도 변화하게 된다.

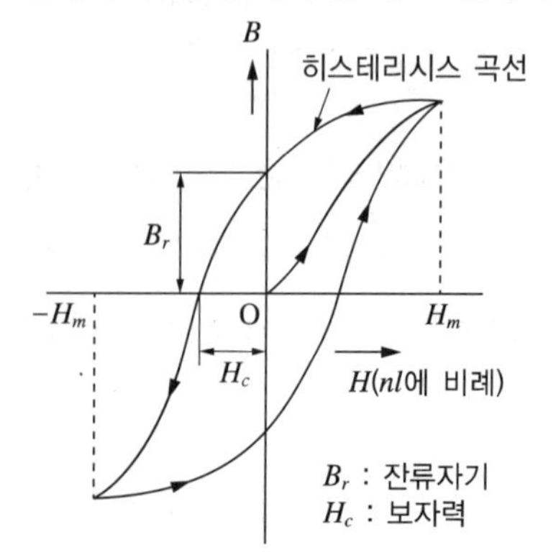

- 가로축 : 자계의 세기(H)
- 세로축 : 자속밀도(B)
- 기울기 : 투자율(μ)

용어 정의

히스테리시스 손실
히스테리시스 곡선의 면적을 히스테리시스 손실이라고 한다.

Module 040

전위차와 전계의 관계

핵심이론

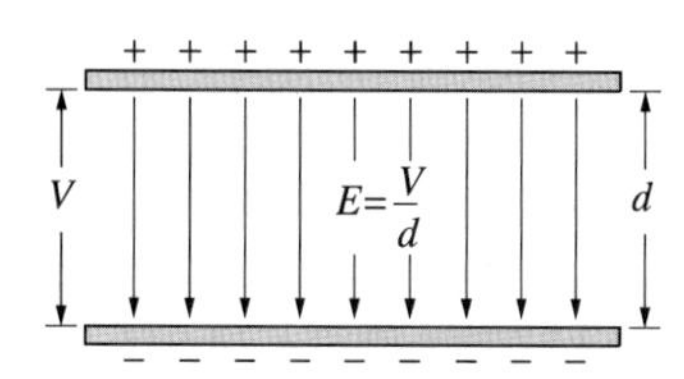

- +, −의 전하가 동일한 간격을 두고 형성되어 있을 경우 일정한 전계(E)가 발생한다.
- $Ed = \dfrac{Fd}{q} = \dfrac{W}{q} = \triangle V$
- 단위 : $\left[\dfrac{\mathrm{N}}{\mathrm{C}}\mathrm{m}\right] = \left[\dfrac{\mathrm{N \cdot m}}{\mathrm{C}}\right] = \left[\dfrac{\mathrm{J}}{\mathrm{C}}\right] = [\mathrm{V}]$
- 일반적인 관계식 : $E = \dfrac{F}{q}$, $W = q \cdot \triangle V$
- 일정한 전계일 경우의 관계식 : $E = \dfrac{V}{d}$, $V = E \cdot d$

MEMO

제 2 과목

회로이론

Module 40제

공사공단 공기업 전공 [필기]

전기직 필수 이론 500제

제 2 과목

회로이론

Module 001 줄(Joule)의 법칙

핵심이론

- $H = I^2 \cdot R \cdot t$[J]
- 도체에 전류 I[A]가 t[sec] 동안 흐를 때 도체에 발생하는 열에너지 H[J]는 전류의 제곱(I^2), 도체의 저항(R), 흐른 시간(t)에 비례한다.
- H는 열(Heat)에너지를 의미하며, 줄(Joule)의 법칙은 전기에너지를 열에너지로 변환하는 법칙이다.

[주의할 점]

- $H = 0.24I^2Rt$[cal]
- 전력량의 단위 : [J]
- 전력 : $P = \dfrac{W}{t} = \dfrac{V \cdot Q}{t} = \dfrac{V \cdot I \cdot t}{t} = V \cdot I = I^2 \cdot R$

$$= \left(\frac{V}{R}\right)^2 \cdot R = \frac{V^2}{R}[\text{W 또는 J/sec}]$$

- 전력량 : $W = P \cdot t = V \cdot I \cdot t = I^2 \cdot R \cdot t = \dfrac{V^2}{R} \cdot t$[J]
- 단위의 환산 : $1[\text{J}] = \dfrac{1}{4.2}[\text{cal}] \fallingdotseq 0.24[\text{cal}]$

용어 정의

전력량

일정한 단위시간 동안에 사용한 전력의 양으로 단위는 보통 [Wh] 또는 [kWh]를 사용한다. 이는 소비전력을 나타내는 것이 특징이다.

Module 002 파형의 종류

핵심이론

구 분	실횻값	평균값	파형률	파고율
정현파	$\frac{V_m}{\sqrt{2}}$	$\frac{2V_m}{\pi}$	1.11	1.41
정현반파	$\frac{V_m}{2}$	$\frac{V_m}{\pi}$	1.57	2
삼각파	$\frac{V_m}{\sqrt{3}}$	$\frac{V_m}{2}$	1.15	1.73
삼각반파	$\frac{V_m}{\sqrt{6}}$	$\frac{V_m}{4}$	1.63	2.45
구형파	V_m	V_m	1	1
구형반파	$\frac{V_m}{\sqrt{2}}$	$\frac{V_m}{2}$	1.41	1.41

※ $\text{파고율} = \frac{\text{최댓값}}{\text{실횻값}}$, $\text{파형률} = \frac{\text{실횻값}}{\text{평균값}}$

용어 정의

- **정현파** : 사인(Sine, 정현) 또는 코사인(Cosine, 여현) 함수로 된 주기 신호의 총칭이다.
- **실횻값** : RMS(Root Mean Square)는 우리말로 실횻값이며, 출력값의 평균을 계산했을 때 항상 균일하게 출력되는 크기(수치)이다.
- **파고율** : 교류의 실효값에 대한 파형의 최댓값 비율이다.
- **파형률** : 교류의 직류성분값인 평균값에 대한 교류의 실횻값 비율이다.

Module 003 2단자 회로망 (Two Terminal Network)

핵심이론

$$Z(s) = \frac{(s+a)(s-b)}{(s+c)(s-d)}$$

- 2단자 회로망에서는 영점(Zero)과 극점(Pole)을 구하여 회로의 특성을 파악할 수 있다.
- 's'의 값이 $-a$, $+b$일 경우 분자의 값이 '0'이 되므로 $Z(s)=0$ 즉, 단락상태로 해석할 수 있다(전압 최소).
- 's'의 값이 $-c$, $+d$일 경우 분모의 값이 '0'이 되므로 $Z(s)=\infty$ 즉, 개방상태로 해석할 수 있다(전류 최소).

용어 정의

- 영점 : 전달함수가 "0"이 되도록 하는 변수 s 값이다(분자가 "0"이 되도록 하는 변수 s).
- 극점 : 전달함수가 "∞"가 되도록 하는 변수 s 값이다(분모가 "0"이 되도록 하는 변수 s).

Module 004

정저항회로

핵심이론

[주파수에 관계없이 순저항회로가 되는 경우]

- L, C가 병렬일 때 동일한 저항 R을 각각 직렬연결

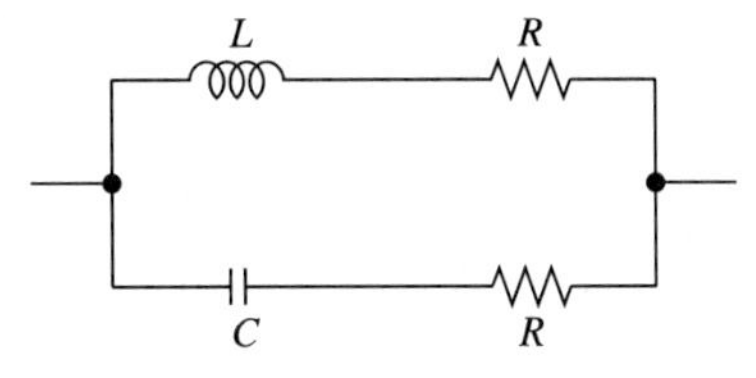

- L, C가 직렬일 때 동일한 저항 R을 각각 병렬연결

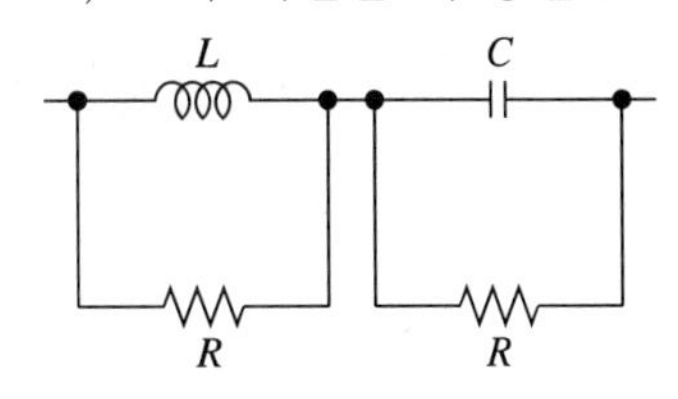

- 위의 두 회로가 $Z_1 \cdot Z_2 = R^2 = \dfrac{L}{C}$을 만족할 경우 정(순)저항회로로 해석할 수 있다(주파수와 무관한 회로).

Module 005

임피던스 행렬 (Z파라미터, Impedance Parameter), "T", "$V=Z\cdot I$" 모형

핵심이론

$$\begin{bmatrix} V_1 \\ V_2 \end{bmatrix} = \begin{bmatrix} Z_{11} & Z_{12} \\ Z_{21} & Z_{22} \end{bmatrix} \begin{bmatrix} I_1 \\ I_2 \end{bmatrix}$$

$$V_1 = Z_{11}I_1 + Z_{12}I_2$$

$$V_2 = Z_{21}I_1 + Z_{22}I_2$$

$$Z_{11} = \left. \frac{V_1}{I_1} \right|_{I_2=0} = Z_1 + Z_3$$

$$Z_{12} = \left. \frac{V_1}{I_2} \right|_{I_1=0} = Z_3$$

$$Z_{21} = \left. \frac{V_2}{I_1} \right|_{I_2=0} = Z_3$$

$$Z_{22} = \left. \frac{V_2}{I_2} \right|_{I_1=0} = Z_2 + Z_3$$

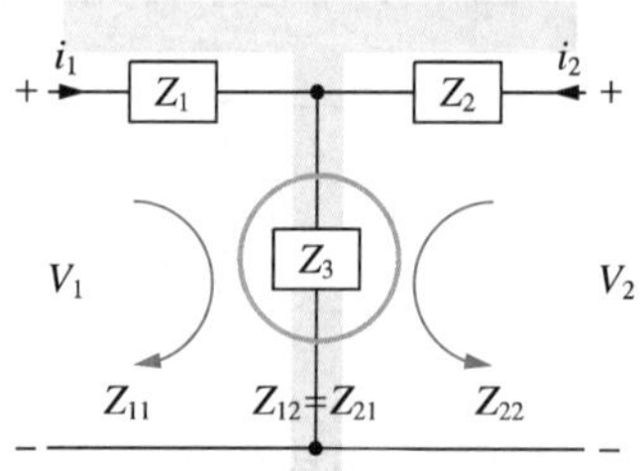

$$Z_3 = Z_{12} = Z_{21}$$

※ 그림과 전류의 방향이 한 개가(i_1 또는 i_2) 반대이면, $Z_3 \rightarrow (-Z_3)$로 해석

용어 정의

임피던스(Z)

전압을 인가했을 때 전류가 흐르는 것에 반항하는 정도이다. 복소수 형태로 저항 성분과 리액턴스 성분으로 구분된다($Z=R+jX$).

Module 006

어드미턴스 행렬 (Y파라미터, Admittance Parameter), "π", "$I= Y \cdot V$" 모형

핵심이론

$$\begin{bmatrix} I_1 \\ I_2 \end{bmatrix} = \begin{bmatrix} Y_{11} & Y_{12} \\ Y_{21} & Y_{22} \end{bmatrix} \begin{bmatrix} V_1 \\ V_2 \end{bmatrix}$$

$$I_1 = Y_{11} V_1 + Y_{12} V_2$$

$$I_2 = Y_{21} V_1 + Y_{22} V_2$$

$$Y_{11} = \left. \frac{I_1}{V_1} \right|_{V_2 = 0} = Y_1 + Y_2$$

$$Y_{12} = \left. \frac{I_1}{V_2} \right|_{V_1 = 0} = -Y_2$$

$$Y_{21} = \left. \frac{I_2}{V_1} \right|_{V_2 = 0} = -Y_2$$

$$Y_{22} = \left. \frac{I_2}{V_2} \right|_{V_1 = 0} = Y_2 + Y_3$$

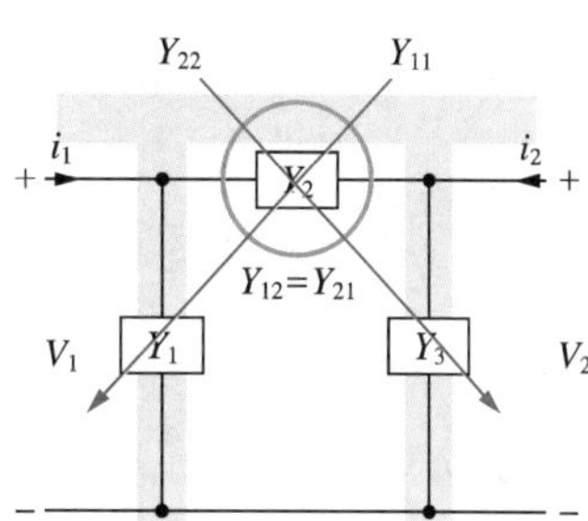

$$-Y_2 = Y_{12} = Y_{21}$$

※ 그림과 전류의 방향이 한 개가(i_1 또는 i_2) 반대이면, $-Y_2 \rightarrow Y_2$로 해석

용어 정의

어드미턴스

교류회로에서 전류가 얼마나 잘 흐르는지를 나타낸 수치이며, 임피던스의 역수이다($Y = G + jB$).

Module 007

4단자 정수 ($ABCD$파라미터, Four Parameter)

핵심이론

- 중거리 송전선로를 해석할 수 있다.
- 내부의 4가지($ABCD$) 값으로 1차측과 2차측의 시스템 관계를 알 수 있다.

$$\begin{bmatrix} V_1 \\ I_1 \end{bmatrix} = \begin{bmatrix} A & B \\ C & D \end{bmatrix} \begin{bmatrix} V_2 \\ I_2 \end{bmatrix}$$

$$V_1 = AV_2 + BI_2$$

$$I_1 = CV_2 + DI_2$$

$A = \left.\dfrac{V_1}{V_2}\right|_{I_2 = 0}$: 전압비의 차원(출력측 개방)

$B = \left.\dfrac{V_1}{I_2}\right|_{V_2 = 0}$: 임피던스(Z)(출력측 단락)[Ω]

$C = \left.\dfrac{I_1}{V_2}\right|_{I_2 = 0}$: 어드미턴스(Y)(출력측 개방)[℧]

$D = \left.\dfrac{I_1}{I_2}\right|_{V_2 = 0}$: 전류비의 차원(출력측 단락)

용어 정의

- 전압비의 차원 : V_1과 V_2에 대한 비율(단위가 없음)
- 전류비의 차원 : I_1과 I_2에 대한 비율(단위가 없음)

Module 008

$ABCD$파라미터의 각종 예제

핵심이론

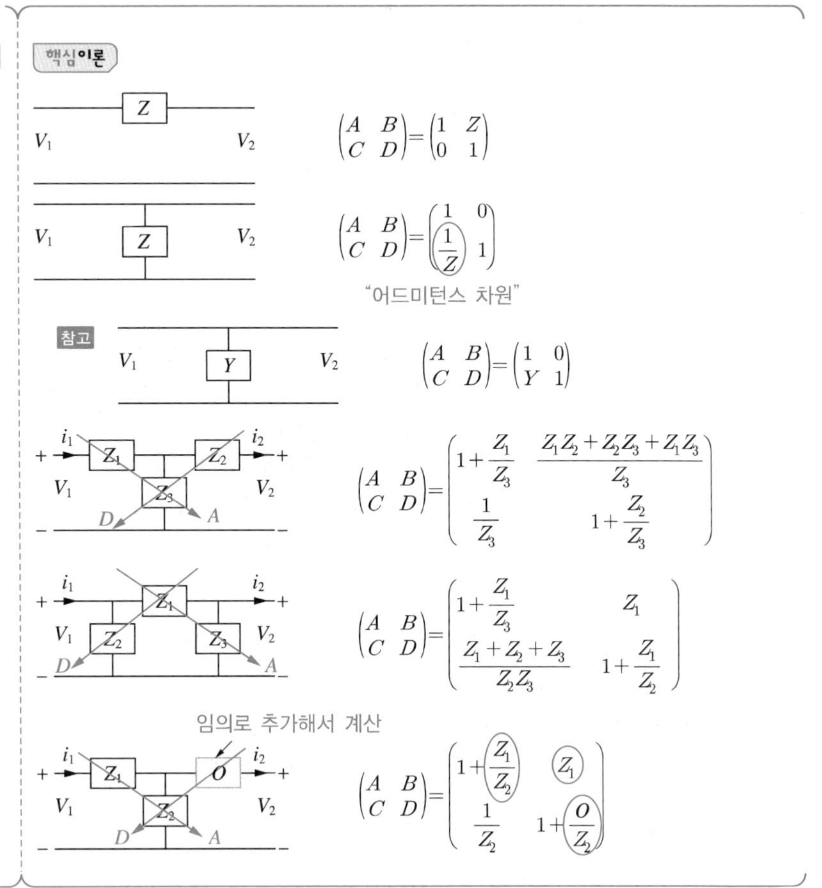

Module 009

복소수 계산 (직각좌표계, 극좌표계, 삼각함수 변환)

핵심이론

$Z = a + jb$ [직각좌표계]

$= \sqrt{실수부^2 + 허수부^2} \angle \tan^{-1}\dfrac{허수부}{실수부}$ [극좌표계]

$= \sqrt{a^2 + b^2} \angle \tan^{-1}\dfrac{b}{a}$

$= \sqrt{a^2 + b^2}\left\{\cos\left(\tan^{-1}\dfrac{b}{a}\right) + j\sin\left(\tan^{-1}\dfrac{b}{a}\right)\right\}$ [삼각함수]

예

$$
\begin{aligned}
Z &= 1+j\sqrt{3} \\
&= \sqrt{1^2+(\sqrt{3})^2}\angle\tan^{-1}\frac{\sqrt{3}}{1} \\
&= 2\angle 60° \\
&= 2(\cos 60° + j\sin 60°) \\
&= 2\left(\frac{1}{2}+j\frac{\sqrt{3}}{2}\right) \\
&= 1+j\sqrt{3}
\end{aligned}
$$

용어 정의

- 직각좌표계(Rectangular Coordinate System) : 가장 대표적인 좌표계로써 차원의 경우 x, y, z로 구성되고 각각 독립적이다. 즉, 하나의 변수가 다른 변수에 영향을 주지 않는다.
- 극좌표계(Polar Coordinate System) : 평면 위(2차원)의 위치를 거리와 각도를 사용하여 나타내는 2차원 좌표계이다.

Module 010

극좌표계의 계산

핵심이론

$Z_1 = a\angle\theta_1$, $Z_2 = b\angle\theta_2$일 경우

$$Z_1 \times Z_2 = (a\times b)\angle(\theta_1+\theta_2)$$

$$\frac{Z_1}{Z_2} = \frac{a}{b}\angle(\theta_1-\theta_2)$$

Module 011

교류전력 (단상, 1ϕ)

핵심이론

[유효전력(Active Power, P)]

$$P = V_{rms} I_{rms} \cos\theta = \frac{V_m}{\sqrt{2}} \cdot \frac{I_m}{\sqrt{2}} \cdot \cos\theta = \frac{V_m I_m}{2} \cos\theta$$

$$= I^2 R = \frac{V^2}{R} = P_a \cos\theta \,[\mathrm{W}]$$

여기서 중요한 점은 $\cos\theta$의 포함 또는 미포함 경우이다. 일반적으로 $\cos\theta$는 회로에서 저항(R)만에 대한 부분을 계산해 주기 때문에(유효분) 저항(R)이 포함된 식에는 포함하지 않는다. 저항(R)에 대한 전력을 유효전력이라 칭한다.

[무효전력(Reactive Power, P_r)]

$$P_r = V_{rms} I_{rms} \sin\theta = \frac{V_m}{\sqrt{2}} \cdot \frac{I_m}{\sqrt{2}} \cdot \sin\theta = \frac{V_m I_m}{2} \sin\theta$$

$$= I^2 X = \frac{V^2}{X} = P_a \sin\theta \,[\mathrm{Var}]$$

여기서 중요한 점은 $\sin\theta$의 포함 또는 미포함 경우이다. 일반적으로 $\sin\theta$는 회로에서 리액턴스(X)만에 대한 부분을 계산해 주기 때문에(무효분) 리액턴스(X)가 포함된 식에는 포함하지 않는다. 리액턴스(X)에 대한 전력을 무효전력이라 칭한다.

[피상전력(Apparent Power, P_a)]

$$P_a = V_{rms} I_{rms} = \frac{V_m}{\sqrt{2}} \cdot \frac{I_m}{\sqrt{2}} = \frac{V_m I_m}{2} = I^2 Z = \frac{V^2}{Z}$$

$$= \sqrt{P^2 + P_r^2} \,[\mathrm{VA}]$$

용어 정의

- 유효전력 : 저항(R)성분에 의해 소모되는 전력
- 무효전력 : 리액턴스(X)성분에 의해 소모되는 전력
- 피상전력 : 임피던스(Z)성분에 의해 소모되는 전력

Module 012

복소전력 (Complex Power, S)

핵심이론

복소전력 계산 시 전압 또는 전류에 공액복소수(Conjugation)를 적용하는데, 이는 전압과 전류의 위상차에 의해 유효전력과 무효전력이 정해지기 때문이다. 공액복소수 없이 전압(V)과 전류(I)를 곱할 경우 결과가 위상의 합으로 계산되므로 유효전력과 무효전력의 값이 실제와 다르게 구해진다.

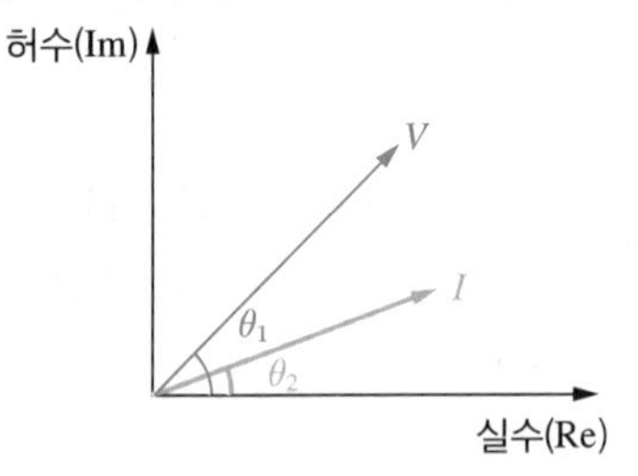

만약, 공액복소수를 적용하지 않으면,

$$\dot{S} = \dot{V} \cdot \dot{I} = V \cdot I \angle(\theta_1 + \theta_2) = VI\cos(\theta_1 + \theta_2) + jVI\sin(\theta_1 + \theta_2)$$

하지만 공액복소수를 적용하면,

$$\dot{S} = \dot{V} \cdot \dot{I}^* = V \cdot I \angle(\theta_1 - \theta_2) = VI\cos(\theta_1 - \theta_2) + jVI\sin(\theta_1 - \theta_2)$$

$$= VI\cos\alpha + jVI\sin\alpha$$

여기서, α는 V와 I의 위상차를 표현해 준다(V와 I는 실횻값 기준).

더불어 공액복소수는 편의를 위해 주로 전류에 적용한다. 현장 및 실무에서 대부분의 부하는 모터 등 유도성 부하가 많으므로 지상무효전력을 기준으로 해야 한다(전류가 전압에 뒤처져 있는 모형). 따라서 전류에 공액복소수를 적용하여 θ_2를 $-\theta_2$로 바꾸어 계산하는 것이 유리하다. 단, 모든 문제는 확인이 필요하며, 전압과 전류를 벡터적으로 표현한 후 큰 각에서 작은 각을 빼는 형식으로 작은 각도에 공액복소수를 적용하는 것이 가장 바람직하다.

최종 결과 $\dot{S}$는 유효전력과 무효전력을 한 눈에 표현해 준다.

$$\dot{S} = P \pm jP_r$$

여기서 P는 유효전력이며, P_r는 무효전력이다. P_r의 부호가 +인 경우 유도성, −인 경우 용량성을 의미한다(전압 V를 공액했을 경우는 반대).

용어 정의

- **공액(共軛)** : 순우리말로 켤레
- **복소전력** : 회로의 전압과 전류를 복소수(Complex Number) 형태로 나타낸 것이다. 복소전력을 이용하여 유효전력과 무효전력을 복소수 형태로 표현할 수 있다.
- **공액복소수(Complex Conjugate)** : 복소수의 허수부에 덧셈 역원을 취하여 얻는 복소수이다(공액복소수 = 켤레복소수 = 복소켤레 = 공액켤레).

Module 013

역률(Power Factor, pf, $\cos\theta$)과 무효율(Reactive Factor, rf, $\sin\theta$)

핵심이론

[역 률]

$$\cos\theta = \frac{P}{P_a} = \frac{P}{\sqrt{P^2 + P_r^2}} = \frac{P}{V_{rms} \cdot I_{rms}} = \frac{R}{|Z|} = \frac{R}{\sqrt{R^2 + X^2}}$$

$$= \frac{G}{|Y|} = \frac{G}{B}\sin\theta$$

[무효율]

$$\sin\theta = \frac{P_r}{P_a} = \frac{P_r}{\sqrt{P^2 + P_r^2}} = \frac{P_r}{V_{rms} \cdot I_{rms}} = \frac{X}{|Z|} = \frac{X}{\sqrt{R^2 + X^2}}$$

$$= \frac{B}{|Y|} = \frac{B}{G}\cos\theta$$

용어 정의

- **역률(유효율)** : 전기설비에 걸리는 전압과 전류가 얼마나 효율적으로 일을 하는지를 나타내는 지표이다. 기하학적 의미는 전압과 전류의 위상차이며, $\cos\theta$이다.
- **무효율** : 역률과 반대 개념으로 $\sin\theta$로 나타낸다($\cos^2\theta + \sin^2\theta = 1$).

Module 014

역률 보상 (콘덴서 용량 계산법)

핵심이론

$$Q_c = P(\tan\theta_1 - \tan\theta_2) = P\left(\frac{\sin\theta_1}{\cos\theta_1} - \frac{\sin\theta_2}{\cos\theta_2}\right)$$

$$= P\left(\frac{\sqrt{1-\cos^2\theta_1}}{\cos\theta_1} - \frac{\sqrt{1-\cos^2\theta_2}}{\cos\theta_2}\right)[\text{VA}]$$

여기서, $\cos\theta_1$: 개선 전 역률, $\cos\theta_2$: 개선 후 역률, Q_c : 콘덴서 용량[VA]

Module 015

최대전력 전달조건

핵심이론

최대전력 전달조건은 저항(R)보다는 임피던스(Z)를 기준으로 이해하는 것이 문제를 해결하는 데 더욱더 유리하다. 개념은 동일하지만, 저항(R)만의 회로가 아닌 리액턴스(X)를 포함하고 있는 임피던스(Z)로 구성된 회로로 회로를 해석한다.

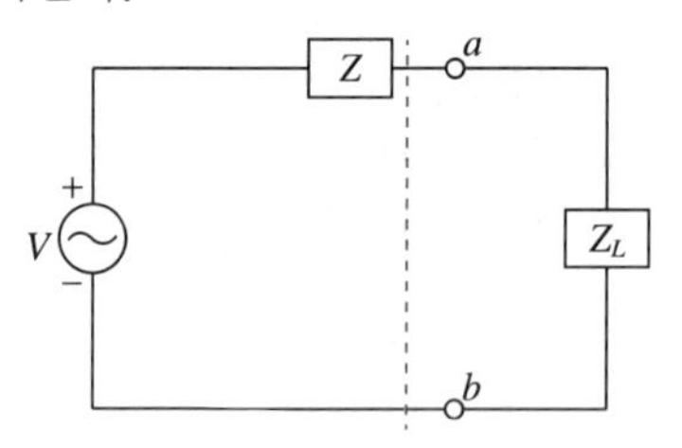

- $\dot{Z} = R + jX$ 일 경우 $\dot{Z}_L = \overline{Z} = R - jX$이면 Z_L에 최대전력($P_{\max}$)이 공급된다.
- $P_{\max} = I^2 \cdot R = \left(\frac{V}{Z+Z_L}\right)^2 \cdot R = \left(\frac{V}{R+jX+R-jX}\right)^2 \cdot R$

$$= \left(\frac{V}{2R}\right)^2 \cdot R = \frac{V^2}{4R}[\text{W}]$$

 – 입력측이 L만의 회로인 경우 : $P_{\max} = \frac{V^2}{2X_L}[\text{W}]$

 – 입력측이 C만의 회로인 경우 : $P_{\max} = \frac{V^2}{2X_C}[\text{W}]$

용어 정의

- 저항(R) : 도체에서 전류의 흐름을 방해하는 정도를 나타내는 물리량[Ω]이다.
- 리액턴스(X) : 교류회로에서 코일과 캐패시터에 의해 발생하는 전기저항과 유사한 역할을 하는 물리량[Ω]이다.
- 임피던스(Z) : 전압을 인가했을 때 전류가 흐르는 것에 반항하는 정도[Ω]이다. 복소수 형태로 저항성분과 리액턴스성분으로 구분된다($Z = R + jX$, $|Z| = \sqrt{R^2 + X^2}$).

Module 016

휘트스톤 브리지(Wheatstone Bridge)회로

핵심이론

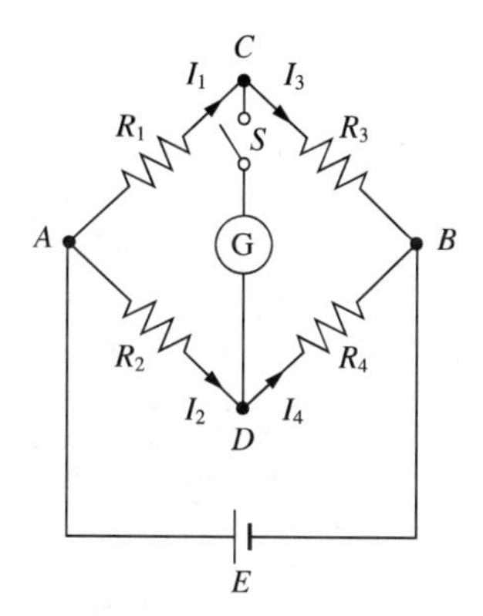

[사용 목적]

스위치 S를 단락(On)시켰을 때 중앙 검류계에서 전류가 검출되지 않으면 이를 휘트스톤 브리지의 평형상태라고 한다. 이러한 상태에서 R_1, R_2, R_3, R_4의 저항값을 구할 수 있다.

[관계식]

- $V_C = \dfrac{R_3}{R_1 + R_3}E$, $V_D = \dfrac{R_4}{R_2 + R_4}E$
  - 검류계(G)에 전류가 흐르지 않는다는 것은 V_C와 V_D의 전위차가 없다는 의미를 가지므로 $V_C = V_D$로 해석할 수 있다.
- $\dfrac{R_3}{R_1 + R_3}E = \dfrac{R_4}{R_2 + R_4}E \rightarrow R_1R_4 + R_3R_4 = R_2R_3 + R_3R_4$

$\therefore R_1R_4 = R_2R_3$ (휘트스톤 브리지가 평형상태일 때)

용어 정의

평형상태(Electrode Potential at Equilibrium) : 두 지점의 전위차가 없는 경우 이를 평형상태라고 한다(전위차가 없기 때문에 전류가 흐르지 않는 상태, 검류계의 지시값이 "0"인 경우).

Module 017

전압원(Voltage Source), 전류원(Current Source)의 기초

핵심이론

이상적인(Ideal) 전압원	이상적인(Ideal) 전류원
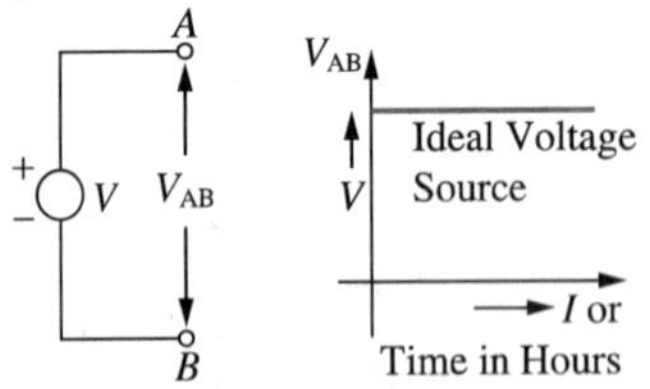 A, B, V, V_{AB}, Ideal Voltage Source, I or Time in Hours	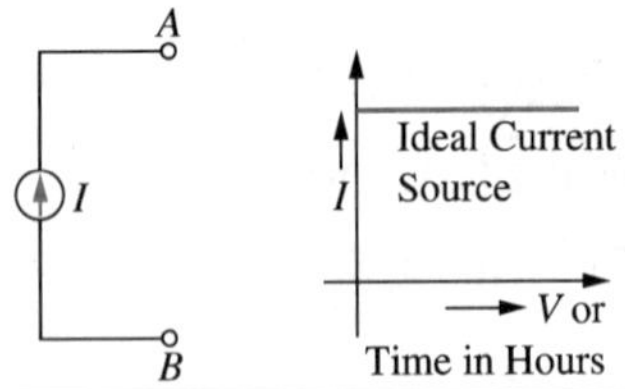 A, B, I, Ideal Current Source, V or Time in Hours
전압은 일정	전류는 일정
전압원의 내부저항은 "0" → 단락(Short) 해석 가능	전류원의 내부저항은 "∞" → 개방(Open) 해석 가능
전압원의 전류는 "∞"	전류원의 전압은 "0"
실제(Practical) 전압원	**실제(Practical) 전류원**
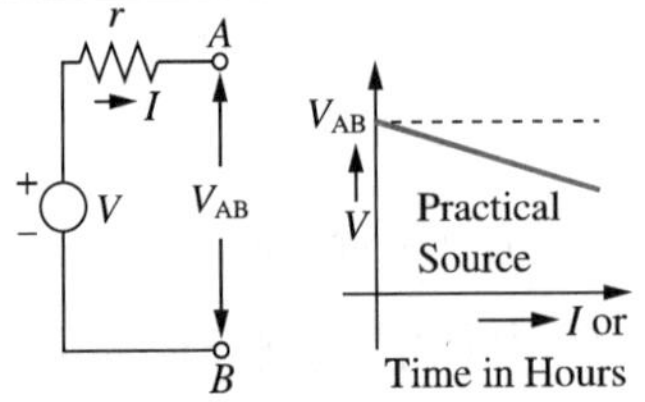 r, A, I, V, V_{AB}, B, Practical Source, I or Time in Hours	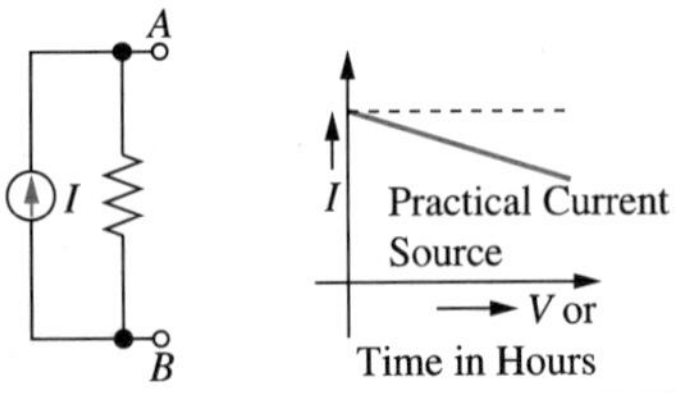 A, I, B, Practical Current Source, V or Time in Hours
전압은 시간에 따라 줄어듦	전류는 시간에 따라 줄어듦
전압원의 내부저항은 일부 존재	전류원의 병렬(내부)저항으로 인해 전압 존재

Module 018

밀만의 정리 (Millman's Theorem)

핵심이론

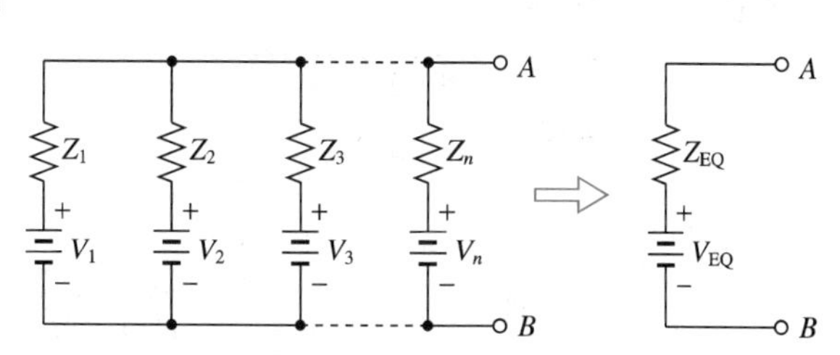

다수의 병렬전압원을 단일 등가전압원으로 단순화시키는 회로 해석방법으로 부하에 흐르는 전류나 인가되는 전압을 쉽게 구할 수 있다. 밀만의 정리(Millman's Theorem)는 병렬전압원에 대한 테브난 정리의 특수한 형태이며, V_{AB}를 통해 회로를 재해석하여 전류와 전압 등을 구할 수 있다(전압원의 극성(+, −)이 바뀌면 전압(V)의 부호도 그에 따라 바뀌어야 함을 주의할 것).

$$V_{AB} = \frac{\dfrac{V_1}{Z_1} + \dfrac{V_2}{Z_2} + \dfrac{V_3}{Z_3} + \cdots + \dfrac{V_n}{Z_n}}{\dfrac{1}{Z_1} + \dfrac{1}{Z_2} + \dfrac{1}{Z_3} + \cdots + \dfrac{1}{Z_n}}$$

$$= \frac{Y_1 V_1 + Y_2 V_2 + Y_3 V_3 + \cdots + Y_n V_n}{Y_1 + Y_2 + Y_3 + \cdots + Y_n}$$

용어 정의

- 밀만의 정리(Millman's Theorem) : 회로 내 여러 개의 전압전원이 병렬로 접속되어 있는 경우에 하나의 등가전압전원으로 전환하는 방식이다.
- 테브난 정리 : 전기회로이론, 선형전기회로에서 두 개의 단자를 지닌 전압원, 전류원, 저항의 어떠한 조합이라도 하나의 전압원(V)과 하나의 직렬저항(R)으로 변환하여 전기적 등가를 표현할 수 있다.

Module 019

Y-△ 변환

핵심이론

특성 \ 변환	Y→△	△→Y
회 로		
변 환	$Z_{ab}=\dfrac{Z_aZ_b+Z_bZ_c+Z_cZ_a}{Z_c}$ $Z_{bc}=\dfrac{Z_aZ_b+Z_bZ_c+Z_cZ_a}{Z_a}$ $Z_{ca}=\dfrac{Z_aZ_b+Z_bZ_c+Z_cZ_a}{Z_b}$	$Z_a=\dfrac{Z_{ab}Z_{ca}}{Z_{ab}+Z_{bc}+Z_{ca}}$ $Z_b=\dfrac{Z_{ab}Z_{bc}}{Z_{ab}+Z_{bc}+Z_{ca}}$ $Z_c=\dfrac{Z_{bc}Z_{ca}}{Z_{ab}+Z_{bc}+Z_{ca}}$
Z값 동일한 경우	$Z_Y=3Z_\triangle$	$Z_\triangle=\dfrac{1}{3}Z_Y$

Y→△	△→Y
3배(저항, 임피던스, 선전류, 소비전력) $\frac{1}{3}$배(어드미턴스)	$\frac{1}{3}$배(저항, 임피던스, 선전류, 소비전력) 3배(어드미턴스)

용어 정의

- 저항(R) : 도체에서 전류의 흐름을 방해하는 정도를 나타내는 물리량[Ω]이다.
- 임피던스(Z) : 전압을 인가했을 때 전류가 흐르는 것에 반항하는 정도[Ω]이다. 복소수 형태로 저항성분과 리액턴스성분으로 구분된다.
  ($Z=R+jX$, $|Z|=\sqrt{R^2+X^2}$)
- 선전류(Line Current) : 전기회로에서 전원단자로부터 선로로 유출하는 전류 및 선로로부터 부하단자로 흘러드는 전류
- 소비전력(Power Consumption) : 소비전력은 전기・전자기기가 운용되기 위해 필요한 단위시간당 전기에너지의 양을 의미하며, 단위는 [W](Watt, 와트)를 사용한다. 전기공학에서는 소비전력과 유효전력(Active Power)의 의미를 함께 사용한다.

Module 020

평형 3상 교류

핵심이론

구 분	Y결선	△결선
전 류	$I_l = I_p$	$I_l = \sqrt{3}\,I_p \angle -30°$
전 압	$V_l = \sqrt{3}\,V_p \angle 30°$	$V_l = V_p$
전 력	• 유효전력 : $P = 3I_p^2 R = 3 \cdot \frac{V_p}{Z} \cdot I_p \cdot R = 3 \cdot \frac{V_l}{\sqrt{3}} \cdot I_l \cdot \frac{R}{Z} = 3V_pI_p\cos\theta$ $= \sqrt{3}\,V_lI_l\cos\theta[\mathrm{W}]$ • 무효전력 : $P_r = 3V_pI_p\sin\theta = \sqrt{3}\,V_lI_l\sin\theta[\mathrm{Var}]$ • 피상전력 : $P_a = 3V_pI_p = \sqrt{3}\,V_lI_l[\mathrm{VA}]$	
V결선	–	• 1상에서 고장이 발생했을 경우 V결선으로 3상을 공급할 수 있다. • 출력 : $P_V = \sqrt{3}\,P_1 = \sqrt{3}\,V_lI_l\cos\theta[\mathrm{W}]$ • 출력비 : $\frac{P_V}{P_\triangle} = \frac{\sqrt{3}\,P_1}{3P_1} \times 100 = 57.7[\%]$ • 이용률 : $\frac{\sqrt{3}\,P_1}{2P_1} \times 100 = 86.6[\%]$

용어 정의

- 유효전력(Active Power, $P[\mathrm{W}]$) : 전압의 실횻값이 V, 전류의 실횻값이 I일 경우, 유효전력 P는 $P = VI\cos\theta$로 구해진다.
- 무효전력(Reactive Power, $P_r[\mathrm{Var}]$) : 전압의 실횻값이 V, 전류의 실횻값이 I일 경우, 무효전력 P_r은 $P_r = VI\sin\theta$로 구해진다.
- 피상전력(Apparent Power, $P_a[\mathrm{VA}]$) : 전압의 실횻값이 V, 전류의 실횻값이 I일 경우, 피상전력 P_a는 $P_a = VI$로 구해진다($|P_a| = \sqrt{P^2 + P_r^2}$).

Module 021

3상 전력 측정 (2전력계법)

핵심이론

- 유효전력 : $P = P_1 + P_2[\mathrm{W}]$
- 무효전력 : $P_r = \sqrt{3}(P_2 - P_1)[\mathrm{Var}]$(큰 값에서 작은 값의 차)
- 피상전력 : $P_a = 2\sqrt{(P_1^2 + P_2^2 - P_1P_2)}[\mathrm{VA}]$
- 역률 : $\cos\theta = \dfrac{P_1 + P_2}{2\sqrt{(P_1^2 + P_2^2 - P_1P_2)}}$

용어 정의

- 3상 전력(3Phase Power) : 3상 전력이란 3상 교류에 의해 공급되거나 소비되는 전력이다. 대부분의 전기기계가 동력용이며, 이를 3상 모터에 사용할 경우 결선방식에 따라 원하는 상회전방향을 얻을 수 있다.
- 2전력계법 : 2개의 전력계로 3상 전력을 측정하는 방법이다.

Module 022

n상 대칭 교류

핵심이론

구 분	Y결선	△결선
전 류	$I_l = I_p$	$I_l = 2\sin\frac{\pi}{n} I_p \angle\left\{-\frac{\pi}{2}\left(1-\frac{2}{n}\right)\right\}$
전 압	$V_l = 2\sin\frac{\pi}{n} V_p \angle\left\{\frac{\pi}{2}\left(1-\frac{2}{n}\right)\right\}$	$V_l = V_p$

※ 대칭 다상 교류는 원형 회전자계, 비대칭 다상 교류는 타원형 회전자계를 발생시킨다.

Module 023 비정현파 교류의 해석

핵심이론

교류전원(전압, 전류)은 통상적으로 이상적인 정현파로 가정하고 계산을 전개하거나 시스템을 해석하고 있다. 하지만 실제 전원의 파형은 각종 소자의 특성과 손실 등의 이유로 일부 찌그러진 형태의 비정현 주기파 형태로 측정된다. 이러한 비정현 주기파 형태의 파형은 푸리에 급수 형태로 분석할 수 있다(주파수가 상이한 다수의 정현파의 합으로 표현 가능하다).

$$f(t) = \underbrace{a_0}_{\text{직류성분}} + \underbrace{\sum_{n=1}^{\infty} a_n \cos n\omega t}_{\text{cos성분}} + \underbrace{\sum_{n=1}^{\infty} b_n \sin n\omega t}_{\text{sin성분}}$$

예 $v(t) = \sqrt{2}\,V_1 \sin\omega t + \sqrt{2}\,V_2 \sin 2\omega t + \cdots$

$i(t) = \sqrt{2}\,I_1 \sin(\omega t + \theta_1) + \sqrt{2}\,V_2 \sin(2\omega t + \theta_2) + \cdots$

$V_s = \sqrt{V_1^2 + V_2^2 + \cdots}$

$I_s = \sqrt{I_1^2 + I_2^2 + \cdots}$

$P = V_1 I_1 \cos\theta_1 + V_2 I_2 \cos\theta_2 + \cdots$(여기서 각 θ의 값은 해당 전압과 전류의 위상차이다. 같은 차수가 존재할 때만 계산 가능하다)

특히 유의해야 하는 점은 전압과 전류의 파형이 다를 경우 sin 또는 cos으로 통일하여 위상차를 판단하여야 한다.

※ $\sin\left(\omega t + \frac{\pi}{2}\right) = \cos\omega t$, $\cos\left(\omega t - \frac{\pi}{2}\right) = \sin\omega t$

용어 정의

비정현파(Non-Sinusoidal Wave)

정현파 교류 이외의 교류를 모두 비정현파 또는 왜파라고 한다. 즉, 동일 주파수가 아닌 서로 다른 주파수의 정현파가 합성된 것이다.

Module 024 비정현파의 왜형률 (D, Distortion Factor)

핵심이론

$$D = \frac{\text{전체 고조파의 실횻값}}{\text{기본파의 실횻값}} = \frac{\sqrt{V_2^2 + V_3^2 + \cdots}}{V_1} \text{ 또는 } \frac{\sqrt{I_2^2 + I_3^2 + \cdots}}{I_1}$$

용어 정의

왜형률

기본파에 비해서 파형의 일그러짐 정도이다.

Module 025

비정현파의 계산

핵심이론

구 분	$R-L$ 직렬회로	$R-C$ 직렬회로	$R-L-C$ 직렬회로
기본파	$Z=R+j\omega L$	$Z=R-j\frac{1}{\omega C}$	$Z=R+j\left(\omega L-\frac{1}{\omega C}\right)$
2고조파	$Z=R+j2\omega L$	$Z=R-j\frac{1}{2\omega C}$	$Z=R+j\left(2\omega L-\frac{1}{2\omega C}\right)$
3고조파	$Z=R+j3\omega L$	$Z=R-j\frac{1}{3\omega C}$	$Z=R+j\left(3\omega L-\frac{1}{3\omega C}\right)$
4고조파	$Z=R+j4\omega L$	$Z=R-j\frac{1}{4\omega C}$	$Z=R+j\left(4\omega L-\frac{1}{4\omega C}\right)$
이하 생략			

만약 $R-L-C$ 직렬회로에서 제4고조파의 전류 실횻값을 구한다면,

$$I_{4(rms)}=\frac{V_{4(rms)}}{Z_4}=\frac{V_{4(rms)}}{\sqrt{R^2+\left(4\omega L-\frac{1}{4\omega C}\right)^2}}$$

Module 026

R, L, C 만의 회로

핵심이론

구 분	R(저항)	L(코일, 인덕터)	C(콘덴서, 커패시터)
성 질	저 항	인덕턴스	정전용량
위 상	동 상	전류 뒤짐	전류 앞섬
리액턴스	$X=R[\Omega]$	$X_L=\omega L=2\pi fL[\Omega]$	$X_C=\frac{1}{\omega C}=\frac{1}{2\pi fC}[\Omega]$
전 류	$I=\frac{V}{R}[\text{A}]$	$I=\frac{V}{X_L}=\frac{V}{2\pi fL}[\text{A}]$	$I=\frac{V}{X_C}=2\pi fCV[\text{A}]$

용어 정의

- 저항(R) : 도체에서 전류의 흐름을 방해하는 소자이다.
- 인덕터(L) : 전류의 변화량에 비례해 전압을 유도하는 코일(권선)이다.
- 콘덴서(C) : 마주 놓인 두 전극 사이에 유전체를 끼워 만들어진 전기용량이 있는 것으로 축전기라고도 한다.

Module 027

RL 직렬회로

핵심이론

임피던스	$Z = R + jX_L = \sqrt{R^2 + (\omega L)^2} \angle \tan^{-1}\frac{\omega L}{R}[\Omega]$
전 류	• 직렬회로이기에 각 소자에 흐르는 전류는 동일하다. • $I = \frac{V}{Z}[A]$
역 률	$\cos\theta = \frac{R}{\sqrt{R^2 + X_L^2}}$
각 소자에 걸리는 전압	• $V_R = I \times R[V]$ • $V_L = I \times j\omega L[V]$ • $V = \sqrt{V_R^2 + V_L^2}[V]$

Module 028

RC 직렬회로

핵심이론

임피던스	$Z = R - jX_C = \sqrt{R^2 + \left(\frac{1}{\omega C}\right)^2} \angle \tan^{-1}\frac{1}{\omega CR}[\Omega]$
전 류	• 직렬회로이기에 각 소자에 흐르는 전류는 동일하다. • $I = \frac{V}{Z}[A]$
역 률	$\cos\theta = \frac{R}{\sqrt{R^2 + X_C^2}}$
각 소자에 걸리는 전압	• $V_R = I \times R[V]$ • $V_C = \frac{I}{j\omega C}[V]$ • $V = \sqrt{V_R^2 + V_C^2}[V]$

Module 029

RLC 직렬회로

핵심이론

임피던스	$Z=R+j(X_L-X_C)=R+j\left(\omega L-\frac{1}{\omega C}\right)[\Omega]$
전 류	• 직렬회로이기에 각 소자에 흐르는 전류는 동일하다. • $I=\frac{V}{Z}[A]$
역 률	$\cos\theta=\frac{R}{\sqrt{R^2+(X_L-X_C)^2}}$
각 소자에 걸리는 전압	• $V_R=I\times R[V]$ • $V_L=I\times j\omega L[V]$ • $V_C=\frac{I}{j\omega C}[V]$ • $V=\sqrt{V_R^2+(V_L-V_C)^2}[V]$
특 징	• $X_L>X_C$: 유도성 • $X_L<X_C$: 용량성 • $X_L=X_C$: 공진

Module 030

RL 병렬회로

핵심이론

어드미턴스	• $\lvert Y\rvert=\frac{1}{R}+\frac{1}{jX_L}=\frac{1}{R}-j\frac{1}{X_L}=\sqrt{\left(\frac{1}{R}\right)^2+\left(\frac{1}{\omega L}\right)^2}[\mho]$ • $\theta=\tan^{-1}\frac{R}{\omega L}$
전 류	$I=\sqrt{\left(\frac{1}{R}\right)^2+\left(\frac{1}{X_L}\right)^2}\,V[A]$
역 률	$\cos\theta=\frac{X_L}{\sqrt{R^2+X_L^2}}$

Module 031

RC 병렬회로

핵심이론

어드미턴스	• $\lvert Y\rvert = \frac{1}{R} + jX_C = \sqrt{\left(\frac{1}{R}\right)^2 + (\omega C)^2}$ [℧] • $\theta = \tan^{-1}\omega CR$
전 류	$I = \sqrt{\left(\frac{1}{R}\right)^2 + (X_C)^2}\ V$[A]
역 률	$\cos\theta = \frac{X_C}{\sqrt{R^2 + X_C^2}}$

Module 032

RLC 공진회로

핵심이론

RLC 직렬회로	RLC 병렬회로
$\omega L = \frac{1}{\omega C}$	$\omega C = \frac{1}{\omega L}$
$\omega L > \frac{1}{\omega C}$(유도성)	$\omega C > \frac{1}{\omega L}$(용량성)
$Z_0 = R$(최소)	$Y_0 = \frac{1}{R}$(최소)(= Z_0는 최대)
$I_0 = \frac{V}{Z_0} = \frac{V}{R}$(최대)	$I_0 = VY_0 = \frac{V}{R}$(최소)
각속도 $\omega_0 = \frac{1}{\sqrt{LC}}$	
• 공진주파수 $f_0 = \frac{1}{2\pi\sqrt{LC}}$ • n고조파 공진주파수 $f_n = \frac{1}{2\pi n\sqrt{LC}}$	

용어 정의

- 공진회로(Resonance Circuit) : 코일과 축전기가 함께 있는 진동회로에서 교류전원의 주파수와 회로의 고유주파수가 같을 때 회로에 큰 진동전류가 흐르는 회로이다.
- 공진주파수(Resonance Frequency) : 회로에 포함되는 L과 C에 의해서 정해지는 고유주파수와 전원의 주파수가 일치하면 공진현상을 일으켜 전류 또는 전압이 최대가 된다.
- 각속도(Angular Velocity) : 회전하는 물체의 단위시간당 각위치 변화이며, 단위로 초당 라디안, 즉 [rad/sec] 또는 분당회전수, 즉 [rpm]을 사용한다.

Module 033

$R-L$ 직렬회로의 과도현상 (Transient Phenomenon)

핵심이론

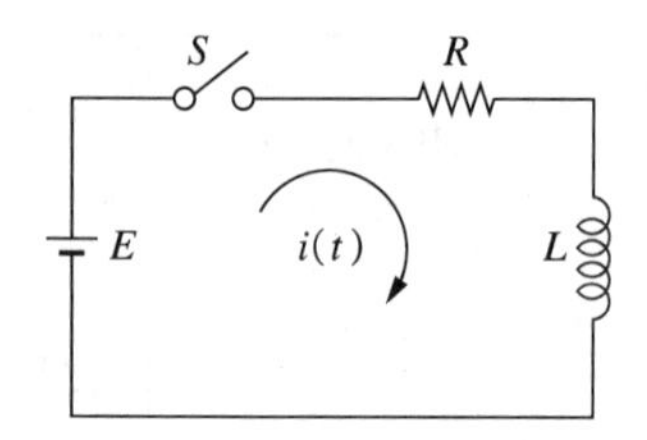

[스위치 단락 시(=전원 ON 시)]

구분	내용	
전류의 일반해	$i(t)=\frac{E}{R}\left(1-e^{-\frac{R}{L}t}\right)$ $=\underbrace{\frac{E}{R}}_{\text{정상해}}-\underbrace{\frac{E}{R}e^{-\frac{R}{L}t}}_{\text{과도해}}$ [A]	$i(t)=0.632\frac{E}{R}$[A] (시정수 $t=\frac{L}{R}$ 대입 시)
저항(R)에서의 전압 일반해	$E_R(t)=i(t)R=E-E\cdot e^{-\frac{R}{L}t}$ [V]	
코일(L)에서의 전압 일반해	$E_L(t)=L\frac{di(t)}{dt}=E\cdot e^{-\frac{R}{L}t}$ [V](단, 시정수 $\tau=\frac{L}{R}$[sec])	
전류의 정상해와 과도해	$i_1(t), i_2(t)$ / $\frac{E}{R}$ / $i_1(t)$ / $i_2(t)$ / t	
전류의 정상해와 과도해의 합성	$i(t)=i_1(t)+i_2(t)$ / $\frac{E}{R}$ / $i(t)$ / t	
저항(R)과 코일(L)의 전압 변화	$E_R(t), E_L(t)$ / E / $E_R(t)$ / $E_L(t)$ / t • L은 시간이 충분히 지나면 단락(Short) 해석 • C는 충분히 시간이 지나면 개방(Open) 해석 TIP 교류(AC) $X_L=2\pi fL[\Omega]$ → 개방(Open) 직류(DC) $X_L=2\pi fL=2\pi\cdot 0\cdot L=0[\Omega]$ → 단락(Short)	

[스위치 개방 시(=전원 OFF 시)]

전류의 일반해	$i(t)=\frac{E}{R}e^{-\frac{R}{L}t}$ [A]

Module 034

$R-C$ 직렬회로의 과도현상 (Transient Phenomenon)

핵심이론

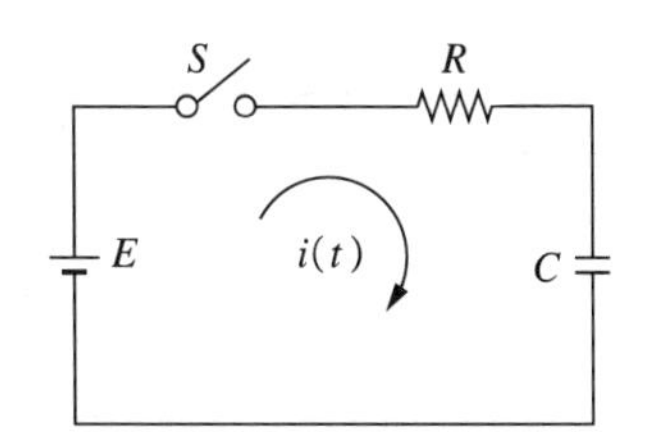

[스위치 단락 시(=전원 ON 시=충전 중인 상태)]

콘덴서(C)에서의 전하 일반해	$q(t)=CE\left(1-e^{-\frac{1}{RC}t}\right)=\underset{\text{정상해}}{CE}-\underset{\text{과도해}}{CE\cdot e^{-\frac{1}{RC}t}}$ [C]	
전류의 일반해	$i(t)=\frac{dq(t)}{dt}=\frac{E}{R}e^{-\frac{1}{RC}t}$ [A]	$i(t)=0.368\frac{E}{R}$[A] (시정수 $t=RC$ 대입 시)
저항(R)에서의 전압 일반해	$E_R(t)=i(t)R=E\cdot e^{-\frac{1}{RC}t}$ [V]	
콘덴서(C)에서의 전압 일반해	$E_C(t)=\frac{q(t)}{C}=E-E\cdot e^{-\frac{1}{RC}t}$ [V](단, 시정수 $\tau=RC$[sec])	
저항에 걸리는 전압	$E_R(t)$, E, $E_R(t)$, t	
콘덴서에 걸리는 전압	$E_C(t)$, E, $E_C(t)$, t	

전류의 일반해	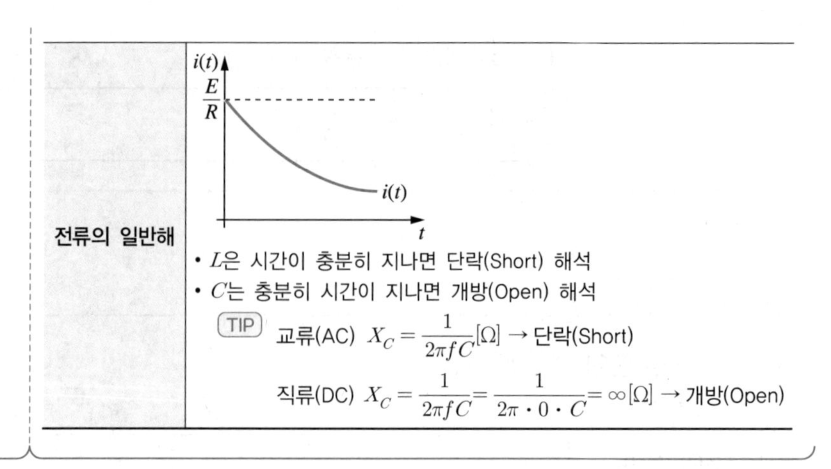 • L은 시간이 충분히 지나면 단락(Short) 해석 • C는 충분히 시간이 지나면 개방(Open) 해석 TIP 교류(AC) $X_C = \frac{1}{2\pi f C}[\Omega]$ → 단락(Short) 직류(DC) $X_C = \frac{1}{2\pi f C} = \frac{1}{2\pi \cdot 0 \cdot C} = \infty[\Omega]$ → 개방(Open)

Module 035

$R-L-C$ 직렬회로 해석

핵심이론

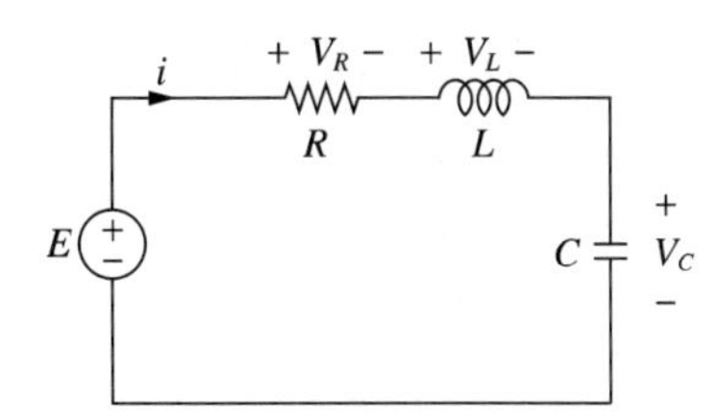

$$E = Ri(t) + L\frac{di(t)}{dt} + \frac{1}{C}\int i(t)dt$$

$$\xrightarrow{\mathcal{L}} \frac{E}{s} = RI(s) + LsI(s) + \frac{1}{Cs}I(s)$$

$$\therefore I(s) = \frac{E}{s\left(R + Ls + \frac{1}{Cs}\right)} = \frac{E}{s\left(\underline{LCs^2 + RCs + 1}\right)}$$

특성방정식

∴ 특성방정식

$$s^2 + \frac{R}{L}s + \frac{1}{LC} = 0 \xrightarrow{\text{근의 공식}} s = \frac{-\frac{R}{L} \pm \sqrt{\left(\frac{R}{L}\right)^2 - \frac{4}{LC}}}{2}$$

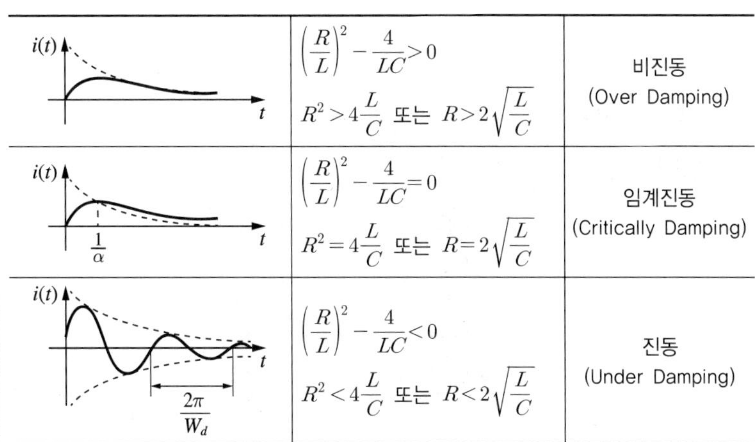

그래프	조건	구분
$i(t)$, t	$\left(\frac{R}{L}\right)^2 - \frac{4}{LC} > 0$ $R^2 > 4\frac{L}{C}$ 또는 $R > 2\sqrt{\frac{L}{C}}$	비진동 (Over Damping)
$i(t)$, t, $\frac{1}{\alpha}$	$\left(\frac{R}{L}\right)^2 - \frac{4}{LC} = 0$ $R^2 = 4\frac{L}{C}$ 또는 $R = 2\sqrt{\frac{L}{C}}$	임계진동 (Critically Damping)
$i(t)$, t, $\frac{2\pi}{W_d}$	$\left(\frac{R}{L}\right)^2 - \frac{4}{LC} < 0$ $R^2 < 4\frac{L}{C}$ 또는 $R < 2\sqrt{\frac{L}{C}}$	진동 (Under Damping)

Module 036

RLC 회로의 첨예도 (선택도, 양호도, Quality Factor, Q)

핵심이론

RLC 직렬회로(전압 확대비)	RLC 병렬회로(전류 확대비)
• $Q_L = \frac{V_L}{V} = \frac{IX_L}{IR} = \frac{I\omega L}{IR} = \frac{\omega L}{R}$ • $Q_C = \frac{V_C}{V} = \frac{IX_C}{IR} = \frac{I\frac{1}{\omega C}}{IR} = \frac{1}{R\omega C}$ • $Q^2 = Q_L \cdot Q_C = \frac{\omega L}{R} \cdot \frac{1}{R\omega C} = \frac{L}{R^2 C}$ $\therefore\ Q = \frac{V_L}{V_R} = \frac{V_C}{V_R} = \sqrt{\frac{L}{R^2 C}} = \frac{1}{R}\sqrt{\frac{L}{C}}$	• $Q_L = \frac{\frac{V}{X_L}}{\frac{V}{R}} = \frac{\frac{V}{\omega L}}{\frac{V}{R}} = \frac{R}{\omega L}$ • $Q_C = \frac{\frac{V}{X_C}}{\frac{V}{R}} = \frac{\frac{V}{\frac{1}{\omega C}}}{\frac{V}{R}} = R\omega C$ • $Q^2 = Q_L \cdot Q_C = \frac{R}{\omega L} \cdot R\omega C = \frac{R^2 C}{L}$ $\therefore\ Q = \frac{I_L}{I_R} = \frac{I_C}{I_R} = \sqrt{\frac{R^2 C}{L}} = R\sqrt{\frac{C}{L}}$

용어 정의

선택도(첨예도)

입력전압(전류) 대비 L, C에 형성되는 전압(전류)의 비율

Module 037

쌍대회로

핵심이론

직렬회로		병렬회로
전압원 V	⇔	전류원 I
저항 R	⇔	컨덕턴스 G
인덕턴스 L	⇔	커패시턴스 C
리액턴스 X	⇔	서셉턴스 B

자 속		전 류
기자력 F	⇔	기전력 E
자기저항 R_m	⇔	전기저항 R
자계의 세기 H	⇔	전계의 세기 E
투자율 μ	⇔	전도율 σ

Module 038

분류기 (Electrical Shunt)

핵심이론

통상적으로 전류계는 그 회로에 직렬로 접속, 전압계는 병렬로 접속한다. 하지만 전류 측정범위를 확대하기 위해 전류계와 병렬로 분류기를 추가할 수 있다(전류의 흐름(분배)을 바꾸어 전류계가 측정할 수 있는 범위를 확장).

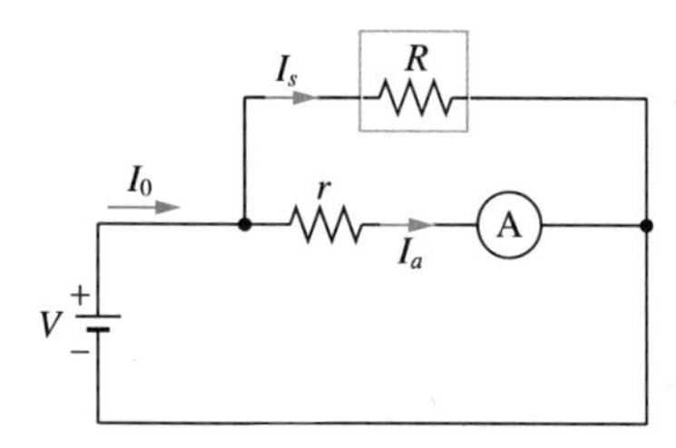

$$I_0 = I_a + I_s$$

$$V = I_a r = I_s R \rightarrow \frac{I_s}{I_a} = \frac{r}{R}$$

$$\therefore \text{배율}(m) = \frac{I_0}{I_a} = \frac{I_a + I_s}{I_a} = 1 + \frac{I_s}{I_a} = 1 + \frac{r}{R}$$

$$I_0 = \left(1 + \frac{r}{R}\right) I_a$$

여기서, r : 전류계의 저항, R : 분류기의 저항

예 내부저항이 10[Ω]이고, 최대 눈금이 10[mA]인 전류계가 있다. 이 전류계로 100[A]까지 측정하고자 할 때, 추가해야 하는 분류기 저항으로 알맞은 것은?

풀이 10[mA] → 100[A] : 배율(m)은 10,000배

$\therefore m = 1 + \frac{r}{R}$을 이용하면

$$10{,}000 = 1 + \frac{r}{R} = 1 + \frac{10}{R}$$

$$9{,}999R = 10$$

$$\therefore R = \frac{10}{9{,}999} \fallingdotseq 0.001[\Omega]$$

용어 정의

분류기

전기회로에서 회로의 특정 부분에 필요 이상의 과전류가 흐르는 것을 막기 위해 또는 전류계의 측정 범위를 확대하기 위해 추가하는 저항 등의 장치이다.

Module 039

배율기 (Electrical Multiplier)

핵심이론

통상적으로 전류계는 그 회로에 직렬로 접속, 전압계는 병렬로 접속한다. 하지만 전압 측정범위를 확대하기 위해 전압계와 직렬로 배율기를 추가할 수 있다(전압의 분배를 바꾸어(부담을 줄여) 전압계가 측정할 수 있는 범위를 확장).

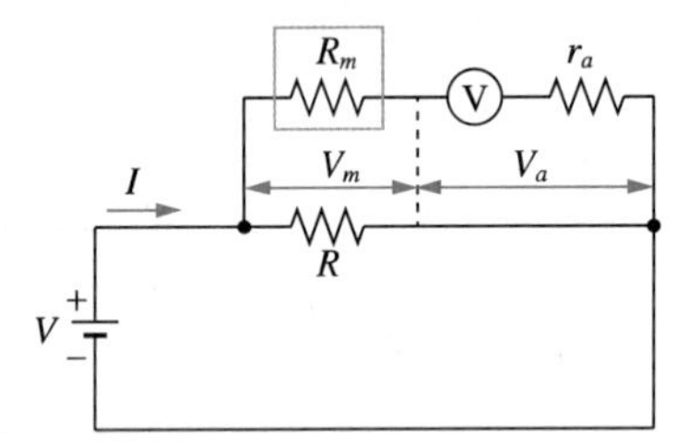

$$V = V_m + V_a$$

$$V_a = V \times \frac{r_a}{r_a + R_m}$$

$$\therefore \text{배율}(m) = \frac{V}{V_a} = \frac{r_a + R_m}{r_a} = 1 + \frac{R_m}{r_a}$$

$$V = \left(1 + \frac{R_m}{r_a}\right) \times V_a$$

여기서, r_a : 전압계의 저항, R_m : 배율기의 저항

예 어떤 폐회로의 임의의 저항에서 전압을 측정하기 위해 병렬로 전압계를 설치하였다. 이 전압계의 측정범위를 10배로 하려면 배율기의 저항은 전압계의 내부저항의 몇 배여야 하는가?

풀이 배율(m)은 10배

$\therefore m = 1 + \frac{R_m}{r_a}$ 을 이용하면

$10 = 1 + \frac{R_m}{r_a} \rightarrow 9 = \frac{R_m}{r_a} \rightarrow R_m = 9r_a$

∴ 9배

용어 정의

배율기

전기회로에서 회로의 특정 부분에 필요 이상의 과전압이 인가되는 것을 막기 위해 또는 전압계의 측정 범위를 확대하기 위해 추가하는 저항 등의 장치이다.

Module 040

테브난 & 노튼 등가회로 (Thevenin & Norton's Equivalent Circuit)

핵심이론

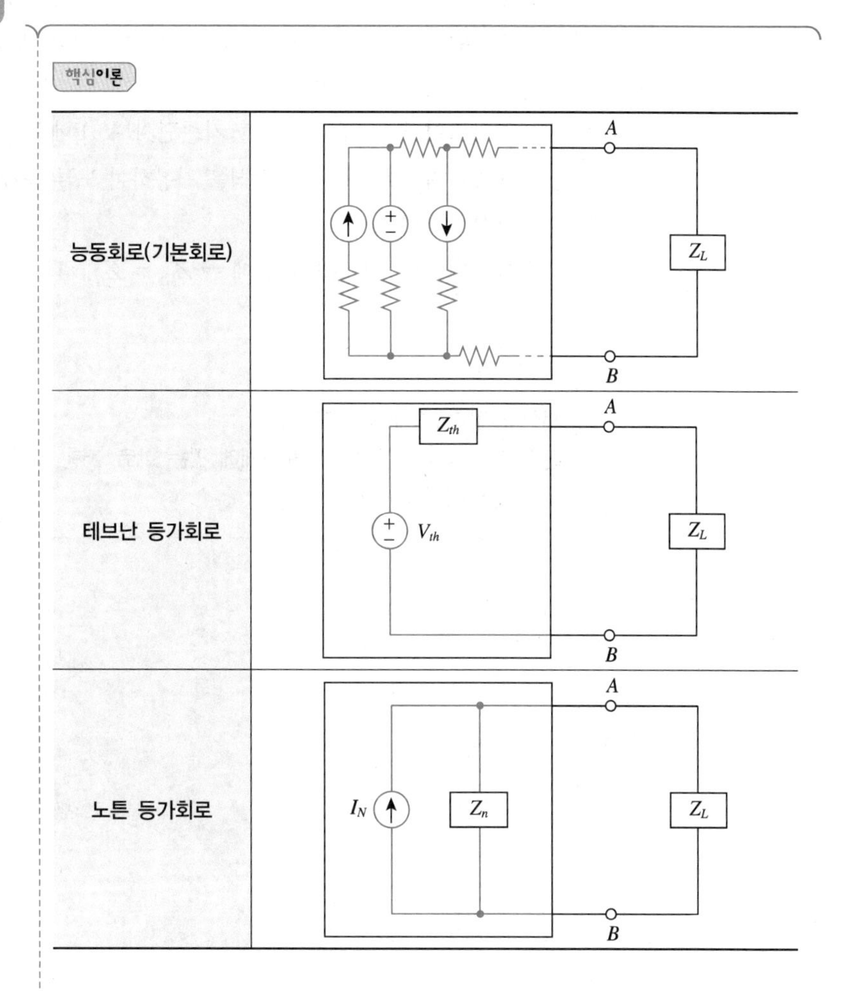

[테브난 등가회로]

- 선형 전기회로에서 두 개의 단자를 지닌 전압원, 전류원, 저항의 어떠한 조합이라도 하나의 전압원 V_{th} 와 하나의 임피던스 Z_{th} 로 변환하여 전기적 등가회로를 완성할 수 있다.
  - 연결되어 있는 부하(Z_L)를 기준단자 A, B에서 분리하여 생각한다.
  - V_{th} 는 기준단자 A, B에서 바라본 능동회로(본 회로)의 개방전압
  - Z_{th} 는 기준단자 A, B에서 바라본 능동회로(본 회로)의 합성 임피던스 (능동회로의 전압원은 단락, 전류원은 개방하고 Z_{th} 를 구한다)

- 선형 전기회로에서 두 개의 단자를 지닌 전압원, 전류원, 저항의 어떠한 조합이라도 하나의 전류원 I_N과 임피던스 Z_n으로 변환하여 전기적 등가회로를 완성할 수 있다.
  - 연결되어 있는 부하(Z_L)를 기준단자 A, B에서 분리하여 생각한다.
  - 테브난 등가회로에서 방정식을 사용하여 노튼 등가회로의 I_N과 Z_n을 구할 수 있다.
  - 테브난 등가회로와의 관계 → $Z_{th} = Z_n$, $V_{th} = I_N \cdot Z_n$

용어 정의

선형 전기회로(Linear Circuit)

전압과 전류가 직선적인 비례관계에 있는 회로. 저항, 인덕턴스, 정전용량 등으로 구성되어 있는 회로

제 3 과목

제어공학

Module 30제

공사공단 공기업 전공 [필기]

전기직 필수 이론 500제

(주)시대고시기획
(주)시대교육
www.sidaegosi.com
시험정보 · 자료실 · 이벤트
합격을 위한 최고의 선택

시대에듀
www.sdedu.co.kr
자격증 · 공무원 · 취업까지
BEST 온라인 강의 제공

제 3 과목 제어공학

Module 001 라플라스 변환 (Laplace Transform)

핵심이론

• t(Time)에 대한 함수를 s(Complex Frequency)에 대한 함수로 변환

$$\mathcal{L}[f(t)] = F(s) = \int_{0^-}^{\infty} f(t) \cdot e^{-st} dt$$

여기서, $s = \sigma + j\omega$

• 다양한 함수의 라플라스 변환표

$f(t)=\mathcal{L}^{-1}[F(s)]$	$F(s)=\mathcal{L}[f(t)]$	$f(t)=\mathcal{L}^{-1}[F(s)]$	$F(s)=\mathcal{L}[f(t)]$
$\delta(t)$	1	$\cos\omega t$	$\frac{s}{(s^2+\omega^2)}$
$u(t)$ 또는 1	$\frac{1}{s}$	$\sinh at$	$\frac{a}{(s^2-a^2)}$
t	$\frac{1}{s^2}$	$\cosh at$	$\frac{s}{(s^2-a^2)}$
t^n	$\frac{n!}{s^{n+1}}$	$t\sin\omega t$	$\frac{2\omega s}{(s^2+\omega^2)^2}$
e^{-at}	$\frac{1}{(s+a)}$	$t\cos\omega t$	$\frac{s^2-\omega^2}{(s^2+\omega^2)^2}$
te^{-at}	$\frac{1}{(s+a)^2}$	$e^{-at}\sin\omega t$	$\frac{\omega}{(s+a)^2+\omega^2}$
$t^n e^{-at}$	$\frac{n!}{(s+a)^{n+1}}$	$e^{-at}\cos\omega t$	$\frac{s+a}{(s+a)^2+\omega^2}$
$\sin\omega t$	$\frac{\omega}{(s^2+\omega^2)}$		

Module 002

라플라스함수의 응용

핵심이론

[단위계단함수(Unit Step Function, $u(t)$, 인디셜함수)]

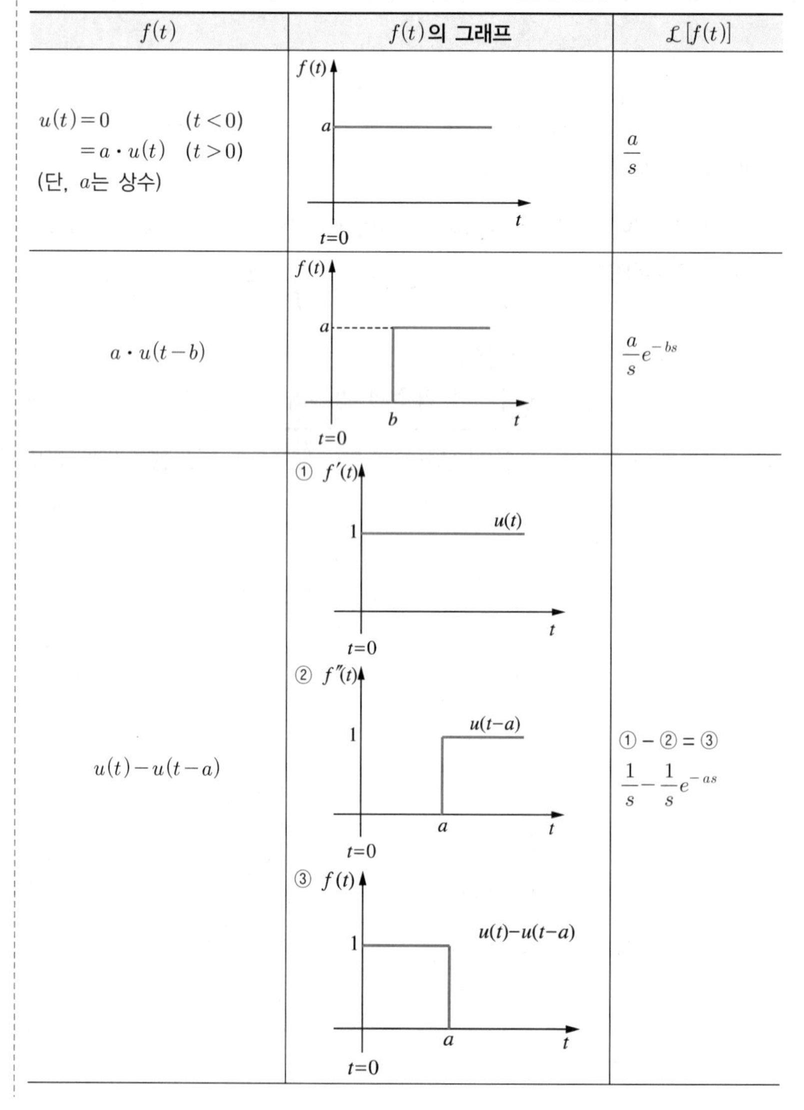

$f(t)$	$f(t)$의 그래프	$\mathcal{L}[f(t)]$
$u(t)=0 \quad (t<0)$ $=a \cdot u(t) \quad (t>0)$ (단, a는 상수)	$f(t)$, a, t, $t=0$	$\frac{a}{s}$
$a \cdot u(t-b)$	$f(t)$, a, b, t, $t=0$	$\frac{a}{s}e^{-bs}$
$u(t)-u(t-a)$	① $f'(t)$: 1, $u(t)$, t, $t=0$ ② $f''(t)$: 1, $u(t-a)$, a, t, $t=0$ ③ $f(t)$: 1, $u(t)-u(t-a)$, a, t, $t=0$	① − ② = ③ $\frac{1}{s}-\frac{1}{s}e^{-as}$

$f(t)$	$f(t)$의 그래프	$\mathcal{L}[f(t)]$
$u(t-a)-u(t-b)$	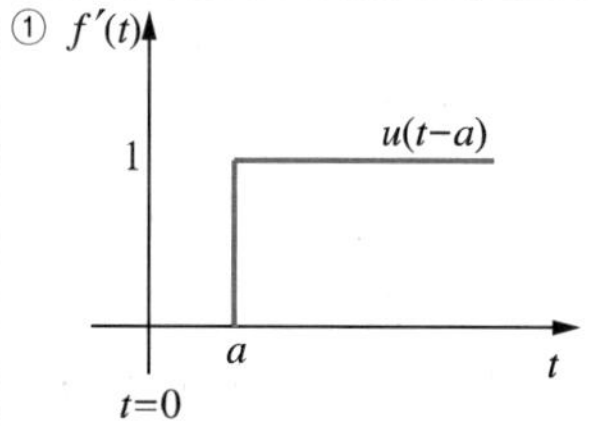 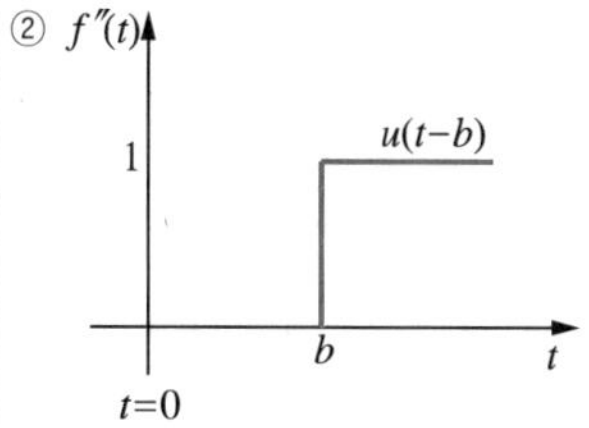 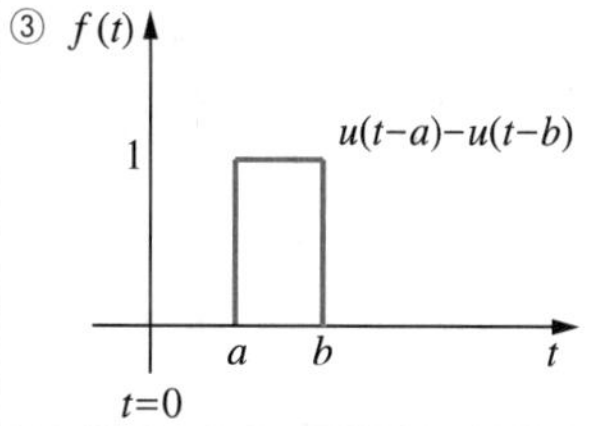 ① $f'(t)$: $u(t-a)$ (1, a, t, $t=0$) ② $f''(t)$: $u(t-b)$ (1, b, t, $t=0$) ③ $f(t)$: $u(t-a)-u(t-b)$ (1, a, b, t, $t=0$)	① − ② = ③ $\frac{1}{s}e^{-as}-\frac{1}{s}e^{-bs}$

[경사함수(Ramp Function, $r(t)$, 기울기함수)]

$f(t)$	$f(t)$의 그래프	$\mathcal{L}[f(t)]$
$r(t)=0 \quad (t<0)$ $=t\cdot u(t) \quad (t>0)$	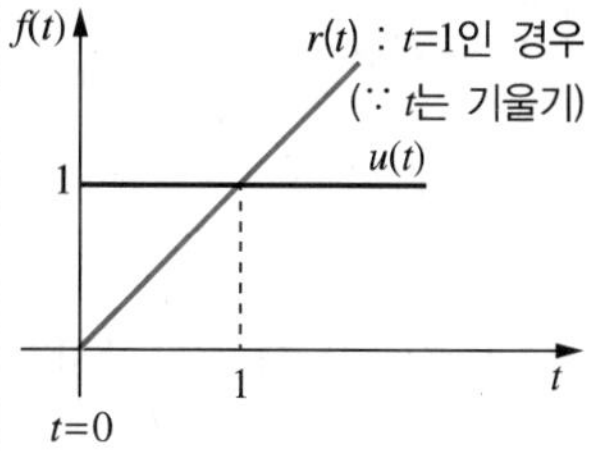 $f(t)$, $r(t)$: t=1인 경우 (∵ t는 기울기), $u(t)$, 1, 1, t, $t=0$	$\frac{1}{s^2}$
$r(t)=1\cdot(t-1)\cdot u(t-1)$	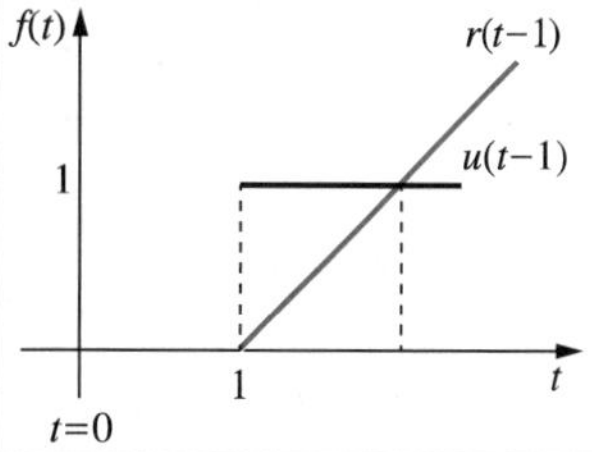 $f(t)$, $r(t-1)$, $u(t-1)$, 1, 1, t, $t=0$	$\frac{1}{s^2}e^{-1s}$

Module 003

라플라스 역변환 (Inverse Laplace Transform)

핵심이론

s(Complex Frequency)에 대한 함수를 t(Time)에 대한 함수로 변환

[$F(s)$가 서로 다른 두 근을 가지는 경우(부분분수 이용)]

$$F(s) = \frac{2}{s^2+5s+6} = \frac{2}{(s+2)(s+3)} = \frac{A}{s+2} + \frac{B}{s+3}$$

$$A = F(s) \times (s+2)|_{s=-2} = \frac{2}{(s+2)(s+3)} \times (s+2)\Big|_{s=-2} = 2$$

$F(s)$에 $s+2$를 곱하고, $s+2$를 0을 만드는 숫자(−2)를 최종적으로 s에 대입해 준다.

$$B = F(s) \times (s+3)|_{s=-3} = \frac{2}{(s+2)(s+3)} \times (s+3)\Big|_{s=-3} = -2$$

$F(s)$에 $s+3$을 곱하고, $s+3$을 0을 만드는 숫자(−3)를 최종적으로 s에 대입해 준다.

$$\therefore F(s) = \frac{2}{s+2} - \frac{2}{s+3}$$

$$f(t) = A \cdot e^{-2t} + B \cdot e^{-3t} - 2e^{-2t} \quad 2e^{-3t}$$

[$F(s)$가 중근을 가지는 경우(부분분수 이용)]

$$F(s) = \frac{1}{s(s+2)^2} = \frac{A}{s} + \frac{B}{(s+2)^2} + \frac{C}{s+2}$$

$$A = F(s) \times s|_{s=0} = \frac{1}{s(s+2)^2} \times s\Big|_{s=0} = \frac{1}{4}$$

$F(s)$에 s를 곱하고, s를 0을 만드는 숫자(0)를 최종적으로 s에 대입해 준다.

$$B = F(s) \times (s+2)^2|_{s=-2} = \frac{1}{s(s+2)^2} \times (s+2)^2\Big|_{s=-2} = -\frac{1}{2}$$

$F(s)$에 $(s+2)^2$을 곱하고, $(s+2)^2$을 0을 만드는 숫자(−2)를 최종적으로 s에 대입해 준다.

$$C = \left[F(s) \times (s+2)^2\right] \frac{d}{ds}\bigg|_{s=-2} = \frac{1}{s(s+2)^2} \times (s+2)^2\bigg|_{s=-2} = -\frac{1}{4}$$

$F(s)$에 $(s+2)^2$를 곱하고 s에 대한 미분값에 $(s+2)^2$을 0을 만드는 숫자(−2)를 최종적으로 s에 대입해 준다.

$$\therefore F(s) = \frac{\frac{1}{4}}{s} - \frac{\frac{1}{2}}{(s+2)^2} - \frac{\frac{1}{4}}{s+2}$$

$$f(t) = \frac{1}{4} - \frac{1}{2}te^{-2t} - \frac{1}{4}e^{-2t}$$

[$F(s)$가 인수분해가 불가능한 경우(완전제곱식 형태로 변환하여 sin, cos공식 이용)]

$$F(s) = \frac{2s+5}{s^2+4s+5} = \frac{2(s+2)+1}{(s+2)^2+1^2}$$

$$f(t) = 2\cos t \cdot e^{-2t} + \sin \cdot e^{-2t}$$

※ $e^{-at}\sin\omega t \xrightarrow{\mathcal{L}} \dfrac{\omega}{(s+a)^2+\omega^2}$, $e^{-at}\cos\omega t \xrightarrow{\mathcal{L}} \dfrac{s+a}{(s+a)^2+\omega^2}$

공식 이용

Module 004

자동제어계

핵심이론

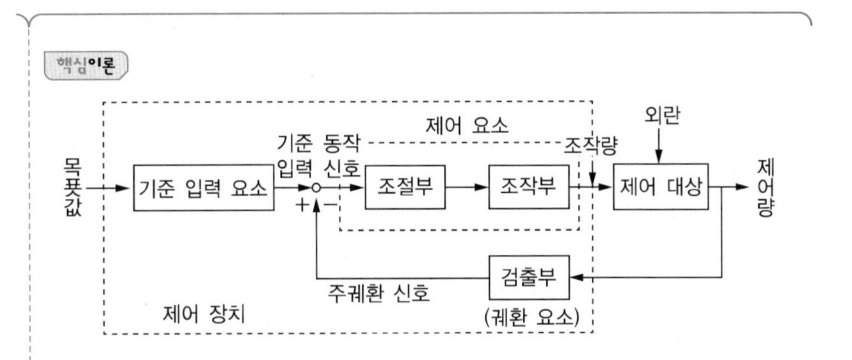

[제어량의 종류에 따른 분류]

- 서보기구
- 프로세서제어
- 자동조정

[제어량의 성질에 따른 분류]

- 정치제어
- 추치제어(프로그램제어, 추종제어, 비율제어)

용어 정의

- **사이클링(Cycling, Hunting, 난조)** : ON-OFF 동작과 같이 급격한 목표값의 변화나 외란이 있는 경우 제어량이 규정치 상하로 진동해서 정지되는 현상이다.
- **오프셋(Off-Set, 잔류편차)** : 제어동작에서 급격한 목표값의 변화나 외란이 있는 경우 제어계가 정상상태로 된 다음에도 제어량이 목표값을 벗어난 채로 남는 편차이다.

Module 005

블록선도의 전달함수

핵심이론

구 분	특 징
직렬결합	• 전달요소의 곱으로 표현함  $R(s) \rightarrow G_1(s) \rightarrow G_2(s) \rightarrow C(s)$ • $G(s) = \dfrac{C(s)}{R(s)} = G_1(s) \cdot G_2(s)$
병렬결합	• 가합점의 부호에 따라 전달요소를 더하거나 뺌 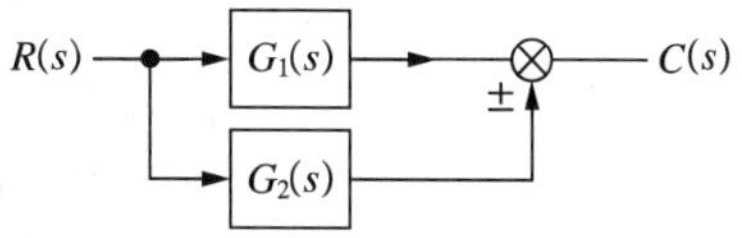 $R(s)$, $G_1(s)$, $G_2(s)$, $\pm$, $C(s)$ • $G(s) = \dfrac{C(s)}{R(s)} = G_1(s) \pm G_2(s)$
피드백결합	• 출력신호 $C(s)$의 일부가 요소 $H(s)$를 거쳐 입력측에 피드백(Feedback)되는 결합방식 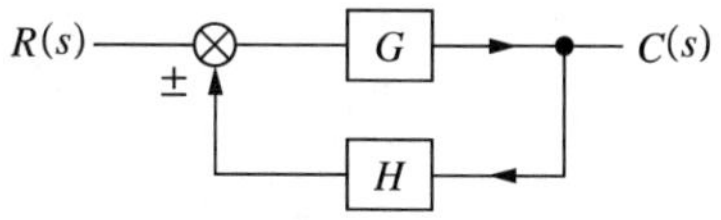 $R(s)$, $\pm$, G, H, $C(s)$ • $G(s) = \dfrac{C(s)}{R(s)} = \dfrac{G}{1 \mp GH} = \dfrac{\sum \text{전향경로이득}}{1-\sum \text{ 루프이득}}$

용어 정의

- **블록선도(Block Diagram)** : 수치 혹은 물리적인 자료와 그 흐름을 보다 명료하게 이해하기 위해 매 과정(Process)을 체계적으로 구역을 나눈 후, 이를 그림(블록 · 선 · 화살표)으로 나타낸 것이다. 자동제어계에서는 전달함수와 신호의 관계를 나타낸다.
- **전향경로** : 입력에서 출력방향으로 향하는 각각 개별 경로이다.

Module 006

블록선도와 신호흐름선도 전달함수

핵심이론

• Pass(P) : 입력에서 출력으로 가는 경로

• Loop(H) : 피드백(Feedback)

<table>
<tr><th>구 분</th><th>특 징</th></tr>
<tr><td rowspan="3">피드백
전달함수
(일반적)</td><td> 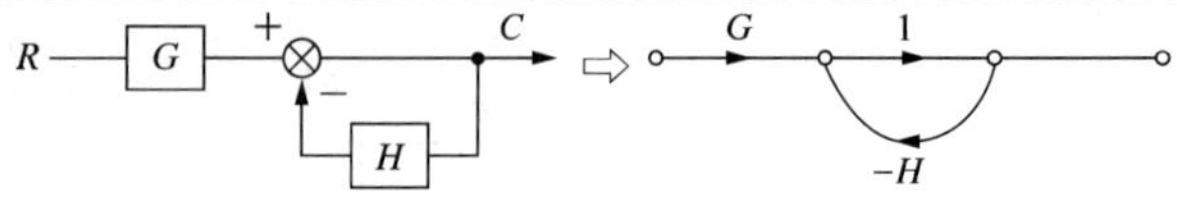• Pass : G
• Loop : $-H$
$\therefore G(s)=\dfrac{G}{1+H}$
$G(s)=\dfrac{P_1+P_2+P_3+\cdots+P_n}{1-(L_1+L_2+L_3+\cdots+L_n)}$(단, P_n, L_n은 그림에서 존재하는 것만 고려)</td></tr>
<tr><td> 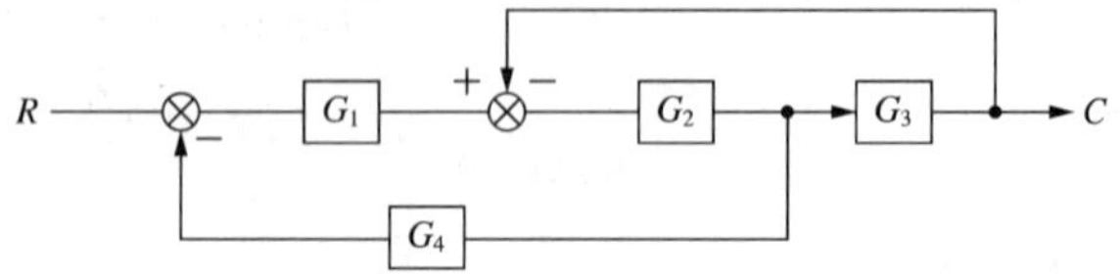• Pass : $G_1G_2G_3$
• Loop1 : $-G_2G_3$, Loop2 : $-G_1G_2G_4$
$\therefore\ G(s)=\dfrac{P_1}{1-(L_1+L_2)}=\dfrac{G_1G_2G_3}{1+G_2G_3+G_1G_2G_4}$</td></tr>
<tr><td> 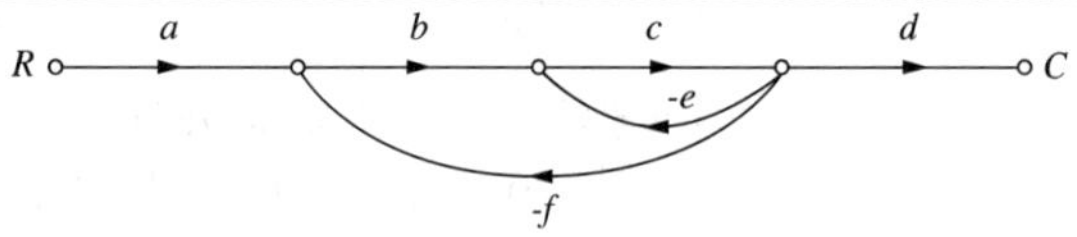• Pass : $abcd$
• Loop1 : $-ce$ Loop2 : $-bcf$
$\therefore G(s)=\dfrac{C}{R}=\dfrac{P_1}{1-(L_1+L_2)}=\dfrac{abcd}{1+ce+bcf}$</td></tr>
<tr><td>Loop가
Pass와 무관</td><td> 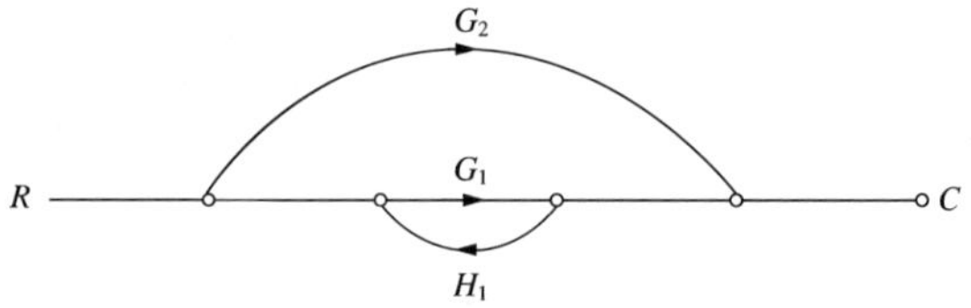• Pass1 : G_1, Pass2 : G_2
• Loop : G_1H_1
$\therefore G(s)=\dfrac{C}{R}=\dfrac{P_1+P_2(1-L_1)}{1-L_1}=\dfrac{G_1+G_2(1-G_1H_1)}{1-G_1H_1}$</td></tr>
</table>

구 분	특 징
2중 입력으로 된 블록선도	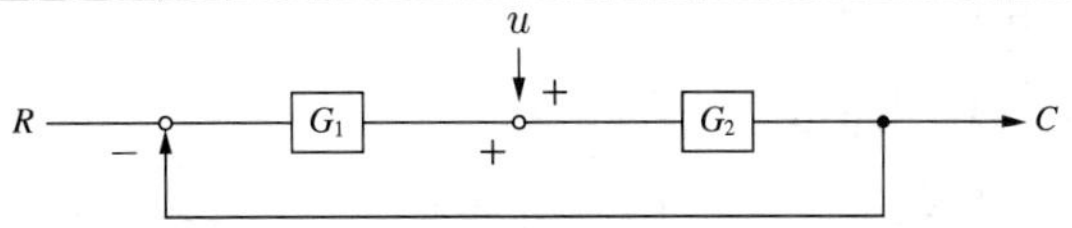 ※ R(입력)과 u(외란)을 모두 입력으로 고려하여 해석 $C = uG_2 + RG_1G_2 - CG_1G_2$ $C(1+G_1G_2) = uG_2 + R(G_1G_2)$ $\therefore C = \left[\dfrac{G_2}{1+G_1G_2}\right](RG_1 + u)$ • R에 의한 출력 : $\dfrac{G_1G_2}{1+G_1G_2}R$ • u에 의한 출력 : $\dfrac{G_2}{1+G_1G_2}u$

용어 정의

신호흐름선도(Signal Flow Diagram)

시스템의 설계 또는 해석을 실시할 때, 수식으로 나타내는 것보다도 도식으로 표시하는 쪽이 편리한 경우가 많으며, 이것에 의해 계 또는 계를 구성하는 요소의 신호의 인과관계가 분명해지므로 자동제어계·전기회로 등의 설계·해석 등에서 널리 쓰인다.

Module 007

자동제어계의 응답

핵심이론

[응답의 종류]

• 임펄스응답 : 기준입력이 임펄스함수인 경우의 출력

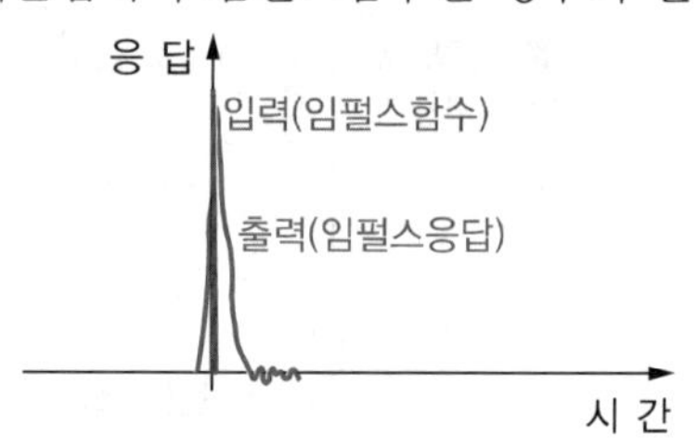

• 인디셜응답 : 기준입력이 단위계단함수인 경우의 출력

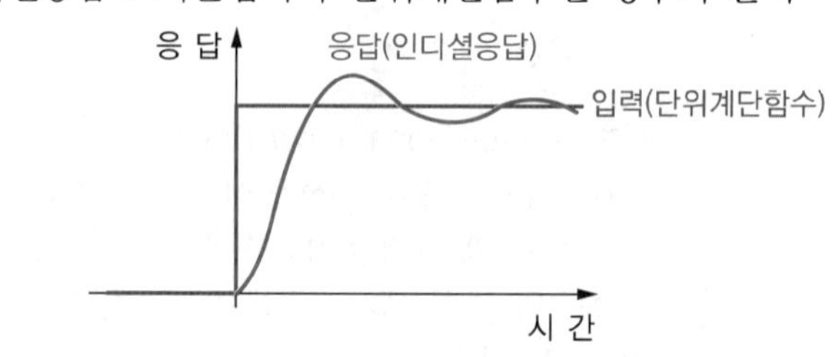

• 램프(경사)응답 : 기준입력이 단위램프함수인 경우의 출력

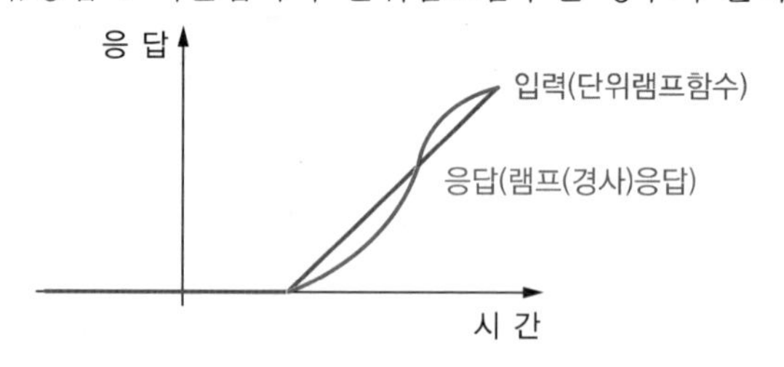

[과도응답의 기준입력]

• 단위계단입력 : 기준입력이 $r(t)=1$인 경우
• 등(정)속도입력 : 기준입력이 $r(t)=t$인 경우
• 등(정)가속도입력 : 기준입력이 $r(t)=\frac{1}{2}t^2$인 경우

Module 008

자동제어계의 시간응답특성

핵심이론

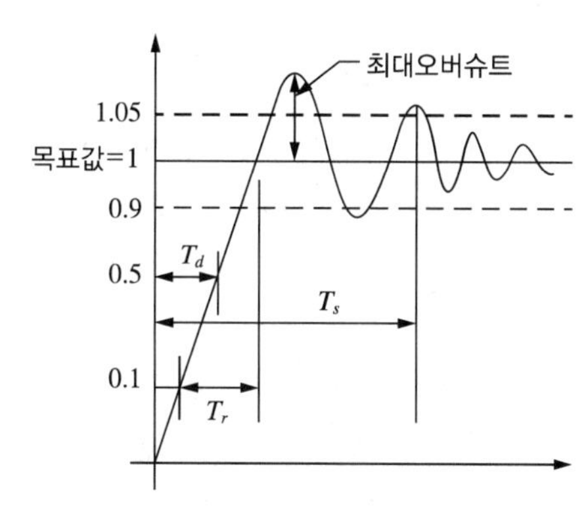

- 오버슈트(Overshoot)
  - 응답이 목표값(최종값)을 넘어가는 양
  - 백분율 오버슈트 $= \dfrac{\text{최대오버슈트}}{\text{최종목표값}} \times 100[\%]$
- 감쇠비(Damping Ratio, ζ)
  - 과도응답이 소멸되는 속도를 양적으로 표현한 값
  - 감쇠비$(\zeta) = \dfrac{\text{제2오버슈트}}{\text{최대오버슈트}}$
- 지연시간(T_d) : 응답이 최종목표값의 50[%]에 도달하는 데 걸리는 시간
- 상승시간(T_r) : 응답이 최종목표값의 10[%]에서 90[%]에 도달하는 데 걸리는 시간
- 정정시간 = 응답시간(T_s) : 응답이 최종목표값의 허용오차 범위(2~5[%]) 이내에 안착하는 데 걸리는 시간

Module 009

자동제어계의 과도응답

핵심이론

- 부궤환제어계의 전달함수 : $G(s) = \dfrac{C(s)}{R(s)} = \dfrac{G}{1+GH}$
- 특성방정식 : $1+GH=0$
- 극점(×, Pole) : 분모의 특정방정식의 근
- 영점(○, Zero) : 전달함수의 분자가 0이 되는 근
- 특성방정식의 근의 위치와 응답 : 특성방정식의 근이 좌반부에 존재 시(e^{-at}) 안정한 시스템이다.

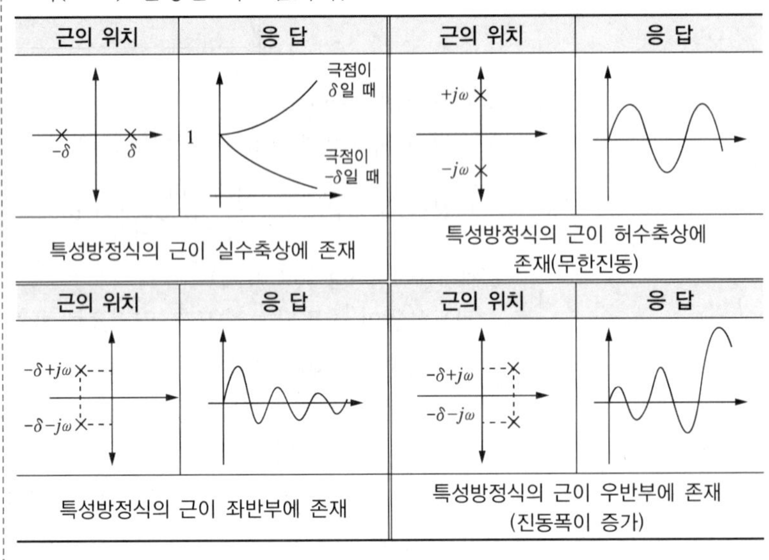

근의 위치	응 답	근의 위치	응 답
$-\delta$, δ	1, 극점이 δ일 때, 극점이 $-\delta$일 때	$+j\omega$, $-j\omega$	
특성방정식의 근이 실수축상에 존재		특성방정식의 근이 허수축상에 존재(무한진동)	
근의 위치	응 답	근의 위치	응 답
$-\delta+j\omega$, $-\delta-j\omega$		$-\delta+j\omega$, $-\delta-j\omega$	
특성방정식의 근이 좌반부에 존재		특성방정식의 근이 우반부에 존재(진동폭이 증가)	

Module 010

2차계의 과도응답

핵심이론

- 전달함수 $G(s) = \frac{C(s)}{R(s)} = \frac{\omega_n^2}{s^2 + 2\delta\omega_n s + \omega_n^2}$
- 폐루프의 특성방정식 : $s^2 + 2\delta\omega_n s + \omega_n^2 = 0$

  여기서, δ : 제동비, ω_n : 고유주파수
- 감쇠율 : 감쇠계수 또는 제동비(δ)가 클수록 제동이 많이 걸리고 안정도가 향상

$0<\delta<1$	$\delta>1$	$\delta=1$	$\delta=0$
부족제동	과제동	임계제동	무제동
감쇠진동	비진동	임계진동	무한진동

Module 011

정상편차 (Steady-State Deviation, e_{ss})

핵심이론

[단위부궤환제어계의 입력과 출력의 편차]

- $E(s) = R(s) - C(s) = \frac{1}{1+G(s)}R(s)$에 대한 최종값을 정상편차라 한다.

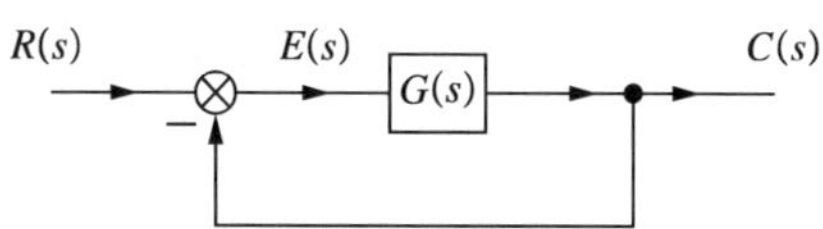

- $e_{ss} = \lim_{t\to\infty} e(t) = \lim_{s\to 0} \frac{s}{1+G(s)}R(s)$(단, $G(s)$는 전향전달함수)

[단위계단입력]

기준입력 $r(t) = u(t) = 1$, $R(s) = \frac{1}{s}$

[단위램프입력]

기준입력 $r(t) = t$, $R(s) = \frac{1}{s^2}$

[포물선입력]

기준입력 $r(t) = \frac{1}{2}t^2$, $R(s) = \frac{1}{s^3}$

Module 012

정상편차(e_{ss})의 종류($R(s)$)

핵심이론

[정상위치편차(e_{ssp})]

- 단위부궤환제어계에 단위계단입력이 가하여진 경우의 정상편차를 정상위치편차라 한다.
- $e_{ssp} = \lim_{s \to 0} \frac{s}{1+G(s)} \times \frac{1}{s} = \lim_{s \to 0} \frac{1}{1+G(s)} = \frac{1}{1+\lim_{s \to 0} G(s)}$

$$= \frac{1}{1+K_p}$$

여기서, K_p : 위치편차상수

[정상속도편차(e_{ssv})]

- 단위부궤환제어계에 단위램프입력이 가하여진 경우의 정상편차를 정상속도편차라 한다.
- $e_{ssv} = \lim_{s \to 0} \frac{s}{1+G(s)} \times \frac{1}{s^2} = \lim_{s \to 0} \frac{1}{s+sG(s)} = \frac{1}{\lim_{s \to 0} sG(s)} = \frac{1}{K_v}$

여기서, K_v : 속도편차상수

[정상가속도편차(e_{ssa})]

- 단위부궤환제어계에 포물선입력이 가하여진 경우의 정상편차를 정상가속도편차라 한다.
- $e_{ssa} = \lim_{s \to 0} \frac{s}{1+G(s)} \times \frac{1}{s^3} = \lim_{s \to 0} \frac{1}{s^2+s^2G(s)} = \frac{1}{\lim_{s \to 0} s^2 G(s)}$

$$= \frac{1}{K_a}$$

여기서, K_a : 가속도편차상수

Module 013

주파수응답 (Frequency Response)

핵심이론

전달함수 $G(s)$에서 s 대신 $j\omega$ 인 주파수응답 $x(t)$에 대한 출력 $y(t)$를 주파수응답이라 한다. 또한 $G(j\omega)$를 주파수 전달함수라고 한다.

- 진폭비$= |G(j\omega)| = \sqrt{(\text{실수부})^2 + (\text{허수부})^2}$
- 위상차$(\theta) = \angle G(j\omega) = \tan^{-1}\dfrac{(\text{허수부})}{(\text{실수부})}$

Module 014

보드선도 (Bode Plot)

핵심이론

이득(G)	위상(θ)
$G = 20\log\lvert G(j\omega)\rvert$[dB]	$\theta = \angle G(j\omega)$ (단, $j = 90°$, $-j = \dfrac{1}{j} = -90°$)

※ 절점주파수(ω_0) : 실수부와 허수부가 같아지는 주파수

예 $G(s) = \dfrac{1}{0.1s(0.01s+1)}$, $\omega = 0.1$[rad/sec]라면, 이득(G)은?

풀이 $G(j\omega) = \dfrac{1}{0.1j\omega(0.01j\omega+1)} \rightarrow |G(j\omega)| = \dfrac{1}{0.01\sqrt{0.001^2+1^2}} \fallingdotseq \dfrac{1}{0.01} = 10^2$

$\therefore 20\log 10^2 = 2 \cdot 20\log 10 = 40$[dB]

용어 정의

- **보드선도(Bode Diagram)** : 제어계 주파수 특성의 도표적 표현법 중 가장 널리 쓰이는 것으로, 가로축에 각주파수의 대수 $\log_{10}\omega$를 취하고, 세로축에 이득 $|G(j\omega)|$[dB]과 위상차 $\angle G(j\omega)°$를 취하여 1조의 선도로 만든 것이다.
- **절점주파수** : 실수부와 허수부가 같아지는 주파수이며, 보드선도에서 굴곡점을 나타낸다.

Module 015

z-변환 (Z-Transform)

핵심이론

[z 변환표]

$f(t)$	$F(s)$	$F(z)$
단위임펄스함수 $\delta(t)$	1	$1(k=0)$, $0(k\neq 0)$
단위계단함수 $u(t)$	$\frac{1}{s}$	$\frac{z}{z-1}$
지수함수 e^{-at}	$\frac{1}{s+a}$	$\frac{z}{(z-e^{-at})}$
경사함수 t	$\frac{1}{s^2}$	$\frac{Tz}{(z-1)^2}$

[초기값 및 최종값 정리]

구 분	초기값 정리	최종값 정리
s변환	$x(0)=\lim_{s\to\infty} sX(s)$	$x(\infty)=\lim_{s\to 0} sX(s)$
z변환	$x(0)=\lim_{z\to\infty} X(z)$	$x(\infty)=\lim_{z\to 1}\left(1-\frac{1}{z}\right)X(z)$

[s 평면과 z 평면의 대응관계]

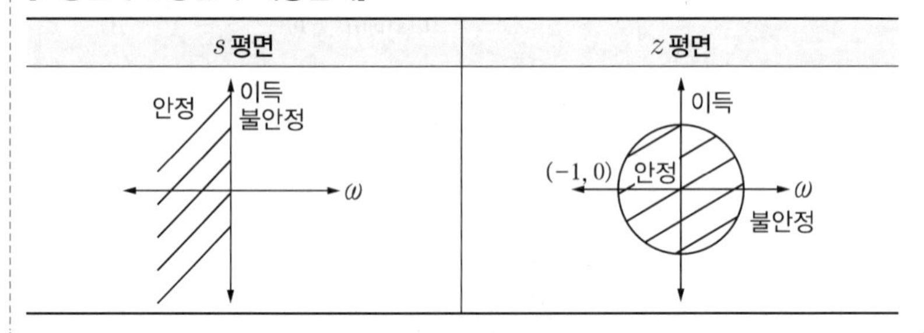

Module 016

선형회로(Linear Circuits), 비선형회로(Nonlinear Circuits)의 해석

핵심이론

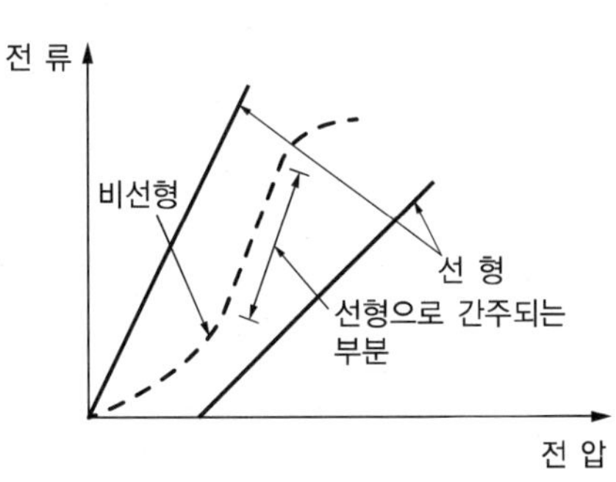

선형회로	비선형회로
• 전압과 전류가 비례하는 회로 • 수동소자뿐인 회로 예 저항, 인덕턴스, 정전용량(콘덴서가 전하를 축적할 수 있는 능력을 나타내는 것) 등으로 구성되어 있는 회로	회로의 전압과 전류가 단순한 비례관계로 표시될 수 없을 경우의 회로 예 다이오드나 배리스터(Varistor), 철심을 넣은 코일 등은 전류와 전압이 비례관계가 없다.
키르히호프법칙, 중첩의 원리, 가역정리 등	키르히호프법칙

Module 017

Routh-Hurwitz 판별법

핵심이론

[판별 방법]

- 상태방정식을 구한다.
- Routh-Hurwitz 상태표를 작성한다.
- 1열의 부호 변화를 파악하고, 그 부호의 변화가 없어야 안정한 상태이다.

예

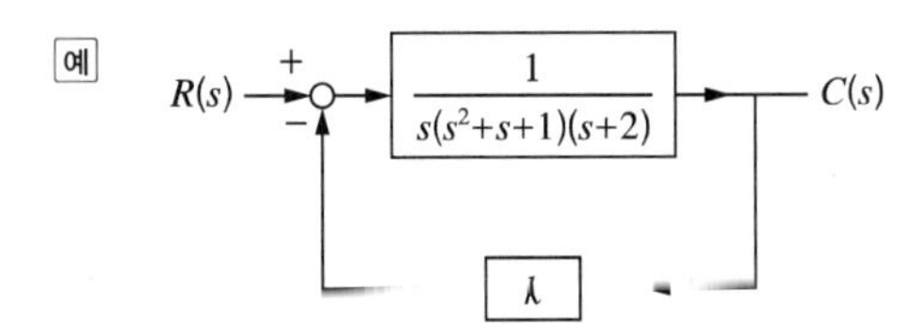

- 상태방정식 $s^4+3s^3+3s^2+2s+k=0$

  (전달함수 $\dfrac{C(s)}{R(s)}=\dfrac{1}{s(s^2+s+1)(s+2)+k}$ 에서 분모 추출)

• Routh–Hurwitz 상태표를 작성

s^4	$1(s^4$의 계수)	$3(s^2$의 계수)	$k(s^0$의 계수)
s^3	$3(s^3$의 계수)	$2(s^1$의 계수)	0(남는 항목은 0)
s^2			
s^1			
s^0			

⇩

s^4	A로 가정	B로 가정	E로 가정
s^3	C로 가정	D로 가정	F로 가정
s^2	$\frac{BC-AD}{C}=\frac{9-2}{3}=\frac{7}{3}$	$\frac{EC-AF}{C}=\frac{3k-0}{3}=k$	
s^1	$2-\frac{9}{7}k$	0	
s^0	k		

• 1열의 부호 변화 파악(변화가 없어야 안정)

• 조건1. $2-\frac{9}{7}k>0 \rightarrow k<\frac{14}{9}$

• 조건2. $k>0$

$\therefore 0<k<\frac{14}{9}$일 경우 시스템은 안정한 상태로 판단할 수 있다.

용어 정의

Routh–Hurwitz 판별법

폐루프시스템의 안정도를 극점을 구하지 않은 상태에서 판별할 수 있는 방법이다.

Module 018

이상적인 연산증폭기 (Ideal Operating Amplifier, Ideal Op-Amp)

핵심이론

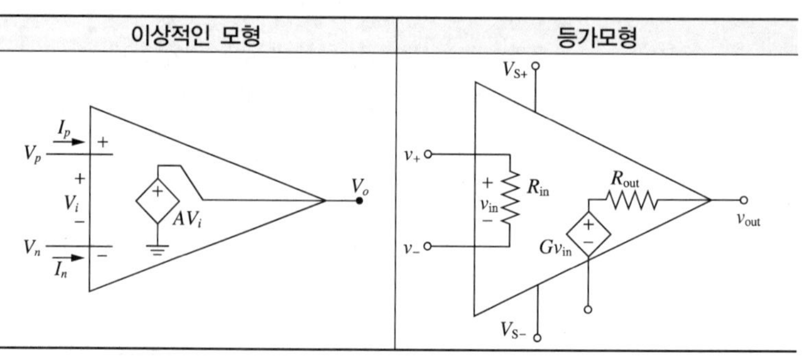

• 입력 임피던스 : ∞ (V_+와 V_-는 개방)

• 출력 임피던스 : 0 (R_{out}은 0)

• 이득(G) : ∞

• 대역폭 : ∞

Module 019

부궤환 연산증폭기 (Negative Feedback Operating Amplifier)

핵심이론

[비반전증폭기]

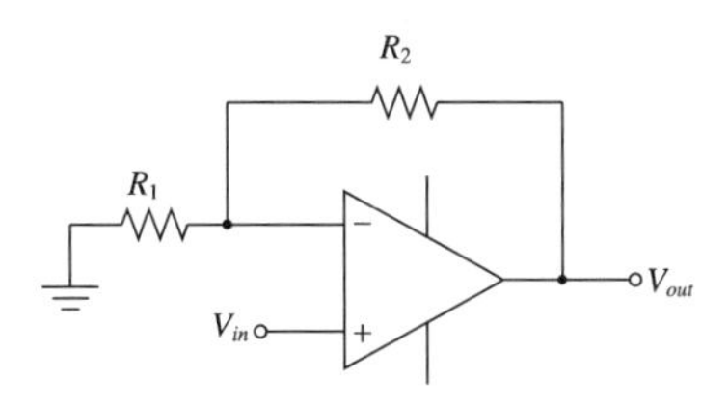

- V_-, V_+의 전위차가 없다고 가정(이상적인 OP AMP의 경우 입력 임피던스가 ∞이므로 V_-방향으로 유입되는 전류는 없다)
- $I_1 = I_{R_1} = \dfrac{0 - V_{in}}{R_1} = \dfrac{-V_{in}}{R_1}$, $I_2 = I_{R_2} = \dfrac{V_{in} - V_{out}}{R_2}$
- 전류의 흐름은 $I_1 = I_2$이므로, $\dfrac{-V_{in}}{R_1} = \dfrac{V_{in} - V_{out}}{R_2}$

$$\therefore V_{out} = \left(1 + \frac{R_2}{R_1}\right)V_{in},\ \text{전압이득 } A = 1 + \frac{R_2}{R_1}$$

[반전증폭기]

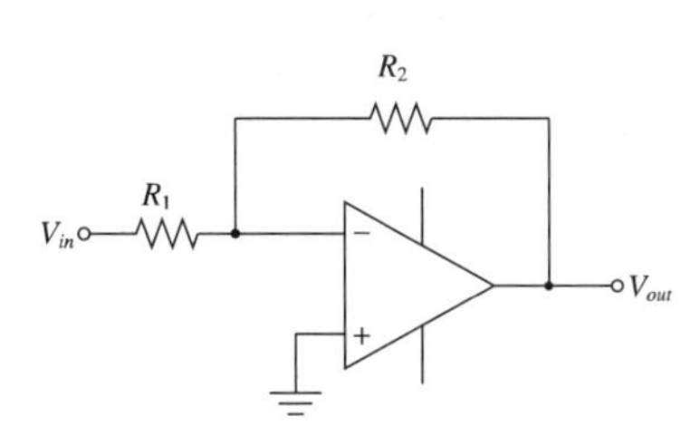

- V_-, V_+의 전위차가 없다고 가정($V_- = V_+ = 0$, 이상적인 OP AMP의 경우 입력 임피던스가 ∞이므로 V_-방향으로 유입되는 전류는 없다)
- $I_1 = I_{R_1} = \dfrac{V_{in} - 0}{R_1} = \dfrac{V_{in}}{R_1}$, $I_2 = I_{R_2} = \dfrac{0 - V_{out}}{R_2} = \dfrac{-V_{out}}{R_2}$
- 전류의 흐름은 $I_1 = I_2$이므로, $\dfrac{V_{in}}{R_1} = \dfrac{-V_{out}}{R_2}$

$$\therefore V_{out} = \left(-\frac{R_2}{R_1}\right)V_{in},\ \text{전압이득 } A = -\frac{R_2}{R_1}$$

TIP
- 비반전증폭기 : 입력신호와 출력신호가 동상(In Phase)이다(전압이득의 부호 +).
- 반전증폭기 : 입력신호와 출력신호가 180°의 위상차를 갖는다(전압이득의 부호 −).

Module 020

연산증폭기의 활용 (적분, 미분회로)

핵심이론

[미분 연산증폭기(진상보상, PD제어)]

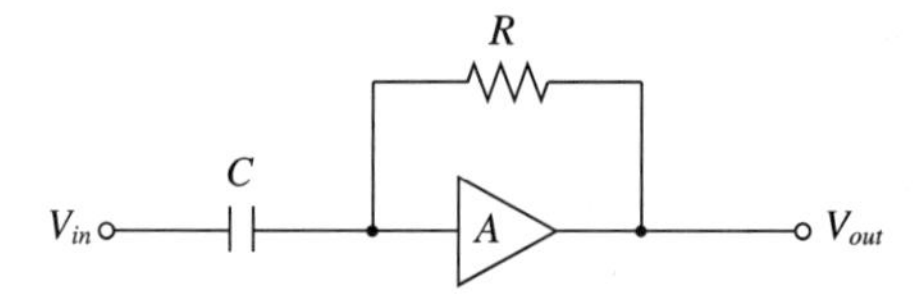

- $V_{out}(t) = -RC\frac{d}{dt}V_{in}(t)$

[적분 연산증폭기(지상보상, PI제어)]

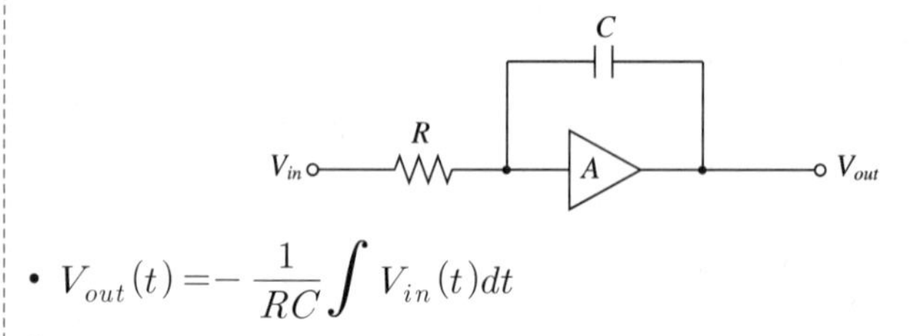

- $V_{out}(t) = -\frac{1}{RC}\int V_{in}(t)dt$

[부호변환기]

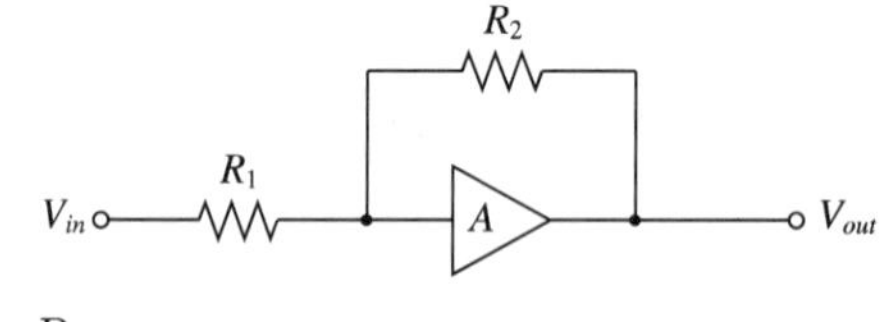

- $V_{out}(t) = -\frac{R_2}{R_1}V_{in}(t)$

Module 021

영상임피던스 (Image Impedance)

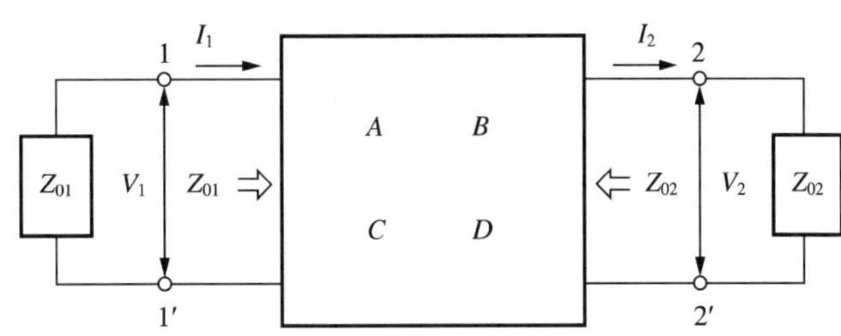

[영상임피던스값]

$$Z_{01} = \sqrt{\frac{AB}{CD}},\ Z_{02} = \sqrt{\frac{DB}{CA}}$$

$$\therefore Z_{01} \cdot Z_{02} = \frac{B}{C},\ \frac{Z_{01}}{Z_{02}} = \frac{A}{D}$$

[대칭회로망의 경우]

$$Z_{01} = Z_{02} = Z_0 = \sqrt{\frac{B}{C}}(A = D)$$

용어 정의

영상임피던스(Image Impedance)

각 단자는 거울의 영상과 같은 임피던스를 갖게 되므로 이 두 임피던스(Z_{01}, Z_{02})를 4단자망의 영상임피던스라 한다.

Module 022

캠벨 브리지 (Campbell Bridge)

핵심이론

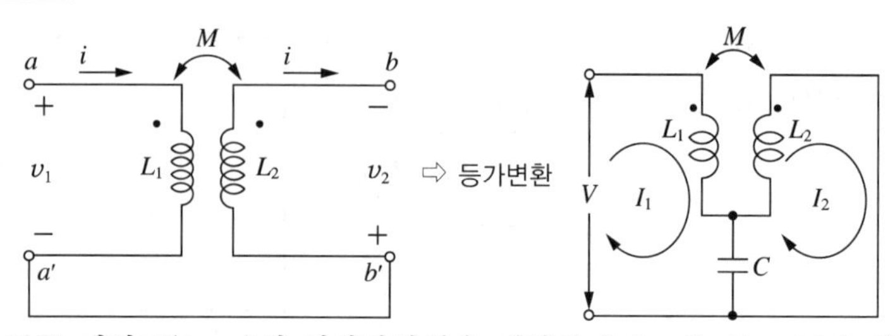

오른쪽 폐회로(Loop)의 전압강하식을 계산하려면, C, L_2, M에 의한 전압강하를 모두 고려해야 한다.

- C에 의한 전압강하식 : $V_C = \dfrac{1}{j\omega C}(I_2 - I_1)$
- L_2에 의한 전압강하식 : $V_{L_2} = j\omega L_2 I_2$
- M에 의한 전압강하식(차동결합) : $V_M = -j\omega M I_1$
- 위의 세 개의 식에 의하여 $V_C + V_{L_2} + V_M = 0$을 도출할 수 있다.

$$j\omega L_2 I_2 + \frac{1}{j\omega C}(I_2 - I_1) - j\omega M I_1 = 0$$

$$j\left(\omega L_2 - \frac{1}{\omega C}\right)I_2 = j\left(\omega M - \frac{1}{\omega C}\right)I_1 \text{ (}I_2\text{와 }I_1\text{으로 정리)}$$

- I_2에 흐르는 전류가 0인 조건(M과 C가 직렬공진이 되기 위한 조건)

  : 좌우변이 동일해야 하므로 $j\left(\omega M - \dfrac{1}{\omega C}\right)I_1 = 0$이어야 하며,

  만약 $I_1 \neq 0$이라면, $j\left(\omega M - \dfrac{1}{\omega C}\right) = 0$을 만족하여야 한다.

  $$\therefore\ \omega M = \frac{1}{\omega C},\quad M = \frac{1}{\omega^2 C}$$ (I_2가 0이 되기 위한 조건)

  즉, L_1, L_2의 상호인덕턴스 M을 구하기 위해서 캠벨 브리지를 구성할 경우 C의 값을 가변하여 I_2가 0이 되도록 하면 된다(M과 C가 직렬공진이 되기 위한 조건).

용어 정의

캠벨 브리지(Campbell Bridge)
상호인덕턴스(M)의 값을 알아낼 수 있는 회로이다.

Module 023

교류 정현파 (Sinusoids)

핵심이론

[순시값]

$i(t) = I_m \sin(\omega t + \theta)$ 또는 $v(t) = V_m \sin(\omega t + \theta)$

[극좌표]

$$I = \frac{I_m}{\sqrt{2}} \angle \theta°$$

[주파수(f)와 주기(T)의 관계]

$$f = \frac{1}{T}[\text{Hz}],\ T = \frac{1}{f}[\text{sec}]$$

[주기(T)와 각속도(ω)의 관계]

$$T = \frac{2\pi}{\omega}[\text{sec}],\ f = \frac{1}{T} = \frac{1}{\frac{2\pi}{\omega}} = \frac{\omega}{2\pi}[\text{Hz}]$$

[실횻값(Effective Value, Root Mean Square)]

- 교류를 동일한 일을 할 수 있는 직류형태로 표현한 값
- $I = \sqrt{\frac{1}{T}\int_0^T i^2(t)dt}$

[평균값(Average Value)]

- 교류 순시값의 1주기 동안의 평균을 취한 값
- $I_{av} = \frac{1}{T}\int_0^T i(t)dt$
- 단, 정현파의 경우 (+), (−) 반복, 대칭이므로 1주기의 평균은 0이 되므로 반(Half)주기만을 고려한다.
- $I_{av} = \frac{1}{\frac{T}{2}}\int_0^{\frac{T}{2}} i(t)dt$

용어 정의

- 정현파 : 정현파 교류는 시간의 변화에 따라 전압, 전류의 크기가 sin, cos의 모양으로 변화하는 파형이다.

- 순시값 : 교류는 시간에 따라 그 값이 계속적으로 변화하는데 임의의 순간에서 전류, 전압 등의 값
- 주파수 : 1초 동안 발생하는 사이클의 수[Hz]
- 주기 : 주기적으로 반복되는 파형이 1사이클 변화하는 데 소요되는 시간[sec]
- 각속도 : 1초 동안의 각[rad]의 변화율[rad/sec]

Module 024 자동제어계의 목표값에 따른 제어방식 분류

핵심이론

정치제어	시간에 관계없이 목표값이 일정한 제어	
	프로세스	유압, 압력, 온도, 농도, 액위 등의 제어
	자동조정	전압, 주파수, 속도제어
추치제어	목표치가 시간에 따라 변하는 경우	
	추종제어 (서보기구)	물체의 위치, 자세, 방향, 방위제어(예 미사일)
	프로그램제어	시간을 미리 설정해 놓고 제어(예 엘리베이터, 열차 무인 운전)
	비율제어	목표값이 다른 어떤 양에 비례하는 제어(예 보일러 연소 제어)

용어 정의

- 정치제어(Constant Value Control) : 발전기의 출력전압, 주파수 등은 부하 변동이 발생하여도 일정하게 유지해야 한다.
- 추치제어(Variable Value Control) : 목표치가 변화할 때 그것을 제어량이 뒤쫓아 가는 제어 방식이다.

Module 025

자동제어계의 제어동작에 따른 분류

핵심이론

ON-OFF동작	• 사이클링(Cycling), 잔류편차(Off Set)를 일으킨다. • 불연속제어
비례동작 (P동작)	• 입력에 비례하여 출력 발생 • $x_0 = k_p \cdot x_i \rightarrow G(s) = K_p$ • 사이클링은 없으나 잔류편차(Off Set)를 일으킨다.
적분동작 (I동작)	• 적분량(오차량)을 조절하여 오차를 최소화(정확성) • $x_0 = \frac{K_p}{T_i}\int x_i\,dt \rightarrow G(s) = \frac{K_p}{T_i s}$ 예 단가가 높은 제품을 생산할 때
미분동작 (D동작)	• 시스템속도를 조절하여 오차가 커지는 것을 미연에 방지 • $x_0 = K_p T_d \frac{dx_i}{dt} \rightarrow G(s) = K_p T_d s$ 예 대규모 생산 공장
비례적분동작 (PI동작)	• 제어결과가 진동하기 쉬움 • $G(S) = K_p + \frac{K_p}{T_i s}$
비례미분동작 (PD동작)	• 속응성을 개선 • $G(S) = K_p + K_p T_d s$
비례적분미분동작 (PID동작)	• 정상특성(정확도)과 응답속응성(속도)을 동시에 개선 • $G(S) = K_p + \frac{K_p}{T_i s} + K_p T_d s$ 예 정확도와 속도를 모두 요하는 경우(레이더 등)

여기서, K_p: 비례감도, T_d : 미분시간 = 레이트시간, T_i : 적분시간

TIP PID(Proportional Integral Derivative Control) : 가장 우수한 제어방식이다.

용어 정의

• 사이클링(Cycling, Hunting, 난조) : ON-OFF 동작과 같이 급격한 목표값의 변화나 외란이 있는 경우 제어량이 규정치 상하로 진동해서 정지되는 현상이다.
• 오프셋(Off-Set, 잔류편차) : 제어동작에서 급격한 목표값의 변화나 외란이 있는 경우 제어계가 정상상태로 된 다음에도 제어량이 목표값을 벗어난 채로 남는 편차이다.

Module 026

논리 동작을 트랜지스터로 표현

핵심이론

AND	OR
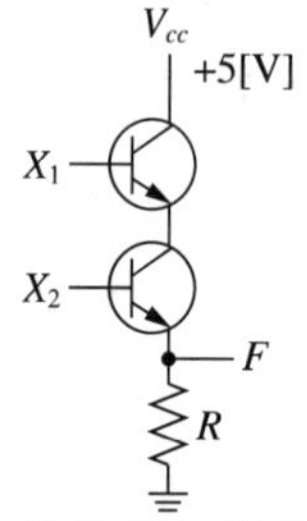 V_{cc} +5[V], X_1, X_2, F, R	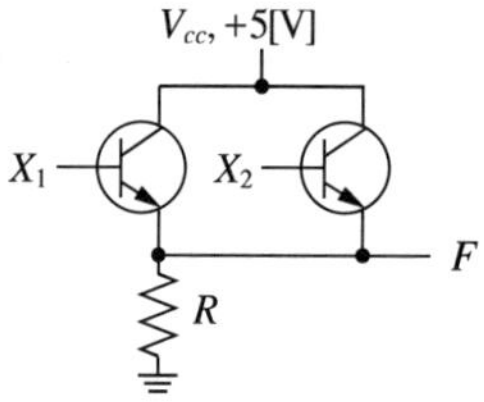 V_{cc}, +5[V], X_1, X_2, F, R
NAND	**NOR**
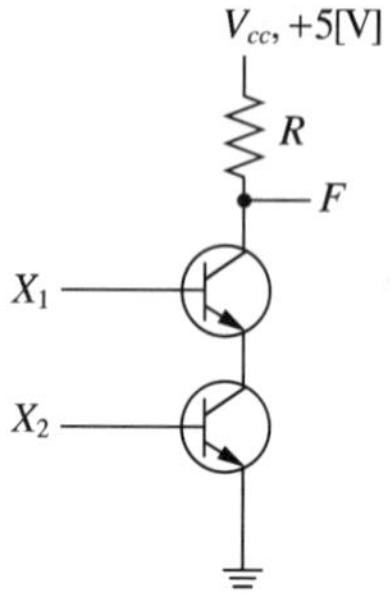 V_{cc}, +5[V], R, F, X_1, X_2	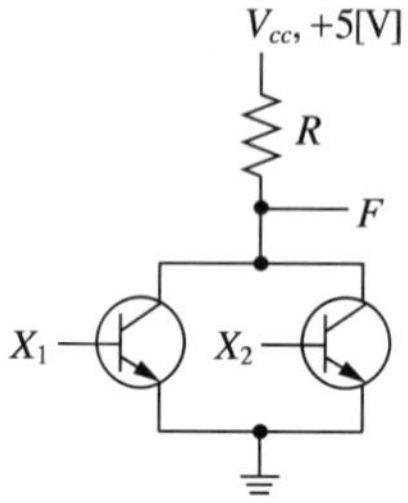 V_{cc}, +5[V], R, F, X_1, X_2

Module 027

시정수(시상수, τ, Time Constant, 단위 : [sec])

핵심이론

어떤 회로, 어떤 물체, 혹은 어떤 제어대상이 외부로부터의 입력에 얼마나 빠르게 혹은 느리게 반응할 수 있는지를 나타내는 지표이다.

만약 저항(R)과 콘덴서(C)가 직렬로 접속된 회로를 가정할 경우, 시점($t=0$)에서 일정 전압의 DC를 갑자기 인가한다면 콘덴서 양단의 전압은 갑작스레 상승하지 못하고, 지수함수적(Exponential)으로 상승하는 양상을 나타내며, 어느 정도의 시간이 흐리게 된 후 인가된 DC전압에 도달하게 된다. 이때 인가된 DC전압의 약 63[%]에 도달하는 시각을 시정수라고 한다.

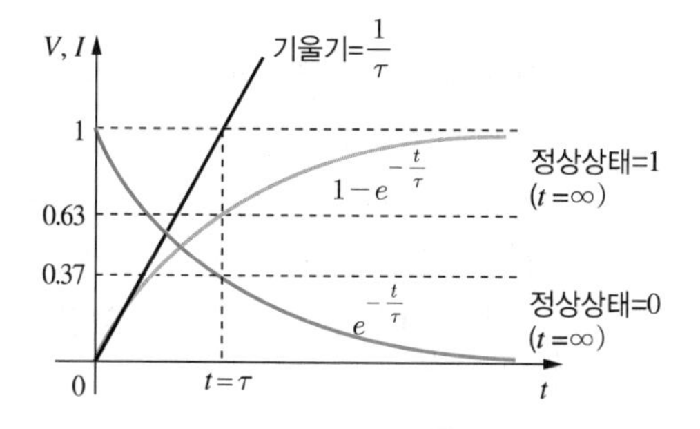

[시정수(τ)가 큰 경우]

- 특성근이 작다.
- 시스템 응답속도가 느리다.
- 과도현상이 오랫동안 지속된다.
- 정상값에 도달하는 데 많은 시간이 걸린다.
- 과도전류가 사라지는 데 많은 시간이 걸린다.
- 충·방전이 이루어지는 데 많은 시간이 걸린다.

용어 정의

지수함수(Exponential Function)

변수가 거듭제곱의 지수에 포함되어 있는 함수. 지수함수는 a가 1이 아닌 양의 상수, x가 모든 실수값을 취하는 변수라 할 때, $y=ax$로 주어진 함수를 가리키며, 이를 "a를 밑으로 하는 지수함수"라 한다.

Module 028

나이퀴스트 안정도 판별법 (Nyquist Stability Criterion)

핵심이론

[이득여유(GM)와 위상여유(PM)]

• 이득여유 : $GM = 20\log\frac{1}{|G(j\omega)H(j\omega)|}[\text{dB}]$ (약 4 ~ 12[dB])

• 위상여유 : $PM = 180° - \theta$ (약 30 ~ 60°)

[나이퀴스트선도의 안정 판별]

나이퀴스트의 벡터도는 부의 실수축과 교차하는 부분이 단위원 안에 있으면 안정하다고 판별한다.

[나이퀴스트 안정도 판별법의 특징]

• 계의 주파수 응답에 관한 정보를 준다.
• 상태안정도와 절대안정도를 알 수 있다.
• 제어계의 오차응답에 관한 정보는 제공하지 않는다.
• 계의 안정성을 판정하고, 안정 개선방법에 대한 정보를 준다.

용어 정의

나이퀴스트 안정도 판별법

피드백시스템의 안정도를 판별하기 위한 한 가지 방법으로 $G(j\omega)$의 궤적을 통해 시스템의 안정(Stable), 불안정(Unstable)을 판단할 수 있고, 이득여유(Gain Margin)와 위상여유(Phase Margin)도 나타낼 수 있는 척도이다.

Module 029

각 소자별 논리 영역(레벨)

핵심이론

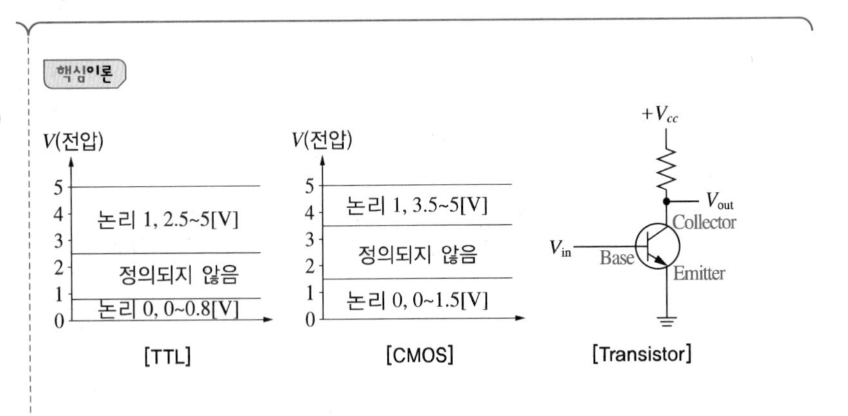

[TTL] [CMOS] [Transistor]

[TTL(Transistor Transistor Logic)]
BJT와 Diode로 구성

[CMOS(Complementary Metal Oxide Semiconductor)]
• NMOS와 PMOS, FET으로 구성
• CMOS의 장점 : TTL에 비해 소비전력이 적고 사용전압 범위가 넓다.
• CMOS의 단점 : TTL에 비해서 속도가 떨어진다.

Module 030

신호흐름선도과 메이슨(Mason) 정리

핵심이론

• 활용 : 주어진 신호흐름선도에서 종합전달함수$\left(\frac{입력}{출력} = 이득\right)$를 메이슨의 정리를 활용하여 구할 수 있다.

• 메이슨의 정리 공식 : $M = G = \frac{C}{R} = \frac{\sum_k T_k \Delta_k}{\Delta}$

 - k : 순방향(전향)경로의 수
 - T_k : k번째 순방향(전향)경로의 이득
 - Δ : $1 - \sum L_1 + \sum L_2 - \sum L_3 + \cdots$

여기서, $\sum L_1$: 서로 다른 루프이득의 합
 $\sum L_2$: 동시에 두 개를 취하는 비접촉 루프이득의 합
 $\sum L_3$: 동시에 세 개를 취하는 비접촉 루프이득의 합

 - Δ_k : k번째의 순방향(전향)경로와 접촉하지 않는 부분의 Δ값

용어 정의

• 루프이득(Loop Gain) : 다른 마디를 중복하여 통과하지 않으면서 임의의 마디에서 출발하여 신호흐름을 따라 처음 출발한 마디로 되돌아오는 경로상에 있는 이득의 곱
• 순방향 경로이득(Forward Path Gain) : 신호흐름선도의 입력에서 출력까지 순방향경로를 따라가면서 취한 이득의 곱
• 비접촉 루프(Non-Touching Loop) : 서로 공유하는 마디를 가지지 않는 루프, 즉 서로 접촉하지 않는 루프
• 비접촉 루프이득(Non-Touching Loop Gain) : 동시에 두 개, 세 개, 네 개 등으로 취한 비접촉 루프군의 이득의 곱, 즉 서로 접촉하지 않는 루프이득

MEMO

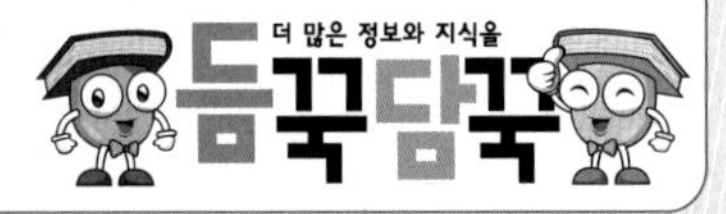

제 4 과목

전기기기

Module 90제

공사공단 공기업 전공 [필기]

전기직 필수 이론 500제

전기기기

Module 001

직류발전기 (3대 요소 : 계자, 전기자, 정류자)

핵심이론

[계자(Field)]

철심과 코일로 구성되며, 외부에서 코일에 전류를 흘려주었을 때(여자) 자속을 만드는 부분이다. 직류기에서 계자는 고정자에 해당한다.

[전기자(Armature)]

전기자권선과 철심으로 구성되며, 계자에서 발생된 주자속을 끊어서 기전력을 유도하는 부분이다. 단, 전기자에 유도된 기전력은 교류이다. 직류발전기에서 전기자는 회전자에 해당한다.

- 전기자철심은 철손을 적게 하기 위해 규소강판을 사용 → 히스테리시스손 감소
- 0.35~0.5[mm] 두께로 여러 장을 겹쳐 성층하여 사용 → 와류손 감소

전기자권선은 코일단과 코일변으로 구성되며, 주자속을 끊어서 기전력을 유도하는 부분인 '코일변'은 두 개가 한 개의 코일에 존재하게 된다.

[정류자(Commutator)]

직류기에만 존재하며, 전기자에 유도된 기전력 교류를 직류로 변화시켜 주는 부분으로 브러시와 함께 정류(AC → DC)작용을 담당한다.

[브러시(Brush)]

- 정류자면에 접촉하여 전기자권선과 외부회로를 연결하는 단자이다.
- 큰 접촉저항이 있어야 한다.
- 연마성이 적어서 정류자면을 손상시키지 않아야 한다(= 마찰저항이 작을 것).
- 기계적으로 튼튼해야 한다.
  - 탄소브러시(접촉저항이 커 정류가 용이하며, 허용전류가 작다. 소형기, 저속기용으로 사용)

– 흑연브러시(접촉저항이 작아 허용전류가 크다. 고속기, 대전류기에서 사용)
– 전기흑연브러시(불순물의 함유량이 적고 접촉저항이 커 정류가 용이하며, 각종 기계에 널리 사용)
– 금속흑연브러시(저항율과 접촉저항이 매우 낮아 허용전류가 크다. 60[V] 이하 저전압, 대전류기기에 사용)

Module 002

전기자권선법 (Armature Winding Method)

핵심이론

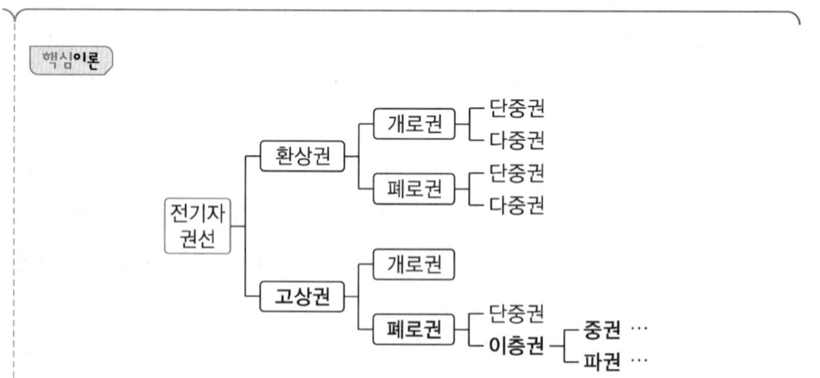

환상권	고상권	중 권	파 권
철 심 2 3	1 철 심 3 2		

• 환상권 : 철심 안쪽의 코일변에서는 기전력이 발생되지 않는다.
• 고상권 : 코일을 한 번 감으면 코일변이 두 개이므로(직렬) 기전력을 모두 활용 가능하다.
• 개로권 : 코일이 개방되어 있는 상태이다.
• 폐로권 : 코일이 닫혀 있는 상태이다(폐경로를 이룬다).
• 단층권 : 한 개의 슬롯에 한 개의 코일만 넣은 경우이다.
• 이층권 : 한 개의 슬롯에 두 개의 코일을 넣은 경우이다.
• 중권 : 코일의 경로를 이전 코일들과 겹쳐 중첩하여 활용한 경우이다.
• 파권 : 코일의 경로를 마치 파도모양으로 배치한 경우이다.

※ 직류기(고상권, 폐로권, 이층권, 중권, 파권), 동기기(이층권, 중권, 단절권, 분포권)

용어 정의

전기자권선법

전기자(회전자)에는 영구자석을 사용하거나 구리선(Coil)을 감아 사용하는데 이러한 구리선(Coil)을 사용하여 철심(Core)을 감는 방법이다.

Module 003

중권과 파권 비교

핵심이론

구 분	단중 중권	단중 파권
병렬회로수(a)	극수 p와 동일($a=p$)	$a=2$
브러시수(b)	극수 p와 동일($b=p$)	$2 \leq b \leq p$
전기자도체의 굵기, 권수, 극수가 모두 같을 때	저전압이 되나 대전류가 이루어진다.	전류는 적으나 고전압이 이루어진다.
유도기전력의 불균일	전기자 병렬회로수가 많고, 각 병렬회로 사이에 기전력의 불균일이 생기기 쉬우며, 브러시를 통하여 국부전류가 흘러서 정류를 해칠 염려가 있다.	전기자 병렬회로수는 2이며, 각 병렬회로의 도체는 각각 모든 자극 밑을 통하고, 그 영향을 동시에 받기 때문에 병렬회로 사이에 기전력의 불균일이 생기는 일이 적다.
균압권선	필 요	불필요
다중도 m인 경우 병렬회로수(a)	$a=mp$	$a=2m$

Module 004

직류발전기의 유기기전력

핵심이론

- 전기자 도체 1개당 유기되는 기전력 : $e=Blv[\mathrm{V}]$
- 도체수가 Z개일 때 전체 유기기전력 :

$$E=\frac{eZ}{a}=Bl\pi D\frac{N}{60}\frac{Z}{a}=\frac{PZ\phi N}{60a}=k\phi N$$

여기서, B : 자속밀도, l : 도체길이, D : 회전자 지름, P : 극수, ϕ : 극당 자속수, N : 분당 회전수, Z : 도체수

Module 005

직류발전기의 전기자 반작용

핵심이론

직류발전기에 부하를 접속하면 전기자권선에 전류가 흐르며, 이 전류에 의하여 생긴 기자력은 주자극에 의하여 공극(Air Gap)에 만들어진 자속에 영향을 주어 자속의 분포나 크기가 변화한다. 이와 같은 전기자전류에 의한 자속이 계자권선의 주자속(계자극면)에 영향을 주는 현상을 전기자 반작용이라고 한다.

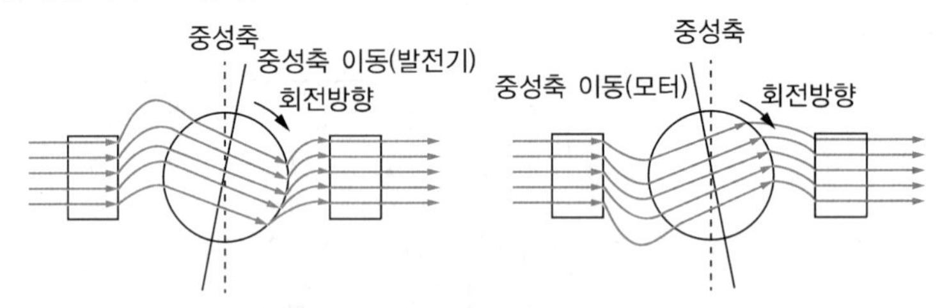

※ 편자작용 : 자속의 분포가 한쪽으로 기울어지는 현상

용어 정의

중성축

직류기에 있어서 주극의 축과 직각 전기각이 만나는 축, 무부하인 경우의 중성축이다.

Module 006

전기자 반작용 현상의 해석

핵심이론

전체 자속이 다소 감소하기에 유도기전력이 감소(전기자 반작용에 의한 전압강하)

↓ (영향)

중성축이 이동(발전기는 회전방향, 전동기는 회전반대방향)

↓ (문제점)

- 정류자에 불꽃이 발생하고, 정류자 및 브러시의 소손이 발생(정류 불량)
- 정류자 불꽃이 발생하는 이유는 인덕턴스와 커패시턴스는 전류와 전압을 쉽게 바꾸지 않으려는 특성을 가지고 있기 때문
- $V_L = L\frac{di}{dt}$, $I_c = C\frac{dv}{dt}$

↓ (문제점)

- 주자속이 감소하여 유기기전력이 감소하여 효율이 저하
- 발전기 – 유기기전력 감소
- 전동기 – 토크 감소, 속도 증가

↓ (대책)

- 보상권선 설치(고정자권선에 수직으로 코일을 감아 왜곡된 자기장을 상쇄, 가장 좋은 방법)
- 보극 설치(임의의 영구자석(N, S)을 설치→정류 성능 개선)
- 브러시 이동(브러시의 중성축을 발전기는 회전방향으로, 전동기인 경우는 회전반대방향으로 이동)

용어 정의

- 보상권선(Compensating Winding) : 직류기의 주자극편 전기자에 상대하는 면에 있는 슬롯 안에 설치한 권선으로, 상대하는 전기자권선의 전류와 반대방향으로 전류를 통해서 거기에 따라 자극편 아래 부분의 전기자 반작용을 상쇄하는 작용을 한다.
- 보극(Commutating Pole) : 회전기 중성대 부분의 전기자 반작용을 상쇄한다. 또 전압 정류, 정류 자속을 발생시키기 위하여 사용하는 극을 말한다.

Module 007

감자기자력, 교차기자력

핵심이론

감자기자력	교차기자력
도체가 만드는 자기장이 반대로 영향을 주는 부분의 기자력(α)	도체가 만드는 자기장이 교차되는 부분의 기자력(β)
• 병렬회로수 a, 전기자전류 I_a ∴ 도체당 흐르는 전류 : $\frac{I_a}{a}$ • 전체 도체수 Z – 감자기자력을 만드는 도체수(턴수) : $\frac{2\alpha}{\pi}Z$ – 감자기자력 : $\frac{I_a}{a}\frac{2\alpha}{\pi}Z[\text{AT}]$ – 극당 감자기자력 : $\frac{I_a}{a}\frac{2\alpha}{\pi}\frac{Z}{2p}[\text{AT/극}]$	• 병렬회로수 a, 전기자 전류 I_a ∴ 도체당 흐르는 전류 : $\frac{I_a}{a}$ • 전체 도체수 Z – 감자기자력을 만드는 도체수(턴수) : $\frac{\beta}{\pi}Z$ – 교차기자력 : $\frac{I_a}{a}\frac{\beta}{\pi}Z[\text{AT}]$ – 극당 감자기자력 : $\frac{I_a}{a}\frac{\beta}{\pi}\frac{Z}{2p}[\text{AT/극}]$

용어 정의

기자력(Magnetomotive Force)
자기장이 생기도록 하는 힘으로 코일에 흐르는 전류와 코일이 감긴 수의 곱이며 전기장에서 기전력과 대응되는 힘이며 단위는 [AT]를 사용한다.

Module 008

직류발전기의 정류

핵심이론

• $e_b > e_L = L\frac{di}{dt} = L\frac{2I_a}{T_c}$, $T_c = \frac{b-\delta}{v_c}[\text{sec}]$

여기서, e_b : 브러시 접촉면 전압강하, e_L : 평균 리액턴스전압, I_a : 전기자전류, T_c : 정류시간, b : 브러시의 두께[m], δ : 정류자 편 사이의 절연두께[m], v_c : 정류자의 주변속도[m/sec]

• 자체 인덕턴스가 작아야 한다(단절권 사용).
• 정류주기가 길어야 한다(회전속도 느릴 것 = 저속운전).
• 브러시 접촉저항이 커야 한다. → 저항정류(탄소브러시)
• 리액턴스 평균전압이 작아야 한다. → 전압정류(보극 설치)
• 브러시 접촉면 전압강하 > 평균 리액턴스전압($e_b > e_L$)

Module 009

직류발전기의 종류

핵심이론

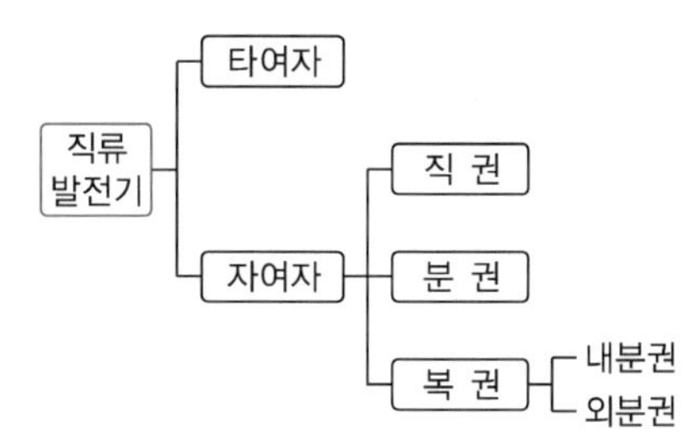

- 타여자발전기 : 전기자권선과 계자코일이 전기적으로 분리(계자코일을 외부(타)에서 별도 공급)
- 자여자발전기 : 전기자권선와 계자코일이 전기적으로 연결(계자코일은 전기를 스스로(자) 공급)
- 직권발전기 : 전기자권선과 계자코일을 직렬로 연결
- 분권발전기 : 전기자권선과 계자코일을 병렬로 연결
- 복권발전기 : 전기자권선과 계자코일을 직렬과 병렬로 연결
- 내분권발전기 : 전기자권선과 계자코일을 직권연결 후 분권연결
- 외분권발전기 : 전기자권선과 계자코일을 분권연결 후 직권연결

※ 발전기에 부하가 연결되어 있을 때 자속에 의해 전기자권선에 유기되는 기전력을 유기기전력이라 하고, 변압기권선의 전자유도작용에 의해 발생되는 기전력을 유도기전력이라 한다.

Module 010

타여자발전기

핵심이론

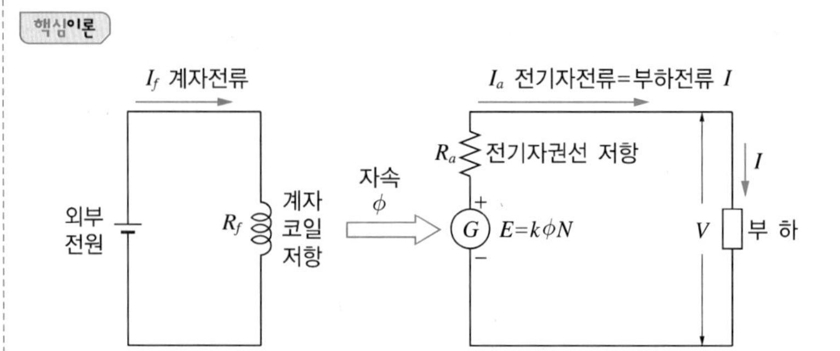

구 분	부하 존재	무부하
전 류	$I_a=I_f=I$	$I_a=I_f=I=0$ (개방상태이므로 흐르는 전류 없음)
유기기전력	$E=V+I_aR_a$	$E=V$ (발전된 유기기전력이 그대로 형성)
단자전압	$V=E-I_aR_a$	$V=E$ (발전된 유기기전력이 그대로 형성)

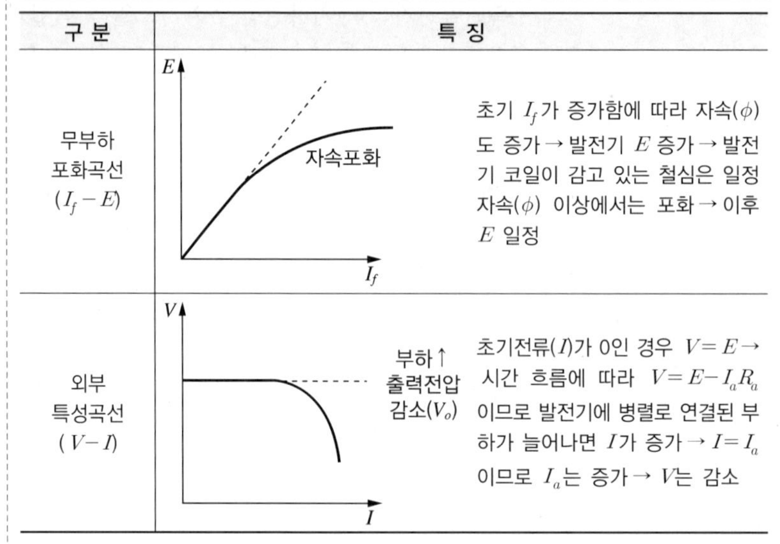

구 분	특 징	
무부하 포화곡선 (I_f-E)	(그래프: E, I_f, 자속포화)	초기 I_f가 증가함에 따라 자속(ϕ)도 증가 → 발전기 E 증가 → 발전기 코일이 감고 있는 철심은 일정 자속(ϕ) 이상에서는 포화 → 이후 E 일정
외부 특성곡선 $(V-I)$	(그래프: V, I, 부하↑ 출력전압 감소(V_o))	초기전류(I)가 0인 경우 $V=E$ → 시간 흐름에 따라 $V=E-I_aR_a$이므로 발전기에 병렬로 연결된 부하가 늘어나면 I가 증가 → $I=I_a$이므로 I_a는 증가 → V는 감소

- 잔류자기가 없어도 발전이 가능
- 회전방향 반대 → 극성이 반대로 발전
- 시험용 직류전원, 속도조절용 전원, 교류발전기의 여자전원 등

(∵ 외부전원의 제어로 계자전류 I_f를 조절하기에 발전기에 출력되는 전압 조절이 용이)

Module 011

직권발전기

핵심이론

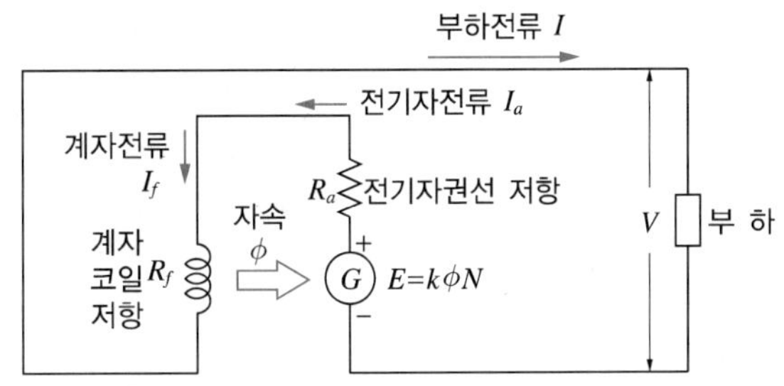

구 분	부하 존재	무부하
전 류	$I_a = I_f = I$(직렬)	$I_a = I_f = I = 0$ (개방상태이므로 흐르는 전류 없음)
유기기전력	$E = V + I_a R_a + I_f R_f$	$E = V = 0$ (무부하운전 불가)
단자전압	$V = E - I_a(R_a + R_f)$ (전압강하가 큼)	$V = E = 0$ (무부하운전 불가)

※ 무부하 시에는 전류가 없으므로 유기기전력 $E = 0$
만약 부하가 매우 작을 경우 매우 큰 전류가 상대적으로 작은 값의 계자코일(R_f)에 흐르게 된다. 큰 전류가 흐를 경우 이에 비례하여 큰 자속(ϕ)이 발생하여 유기기전력이 매우 커지며, 발전기에서는 큰 전류가 발생하여 계자코일(R_f)과 전기자권선 저항(R_a)에 흐르게 되므로 소손을 야기할 수 있다. → 발전 중 단락 금지

구 분	특 징
무부하 포화곡선 ($I_f - E$)	무부하 시 발전기는 발전을 할 수 없으므로 생략
외부 특성곡선 ($V - I$)	(그래프: V, I, 자속포화, $V=E-I(R_a+R_f)$) 발전하기 전에 계자코일에서 잔류자속이 존재하여야 발전 가능(전류가 0이여도 이전 유기기전력(E)이 존재) → 전류가 증가하면 유기기전력 증가 → 계자코일이 발생시키는 자속(ϕ)의 포화로 인해 출력전압(V)도 일정수준을 유지함

- 잔류자속이 존재해야 함
- 역회전운전 금지(잔류자속이 소멸됨)

Module 012

분권발전기

핵심이론

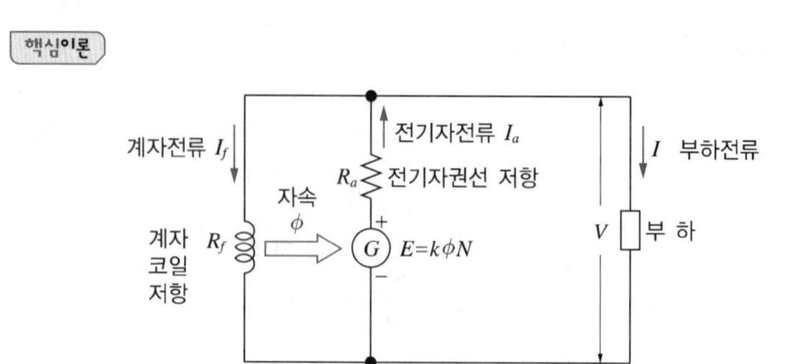

구 분	부하 존재	무부하
전 류	$I_a = I_f + I$(병렬)	$I=0,\ I_a = I_f \rightarrow I_f = \dfrac{V}{R_f}$ (개방상태 → 부하에 흐르는 전류 없음)
유기기전력	$E = V + I_a R_a$	$E = V = I_f R_f$ (전기자저항이 매우 작기 때문에 무부하운전 금지)
단자전압	$V = E - I_a R_a$	$V = E$ (무부하운전 금지)

※ 무부하 시에 계자코일(R_f)과 전기자코일(R_a) 소손 → 무부하운전 금지

기본적으로 계자코일(R_f)과 전기자코일(R_a)은 상당히 작은 값으로 구성되는데 만약 부하가 없다면 $I_a = I_f$이므로 발전되는 모든 전류가 계자코일(R_f)과 전기자권선 저항(R_a)으로 흘러들어가게 되어 $\left(I_f = \dfrac{E}{R_a + R_f}\right)$ 소손의 위험이 있음

구 분	특 징
무부하 포화곡선 ($I_f - E$)	발전하기 전에 계자코일에서 잔류자속이 존재하여야 발전 가능(전류가 0이여도 이전 유기기전력(E)이 존재) → 전류가 증가하면 유기기전력 증가 → 계자코일이 발생시키는 자속(ϕ)의 포화로 인해 유기기전력(E)도 일정수준을 유지함 • R_f 大 : 전압강하가 크고, I_f의 전류가 작게 되므로 발생시키는 자속이 줄어들어 발전되지 않음 • R_f 小 : 전압강하가 작고, I_f의 전류가 크게 되므로 포화되기 전 소손될 수 있음
외부 특성곡선 ($V-I$)	$I_a = I_f + I$에서 부하단락 시 I가 증가 → I_f가 감소 → 자속(ϕ) 감소 → 유기기전력(E) 감소 → I_a 감소 → I_f 감소 → … 반복되어 잔류자속으로만 발전하는 수준으로 부하전류가 감소하게 됨

- 잔류자속이 존재해야 함
- 역회전운전 금지(잔류자속이 소멸됨)
- 운전 중 무부하 금지(전기자, 계자권선 소손 우려)
- 단자 단락 시 매우 작은 전류로 발전(재기동 시 복구는 가능)

Module 013 복권발전기

핵심이론

구 분	내분권발전기(부하 시)	외분권발전기(부하 시)
모형 (계자코일이 2개)	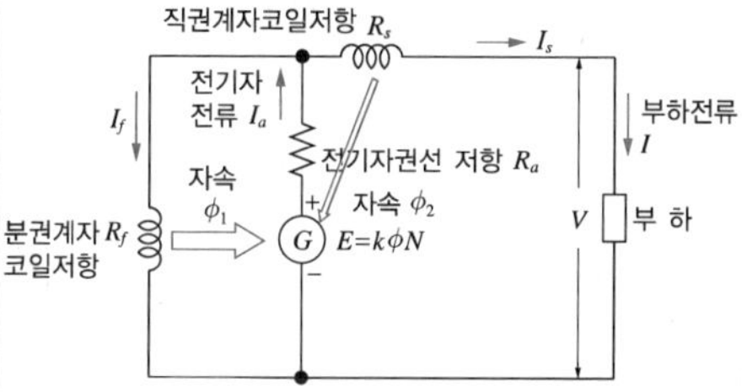 직권계자코일저항 R_s, I_s, 전기자 전류 I_a, I_f, 전기자권선 저항 R_a, 자속 ϕ_1, 자속 ϕ_2, 분권계자 R_f 코일저항, G, $E=k\phi N$, V, 부하전류 I, 부 하	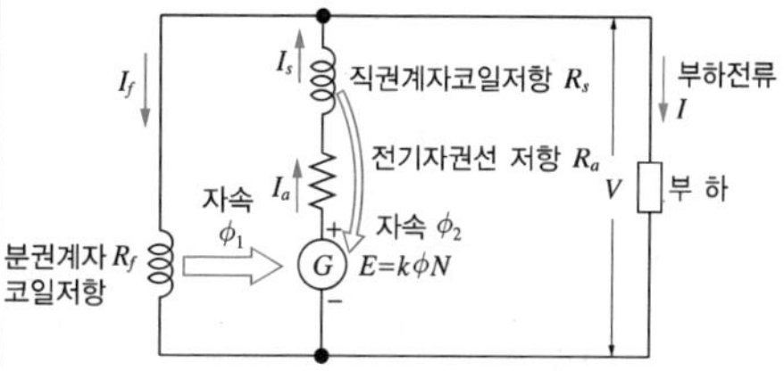 I_s, 직권계자코일저항 R_s, I_f, 부하전류 I, 전기자권선 저항 R_a, I_a, 자속 ϕ_1, 자속 ϕ_2, 분권계자 R_f 코일저항, G, $E=k\phi N$, V, 부 하
전 류	$I_a = I_s + I_f (I_s = I)$	$I_s = I_a$, $I_a = I_f + I$
유기기전력	$E = V + I_a R_a + I_s R_s$	$E = V + I_a R_a + I_s R_s$
단자전압	$V = E - I_a R_a - I_s R_s$	$V = E - I_a R_a - I_s R_s$

※ 복권발전기를 직권발전기 또는 분권발전기로 운전하는 방법
- 복권을 직권으로 운전 → 분권계자를 개방
- 복권을 분권으로 운전 → 직권계자를 단락

구 분	가동 복권발전기	차동 복권발전기
총 자속	$\phi = \phi_1 + \phi_2$	$\phi = \phi_1 - \phi_2$
유기기전력	$E = k(\phi_1 + \phi_2)N$	$E = k(\phi_1 - \phi_2)N$
특 징	과복권, 평복권, 부족복권	수하특성 : 정전류(정출력) → 용접용 발전기
외부 특성곡선 ($V-I$)	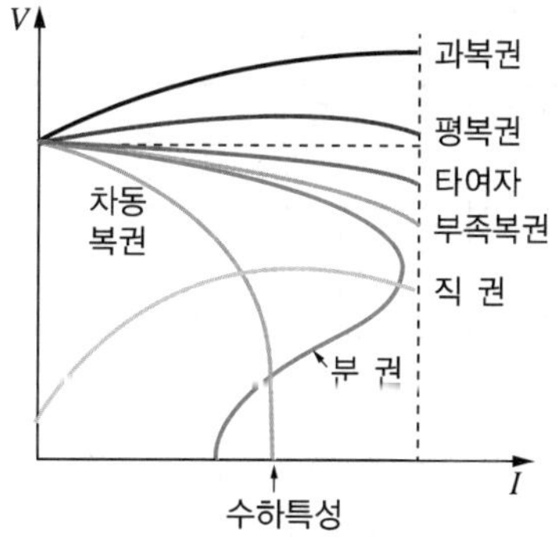 V, I, 과복권, 평복권, 타여자, 부족복권, 직 권, 부 권, 차동 복권, 수하특성 ※ 수하특성 : 특정 전압강하 이후로는 전류가 부하에 상관없이 일정값으로 유지되는 현상	

※ 가동 복권 및 차동 복권발전기는 계자코일이 만드는 자속의 합 또는 차로 해석

Module 014

직류발전기 특성곡선 상호 관계

핵심이론

종 류	횡축(가로)	종축(세로)	조 건
무부하 포화곡선	I_f	E	n 일정, $I=0$
외부 특성곡선	I	V	n 일정, R_f 일정
내부 특성곡선	I	E	n 일정, R_f 일정
부하 특성곡선	I_f	V	n 일정, I 일정
계자 조정곡선	I	I_f	n 일정, V 일정

여기서, I_f : 계자전류, I : 부하전류, V : 단자전압, E : 유기기전력, n : 회전수, R_f : 계자저항

Module 015

전압변동률

핵심이론

발전기 정격출력이 정해졌을 때 무부하 전압과 정격전압의 관계를 보여주는 수치
→ 전압변동률이 크다는 것은 부하변동에 따른 출력전압이 크게 달라는 발전기

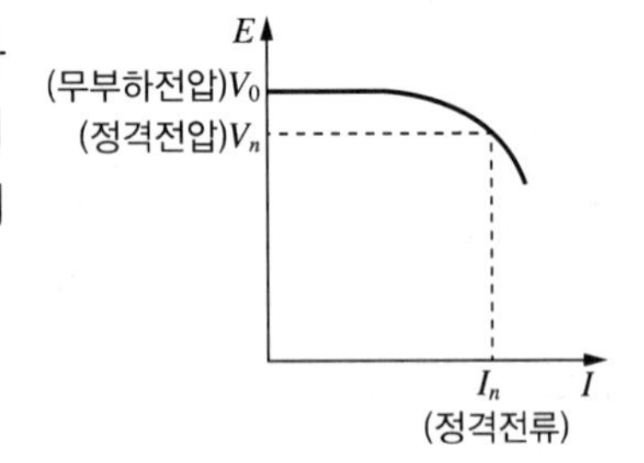

$$\varepsilon = \frac{V_0 - V_n}{V_n} \times 100$$

$$= \frac{\text{무부하전압} - \text{정격전압}}{\text{정격전압}} \times 100$$

$$\therefore\ V_n = \frac{V_0}{(\varepsilon + 1)}$$

구 분	조 건	발전기 종류
(+)	$V_0 > V_n$	타여자, 분권, 차동복권, 부족복권
0	$V_0 = V_n$	평복권
(−)	$V_0 < V_n$	직권, 과복권

Module 016

직류발전기 병렬운전조건

핵심이론

- 극성이 같을 것(극성이 다르면 폐회로가 형성되어 발전기로 전류 유입)
- 단자전압이 같을 것(단자전압이 다를 경우 전압이 낮은 발전기로 전류 유입)
- 용량은 상이해도 됨(부하분담은 용량에 비례하게 됨)
- 외부 특성곡선이 수하특성이며 두 발전기의 특성곡선이 비슷할 것(발생하는 단자전압이 같아야 하기에 특성곡선도 비슷해야 함)

※ 병렬운전 시 직권, 과복권은 균압모선이 필요
※ 분권발전기를 병렬운전할 때 부하의 분담(R_f 조정)

- A기기의 부하분담 감소 : R_f 증가 → I_f 감소 → ϕ 감소 → E_A 감소 → I_A 감소
- A기기의 부하분담 증가 : R_f 감소 → I_f 증가 → ϕ 증가 → E_A 증가 → I_A 증가

Module 017

직류진동기의 구조와 원리

핵심이론

- 플레밍의 오른손법칙 : 발전기
- 플레밍의 왼손법칙 : 전동기

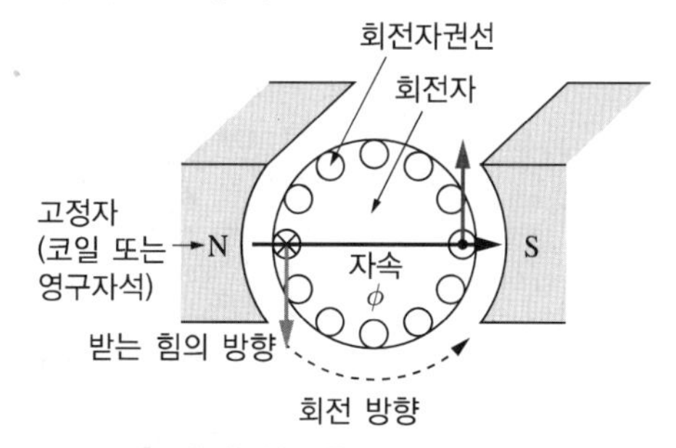

전동기(모터, Motor)와 발전기는 동일한 구조를 갖지만, 전기에너지를 통해 회전이 발생되면 전동기의 역할, 회전을 통해 전기에너지를 만들어 내면 발전기에 해당한다. 고정자가 만들어 낸 자속에서 전류가 흐르면 힘이 발생된다(플레밍의 왼손법칙).

용어 정의

- 회전자(Rotor) : 전류가 흐르면 자속에 의해 회전하는 부분(발전기는 전기자가 회전자에 해당한다)
- 고정자(Stator) : 자속을 만들어 주는 부분(발전기는 계자가 고정자에 해당한다)
- 역기전력(Counter Electromotive Force) : 전동기의 경우 부하로 인해 발전기처럼 동작하여 역으로 기전력이 발생

Module 018 직류전동기의 이론

핵심이론

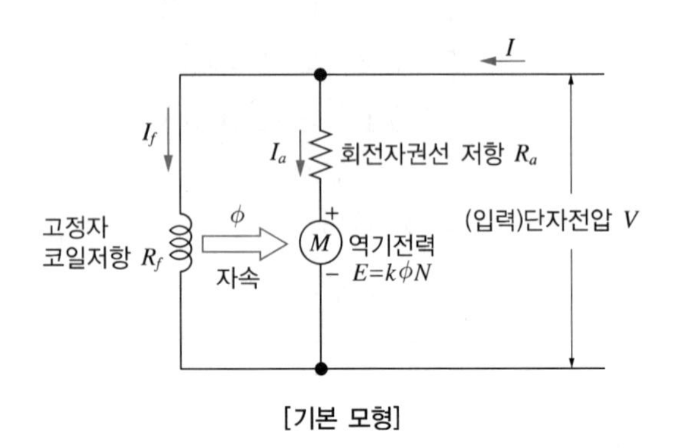

[기본 모형]

구 분	특징(단자전압 > 역기전력)
단자전압	$V=E+I_aR_a$, $I_f=\dfrac{V}{R_f}$
역기전력	$E=V-I_aR_a$, $E=k\phi N=\dfrac{Pz}{60a}\phi N$
회전속도	$E=k\phi N=V-I_aR_a \rightarrow N=\dfrac{V-I_aR_a}{k\phi}=k'\dfrac{V-I_aR_a}{\phi}$ $\left(N\propto\dfrac{1}{\phi}\right)$
출 력	$P=\omega T=\dfrac{2\pi N}{60}T=I_aE$[W]
토크(회전력)	• $T=\dfrac{Pz}{2a\pi}\phi I_a=k\phi I_a$[N·m] • $T=\dfrac{P}{\omega}=9.55\dfrac{P}{N}$[N·m] $\left(T\propto I_a\propto\dfrac{1}{N}\right)$ • $T=0.975\dfrac{P}{N}$[kg·m]

Module 019

타여자 직류전동기

핵심이론

고정자권선의 입력을 외부에서 받아 직류전동기에서 여자를 시키는 모형

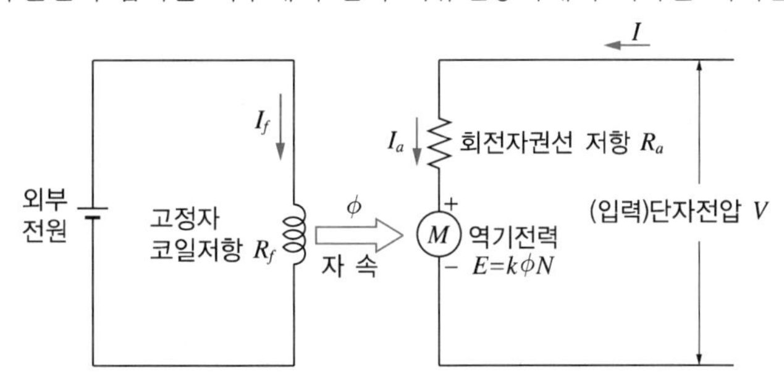

구 분	특징(단자전압 > 역기전력)
단자전압	$V=E+I_aR_a$
역기전력	$E=V-I_aR_a$, $E=k\phi N=\dfrac{Pz}{60a}\phi N$
회전속도	• $N=k\dfrac{V-I_aR_a}{\phi}\left(N\propto\dfrac{1}{\phi}\right)$(고정자저항 R_f로 속도조절 가능) − R_f 증가 → I_f 감소 → ϕ 감소 → N 증가 − R_f 감소 → I_f 증가 → ϕ 증가 → N 감소 − 만약 $I_f=0[\text{A}]\rightarrow\phi=0[\text{Wb}]\rightarrow N=\infty[\text{rpm}]$(∴ 계자회로 퓨즈 사용 금지)
출 력	$P=\omega T=\dfrac{2\pi N}{60}T=I_aE[\text{W}]$
토크(회전력)	$T=\dfrac{Pz}{2a\pi}\phi I_a=k\phi I_a[\text{N}\cdot\text{m}]\left(T\propto I_a\propto\dfrac{1}{N}\right)$
전원 극성 반대	회전방향 반대

Module 020

직권 직류전동기

핵심이론

계자권선과 회전자권선이 직렬로 연결되어 있는 모형

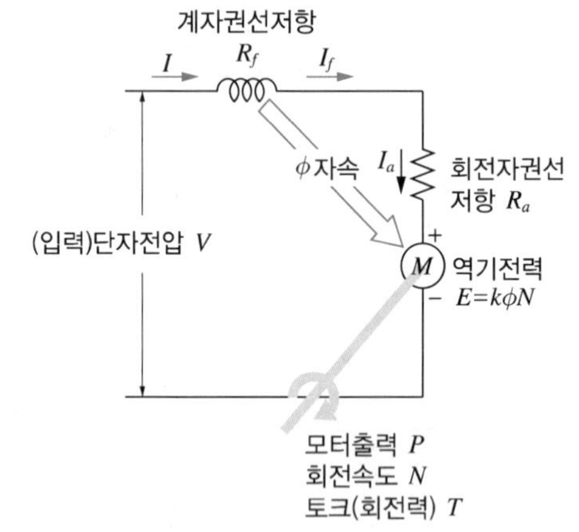

구 분	특징(부하 시)
전 류	$I = I_a = I_f$
단자전압	$V = E + I_a R_a + I_f R_f$
역기전력	$E = V - I_a R_a - I_a R_f$, $E = \frac{Pz}{60a}\phi N = k\phi N$
회전속도	• $N \propto \frac{1}{\phi} (\because \phi \gg (R_a + R_f))$ – 만약, 무부하운전 시에는 위험속도에 도달하므로 금지 – I_f가 작아지면 ϕ가 0에 가까워지므로 N은 위험속도 도달 – 직권전동기에 연결하는 이하 기구 등은 톱니나 체인을 사용하여 견고하게 고정해야 함
토크(회전력)	(자기포화 전) $T = kI_a^2 [\mathrm{N \cdot m}] \left(T \propto I_a^2 \propto \frac{1}{N^2}\right)$ (자기포화 시) $T = kI_a [\mathrm{N \cdot m}] \left(T \propto I_a \propto \frac{1}{N}\right)$
회전방향 변경	전기자전류나 계자전류 중 1개만 변경, 전원 극성 반대(회전방향 불변)
기 타	• 기동토크가 크다. • 속도변동률이 크다. • 토크변동률이 크다.

Module 021

분권 직류전동기

핵심이론

계자권선과 회전자권선이 병렬로 연결되어 있는 모형

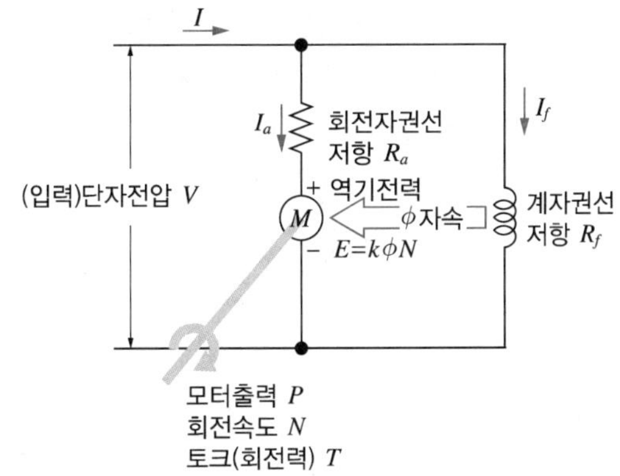

구 분	특징(부하 시)
전 류	$I=I_a+I_f$(단, I_f는 보통 매우 작은 값)
단자전압	$V=E+I_aR_a$, $I_f=\dfrac{V}{R_f}$
역기전력	$E=V-I_aR_a$, $E=\dfrac{Pz}{60a}\phi N=k\phi N$
회전속도	• $N=k\dfrac{V-I_aR_a}{\phi}\left(N\propto\dfrac{1}{\phi}\right)$(계자저항 R_a로 속도조절 가능) – R_a 증가 → I_a 감소 → ϕ 감소 → N 증가 – 만약, 계자전류가 0이 되면 위험속도에 도달(계자권선 단선 금지) – I_f가 작아지면 ϕ가 0에 가까워지므로 N은 위험속도 도달 – 분권전동기에 연결하는 이하 기구 등은 톱니나 체인을 사용하여 견고하게 고정해야 함
토크(회전력)	$T=\dfrac{Pz}{2a\pi}\phi I_a=k\phi I_a[\text{N}\cdot\text{m}]\left(T\propto I_a\propto\dfrac{1}{N}\right)$
회전방향 변경	전기자전류나 계자전류 중 1개만 변경, 전원 극성 반대(회전방향 불변)
기 타	※ 정속도운전 가능 N 증가 → E 증가 → I_a 감소 → I_f 증가 → ϕ 증가 → T 증가(N 감소) → E 감소 → I_a 증가 → I_f 감소 → ϕ 감소 → T 감소(N 증가) → … (유지하려는 성질) ※ 정속도 가능 전동기 : 타여자전동기, 분권전동기, 동기전동기

Module 022

직류전동기의 기동

핵심이론

- 기동전류의 크기는 정격전류 2배 정도 이내에서 제한(보통 기동 시에는 4~6배의 큰 전류가 흐르므로 위험)
- 전기자권선(R_{as})과 계자권선(R_{fs})에 저항을 추가(병렬)하여 전류를 조절
- 충분한 기동토크를 가질 것($T = k\phi I_a[\text{N} \cdot \text{m}]$에서 R_{fs} 최소 → I_f 최대 → ϕ 최대 → T 최대)

Module 023

직류전동기의 속도제어

핵심이론

$N = k\dfrac{V - I_a R_a}{\phi}$ 에서 V(전압제어), ϕ(자속 → 계자제어), R(저항제어)

구 분	특 징
전압제어	• 정토크제어 • 광범위 속도제어가 가능 • 워드레오너드 방식(광범위 속도 조정, 효율 양호) • 일그너 방식(부하 급변하는 곳, 플라이휠 효과 이용, 제철용 압연기)
계자제어	• 속도제어 범위 좁음 • 정출력 가변속도제어 • 효율은 양호하나 정류가 불량 • 세밀하고 안정된 속도를 제어
저항제어	• 효율 저하 • 속도제어 범위 좁음

Module 024

직류전동기의 제동 (기계적 힘이 아닌 전기적 힘으로 제동 가능)

핵심이론

구 분	특 징
회생제동	전동기를 발전기로 적용하여 생긴 유기기전력을 전원으로 귀환(전력을 배터리로 충전 → 전철, 전기자동차 적용)
발전제동	전동기를 발전기로 적용하여 생긴 유기기전력을 저항을 통하여 열로 소비(저항에서 열 방출 → 겨울철 난방열 적용)
역전제동(플러깅)	전기자 접속이나 계자의 접속을 반대로 바꿔서 역토크를 발생(비상시 사용)

Module 025

직류전동기의 역회전

핵심이론

- 타여자전동기 : 단자전압의 극성이 바뀌면 역회전 가능
- 자여자(직권, 분권, 복권)전동기 : 단자전압의 극성이 바뀌어도 역회전 불가(∵단자전압의 극성이 바뀌면 계자의 극성도 함께 바뀜 → 전기자나 계자의 극성이 하나만 바뀌어야 역회전 가능)

Module 026

직류전동기의 손실

핵심이론

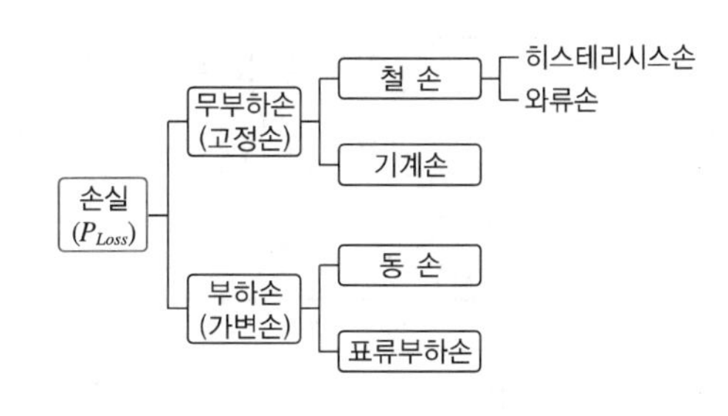

봉어 정리

- 무부하손 : 부하와 관련 없는 손실(철손 ≫ 기계손)
- 철손 : 철에서 나타나는 손실(자기장과 관련, 보통 변압기 코어 부분)
- 히스테리시스손 : 전동기의 회전자권선에서 자속이 변화할 때 발생하는 손실(히스테리시스 곡선의 내부 면적이 작을수록 손실 적음)

- 와류손 : 와류전류에 의해 발생하는 손실(회전자와 같은 철판에 유기되는 자기장이 시간에 따라 변화하면 전류 발생)
- 기계손(P_m, Machine Loss) : 베어링 마찰손, 풍손 등 기계적인 손실
- 부하손 : 부하의 변동에 따라 변화되는 손실(전류와 관련, 동손 ≫ 표류부하손)
- 동손 : 구리선에서 나타나는 손실(구리선 저항에 따른 열 발생)
- 표류부하손 : 정의된 손실 외에 측정이 불가능한 모든 손실

Module 027

직류전동기의 속도변동률

핵심이론

$$\varepsilon = \frac{\text{무부하속도} - \text{정격속도}}{\text{정격속도}} \times 100 = \frac{N_0 - N_n}{N_n} \times 100\,[\%]$$

※ 속도변동률 : 직권 > 가동(복권) > 분권 > 차동(복권)

용어 정의

속도변동률

전동기의 특성을 표시하는 파라미터로써 기계적인 부하가 변할 때 얼마나 일정한 속도를 유지하는가에 대한 지표

Module 028

직류기(발전기, 전동기)의 규약효율

핵심이론

발전기 및 변압기	전동기
$\eta_G = \frac{P_{out}}{P_{in}} \times 100 = \frac{P_{out}}{P_{out} + P_{loss}} \times 100$ $= \frac{\text{출력}}{\text{출력} + \text{손실}} \times 100[\%]$	$\eta_M = \frac{P_{out}}{P_{in}} \times 100 = \frac{P_{in} - P_{loss}}{P_{in}} \times 100$ $= \frac{\text{입력} - \text{손실}}{\text{입력}} \times 100[\%]$

용어 정의

규약효율

실제로 측정하여 구한 효율에 대하여 정해진 규약에 따라 구한 손실을 바탕으로 산출하는 효율

Module 029

동기기(발전기)의 구성

핵심이론

- 고정자(Stator) : 고정자코일은 전기자권선으로 유기기전력을 발생시키는 부분
- 회전자(Rotor)
  - 회전자코일은 계자권선으로 자계가 발생되는 부분
  - 돌극형(저속기)과 원통형(고속기)으로 구분된다.
- 여자장치(Exciter) : 전기를 공급하여 전자석을 만드는 부분
- 원동기(Prime Mover)
  - 발전기의 축과 직결되어 기계적인 회전력을 공급하는 부분
  - 발전기의 출력제어는 조속기(Governor)가 담당

TIP 통상적으로 발전기에서의 기전력은 유기기전력, 변압기에서의 기전력은 유도기전력이라 칭한다.

Module 030

동기기(발전기)의 회전계자형

핵심이론

동기기(발전기)의 회전자(Rotor)는 회전계자형과 회전전기자형으로 구분되는데, 표준으로 회전계자형을 사용하며, 그 이유는 다음과 같다.

- 절연이 용이하다(계자권선은 저전압, 전기자권선은 고전압에 유리).
- 기계적으로 튼튼하다.
- 계자권선이 저압 직류회로로 소요동력이 적다(인출도선 2개).
- 계자권선의 인출도선이 2가닥이므로 슬립링, 브러시의 수가 감소한다.
- 전기자권선은 고전압에 결선이 복잡하며, 대용량인 경우 전류도 커지고 3상 결선 시 인출선은 4개이다.
- 과도안정도 향상에 기여한다(회전자의 관성 증가가 용이).

Module 031

동기기(발전기)의 기본 관계식

핵심이론

- $N_s = \dfrac{120f}{P}\left(N_s \propto \dfrac{1}{P} \propto f\right)$

  여기서, N_s : 동기속도, f : 주파수, P : 극수

- 동기기(발전기)의 회전자 주변속도

  $v = \pi D \dfrac{N_s}{60} = \dfrac{\pi D}{60} \cdot \dfrac{120f}{P}[\text{rpm}]$

  여기서, v : 회전자 주변속도, D : 회전자의 외경, N_s : 동기속도, f : 주파수, P : 극수

Module 032

동기기(발전기)의 출력 관계식

핵심이론

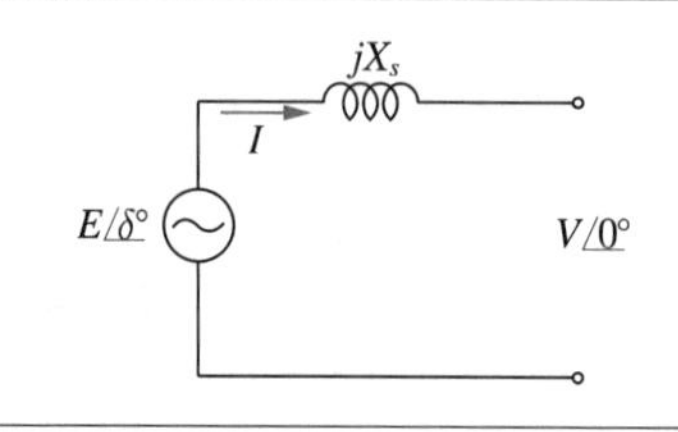	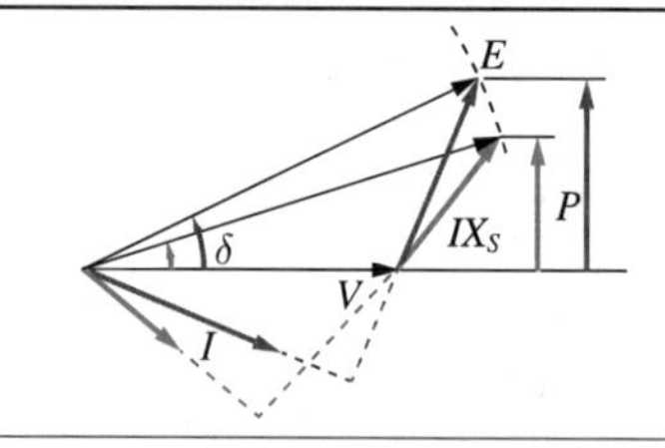
지상모형일 경우 E가 V보다 $\delta°$(상차각)만큼 빠르다.	• $\delta°$(상차각) → 90° 넘으면 동기탈조 • 보통 전부하 : 30° 전후 • 최대(비돌극기) : 90° • 최대(돌극기) : 60°

- $\dot{E} = \dot{V} + j\dot{I}X_s$
- $\dot{I} = \dfrac{\dot{E} - \dot{V}}{jX_s} = \dfrac{E\angle\delta° - V\angle 0°}{jX_s}$

유효전력(P), 무효전력(Q)을 한 번에 구하기 위해 복소전력(S)을 적용해 보면(지상모형으로 I에 Conjugation),

$$\dot{S} = \dot{E}\dot{I}^* = E\angle\delta° \cdot \left(\frac{E\angle -\delta° - V\angle 0°}{-jX_s}\right)$$

[I의 허수부 부호 변경 → 극좌표계 각의 부호 변경]

$$= \frac{E^2\angle 0° - EV\angle\delta°}{-jX_s} = \frac{E^2 - EV(\cos\delta + j\sin\delta)}{-jX_s}$$

실수부(P)와 허수부(Q)을 구분하면,

$$P = \frac{EV\sin\delta}{X_s}[\text{W}] \rightarrow P_{3\phi} = \frac{3EV\sin\delta}{X_s}[\text{W}](3상)$$

$$Q = \frac{E^2 - EV\cos\delta}{X_s}[\text{Var}] \rightarrow Q_{3\phi} = 3 \cdot \left(\frac{E^2 - EV\cos\delta}{X_s}\right)[\text{Var}](3상)$$

Module 033

동기기(발전기)의 전기자 반작용

핵심이론

전기자자속(ϕ_a)에 의해 주자속(ϕ)에 영향을 주어 여자전압(E_f)의 크기에 영향을 주는 것

전기자전류(I_a) – 유기기전력(E)	해 설	현 상
I_a와 E가 동상($\cos\theta = 1$)	전압과 동상의 전류	교차 자화작용 (횡축 반작용)
I_a가 E보다 뒤진 위상각 (지상, L부하)	전류가 전압보다 뒤짐	감자작용 (직축 반작용)
I_a가 E보다 앞선 위상각 (진상, C부하)	전류가 전압보다 앞섬	증자작용 (직축 반작용)

※ 동기기는 대부분 발전기로 출제되지만, 전동기로 출제될 경우 반대 현상으로 해석

Module 034

동기기(발전기)의 단락비 (SCR ; Short Current Ratio)

핵심이론

[무부하 특성곡선]

회로/모형	I, jXs, E, $\dot{E}=\dot{V}+j\dot{I}X_s$, V	V, V_n, I_{f1}, I_f I_{f1} : 정격전압(V_n)일 때의 여자전류
해 설	• 회전속도가 일정한 상태에서 무부하이면, $I=I_a=0$(부하전류 = 전기자전류) 이므로 $E=V$ • 계자전류(I_f)와 단자전압(V)의 관계는 $I_f\uparrow \rightarrow E\uparrow(\because E=4.44fN\phi_f,\ I_f\uparrow \rightarrow \phi_f\uparrow)$ • 계자전류(I_f)의 증가에 따라 단자전압(V)도 증가하지만, 철심포화로 인해 일정 구간 이후 곡선의 형태	

[단락 특성곡선]

회로/모형	I, jXs, E, $\dot{E}=\dot{V}+j\dot{I}X_s$, V	I_s, I_n, I_{f2}, I_f I_{f2} : 정격전압(V_n)일 때의 여자전류
해 설	• 회전속도가 일정한 상태에서 전기자 3상 단락이면, $V=0$, $\dot{E}=j\dot{I}X_s(I=I_s$, 전기자전류 = 단락전류) • 계자전류($I_f$)와 단락전류($I_s$)의 관계는 $I_f\uparrow \rightarrow E\uparrow \rightarrow I_s\uparrow(\because E=4.44fN\phi_f,\ I_f\uparrow \rightarrow \phi_f\uparrow)$ • 계자전류(I_f)의 증가에 따라 단락전류(I_s)도 증가(기울기 일정, 선형) (전기자 반작용 자속이 주자속을 상쇄시키므로써 철심의 포화를 막음)	

[단락비(K_s)와 동기임피던스(Z_s)]

• 무부하 특성곡선에서 정격전압(V_n)을 만드는 데 필요한 계자전류(I_{f1})

• 단락 특성곡선에서 정격전류(I_n)를 흘리는 데 필요한 계전전류(I_{f2})

$$\therefore \text{단락비}(K_s)=\frac{I_{f1}}{I_{f2}}=\frac{I_s}{I_n}=\frac{1}{Z_s[\text{pu}]}\left(I_s=\frac{100}{\%Z}\times I_n=K_s\times I_n\right)$$

$$\therefore \text{동기임피던스}(Z_s)=\frac{E_n}{I_s},\ \%Z_s=\frac{I_nZ_s}{E_n}\times 100[\%]=\frac{I_nZ_s}{E_n}[\text{pu}]$$

Module 035

단락비(K_s)의 특징

핵심이론

[단락비의 크기에 따라 철기계, 동기계 구분(방법 1)]

- $F_a = N_a I = \phi_a R_m$
- 전압(V_n)과 전류(I_n)을 일정하게 고정시킨 후, 단락비(K_s) ↑ → 동기리액턴스(X_s) ↓($\because X_s = X_a + X_l \fallingdotseq X_a (X_a \gg X_l)$) → 전기자 반작용 ↓(전기자 반작용 자속(ϕ_a) ↓) → 기자력(F_a) ↓ → N_a ↓($\because$ 전류는 고정되어 있음) → 코일을 감은 횟수가 적어졌다는 것은 동량이 감소 → 철기계로 해석 가능

[단락비의 크기에 따라 철기계, 동기계 구분(방법 2)]

- $V_n = E = 4.44 f N_a \phi_f$(동일한 발전기 출력이 나오도록 설계한다는 조건)
- 단락비(K_s) ↓ → 동기리액턴스(X_s) ↑($\because X_s = X_a + X_l \fallingdotseq X_a$ $(X_a \gg X_l)$) → 전기자 반작용 ↑(전기자 반작용 자속(ϕ_a) ↑) → N_a ↑ ($\because$ 전류는 고정되어 있음) → ϕ_f(계자 자속) ↓ → 자속(ϕ) = 자속밀도 $(B) \times$ 단면적(A)에서 자속밀도는 일정하므로 단면적 ↓ → 단면적이 작아도 되므로 철은 감소(상대적으로 동은 증가) → 동기계로 해석 가능

[특 징]

구 분	단락비가 큰 경우(철기계)	단락비가 작은 경우(동기계)
단락전류	크다.	작다.
전압변동률	작다.	크다.
전기자 반작용	작다.	크다.
동기임피던스	작다.	크다.
사용처	저속 수차발전기(K_s) 0.9~1.2(돌극기)	터빈발전기(K_s) 0.5~0.8(원통형)
구 조	• 철기계이기에 고가이며 중량이 높다. • 철손이 증가하여 효율이 감소한다.	• 동기계이기에 상대적으로 저가이며, 중량이 가볍다. • 효율이 증가한다.
그 밖의 특징	• 안정도가 높다. • 자기여자를 방지할 수 있다. • 출력, 선로의 충전용량이 크다. • 계자기자력, 공극, 단락전류가 크다.	철기계와 반대 특징

용어 정의

단락비
동기발전기 무부하 특성곡선에서 정격전압(V_n)을 만드는 데 필요한 계자전류(I_{f1})와 단락 특성곡선에서 정격전류(I_n)를 흘리는 데 필요한 계자전류(I_{f2})의 비

Module 036

동기기의 안정도 증진법

핵심이론

- 속응여자방식(자동전압조정기(AVR ; Automatic Voltage Regulator))을 채택할 것
- 회전자의 플라이휠효과를 크게 할 것
- 정상임피던스는 작게, 영상 및 역상임피던스는 크게 할 것
- 단락비를 크게 할 것
- 발전기의 조속기 동작을 신속하게 할 것
- 동기화 리액턴스를 작게 할 것
- 동기 탈조계전기를 사용할 것

Module 037

동기기의 전압변동률(ε)과 특성시험

핵심이론

[전압변동률(ε)]

$$\varepsilon = \frac{V_0 - V_n}{V_n} \times 100[\%]$$

여기서, V_0 : 무부하단자전압[V], V_n : 정격단자전압[V]

[특성시험]

측정항목	특성시험
철손, 기계손	무부하시험
동기임피던스, 동기리액턴스	단락시험
단락비	무부하시험, 단락시험

Module 038

동기발전기의 병렬운전조건

핵심이론

조 건	다른 경우 현상	비 고
기전력의 파형이 같을 것	고주파 무효순환전류 → 과열 원인	제작상의 문제
기전력의 크기가 같을 것	(고전압에서 저전압으로)무효순환전류(무효횡류)	여자전류 조정
기전력의 주파수가 같을 것	동기화전류 → 난조 발생	전압의 최댓값이 발전기 전압의 거의 2배까지 이르게 되어 위험
기전력의 위상이 같을 것	• (고위상에서 저위상으로)유효순환전류(유효횡류) – 두 기기의 수수전력 $P=\frac{E^2}{2Z_s}\sin\delta[\text{kW}]$ – 두 기기의 동기화력 $P_s=\frac{dP}{d\delta}=\frac{E^2}{2Z_s}\cos\delta \fallingdotseq \frac{E^2}{2x_s}\cos\delta\,[\text{W/rad}]$	원동기 출력 조정
기전력의 상회전방향(3상)이 같을 것	• 상회전방향이 다르면 큰 순환전류(단락전류)가 흐름 • 동기검정등(Synchronizing Lamp)으로 검사할 경우 상회전방향이 다르면 각각의 램프 밝기가 다르다. 전위차는 발생하지만, 상회전방향이 같은 경우는 동기검정등의 밝기가 서로 동일하다.	

Module 039

동기발전기의 속도조정률, 자기여자현상

핵심이론

[속도조정률(s)]

$$s=\frac{N_0-N}{N}\times 100\,[\%]$$

여기서, N_0 : 조속기를 조정하지 않고 무부하로 했을 때의 회전수, N : 정격회전수

[자기여자현상]

• 원인 : 동기발전기에 콘덴서와 같은 진상전류가 전기자권선에 흐르게 되면, 전기자전류에 의한 전기자 반작용은 자화작용이 된다. 이에 앞선 전류에 의해 전압이 점차 상승되는 현상을 동기발전기의 자기여자작용(Self Excitation)이라 한다.

• 방지법
  – 발전기의 단락비를 크게 한다.
  – 수전단에 리액턴스를 병렬로 접속한다.
  – 송전선로의 수전단에 변압기를 사용한다.
  – 발전기 2대 또는 3대를 병렬로 모선에 접속한다.
  – 수전단에 동기조상기를 접속하여 이것을 부족여자로 하여 지상전류로 사용한다.

Module 040

동기전동기의 난조(Hunting)

핵심이론

[난조 발생의 원인]

• 원동기의 조속기 감도가 지나치게 예민한 경우
• 원동기의 토크에 고조파 토크가 포함된 경우
• 전기자회로의 저항이 상당히 큰 경우
• 부하가 맥동(급변)할 경우
• 관성모멘트가 작은 경우

[난조 발생의 대책]

• 제동권선을 설치한다.
• 플라이휠을 부착한다.
• 조속기를 너무 예민하지 않게 한다.
• 회로저항을 줄이거나 리액턴스를 삽입한다.

참고 제동권선 효과
  • 난조 방지
  • 기동토크 발생
  • 불평형부하 시 전압, 전류 파형 개선
  • 송전선의 불평형부하 시 이상전압 방지

용어 정의

• 난조(Hunting Racing) : 일반적으로 기기 또는 장치의 동작이 불안정하기 때문에 일어나는 지속적인 진동상태. 동기기는 관성모멘트와 동기화토크에 의해서 공진주파수를 가지고 동기기에 가해지는 맥동토크의 주파수가 공진주파수에 가까우면 난조가 발생
• 제동권선(Damping Winding) : 동기발전기에서 회전속도의 주기적 변화를 방지하고 일정한 속도를 유지하기 위하여 설치

Module 041

동기전동기의 위상 특성곡선 (V곡선)

핵심이론

[위상 특성곡선 : V곡선, $I_a - I_f$곡선, P일정(공급전압과 부하를 일정하게 유지)]

- 계자전류의 변화에 대한 전기자전류의 변화를 나타낸 곡선
- 무효전력 공급이 가능한 동기조상기로 사용 가능(I_f를 조정)
- 과여자(진역률) : 콘덴서(C)로 작용하여 역률을 개선한다.
- 부족여자(지역률) : 인덕턴스(L)로 작용하여 이상전압의 상승을 억제한다.

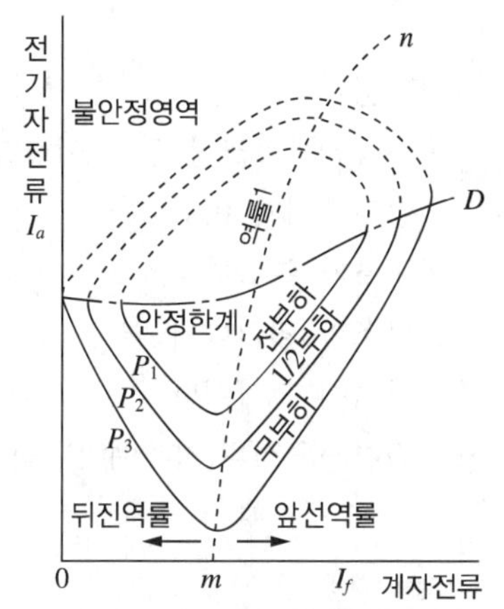

가로축 I_f	최저점 $\cos\theta=1$	세로축 I_a
감 소	계자선류 I_f	증 가
증 가	전기자전류 I_a	증 가
뒤진 역률(지상)	역 률	앞선 역률(진상)
L	작 용	C
부족여자	여 자	과여자
$\cos\theta=1$에서 전력 비교 $P\propto I_a$, 위 곡선의 전력이 크다.		

Module 042

동기전동기의 장단점

핵심이론

[장 점]

- 속도가 일정하다(동기속도 N_S로 운전, 슬립 $s = 0$).
- 역률이 좋다(항상 1, $\because s = 0$).
- 효율이 좋다.
- 출력이 크다(분쇄기 등에 사용).
- 공극이 크고, 기계적으로 튼튼하다.

[단 점]

- 기동 시 토크를 얻기 어렵다(스스로 시동 불가).
- 속도제어가 어렵다.
- 구조가 복잡하다.
- 난조가 일어나기 쉽다.
- 가격이 고가이다.
- 직류전원설비(직류여자방식)가 필요하다.

용어 정의

공극(Air Gap)
고정자와 회전자 사이의 공간(공극이 작을수록 고정자로부터 발생하는 자기장이 회전자에 잘 공급되어 쇄교가 효과적으로 이루어진다. 단, 기계적 접촉 가능성이 증가되므로 외부 충격, 진동 등에 취약하게 된다)

Module 043

변압기 기본이론

핵심이론

[실횻값]

$$E = \frac{2\pi f \phi N}{\sqrt{2}} = 4.44 f \phi N = 4.44 f B_m S N \,[\mathrm{V}]$$

여기서, f : 주파수, ϕ : 자속, B_m : 자속밀도, S : 단면적, N : 감은 수

[관 계]

누설리액턴스(인덕턴스) $X_l \propto N^2$, 여자전류 $I_0 \propto \frac{1}{N^2}$, 자속 $\phi \propto \frac{1}{N}$,

히스테리시스손 $P_h \propto \frac{1}{f}$, 리액턴스강하 $x \propto f$

[변압기의 실제]

실제의 변압기권선에는 저항이 있으므로 동손이 생기며, 전압강하가 발생한다. 따라서 1차 저항 r_1 및 2차 저항 r_2를 각각 1차 권선 및 2차 권선에 직렬로 접속한 것으로 해석할 수 있다. 더불어 x_1 및 x_2는 각각 1차 및 2차의 누설리액턴스라고 하며, 그림의 x_1, x_2와 같이 각각의 권선에 직렬로 접속한 것으로 해석할 수 있다.

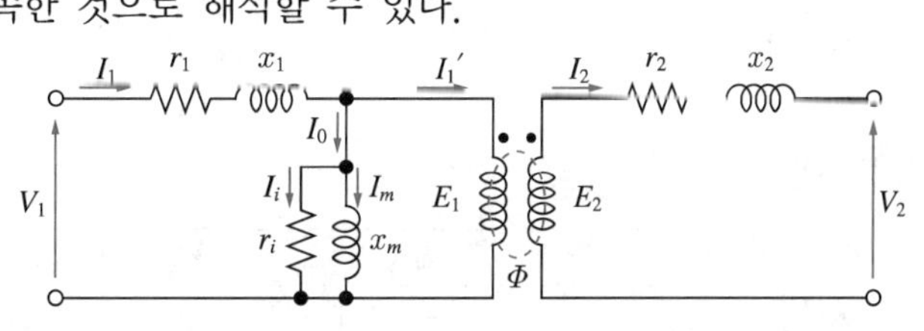

- 1차 임피던스 $Z_1 = r_1 + jx_1$
- 2차 임피더스 $Z_2 = r_2 + jx_2$
- 권수비 $a = \frac{N_1}{N_2} = \frac{E_1}{E_2} = \frac{I_2}{I_1} = \sqrt{\frac{Z_1}{Z_2}} = \sqrt{\frac{r_1}{r_2}} = \sqrt{\frac{x_1}{x_2}}$

※ I_0, I_i, I_m, r_i, x_m, I_1'는 실제 변압기 등가회로에서 고려해야 하지만 본 도서에서는 다루지 않음

Module 044

변압기의 전압변동률(ε)

핵심이론

[전압변동률]

$$\varepsilon = \frac{\text{무부하전압} - \text{정격전압}}{\text{정격전압}} \times 100 = \frac{V_{20} - V_{2n}}{V_{2n}} \times 100$$

$$= \left(\frac{I_{2n} r_{21}}{V_{2n}} \cos\theta + \frac{I_{2n} x_{21}}{V_{2n}} \sin\theta \right) \times 100\,[\%]$$

$$= p\cos\theta \pm q\sin\theta \,(+ : \text{지상},\ - : \text{진상})$$

여기서, V_{20} : 2차 단자전압, V_{2n} : 2차 정격(전부하)전압

[최대전압변동률]

$$\varepsilon_{\max} = \sqrt{p^2 + q^2}$$

[최대전압변동률을 발생하는 역률]

$$\cos\theta_{\max} = \frac{p}{\sqrt{p^2 + q^2}}$$

Module 045

변압기의 시험(저항시험, 무부하시험, 단락시험)

핵심이론

측정항목	특성시험
철손, 기계손	무부하시험
동기임피던스, 동기리액턴스	단락시험
단락비	무부하시험, 단락시험
절연내력시험	충격전압시험, 유도시험, 가압시험

저항시험	무부하(개방)시험	단락시험
r_1, r_2 측정	여자전류 측정	임피던스전압 측정
	철손 측정	임피던스와트(동손) 측정
	여자어드미턴스 측정	전압변동률 측정

용어 정의

- 철손(P_i, Iron Loss) : 히스테리시스손(Hysteresis Loss)과 와류손(와전류손, Eddy Current Loss)의 합

- 기계손(P_m, Machine Loss) : 베어링 마찰손, 풍손 등 기계적인 손실
- 동기임피던스(Synchronous Impedance) : 동기기의 전기자권선의 동기리액턴스 x_s와 저항 r_a에서 $\sqrt{x_s^2+r_a^2}$ 의 식으로 구한 임피던스
- 동기리액턴스(Synchronous Reactance) : 동기기의 전기자 반작용과 전기자 누설리액턴스를 일괄하여 전기자단자에서 본 하나의 등가리액턴스로 해석하였을 때의 값
- 단락비(Short Circuit Ratio) : 동기발전기의 무부하 포화곡선에서 구한 정격전압에 대한 여자전류와 3상 단락곡선에서 구한 정격전류에 대한 여자전류의 비$\left(K_s = \dfrac{I_{f1}}{I_{f2}}\right)$
- 여자전류(Exciting Current) : 변압기, 전압조정기 등에서의 여자를 하기 위한 전류
- 여자어드미턴스(Exciting Admittance) : 변압기를 이상변압기와 1차 권선에 병렬로 접속한 컨덕턴스 또는 서셉턴스로 구성된 등가회로로 나타내었을 때의 어드미턴스

Module 046

변압기의 임피던스전압

핵심이론

- $V_{1s} = I_{1n} \cdot Z_{21}$
- 변압기에 정격전류가 흐를 때 변압기의 내부 임피던스(권선저항, 누설리액턴스) 전압강하
- 임피던스전압은 정격전압의 약 3~10[%] 수준 → 정격운전상태에서 변압기 내부 임피던스의 전압강하
- 변압기의 임피던스전압이 크다. = 변압기의 전압변동률이 크다.

Module 047

변압기 등가회로 해석을 위한 공식

핵심이론

$\% Z = \frac{I_n}{I_s} = \frac{1}{K_s} = \frac{V_s}{V_n}$ (I_{1s}와 I_{1n}, I_{2s}와 I_{2n}, V_{1s}와 V_{1n}, V_{2s}와 V_{2n}에서 모두 적용 가능)

[백분율 저항강하]

$$p = \frac{I_{2n} r_{21}(\text{또는 } r)}{V_{2n}} \times 100 = \frac{I_{1n} r_{12}(\text{또는 } r)}{V_{1n}} \times 100 = \frac{P_c}{P_n} \times 100$$

$$= \frac{\text{전부하동손[W]}}{\text{정격용량[VA]}} \times 100[\%]$$

[백분율 리액턴스강하]

$$q = \frac{I_{1n} x_{21}(\text{또는 } x)}{V_{1n}} \times 100 = \frac{I_{2n} x_{12}(\text{또는 } x)}{V_{2n}} \times 100[\%]$$

[백분율 임피던스강하]

$$z = \sqrt{p^2 + q^2} = \frac{I_{1n} z_{21}}{V_{1n}} \times 100 = \frac{V_s}{V_{1n}} \times 100[\%]$$

[정격전류]

$$I_{1n}[\text{A}] = \frac{P[\text{kVA}]}{V_{1n}[\text{V}]}$$

용어 정의

- 저항강하 : 전류와 동상인 임피던스의 전압강하 현상
- 리액턴스강하 : 전류와 위상차가 있는 리액턴스의 전압강하 현상
- 임피던스강하 : 저항의 전압강하와 리액턴스의 전압강하의 페이저 합

Module 048

변압기의 모형

핵심이론

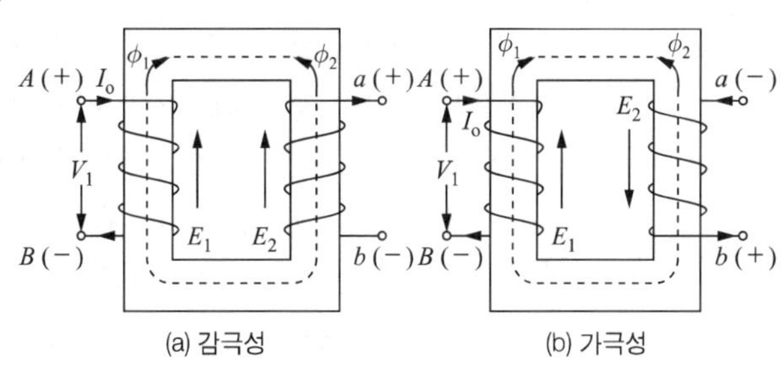

(a) 감극성 (b) 가극성

- (a)의 그림은 감극성으로써 E_1, E_2는 동상이다. 1차측과 2차측의 전압차는 $E_1 - E_2$(또는 고전압 – 저전압)으로 표현할 수 있다. 대개 감극성을 표준으로 하고 있다(절연 등의 안전성 때문).
- (b)의 그림은 가극성으로써 E_1, E_2는 180°의 위상차가 발생한다. 1차측과 2차측의 전압차는 $E_1 + E_2$(또는 고전압 + 저전압)으로 표현할 수 있다.

Module 049

변압기의 3상 Y-Y결선

핵심이론

- 중성점을 접지할 수 있다. 보호계전기 동작이 확실하고 역V결선 운전이 가능하다.
- 1선 지락 시 건전상의 대지전위가 △보다 작게 일어난다(△는 1.73배, Y는 1.3배 이하 – 유효접지의 경우). 상전압이 선간전압의 $\frac{1}{\sqrt{3}}$이 되기 때문에(고전압에 유리) 낮은 전압에서 절연설계를 할 수 있으므로 경제적 이점이 있다.
- 1, 2차측의 위상 변위가 없다(Y–△, △–Y 결선은 30°의 위상변위가 발생).
- 병렬운전 시 변압기, 권선 임피던스의 차이가 있더라도 순환전류가 흐르지 않는다.
- 기전력에 고조파를 포함하고, 중성점이 접지되어 있을 때에는 선로에 제3고조파 등이 흐른다. 통신선 유도장해를 줄 수 있다.
- Y–Y만으로는 잘 사용하지 않으며, 3차 권선인 △결선을 추가하여 Y–Y–△의 3권선 변압기로 변형, 송전용(한전)으로 널리 사용된다.

Module 050

변압기의 3상 △ – △결선

핵심이론

- 단상 변압기 3대 중 한 대가 고장일 경우 이것을 제거하고 나머지 2대를 V결선으로 하여 송전상태를 유지할 수 있다(지속운전 및 증설 유리).
- △ 권선 안에는 순환전류가 흐르지만 외부에는 흐르지 않으므로 통신장해의 염려가 없다(제3고조파 제거 가능).
- 중성점을 접지할 수 없으므로, 이상전압 및 지락사고 시 보호가 곤란하다.
- 지락사고 시 검출이 어렵다.
- $I_l = \sqrt{3}\, I_p$, $V_l = V_p$(고전압)이라 절연 문제가 발생한다.

Module 051

변압기의 3상 Y-△, △-Y결선

핵심이론

- △-Y결선은 발전소와 같이 승압용 변압기에서 사용된다.
- Y-△ 결선은 수전단과 같이 강압용 변압기에서 사용된다.
- △ 결선을 1차 또는 2차에 포함하고 있으므로 여자전류의 제3고조파 통로가 있기 때문에 제3고조파에 의한 장해가 적다.
- 사고 시 V결선으로 임시 운전할 수 있다.
- Y결선의 중성점을 접지할 수 있다.
- Y-△, △-Y 결선은 30°의 위상변위가 발생한다.

[변압기 결선에 따른 1차측, 2차측 에너지 상태]

구 분	1차측		2차측	
	상	선 간	상	선 간
△-Y결선	V_1	V_1	$\frac{V_2}{\sqrt{3}}$	V_2
	$\frac{I_1}{\sqrt{3}}$	I_1	I_2	I_2
Y-△결선	$\frac{V_1}{\sqrt{3}}$	V_1	V_2	V_2
	I_1	I_1	$\frac{I_2}{\sqrt{3}}$	I_2

Module 052

변압기의 3상 V-V결선

핵심이론

- 단상변압기 2대로 3상 부하에 전력을 공급할 수 있다.
- △ − △ 결선 운전 중 단상 변압기 1대가 고장 난 경우, 장래 부하가 증가할 전망이 있는 곳에 사용된다.
- 3상 △ 결선에 비해 출력비가 57.7[%]로 감소한다.
  - 출력비$=\dfrac{P_v}{P_\triangle}=\dfrac{\sqrt{3}\,V_{2n}I_{2n}}{3\,V_{2n}I_{2n}}\fallingdotseq 0.577$
- 3상 △ 결선에 비해 이용률이 86.6[%]로 감소한다.
  - 이용률$=\dfrac{P_v}{P_2}=\dfrac{\sqrt{3}\,V_{2n}I_{2n}}{2\,V_{2n}I_{2n}}\fallingdotseq 0.866$

Module 053

변압기의 병렬운전조건

핵심이론

필요조건	단상 변압기	3상 변압기
(각) 기전력의 극성(위상)이 일치할 것	✓	✓
(각) 권수비 및 1, 2차 정격전압이 같을 것	✓	✓
(각) 변압기의 %Z가 같을 것	✓	✓
(각) 변압기의 저항과 리액턴스비가 같을 것	✓	✓
(각) 상회전방향 및 각 변위가 같을 것		✓

※ 3상 변압기 병렬운전가능 여부 : 3개의 △, 3개의 Y는 2차 간에 정격전압이 다르며 30°의 변위가 생겨 순환전류가 흐른다.

[가능한 결선(Y나 △의 총합이 짝수인 경우)]

- △ − △와 △ − △
- Y−Y와 Y−Y
- △ − △와 Y−Y
- △ −Y와 △ −Y
- Y−△와 Y−△
- △ −Y와 Y−△

[불가능한 결선(Y나 △의 총합이 홀수인 경우)]

- △ − △와 △ −Y
- △ −Y와 Y−Y
- △ −Y와 △ − △

※ 부하분담전류 : 누설임피던스와 임피던스전압에 반비례하고, 자기정격 용량에 비례한다.

Module 054

변압기 철심이 갖추어야 할 조건

핵심이론

• 투자율이 클 것
• 자기저항이 작을 것
• 성층철심으로 할 것 → 와류손 감소
• 히스테리시스계수가 작을 것 → 히스테리시스손 감소

용어 정의

• **투자율**(Permeability) : 어떤 매질이 주어진 자기장에 대하여 얼마나 자화하는지를 나타내는 물리적 단위이다.
• **자기저항**(Magnetic Reluctance) : 자기회로에서의 자속이 통하기 어려운 정도이며, 단위는 [AT/Wb]를 사용
• **와류손**(와전류손, Eddy Current Loss) : 와류전류에 의해 발생하는 손실(회전자와 같은 철판에 유기되는 자기장이 시간에 따라 변화하면 전류 발생)
• **히스테리시스손**(Hysteresis Loss) : 전동기의 회전자권선에서 자속이 변화할 때 발생하는 손실(히스테리시스 곡선의 내부면적이 작을수록 손실 적음)
• **히스테리시스 계수**(Hysteresis Coefficient) :
$P_h = k_h \cdot f \cdot B_m^{(1.6\sim2)}[\mathrm{W}]$, $[\mathrm{W/m^3}]$의 관련 식에 따라 결정되는 계수

Module 055

변압기 절연유

핵심이론

[구비조건]
• 절연내력이 클 것
• 열전도율이 클 것
• 열팽창계수가 작을 것
• 고온에서 산화하지 않고, 침전물이 생기지 않을 것
• 점도가 작고 비열이 커서 냉각효과(열방사)가 클 것
• 절연재료와 금속에 접촉하여도 화학작용을 일으키지 않을 것
• 인화점은 높고(130[℃] 이상), 응고점은 낮을 것(-30[℃] 이하)

[변압기 절연유의 열화]
• 원인 : 변압기의 호흡작용에 의해 고온의 절연유가 외부 공기와 접촉 및 열화 발생
• 영향 : 절연내력의 저하, 냉각효과 감소, 침식작용
• 방지설비 : 브리더, 질소 봉입, 콘서베이터 설치 등

용어 정의

• **열전도율(Thermal Conductance)** : 구체적인 크기와 모양을 가진 물체가 실제로 열을 전달하는 정도
• **열팽창계수(Coefficient of Thermal Expansion)** : 온도가 올라가면 계를 구성하는 구성 입자 사이의 평균 거리가 증가하여 계의 부피가 증가하는데 이를 열평창계수라 한다.

Module 056 변압기 냉각방식

핵심이론

전력설비에서 가장 고가로 분류되는 변압기는 절연물의 열화 진행에 따라 크게 좌우된다. 절연 변압기 내부에서 발생하는 손실(무부하손, 부하손) 등은 열로 발생되어 철심이나 권선 또는 절연물의 온도를 상승시킨다. 따라서 변압기를 효과적으로 냉각하여 그 운용의 효율성과 수명을 늘려야 한다.

냉각방식			표시기호(IEC)	권선철심의 냉매체		주변의 냉각매체	
				종 류	순환방식	종 류	순환방식
건 식	자냉식		AN(Air Natural)	Air	Nature(자연)	–	–
	풍냉식		AF(Air Forced)	Air	Forced(강제)	–	–
	밀폐자냉식		ANAN(Air Natural Air Natural)	Air	Nature(자연)	Air	Nature(자연)
유입식	자냉식		ONAN(Oil Natural Air Natural)	Oil	Nature(자연)	Air	Nature(자연)
	풍냉식		ONAF(Oil Natural Air Forced)	Oil	Nature(자연)	Air	Forced(강제)
	수냉식		ONWF(Oil Natural Water Forced)	Oil	Nature(자연)	Water	Forced(강제)
	송유	자냉식	OFAN(Oil Forced Air Natural)	Oil	Forced(강제)	Air	Nature(자연)
		풍냉식	OFAF(Oil Forced Air Forced)	Oil	Forced(강제)	Air	Forced(강제)
		수냉식	OFWF(Oil Forced Water Forced)	Oil	Forced(강제)	Water	Forced(강제)

용어 정의

- **건식자냉식(공냉식)** : 공기의 대류를 이용하여 특별한 냉각방법이 필요 없다. 계기용 변압기, 저압용 변압기에 사용한다.
- **건식풍냉식** : 건식변압기에 송풍기를 붙여 냉각효과를 높이는 것이다.
- **유입자냉식** : 기름의 대류를 이용하여 변압기 내부에 생기는 열을 외부로 발산시킨다.
- **유입풍냉식** : 유입변압기의 방열기를 송풍기에 의해서 강제 냉각시키는 것이다.
- **유입수냉식** : 변압기 내부 상부에 냉각수관을 설치하여 냉각수를 순화시켜 대류하는 절연유를 냉각하는 방법이다.
- **유입송유식** : 외함 위쪽에 있는 가열된 기름을 펌프로 외부에 있는 냉각기를 통하여 나오도록 한 다음, 냉각된 기름을 외함의 밑으로 순환하는 방법이다.

Module 057

변압기의 손실

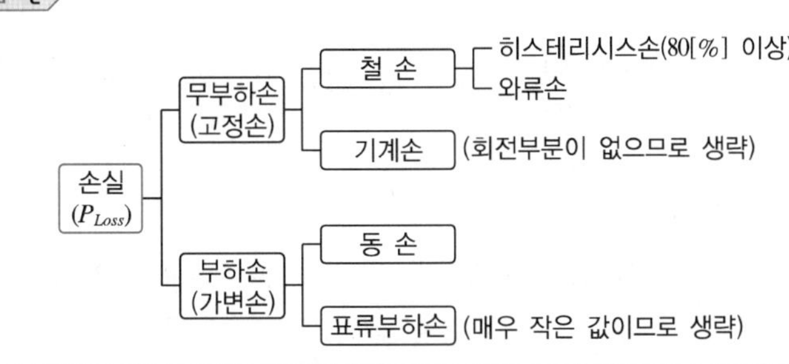

구 분	명 칭	관계식	대 책
무부하손 (고정손)	히스테리시스손 (Hysteresis Loss)	$P_h = k_h \cdot f \cdot B_m^{(1.6 \sim 2)}$[W], [W/m^3]	규소강판을 사용 ($n=1.6$)
	와류손 (Eddy Current Loss)	$P_e = k_e f^2 B_m^2 t^2$[W], [W/m^3]	0.3[mm] 성층철심 사용
부하손 (가변손)	1차 저항손	$P_{c1} = I_1^2 r_1$	
	2차 저항손	$P_{c2} = I_2^2 r_2$	

※ 주파수에 따른 관계 : $f \propto \dfrac{1}{B_m} \propto \dfrac{1}{P_h} \propto \dfrac{1}{P_i} \propto \dfrac{1}{I_0} \propto Z \propto \chi_l$

용어 정의

- **무부하손** : 부하와 관련 없는 손실(철손 ≫ 기계손)
- **철손** : 철에서 나타나는 손실(자기장과 관련, 보통 변압기 코어 부분)
- **히스테리시스손** : 전동기의 회전자권선에서 자속이 변화할 때 발생하는 손실(히스테리시스 곡선의 내부 면적이 작을수록 손실 적음)
- **와류손** : 와류전류에 의해 발생하는 손실(회전자와 같은 철판에 유기되는 자기장이 시간에 따라 변화하면 전류 발생)
- **기계손**(P_m, Machine Loss) : 베어링 마찰손, 풍손 등 기계적인 손실
- **부하손** : 부하의 변동에 따라 변화되는 손실(전류와 관련, 동손 ≫ 표류부하손)
- **동손** : 구리선에서 나타나는 손실(구리선 저항에 따른 열 발생)
- **표류부하손** : 정의된 손실 외에 측정이 불가능한 모든 손실

Module 058 변압기의 효율(모든 식은 2차측을 기준)

핵심이론

$$효율(\eta) = \frac{출력[kW]}{출력[kW] + 손실[kW]} \times 100[\%] = \frac{입력[kW] - 손실[kW]}{입력[kW]} \times 100[\%]$$

$$= \frac{VI\cos\theta}{VI\cos\theta + P_i + I^2R} \times 100[\%]$$

여기서, V : 2차 정격전압, I : 2차 정격전류, $\cos\theta$: 부하의 역률, P_i : 철손, R : 2차측으로 환산한 전체 저항

구 분	해 설	조 건
최대효율	분모의 $P_i + I^2R = 0$ 즉, 분모의 최소를 구하면 $\frac{d}{dI}\left(\frac{P_i}{I} + IR\right) = 0$ $-\frac{P_i}{I_2} + R = 0\left(\because \frac{d}{dx}\left(\frac{1}{x}\right) = -\frac{1}{x^2}\right)$ $P_i = I^2R = P_c$	무부하손실, 부하손실의 대부분을 차지하는 철손(P_i)과 동손(P_c)이 같을 때 → 효율(η) 최대 $P_i = P_c$
임의의 부하율 $\frac{1}{m}$ 부하 시	$\eta_{\frac{1}{m}} = \frac{\frac{1}{m}VI\cos\theta}{\frac{1}{m}VI\cos\theta + P_i + \left(\frac{1}{m}\right)^2 I^2R} \times 100[\%]$ 에서 분모의 최소 → 손실(P_{loss})이 되는 값은 $P_i = \left(\frac{1}{m}\right)^2 P_c$	철손(P_i)은 항상 일정한 값으로 고려하며, $P_i = \left(\frac{1}{m}\right)^2 P_c$일 때 효율($\eta$) 최대 $\frac{1}{m} = \sqrt{\frac{P_i}{P_c}}$
전일효율	1일 중 T시간 동안에 $VI\cos\theta$의 부하로 사용되고, 그 외의 시간은 무부하인 경우에 전일효율 η_d는(무부하인 경우에도 변압기는 부하에 전원을 공급하기 위한 대기상태로 무부하손실은 24시간 존재한다) 다음과 같다. $\eta_d = \frac{VI\cos\theta \cdot \sum T}{VI\cos\theta \cdot \sum T + 24P_i + I^2R \cdot \sum T} \times 100[\%]$ 에서 분모의 최소 → 손실(P_{loss})이 되는 값은 $24P_i = I^2R \cdot \sum T$	$P_i = I^2R \cdot \frac{\sum T}{24}$ ∴ 전부하시간이 짧을수록 철손을 동손보다 적게 해야 한다.

Module 059

단권변압기

핵심이론

단권변압기는 1차 권선과 2차 권선의 일부가 공통으로 되어 있는 모형이다.

[단권변압기]

• 용 도
  - 형광등용 승압변압기
  - 동기전동기나 유도전동기 등의 기동보상기
  - 고압 배전선의 전압을 10[%] 정도 올리는 승압기
• 특 징

장 점	단 점
• 단상과 3상에 모두 사용 가능하다. • 분로권선과 직렬권선으로 구성되어 있다. • 누설자속이 없어 전압변동률이 작다(누설리액턴스 저감). • 1차 권선과 2차 권선 일부를 공통으로 사용한다(크기가 저감). • 철손과 동손이 감소하여 효율이 향상된다.	• 1, 2차측의 절연수준을 동일하게 처리해야 한다. • 1, 2차 회로가 별도로 절연되지 않으므로 만약 한쪽의 전기적 사고가 발생될 경우 파급될 위험이 있다. • 열적, 기계적 강도를 향상시킨 제품이어야 한다(변압기의 $\%Z$가 적어 단락전류가 비교적 증가).

[단권변압기의 3상 결선]

• 관계식

결선방식	Y결선	△결선	V결선
$\dfrac{\text{자기용량}}{\text{부하용량}}$	$\dfrac{V_h - V_l}{V_h}$	$\dfrac{V_h^2 - V_l^2}{\sqrt{3}\, V_h V_l}$	$\dfrac{2}{\sqrt{3}}\left(\dfrac{V_h - V_l}{V_h}\right)$

• 특 징
  - 고압측 전압이 높아지면 위험하다.
  - 누설자속이 없어 전압변동률이 작다.
  - 고압/저압의 비가 10 이하에는 유리하다.
  - 분로권선은 가늘어도 되어 재료가 절약된다.

용어 정의

분로권선(Common Winding)
단권변압기의 공통부분권선으로 분로권선에 흐르는 전류 I는 여자전류를 무시하면 1차 전류 I_1와 2차 전류 I_2의 차로 되어서 동선을 가늘게 할 수 있다.

Module 060 변압기의 보호계전기

핵심이론

[발전소 또는 변압기 보호]

전기적 이상	기계적 이상
• 차동계전기(단상, 소용량) • 비율차동계전기(3상, 대용량) • 반한시 과전류계전기(외부)	• 부흐홀츠계전기(가스 온도 이상 검출, 주 탱크와 콘서베이터 사이에 설치) • 유온계, 유위계 • 압력계전기(서든프레서)

- (비율)차동계전기 : 단락이나 접지(지락)사고 시 전류의 변화를 감지하여 동작
  예 변압기 상 간 단락보호용
- 부흐홀츠계전기 : 변압기 내부의 기계적 고장으로 발생하는 기름의 분해가스 증기를 이용하여 부저를 움직여 계전기의 접점을 닫는다. 일부 오동작의 우려가 있다.
- 열동계전기 : 변압기 권선온도 측정용(권선온도계)

※ 보호계전기 사용은 절대적이지 않으며, 사용장소 및 환경에 따라 변경 가능

용어 정의

- **차동계전기**(Differential Relay) : 정상 시에는 계전기를 적용한 2개소의 전압 또는 전류가 같지만 고장 시에는 전압 또는 전류에 차가 생겨서 이에 의해 동작하는 계전기
- **부흐홀츠계전기**(Buchholz Relay) : 변압기의 기름 탱크 안에서 발생된 가스 또는 여기에 수반되는 유류를 검출하는 접점을 가지는 변압기보호용 계전기
- **열동계전기**(Thermal Relay) : 전류의 열효과에 의해서 동작하는 계전기

Module 061 변압기의 시험

핵심이론

[변압기 온도시험]

- 실부하법 : 전력손실이 크기 때문에 소용량 이외의 경우에는 적용되지 않음
- 반환부하법 : 동일 정격의 변압기가 2대 이상 있을 경우에 채용되며 전력소비가 작고 철손과 동손을 따로 공급하는 것으로 현재 가장 많이 사용함

[변압기 시험 종류]

시험 종류	측정 가능한 값
개방회로시험	여자전류(여자어드미턴스), 무부하전류, 철손 측정
단락시험	임피던스전압, 임피던스와트(동손), 전압변동률 측정

※ 변압기 등가회로 작성 시 필요한 시험법 : 단락시험, 무부하시험, 저항측정시험

용어 정의

- **여자전류(Exciting Current)** : 변압기, 전압조정기 등에서의 여자를 하기 위한 전류
- **여자어드미턴스(Exciting Admittance)** : 변압기를 이상변압기와 1차 권선에 병렬로 접속한 컨덕턴스 또는 서셉턴스로 구성된 등가회로로 나타내었을 때의 어드미턴스
- **무부하전류(No-Load Current)** : 변압기의 경우 2차측을 개로하고 2차 전압을 정격값으로 유지하였을 때의 1차 유입전류
- **철손(P_i, Iron Loss)** : 히스테리시스손(Hysteresis Loss)과 와류손(와전류손, Eddy Current Loss)의 합
- **임피던스전압(Impedance Voltage)** : 변압기에서 두 권선 중 한쪽을 단락하고 다른 한쪽 권선에 정격전류를 흘리기 위해 이 권선에 부여해야 할 전압을 임피던스전압이라 한다.
- **임피던스와트(Impedance Watt)** : 변압기에서 한쪽 권선을 단락하고 다른 쪽 권선에 낮은 전압을 부여하여 단락권선에 정격전류를 흘렸을 때 다른 쪽 권선에서의 전압과 전류의 곱
- **동손(Copper Loss)** : 구리선에서 나타나는 손실(구리선 저항에 따른 열 발생)
- **전압변동률(Voltage Regulation)** : 발전기, 변압기 등의 부하로 인한 단자전압의 변화의 정도를 나타내는 것으로, 발전기의 경우는 속도(주파수), 단자전압, 부하전류, 역률이 정격값일 때의 계자회로의 저항값을 그대로 유지하고 무부하로 했을 때의 정격전압에 대한 단자전압의 변동비

Module 062

계기용 변성기 (CT, PT)

핵심이론

[변류기(CT ; Current Transformer)]

대전류의 교류회로에서 전류를 취급하기 쉬운 크기로 변환, 측정하기 위하여 사용되는 변압기를 계기용 변류기라 한다. 일반적으로 변류기 2차측 정격전류는 5[A]이며, 디지털 및 원방계측용은 0.1~1[A]를 사용하기도 한다.

$$I_2 = \frac{n_1}{n_2} I_1$$

예 수변전설비에서 수전단(22.9[kV])선로에 전류계를 직접 사용할 경우 안전과 소손 위험성이 매우 높으므로 취급하기 쉬운 크기로 변환한 후 전류계로 2차측 전류를 측정한다.

※ 사용 시 주의사항

- 2차측의 한 단자는 위험방지를 위해 접지한다.
- 사용 중 2차를 개방(예 전류계 개방)하면 1차측 선전류가 모두 여자전류가 되어 변압기 2차에 고전압이 유도된다. 이는 자속밀도가 커져 철손이 증가하고, 이에 따른 과열 및 절연파괴로 이어지므로 매우 위험하다. 따라서 변류기의 고장 발생으로 변류기를 개방할 때는 변압기 2차측을 반드시 단락해야 한다.

[계기용 변압기(PT ; Potential Transformer)]

고전압의 교류회로에서 전압을 취급하기 쉬운 크기로 변환, 측정하기 위하여 사용되는 변압기를 계기용 변압기라 한다. 일반적으로 계기용 변압기 2차측 정격전압은 110[V]이다.

$$V_1 = \frac{n_1}{n_2} V_2$$(변류기와 상이함에 유의)

예 수변전설비에서 수전단(22.9[kV])선로에 전압계를 직접 사용할 경우 안전과 소손 위험성이 매우 높으므로 취급하기 쉬운 크기로 변환한 후 계기용 변압기 2차측 전압을 측정한다.

Module 063

유도(전동)기 기본이론

핵심이론

- 전력계통부하의 50[%] 이상은 전동기로 분류된다.
- 다양한 전동기 중 유도전동기의 비중이 90[%] 이상이다.
- 패러데이의 전자유도법칙$\left(E = \dfrac{d\phi}{dt}\right)$을 이용하여 유도전류(와전류, 맴돌이전류)를 사용한다(슬립링, 브러시 불필요. 단, 직류전동기의 경우 외부전원을 통해 전류를 흘려주므로 슬립링, 브러시가 필요하다).
- 플레밍의 왼손법칙을 이용하여 회전력(토크)을 발생시킨다(오른손법칙 → 발전기).
- 입력전원(3상)의 주파수에 따라 회전자계가 만들어진다(예 60[Hz]의 3상 전류는 2극기에서 60[rps]의 회전자계를 만듦).

용어 정의

- **패러데이의 전자유도법칙(Faraday's Law)** : 영국의 화학자이자 물리학자인 패러데이가 발견한 전자기유도법칙으로 도선에 유도되는 기전력은 그 속을 통과하는 자기력선의 수가 변할 때(자속)나 도선이 자기력선(자속)을 끊고 지나갈 때 나타난다.
- **플레밍의 왼손법칙(Fleming's Left Hand Rule)** : 검지를 자기장의 방향, 중지를 전류의 방향으로 했을 때, 엄지가 가리키는 방향이 도선이 받는 힘의 방향이 된다.

Module 064

유도(전동)기의 회전자계 모형

핵심이론

회전원리 : 3상 교류전원 → 회전자계 발생 → 자체 기동

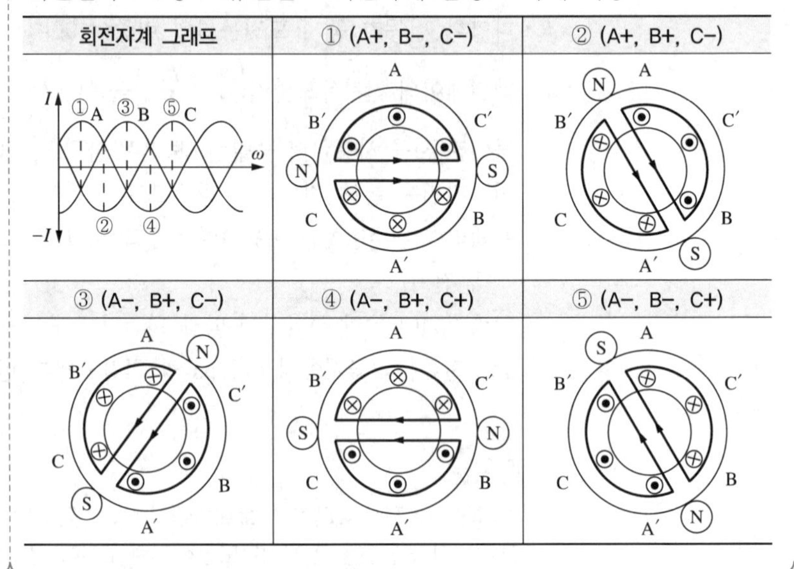

Module 065

유도(전동)기의 구조

핵심이론

[고정자]

- 통풍덕트를 철심의 두께 50~60[mm]마다 설치한다.
- 고정자 철심은 두께 0.35[mm] 또는 0.5[mm]의 강판을 성층하여 사용한다.
- 슬롯(Slot)은 고압 전동기는 개방 슬롯(Open Slot)으로 하고, 저압 전동기는 반폐 슬롯(Semienclosed Slot)으로 한다.
- 고정자의 1차 권선은 일반적으로 2층권의 중권으로서 전절권이나 단절권을 사용한다.

[회전자]

- 회전자의 철심에는 보통 고정자의 철심과 같은 규소강판을 성층하며 절연하여 사용한다.
- 농형 회전자와 권선형 회전자의 특징 비교

농형 회전자 (Squirrel Cage Type)	권선형 회전자 (Wound Type)
• 권선형 회전자에 비해서 구조가 간단 • 권선형 회전자에 비해서 튼튼하며, 취급이 쉽고, 효율이 좋음 • 보수가 용이하여 소형, 중형의 전동기에 널리 사용되나 조정이 곤란함 • 기동전류, 기동토크가 권선형 회전자에 비해 작음	• 큰 기동토크가 필요한 경우 → 대형의 전동기 사용(농형에 비해 회전자저항(R)이 큼) • 기동전류를 제한해야 하는 경우(외부에 저항(R)을 더 추가하기 때문에 농형 유도전동기보다 기동전류가 작음) • 기동과 정지가 잦아 회전자가 과열될 우려가 있는 경우 사용 • 속도제어를 용이하게 해야 할 경우 사용 • 농형보다 유지보수 비용이 큰 단점(브러시, 슬립링이 존재하기에 수명 고려)

용어 정의

• 고정자(Stator) : 고정자코일은 전기자권선으로 유기기전력을 발생시키는 부분
• 회전자(Rotor) : 회전자코일은 계자권선으로 자계가 발생되는 부분
• 고정자(Stator) : 고정자코일은 전기자권선으로 유기기전력을 발생시키는 부분

Module 066 유도(전동)기의 공극(Air Gap)

핵심이론

공극이 큰 경우	공극이 작은 경우
• 기계적 : 안전 • 전기적 : 자기저항 ↑ → 여자전류 ↑ → 역률 ↓	• 기계적 : 진동, 소음 발생 • 전기적 : 누설리액턴스↑ → 순간최대출력 ↓ → 철손↑

용어 정의

공극(Air Gap)
고정자와 회전자 사이의 공간

Module 067

유도(전동)기의 에너지 흐름

핵심이론

입력(P_{in})
$\sqrt{3}\,VI\cos\theta$
2차 입력(P_{ag})
=공극전력
기계적 출력
(P_m)
축출력
P_{shaft}
($=P_{out}$)
1차 동손
(고정자)
철 손
2차 동손
(회전자)
포류부하손
기계손
(풍손, 마찰손)
전기적 손실 ← → 기계적 손실

용어 정의

- **표류부하손**(Stay Load Loss) : 철판, 프레임, 베어링, 외함 등에 나타나는 누설자속손실(전기적 손실)
- **풍손**(Windage Loss) : 회전부분이 회전할 때 받는 공기저항에 대한 손실(기계적 손실)
- **마찰손**(Friction Loss) : 회전기 베어링 및 브러시에서 나타나는 손실(기계적 손실)

Module 068

유도(전동)기의 등가회로

핵심이론

유도전동기에서 2차측 등가회로를 작성 시 2차측 R에 $\frac{1}{s}$ 또는 2차측 E와 x에 s를 추가하여 해석한다. E_2와 x_2는 주파수(f)와 관련이 있으므로 $f_2{}' = sf_1$을 근거로 하여 s를 붙여 주고 해석하는 것이 바람직하다(또는 주파수(f)와 관련 없는 저항(R)에 $\frac{1}{s}$을 붙여 주어도 됨. $E = 4.44fN\phi_m$, $X = 2\pi fL$).

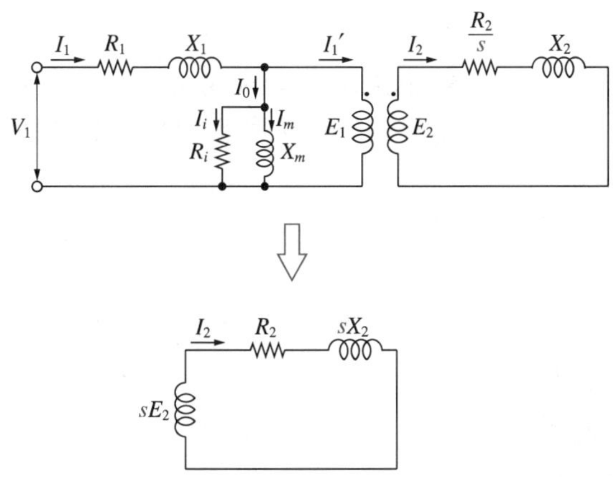

구분	내용
2차 전류	$I_2 = \frac{sE_2}{\sqrt{R_2^2 + s^2X_2^2}} = \frac{E_2}{\sqrt{\left(\frac{R_2}{s}\right)^2 + X_2^2}}$
부하저항 (회전 시)	부하에 추가되는 R 고려하여 $\frac{R_2}{s} = R_2 + R$이라 하면, $R = R_2\left(\frac{1}{s} - 1\right) = R_2\left(\frac{1-s}{s}\right)$
2차 역률	$\cos\theta_2 = \frac{R_2}{\sqrt{R_2^2 + s^2X_2^2}}$
2차 입력 (공극전력)	$P_2 = I_2^2 \cdot \frac{R_2}{s} = \frac{2차\ 동손}{s} = \frac{P_{c2}}{s}$
2차 동손	$P_{c2} = sP_2$
기계적 동력 (P 또는 P_m)	$P = P_2 - P_{2c} = P_2 - sP_2 = (1-s)P_2$ (여기서, 표류부하손과 기계손은 매우 작은 값이므로 무시)
에너지 비례 관계	• 2차 입력(공극전력) : 2차 동손(저항손) : 기계적 출력(동력) ⇨ $P_2 : P_{2c} : P = P_2 : sP_2 : (1-s)P_2 = 1 : s : (1-s)$ • 기동시점($s=1$) ⇨ 모두 동손 상태($1:1:0$) • 동기속도 도달 시($s=0$) ⇨ 모두 기계적 출력($1:0:1$)

동기와트	• $T(토크) = \dfrac{P_m(기계적\ 출력)}{\omega_m(기계적\ 회전각속도)} = \dfrac{P}{2\pi n} = \dfrac{(1-s)P_2}{2\pi(1-s)n_s}$ $= \dfrac{(1-s)P_2}{(1-s)\omega_s} = \dfrac{P_2}{\omega_2}$ $(\because N=(1-s)N_s \Rightarrow \omega_m=(1-s)\omega_s,\ \omega_s$: 동기회전각속도) $\therefore T = \dfrac{60}{2\pi} \cdot \dfrac{P_2}{N_s}[\mathrm{N \cdot m}] = P_2$(동기와트) • 전동기가 Slip "$s$"로 운전할 때 발생하는 회전력은 동기속도로 회전하였다고 가정하였을 때 발생하는 기계동력이다. • $T = \dfrac{I_2^2 R_2}{s}$(동기와트 또는 syn.watt)$= P_2$

용어 정의

동기와트(Synchronous Watt)
유도전동기의 2차측 입력으로, 전동기 토크에 동기속도 N_s를 곱한 값

Module 069

유도(전동)기의 전류, 역률, 토크 특성

핵심이론

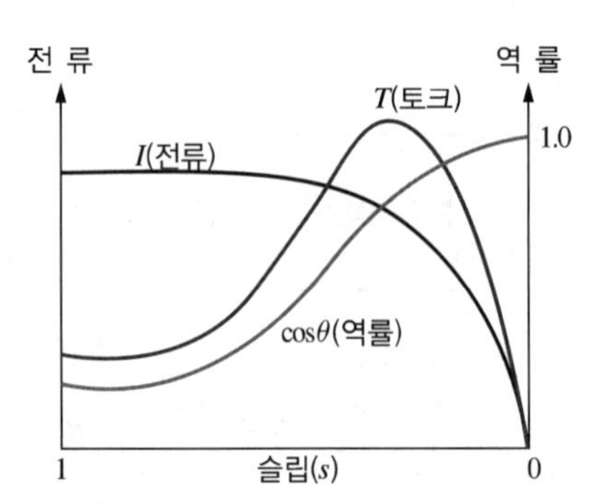

전원전압과 주파수가 동일한 상태에서 동기속도(N_s)에 가까울수록 $(s=0)$

- 전류가 작아진다.
- 역률이 향상된다.
- 효율이 좋아진다$\left(\eta = 1 - s = \dfrac{P}{P_2} = \dfrac{P_m}{P_{ag}}\right)$.

Module 070

유도(전동)기의 동기와트, 슬립, 토크의 관계

핵심이론

[토크의 관계식]

일반적으로 기계적인 출력은 각속도와 토크의 곱으로 표현된다 ($P=\omega T=2\pi nT$[W]).

$$T=\frac{P}{2\pi n}[\mathrm{N\cdot m}]=\frac{60}{2\pi}\cdot\frac{P}{N}[\mathrm{N\cdot m}]=\frac{60}{2\pi}\cdot\frac{P}{N}\cdot\frac{1}{9.8}[\mathrm{kg\cdot m}]$$

$$\therefore T=0.975\times\frac{P}{N}=0.975\times\frac{(1-s)P_2}{(1-s)N_s}=0.975\times\frac{P_2}{N_s}[\mathrm{kg\cdot m}]$$

[유도전동기 토크의 비례 관계]

$$T=k_0\frac{sE_2^2r_2}{r_2^2+(sx_2)^2}=k_0\frac{r_2E_2^2}{\frac{r_2^2}{s}+sx_2^2}$$

$$\left(E\propto V,\ T\propto\frac{1}{n}\propto P\propto V^2,\ s\propto\frac{1}{V^2}\right)$$

Module 071

권선형 유도(전동)기의 비례추이 (Proportional Shifting)

핵심이론

권선형 유도전동기에서 2차측 회로의 저항을 증가시키면 이에 비례하여 최대토크(점)는 변하지 않고, 최대토크가 발생되는 슬립이 증가한다.

[원 리]

- $\frac{r_2}{s}=\frac{r_2+R}{s'}$ → 외부저항 R 감소 시 s'도 감소
- 최대토크가 발생하는 슬립점이 2차 회로의 저항에 비례해서 이동한다.
- 슬립은 변화하지만 최대토크$\left(T_{\max}=K\frac{E_2^2}{2r_2}\right)$는 불변한다.
- 2차 저항을 크게 하면 기동전류는 감소하고 기동토크는 증가한다.

[비례추이 제량]

- 비례추이 하는 제량 : 1차 전류, 역률, 1차 입력, 2차 전류, 토크
- 비례추이 하지 않는 제량 : 2차 동손, 출력, 효율, 동기속도

용어 정의

비례추이(Proportional Shifting)
유도전동기에서 전압이 일정하면 전류나 회전력이 2차 저항(회전자저항)에 비례하여 변화하는 현상

Module 072

유도(전동)기의 기동법

핵심이론

최초 정격전압을 사용하는 전전압 기동법을 기준으로 해석하는 좋다. 전전압으로 유도전동기를 기동 시 정격전류의 5~8배(대푯값 6배) 기동전류가 흐르므로 이에 따른 전압강하로 인해 열적 손상이 발생하며, 급격한 토크 변화로 인한 기계적 손상이 유발될 수 있다. 따라서 전압값을 낮추어 기동하는 감전압 기동법을 사용하게 된다. 이러한 감전압 기동법을 사용하여도 기동과 운전이 전환되는 시점에 개폐서지 등과 같은 기계적 충격이 발생하며, 이를 개선하기 위해 소프트 기동법(Soft Starter)이 사용된다(예 VVCF, SCR 사용). 한편 이를 더 개선한 방법인 인버터 기동법(Inverter Starter)도 활용된다(예 VVVF, Inverter 사용).

※ $T \propto V^2$, $V \propto I$이므로 기동 시 I의 값을 일정수준 이하로 낮출 수 있다.

<table>
<tr><th colspan="3">구 분</th><th>특 징</th><th>용 량</th></tr>
<tr><td rowspan="4">농 형</td><td>전전압
기동법
(정격전압)</td><td>직입 기동</td><td>직접 정격전압을 인가하여 기동, 기동전류가 정격전류의 약 6배</td><td>5[kW] 이하</td></tr>
<tr><td rowspan="3">감전압
기동법</td><td>Y-△ 기동</td><td>기동 시 고정자권선을 Y로 접속하여 기동전류 감소, 정격속도가 되면 △로 변경, 기동전류와 기동토크가 각각 $\frac{1}{3}$배로 감소</td><td>5~15[kW]
이하</td></tr>
<tr><td>기동보상기
(콘돌퍼 기동)</td><td>전동기 1차 쪽에 강압용 단권변압기를 설치하여 전동기에 인가되는 전압을 감소시켜서 기동</td><td>15[kW]
이상</td></tr>
<tr><td>리액터 기동</td><td colspan="2">전동기 1차측에 리액터를 설치 후 조정하여 전동기 인가전압제어</td></tr>
<tr><td>권선형</td><td colspan="2">2차 저항 기동법</td><td colspan="2">비례추이 이용 : 2차 회로 저항값 증가 → 토크 증가, 기동전류 억제, 속도 감소, 운전 특성 불량, 게르게스법</td></tr>
</table>

Module 073

농형 유도(전동)기의 기동 특성

핵심이론

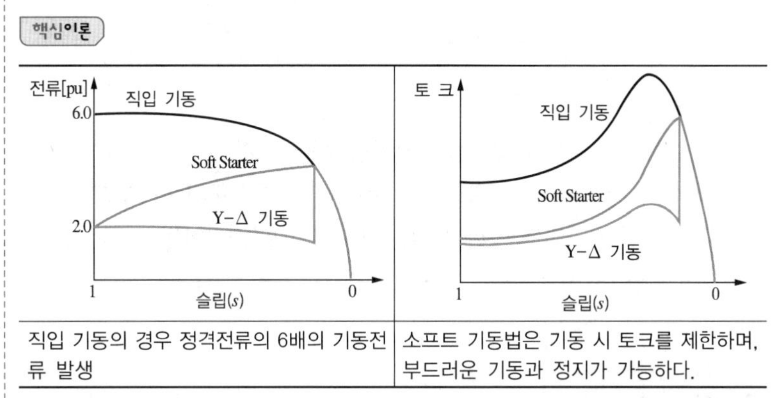

직입 기동의 경우 정격전류의 6배의 기동전류 발생	소프트 기동법은 기동 시 토크를 제한하며, 부드러운 기동과 정지가 가능하다.

위와 같이 감전압 Y-△ 기동법의 경우 급격히 값이 변화(서지)하는 구간이 발생하여 이를 개선하기 위해 소프트(Soft Starter)방식을 사용한다.

Module 074

유도(전동)기의 속도제어법

핵심이론

속도 제어법	동기속도의 변환 $\left(N_s = \dfrac{120f}{P}\right)$	전원주파수를 변환	인버터를 활용하여 주파수를 변환시켜 속도제어, 일정한 자속을 위해 $\dfrac{V_1}{f}$ 유지
		극수를 변환	비교적 효율이 좋으며, 연속적 제어가 아닌 계단적 속도제어
	슬립을 변환 $(N = (1-s)N_s)$	전원전압을 변환	$T \propto V^2$ 성질을 이용하여 부하 시에 운전하는 슬립을 변환
		2차 회로의 저항을 변환	권선형 유도전동기에서 사용, 2차 회로의 저항을 이용하여 속도 변화 특성의 비례추이를 응용

[2차 여자법]

유도전동기의 회전자권선에 2차 기전력 sE_2와 동일 주파수의 전압을 가해 그 크기를 조절하여 속도를 제어

[종속 접속법]

- 직렬 종속법 : $N = \dfrac{120f}{P_1 + P_2}$[rpm]

• 차동 종속법 : $N = \dfrac{120f}{P_1 - P_2}[\text{rpm}]$

• 병렬 종속법 : $N = \dfrac{2 \times 120f}{P_1 + P_2}[\text{rpm}]$

[유도전동기의 속도제어 구분]

• 농형 유도전동기 : 주파수변환법(VVVF), 극수변환법, 전압제어법
• 권선형 유도전동기 : 2차 저항법, 2차 여자법, 종속 접속법

Module 075

유도(전동)기의 제동법

핵심이론

발전제동	전동기의 회전을 정지시키고자 할 때 1차 권선을 교류전원에서 분리한 다음 직류로 여자하면 전동기는 발전기로 바뀌고 회전자에서 기전력이 생기며 이로 인한 전류로 제동작용을 한다(저항에서 열로 소비시킴).
역전제동 (역상제동 = 플러깅)	전동기를 급정지시키고자 할 때 1차를 역접속하여 반대방향의 토크를 발생시키는 방법으로 1차측 3선 중에서 임의의 2선에 대한 접속을 바꾼다.
회생제동	유도전동기가 동기속도 이상의 빠른 속도로 회전하게 되면, 2차에서 1차로 전력이 회생(발생 전력을 전원에 반환)되며 이때 제동작용을 하게 된다(예 크레인 등).
단상제동	1차측을 단상접속으로 변환하고 2차 저항을 충분한 크기로 하면 전동기의 회전방향과 역방향 제동토크가 발생한다.
유도제동	전동기의 역상제동의 상태를 크레인이나 권상기의 강하 시에 이용하고, 속도제한의 목적에 사용되는 방법이다.

Module 076

유도(전동)기의 안정운전조건

핵심이론

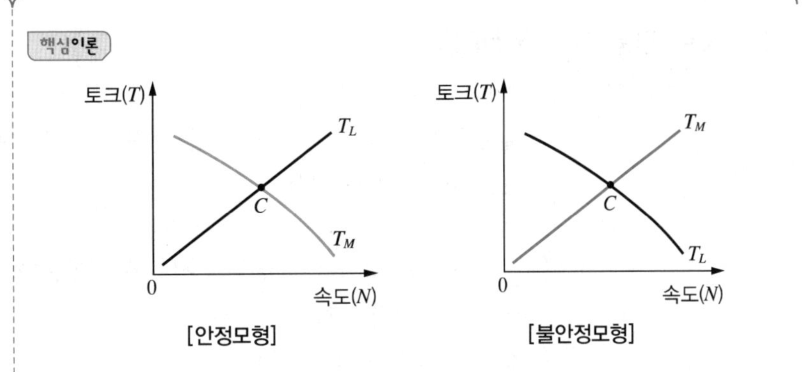

여기서, T_M : 전동기 토크, T_L : 부하 토크, n : 회전수, C : 운전점

안정운전조건	불안정운전조건
$\frac{dT_M}{dn} < \frac{dT_L}{dn}$	$\frac{dT_M}{dn} > \frac{dT_L}{dn}$

Module 077

3상 유도(전동)기의 이상현상

핵심이론

[크라우링(Crawling)현상]

- 계자에 고조파가 유기될 경우 정격속도에 이르지 못하고 낮은 속도에서 안정되어 버리는 현상
- 원인
  - 고정자와 회전자 슬롯수가 적당하지 않을 경우
  - 공극이 일정하지 않을 경우
- 결과 : 소음 발생
- 대비책 : 경사 슬롯 채용

[게르게스(Gorges)현상]

3상 권선형 유도전동기의 2차 회로가 한 개 단선된 경우 $s = 50[\%]$ 부근에서 더 이상 가속되지 않는 현상

[고조파의 회전자계]

회전자계 방향	기본파와 같은 방향 $h = 2mn+1$ 7차, 13차, ⋯	기본파와 반대방향 $h = 2mn-1$ 5차, 11차, ⋯	회전자계 없음 $h = 2mn$ 3차, 6차, ⋯
회전속도	회전속도 $= \dfrac{1}{\text{고조파차수}} = \dfrac{1}{h}$		

Module 078

3상 유도(전동)기의 주파수 변화에 따른 특성

핵심이론

우리나라 기준 주파수인 60[Hz], 3상 유도전동기를 동일 전압으로 50[Hz]에서 사용했을 때의 현상은 다음과 같다.

[주파수를 60[Hz]에서 50[Hz]로 변환]

자 속	자속밀도	여자전류	철 손	리액턴스	온도상승	속 도
반비례 $\frac{6}{5}$	반비례 $\frac{6}{5}$	반비례 $\frac{6}{5}$	반비례 $\frac{6}{5}$	비례 $\frac{5}{6}$	반비례 $\frac{6}{5}$	비례 $\frac{5}{6}$

Module 079

단상 유도(전동)기의 구분

핵심이론

[특 징]

- 교번자계 발생
- 기동 시 기동토크가 존재하지 않으므로 기동장치가 필요하다.
- 슬립이 0이 되기 전에 토크는 미리 0이 된다.
- 2차 저항이 증가되면 최대토크는 감소한다(비례추이 할 수 없다).
- 2차 저항값이 어느 일정 값 이상이 되면 토크는 부(−)가 된다.

[기동토크가 큰 순서]

반발기동형 > 반발유도형 > 콘덴서기동형 > 분상기동형 > 셰이딩코일형 > 모노사이클릭형

반발기동형	정류자편과 브러시가 있어 속도제어 및 역전이 가능하다.
반발유도형	• 정류자편과 브러시가 있어 속도제어 및 역전이 가능하다. • 반발기동형에 비해 기동토크는 작고, 최대토크와 부하에 의한 속도변화는 크다.
콘덴서기동형	• 회전자계는 원형이다. • 기동전류는 작고, 역률 및 기동토크가 크다. • 분상기동형의 일종으로 직렬로 콘덴서를 연결한다.
분상기동형	• 저항이 크고, 인덕턴스가 작다. • 가격은 저렴하나, 기동토크가 작다. • 소형 전동기(냉장고, 펌프, 세탁기 등)에 많이 사용된다.
셰이딩코일형	• 기동토크가 매우 작고, 역률과 효율이 낮다. • 정·역회전은 할 수 없지만, 구조가 간단하고 견고하다. • 10[W] 이하에 소형 전동기에 사용한다.
모노사이클릭형	• 고정자권선을 3상 권선으로 하고 그 두 단자를 직접 선로에 연결하고 선로각에 분로로 접속한 저항과 리액턴스를 직렬로 접속한 것의 저항과 리액턴스의 결합점에 다른 1개의 단자를 연결하는 방식이다. • 수10[W]까지의 소형에 사용한다.

용어 정의

교번자계(Alternating Magnetic Field)
주기적으로 그 세기와 방향을 바꾸는 자계

Module 080

유도(발전)기의 특징

핵심이론

3상 전원에 접속되어 있는 유도전동기를 원동기로 구동하여 동기속도 이상의 속도로 회전시키면 슬립(s)은 (-)의 값을 갖게 되며 전동기는 원동기로부터 동력을 받아 발전하여 선로에 전력을 보내게 된다.

[장 점]
- 동기발전기에 비해 가격이 저렴하다.
- 기동과 취급이 간단하며, 고장이 적다.
- 단락전류는 동기기에 비해 적다.
- 동기발전기와 같이 동기화할 필요가 없으며 난조 등의 이상현상이 없다.

[단 점]
- 효율과 역률이 동기기에 비해 낮다.
- 공극의 치수가 작기 때문에 운전 시 주의해야 한다.
- 병렬로 운전되는 동기기에서 여자전류를 공급받아야 한다.

Module 081

스텝모터(Step Motor)의 특징

핵심이론

스텝모터는 디지털 신호에 비례하여 일정 각도만큼 회전하는 모터로 그 총회전각은 입력펄스의 수로, 회전속도는 입력펄스의 빠르기로 쉽게 제어한다.
- 회전각과 속도는 펄스(Pulse)수에 비례한다.
- 오픈 루프에서 속도 및 위치제어를 할 수 있다.
- 디지털 신호를 직접 제어할 수 있다.
- 가속, 감속이 용이하며, 정·역회전이 쉽다.
- 위치제어를 할 경우 각도 오차가 작다.
- 종류는 가변 릴럭턴스형(VR), 영구자석형(PM), 복합형(H)이 있다.

용어 정의

스텝모터(Step Motor)
펄스신호를 줄 때마다 일정한 각도씩 회전하는 모터

Module 082

유도(전동)기의 원선도(Heyland)

핵심이론

유도전동기의 실부하시험을 하지 않고, 유도전동기에 대한 간단한 시험의 결과로부터 전동기의 특성을 쉽게 구할 수 있는 방법이다.

작성에 필요한 값	저항 측정	무부하시험	구속시험
		철손, 여자전류	동손, 임피던스 전압, 단락전류
구할 수 있는 값	1차 입력, 2차 입력(동기와트), 철손, 슬립, 1차 저항손, 2차 저항손, 출력, 효율, 역률		
구할 수 없는 값	기계적 출력, 기계손		

용어 정의

원선도(Circle Diagram)
회전기나 시스템의 동작 특성을 부여하는 원형의 궤적

Module 083

교류 정류자기의 분류

핵심이론

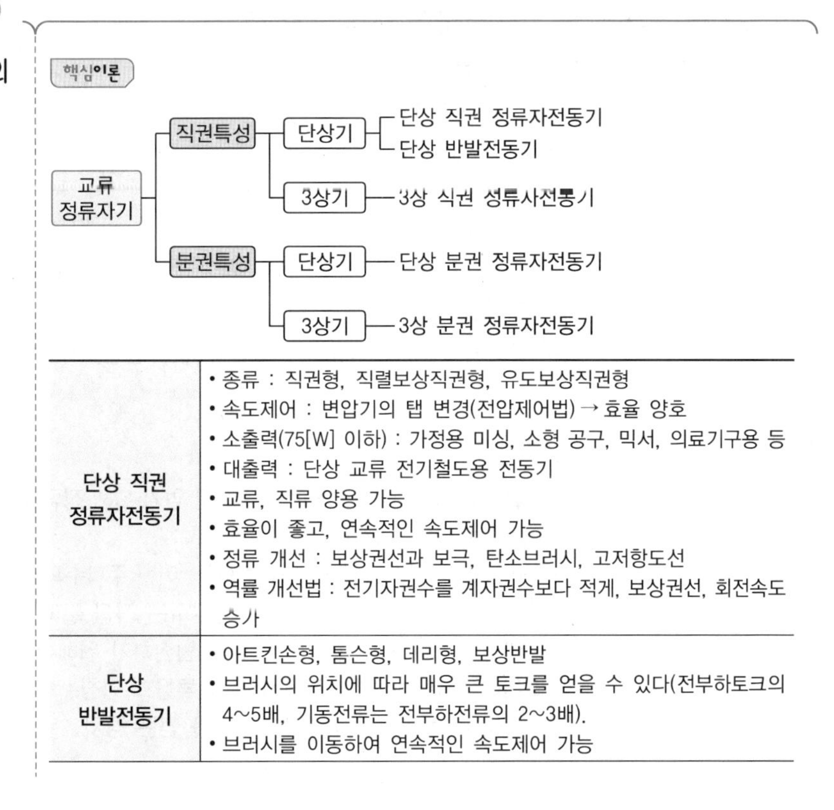

구분	내용
단상 직권 정류자전동기	• 종류 : 직권형, 직렬보상직권형, 유도보상직권형 • 속도제어 : 변압기의 탭 변경(전압제어법) → 효율 양호 • 소출력(75[W] 이하) : 가정용 미싱, 소형 공구, 믹서, 의료기구용 등 • 대출력 : 단상 교류 전기철도용 전동기 • 교류, 직류 양용 가능 • 효율이 좋고, 연속적인 속도제어 가능 • 정류 개선 : 보상권선과 보극, 탄소브러시, 고저항도선 • 역률 개선법 : 전기자권수를 계자권수보다 적게, 보상권선, 회전속도 증가
단상 반발전동기	• 아트킨손형, 톰슨형, 데리형, 보상반발 • 브러시의 위치에 따라 매우 큰 토크를 얻을 수 있다(전부하토크의 4~5배, 기동전류는 전부하전류의 2~3배). • 브러시를 이동하여 연속적인 속도제어 가능

3상 직권 정류자전동기	• 직권 특성의 변속도 전동기 • 기동토크가 크고, 속도제어 범위가 넓다. • 송풍기, 인쇄기, 공작 기계 등에 사용 • 중간변압기 사용(★)
단상 분권 정류자전동기	• 토크 변화에 대한 속도의 변화가 매우 작음 • 정속도전동기, 교류 가변속도전동기로 이용
3상 분권 정류자전동기	시라게전동기 : 직류 분권전동기와 비슷한 특성으로 정속도전동기, 브러시 이동으로 간단하고 원활하게 속도제어 가능

★ 3상 직권 정류자전동기에서 중간변압기 사용 이유
- 전원전압의 크기에 관계없이 회전자전압을 정류작용에 알맞은 값으로 선정할 수 있다.
- 중간변압기의 권수비를 조정하여 전동기 특성을 조정할 수 있다.
- 경부하 시 직권 특성$\left(Z \propto I^2 \propto \frac{1}{N^2}\right)$이므로 속도가 크게 증가할 수 있다. 따라서 중간 변압기를 사용하여 속도상승을 억제할 수 있다.

Module 084

전력변환기(Converter)의 분류

핵심이론

정류기(Rectifier)	교류(AC) → 직류(DC)	
사이클로컨버터(Cyclo-Converter)	교류(AC) → 교류(AC)	주파수 변환
인버터(Inverter)	직류(DC) → 교류(AC)	
초퍼(DC Chopper)	직류(DC) → 직류(DC)	On-Off 고속도 반복 스위치

※ 일반적으로 전기 입문과정에서 인버터와 컨버터를 반대 개념으로 설명하는 경우가 있지만, 컨버터와 인버터는 본질적으로 반대 개념이 아니므로 주의할 것

※ 변압기(Transformer) : 고전압을 저전압, 저전압을 고전압으로 변성

용어 정의

- 정류기(Rectifier) : 교류에서 직류를 얻기 위해 정류작용에 중점을 두고 만들어진 전기적인 회로소자 또는 장치
- 사이클로컨버터(Cyclo-Converter) : 어떤 주파수의 교류를 직류회로로 변환하지 않고 그 주파수의 교류로 변환하는 직접 주파수 변환 장치
- 인버터(Inverter) : 직류를 교류로 변환하기 위해 사용되는 장치
- 초퍼(DC Chopper) : 직류전압 · 전류를 스위칭소자에 의해 고속으로 ON · OFF하며, 직류(평균값)전압 · 전류를 얻는 장치

Module 085

정류회로의 구분

핵심이론

정류(AC → DC)	단상 (1ϕ, Single Phase)	반 파	효율 ↓
		전 파	
	3상 (3ϕ, Three Phase)	반 파	
		전 파	효율 ↑

Module 086

단상 반파 정류회로 (Single Phase Half-Wave Rectifier Circuit)

핵심이론

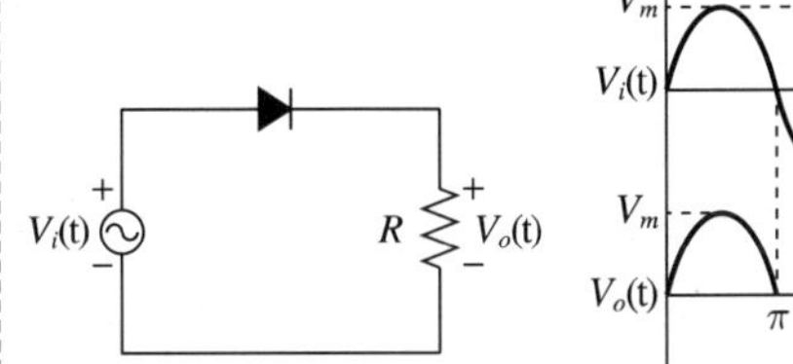

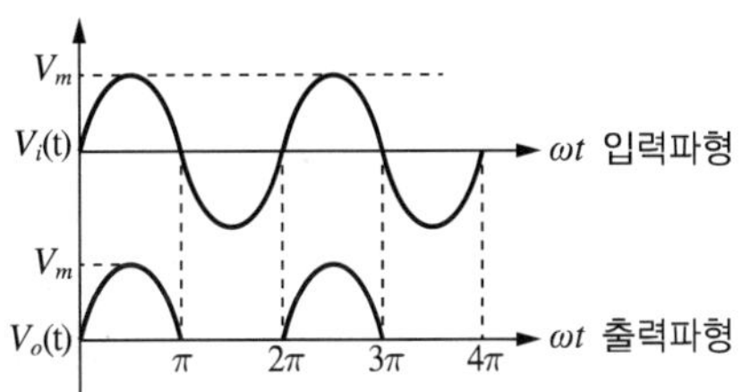

[직류전압의 평균값]

$$E_d = \frac{\sqrt{2}}{\pi} \cdot E = 0.45E\,[\mathrm{V}]$$

[정류효율]

$$\eta_R = \frac{P_{dc}}{P_{ac}} \times 100 = \frac{\left(\frac{I_m}{\pi}\right)^2 R}{\left(\frac{I_m}{2}\right)^2 R} = 40.6\,[\%]$$

[맥동률(Ripple Factor)]

$$\gamma = \frac{\text{파형 속의 맥동분 실횻값}}{\text{정류된 파형의 평균값(DC)}} = \sqrt{\left(\frac{I_s}{I_d}\right) - 1} = 1.21$$

[다이오드의 첨두역전압(Peak Inverse Voltage)]

$$PIV = E_d \times \pi = \frac{\sqrt{2}\,E}{\pi} \times \pi = \sqrt{2}\,E$$

용어 정의

PIV(Peak Inverse Voltage)
다이오드에 걸리는 역방향전압의 최댓값을 최대역전압이라고 한다.

Module 087

사이리스터 (Thyristor)

핵심이론

[SCR]

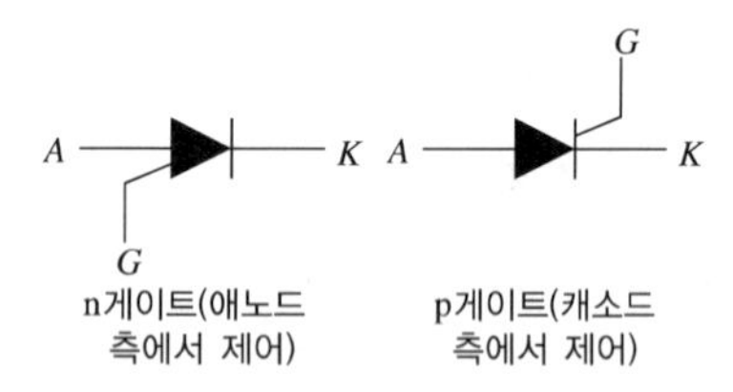

- SCR Turn-On 시간
  - Gate전류를 가해 도통완료까지의 시간(축적시간 + 하강시간)
  - LASCR은 빛(Light)으로 Turn-On시킨다.
- SCR Turn-Off 시간
  - On상태의 사이리스터 순방향전류를 유지전류(20[mA]) 이하 감소
  - 역전압 인가

[GTO]

Gate로 Turn-On, Turn-Off 시행

[TRIAC]

- SCR 두 개 역병렬 → 전류제어(평균전류)소자, (+)(−) Gate

방향성	전력소자	
단방향성	3단자	SCR, GTO, LASCR
	4단자	SCS
쌍(양)방향성	2단자	DIAC, SSS → 과전압(전파제어)
	3단자	TRIAC

- Turn-On 시간 : Gate전류를 가해 도통완료까지의 시간(축적시간 + 하강시간)
- 래칭전류(Latching Current) : SCR을 Turn-On시키기 위하여 Gate에 흘려야 할 최소전류(80[mA])
- 유지전류(Holding Current) : SCR이 On 상태를 유지하기 위한 최소전류

Module 088

변압기 등가회로 (Equivalent Circuit)

핵심이론

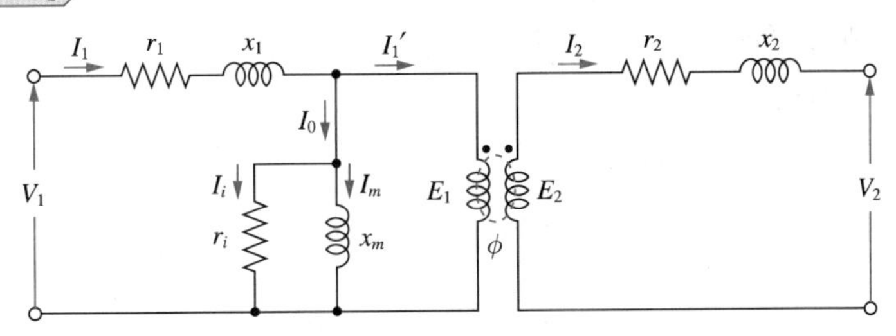

[변압기 기본 관계식]

$$a=\frac{N_1}{N_2}=\frac{V_1}{V_2}=\frac{I_2}{I_1}=\sqrt{\frac{Z_1}{Z_2}}=\sqrt{\frac{r_1}{r_2}}=\sqrt{\frac{x_1}{x_2}}$$

[2차 회로를 1차 회로로 환산]

- 임피던스 등가변환 : $Z_1=a^2Z_2=a^2Z_L$(부하 고려 시 Z_L)
- 저항 등가변환 : $r_1=a^2r_2$
- 리액턴스 등가변환 : $x_1=a^2x_2$

[무부하 상태일 때(I_0 : 여자전류, I_i : 철손전류, I_m : 자화전류)]

- 여자전류 = 무부하전류
- $\dot{I_0}=\dot{I_i}+\dot{I_m}\Rightarrow I_0=\sqrt{I_i^2+I_m^2}$

용어 정의

- **등가회로** : 두 개의 독립된 전기회로를 변환하여 한 개의 전기회로로 만든 것(동일 해석)
- **철손전류** : 철손(P_i)이 발생시키는 전류
- **자화전류** : 자속(ϕ)이 발생시키는 전류

Module 089

정류회로 (Rectifier Circuit)

핵심이론

다이오드	직류전압(E_d)	PIV	정류효율(η)	맥동률(ν)	주파수(f)
단상 반파	$\frac{\sqrt{2}}{\pi}E_a = 0.45E_a$	$\sqrt{2}\,E_a$	40.6[%]	121[%]	$f_i = f_o$
단상 전파	$\frac{2\sqrt{2}}{\pi}E_a = 0.9E_a$	2개 : $2\sqrt{2}\,E_a$ 4개 : $\sqrt{2}\,E_a$	81.2[%]	48.2[%]	$2f_i = f_o$
3상 반파	$\frac{3\sqrt{6}}{2\pi}E_a = 1.17E_a$	–	96.8[%]	18.3[%]	$3f_i = f_o$
3상 전파	$\frac{3\sqrt{2}}{\pi}E_a = 1.35E_a$	–	99.8[%]	4.2[%]	$6f_i = f_o$

여기서, E_a : 교류전압(실효치), E_d : 직류전압, f_i : 입력주파수, f_o : 출력주파수

용어 정의

PIV(Peak Inverse Voltage)
다이오드에 걸리는 역방향전압의 최댓값을 최대역전압이라고 한다.

Module 090

다이오드(Diode)와 트랜지스터(Transistor)

핵심이론

[다이오드(Diode)]

- PN접합 다이오드(최고 허용온도 : Si(140 ~ 200[℃]), Ge(65 ~ 75[℃]))
  - 진성 반도체 : Si, Ge 등에 불순물이 섞이지 않은 순수한 반도체
  - n형 반도체 : Si, Ge에 5가(Donor) 원소(P, As, Sb, Bi)가 혼합된 반도체
  - P형 반도체 : Si, Ge에 3가(Acceptor) 원소(B, Al, Ga, In)가 혼합된 반도체
- 제너(Zener) 다이오드 : 정전압 다이오드, 안정된 전원
- 직·병렬접속 : 직렬접속 시(고전압으로부터 보호), 병렬접속 시(대전류로부터 보호)

[트랜지스터(Transistor)]

- 바이폴라 트랜지스터(BJT ; Bipolar Junction Transistor, 쌍극성)
  - 구조 : PN접합 3층 구조(pnp형, npn형), 3단자(이미터(E), 베이스(B), 컬렉터(C))
  - 용도 : 증폭(정상적인 활동 = 활성영역), 발진, 변조, 검파
- 전계효과 트랜지스터(FET ; Field Effect Transistor, 단극성)
  - 구조 : 접합형 FET(p채널, n채널), 3단자(드레인(D), 게이트(G), 소스(S))
  - MOSFET(동작주파수가 가장 빠른 반도체, 스위칭 속도가 매우 빠르다) : 증가형 공핍형 → 지속적인 Gate신호 필요
- IGBT(Insulated Gate Bipolar Transistor)
  - 구조 : MOSFET, BJT, GTO 사이리스터의 장점을 결합(Bipolar Transistor + MOSFET)
  - 응용 : DC, AC모터, 지하철, UPS, 전자접촉기 등 중용량급 전력전자에 사용한다(소음이 적고, 동작 특성이 우수하다).

용어 정의

- **제너 다이오드(Zener Diode)** : 다이오드의 일종으로 정전압 다이오드라고도 하며, 일정한 전압을 얻을 목적으로 사용되는 소자
- **GTO(Gate Turn-Off Thyristor)** : Gate Turn Off(게이트 ON/OFF)가 가능한 SCR(사이리스터)소자

MEMO

제 5 과목

전력공학

Module 40제

공사공단 공기업 전공 [필기]

전기직 필수 이론 500제

(주)시대고시기획
(주)시대교육
www.sidaegosi.com
시험정보 · 자료실 · 이벤트
합격을 위한 최고의 선택

시대에듀
www.sdedu.co.kr
자격증 · 공무원 · 취업까지
BEST 온라인 강의 제공

제 5 과목 전력공학

Module 001 송전방식의 비교

핵심이론

직류 송전 (Direct Current Transmission Line)	교류 송전 (Alternating Current Transmission Line)
• 코로나손 및 전력손실이 작다. • 절연계급[주1)]은 낮고, 단락용량이 작다. • 송전손실(리액턴스손실)이 없어 송전효율이 좋다. • 비동기 연계가 가능하며 다른 계통 간의 연계가 가능하다. • 차단기 설치 및 전압의 변성이 어렵고, 회전자계를 만들 수 없다.	• 유도장해가 발생한다. • 차단 및 전압의 승압과 강압이 쉽다. • 회전자계를 쉽게 얻을 수 있어 전력설비의 소형화가 가능하다. • 손실이 적고 경제적이다(전압 $\sqrt{2}$ 배, 전류 $\sqrt{2}$ 배, 전력 2배 송전 가능).

주1) 절연계급은 전압의 크기에 따라 결정되는데, 전압의 분류(크기)를 참고할 수 있다.

[전력계통 연계]

- 장점 : 설비용량 절감, 경제적 급전, 신뢰도 증가, 안정된 주파수 유지
- 단점 : 연계설비 신설, 사고 시 타 계통으로 파급, 병렬회로수 증가로 단락전류 증대, 통신선 전자유도장해 발생

[Still의 식(가장 경제적인 송전전압)]

$$V_s = 5.5\sqrt{0.6L + \frac{P}{100}}\,[\mathrm{kV}]$$

여기서, V_s : 송전전압[kV], L : 송전거리[km], P : 송전전력[kW]

Module 002

전선의 이도(Dip)

핵심이론

[이 도]

$$D = \frac{WS^2}{8T}[\mathrm{m}]$$

여기서, D : 이도[m], W : 단위길이당 전선의 중량(= 하중)[kg/m], S : 경간[m],
T : 전선의 수평장력[kg]

[전선의 실제 길이]

$$L = S + \frac{8D^2}{3S}[\mathrm{m}]$$

여기서, L : 전선의 실제 길이[m], S : 경간[m], D : 이도[m]

[전선의 보호설비(방법)]

- 댐퍼(Damper) : 전선의 진동 방지
- 아머로드(Armor Rod) : 전선의 진동 방지 및 전선 지지점에서의 단선 방지
- 오프셋(Off-Set) : 전선의 도약에 의한 송전 상하선 혼촉 방지를 위해 전선 배열을 위, 아래 전선 간에 수평 간격을 두어 설치

용어 정의

이도(Dip)

전선의 지지점을 연결하는 수평선으로부터 밑으로 처져 있는 정도[m]이다.

Module 003

표피효과 (Skin Effect, 1가닥)

핵심이론

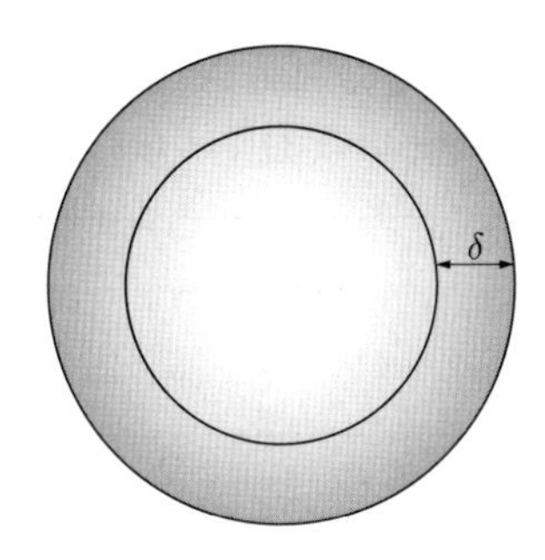

[침투(표피)깊이]

$$\delta = \sqrt{\frac{2}{\omega\mu\sigma}} = \frac{1}{\sqrt{\pi f \mu\sigma}}[\mathrm{m}]$$

[원 인]

전선 단면적 내의 중심부일수록 자속 쇄교수가 커지고, 인덕턴스가 증가하여 중심부에는 전류가 흐르기 어려움

[영 향]

- 도체 내부로 들어갈수록 전류밀도가 감소한다.
- 위상각이 늦어지게 되어 전류가 도체 외부로 몰린다.
- 전력손실이 증가한다(유효 단면적이 감소하여 상대적으로 저항이 증가).
- 송전용량이 감소된다.

[특 징]

- 주파수가 커질수록 표피효과가 증대된다(표피깊이(δ)가 작아진다).
- 전선에 직류가 흐를 때보다 교류(실효치)가 흘렀을 때 전력손실이 많아진다.
- 전선의 단면적, 도전율, 투자율이 클수록 표피효과는 커진다.

[대 책]

- 가공선의 경우 복도체를 사용한다.
- 지중선의 경우 분할도체를 사용한다.
- 중공연선을 사용한다(가운데가 비어 있는 형태의 전선 사용).

용어 정의

- **표피효과(Skin Effect)** : 교류(AC)선로에 흐르는 전류가 전선의 바깥쪽(표면)으로 집중되는 현상
- **표피깊이(Skin Depth)** : 표피효과를 나타낸 수치로 주파수와 금속 성분의 관계에 따라 전류가 어느 정도 깊이까지 침투하느냐를 나타낸 수치

Module 004

근접효과(Proximity Effect, 2가닥 이상)

핵심이론

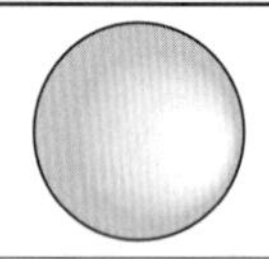 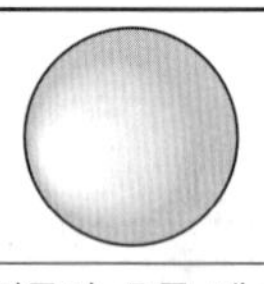	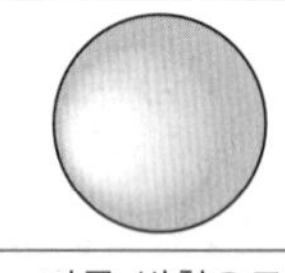 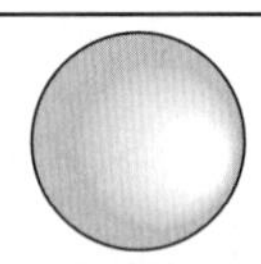
같은 방향으로 전류가 흐를 때 (척력 = 바깥쪽으로 전류밀도 집중)	다른 방향으로 전류가 흐를 때 (인력 = 안쪽으로 전류밀도 집중)

※ 표피효과와 근접효과는 교류에서 발생되는 현상이며, 그 특징은 대체로 비슷하다.

[대 책]
- 사용주파수를 낮춘다.
- 절연전선을 사용한다.
- 양 도체 간의 간격을 넓게 한다.

용어 정의

근접효과(Proximity Effect)
교류(AC)선로에 나란한 두 도체에 전류가 흐를 때 그 밀도가 방향성을 가지고 집중되는 현상

Module 005

핀치효과 (Pinch Effect)

핵심이론

- 일정한 단면적의 전선을 제작할 때 핀치효과에 의한 압력을 이용하여 일정한 굵기의 전선을 제작할 수 있다.
- DC전류가 선로에 크게 흐르면 → 외부에서 작용하는 힘(F)이 커져 → 전류가 중심으로 집중 → 전류가 흐르는 단면적이 작아지게 되어 → 선로의 저항 증가 → DC전류가 적게 흐름
- 이러한 과정들을 반복하여 최상의 DC전류 크기 조정 주기를 찾아내어 일정한 쇳물, 전선 제작 등에 사용하게 된다.

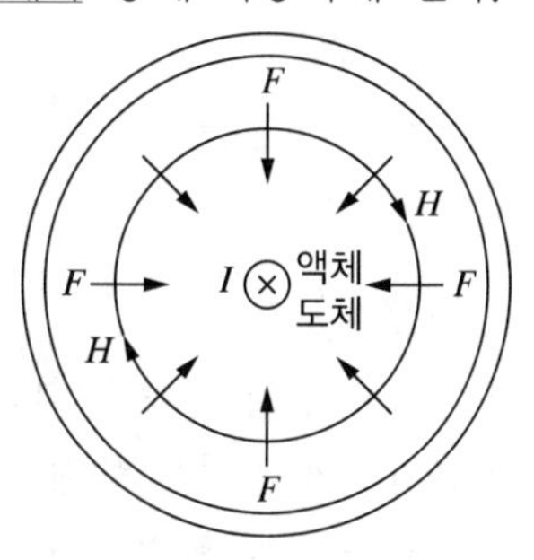

용어 정의

핀치효과(Pinch Effect)
직류(DC)선로에서 전선의 중심으로 힘이 작용하여 전류가 중심으로 집중되는 현상

Module 006

전선의 구비조건

핵심이론

- 도전율이 클 것
- 유연성이 클 것
- 허용전류가 클 것
- 기계적 강도가 클 것
- 가격이 저렴할 것
- 비중이 작을 것
- 전압강하가 작을 것

Module 007 지지물(철탑)

핵심이론

종 류	형 별	특 징
직선형	A형	전선로 각도가 3° 이하에 시설
각도형	B형	경각도형 3° 초과 20° 이하에 시설
	C형	경각도형 20° 초과에 시설
인류형	D형	분기, 인류 개소가 있을 때 시설
내장형	E형	장경간이고 경간차가 큰 곳에 시설
보강형	–	직선형 철탑 강도 보강, 5기마다 시설

Module 008 지지물 설비(지선)

핵심이론

- 지지물의 강도 보강(철탑은 제외)
- 전선로의 안정성 증대
- 건조물 등에 의한 보호

Module 009 애자(Insulator)

핵심이론

[구비조건]

- 절연저항이 클 것
- 절연내력이 클 것
- 기계적 강도가 클 것
- 온도 변화에 잘 버틸 것
- 습기 흡수가 적을 것
- 정전용량이 작을 것
- 가격이 저렴할 것

[현수애자 시험법(절연이 파괴되는 전압)]

- 주수 섬락시험(비가 내릴 시) : 50[kV]
- 건조 섬락시험(평상시) : 80[kV]
- 충격 섬락시험(벼락을 맞을 시) : 125[kV]
- 유중 섬락시험(기름 환경 시) : 140[kV] 이상

[애자련의 전압 분담(애자련에는 정전용량이 형성된다)]

- 최소가 되는 지점 : 철탑으로부터 1/3 애자(지점)
- 최대가 되는 지점 : 전선 쪽에 가까운 애자(지점)

[아킹혼(초호각, 소호각)]

- 뇌로부터 애자련 보호
- 애자의 전압 분담 균일화

용어 정의

- 애자(Insulator) : 전선로나 전기기기의 나선 부분을 절연하고 동시에 기계적으로 유지 또는 지지하기 위하여 사용되는 절연체
- 현수애자(Suspension Insulator) : 송전선용의 애자이며, 현수 상태에서 사용하는 것으로 캡, 핀의 형상에 따라 크레비스형, 볼소켓형으로 구분
- 아킹혼(Arcing Horn) : 사고전류 발생 시 아크의 열에 의한 애자의 파손을 방지하기 위해 아크를 애자에서 멀리할 목적으로 장치하는 금속혼

Module 010

연가(Transposition) 방식

핵심이론

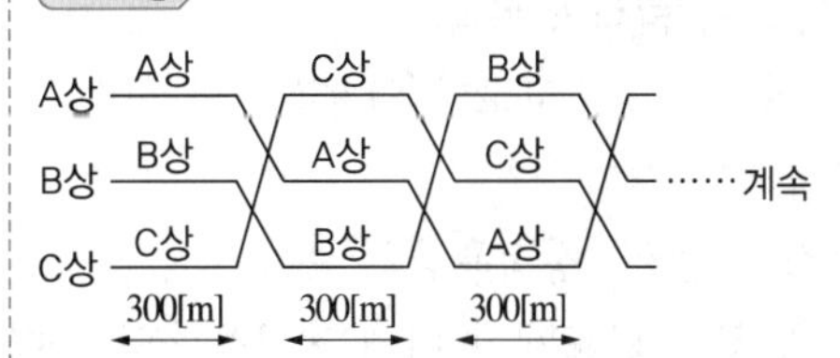

[효 과]

선로정수 평형, 임피던스 평형, 통신선의 유도장해 감소, 소호리액터 접지 시 직렬공진 방지

용어 정의

연가(Transposition)

3상 3선식 선로에서 선로정수의 평형을 위해 길이를 3등분하여 각 도체의 배치를 변경하는 것

Module 011

코로나(Corona) 현상

핵심이론

[전력설비의 악영향]

- 코로나 잡음이 발생한다.
- 전선의 부식(전식)을 촉진시킨다(오존(O_3)).
- 소호리액터의 소호 능력이 저하된다.
- 디지털 계전기의 오·부동작을 초래한다.
- 코로나손실에 의해 송전효율이 저하된다.
- 고조파로 인한 통신선에 유도장해를 일으킨다.

[방지 대책]

- 복도체를 사용한다(또는 중공연선, ACSR 채용).
- 굵은 전선을 사용한다(전선의 직경을 크게 한다).
- 가선금구를 개량한다.
- 전위 경도를 작게 한다.
- 각 도체, 기타 부속물에 대해 곡선화되도록 제작한다.
- 케이블과 변압기 부싱 간의 연결부 볼트에 모서리 부분이 없도록 한다.

[복도체(다도체) 방식의 목적]

- 코로나 현상 방지, 코로나 임계전압의 상승
- 송전용량의 증대
- 인덕턴스는 감소, 정전용량은 증가
- 같은 단면적의 단도체에 비해 전류용량의 증대
- 단락 시 대전류 등이 흐를 때 소도체 사이에 흡인력이 발생(소도체 충돌 현상) → 대책(스페이서를 설치한다)

용어 정의

코로나(Corona) 현상

전선로나 애자 부근에 임계전압 이상의 전압이 가해지면 공기의 절연이 부분적으로 파괴되어 소리나 빛, 열 등을 방출하며 방전되는 현상(공기의 절연파괴전압 : DC 30[kV/cm], AC 21[kV/cm])

Module 012

선로정수

핵심이론

구 분	인덕턴스(L)	정전용량(C)
부하 전류	뒤진 전류(지상전류)	앞선 전류(진상전류)
원 인	부하의 증가	부하의 감소
영 향	전압의 감소, 플리커 현상 발생	전압의 증가, 페란티 현상 발생
대 책	• 콘덴서 설치 – 직렬 콘덴서 : 플리커 방지 – 병렬 콘덴서 : 역률 개선	리액터 설치
공 식	$L=0.05+0.4605\log_{10}\frac{D}{r}$[mH/km]	$C=\frac{0.02413}{\log_{10}\frac{D}{r}}$[$\mu$F/km] △ 충전용량: • $Q_{\triangle}=6\pi fCV^2$ • 상전압 = 선간전압 Y 충전용량: • $Q_Y=2\pi fCV^2$ • V : 선간전압

[직렬 콘덴서의 역할]
- 선로의 인덕턴스 보상
- 수전단의 전압변동률 감소
- 부하 역률이 나쁠수록 효과가 극대
- 정태안정도 증가

[페란티 현상(Ferranti Effect)]
- 정의 : 무부하 또는 경부하에서 정전용량 충전전류의 영향으로 인해 송전단전압보다 수전단전압이 높아지는 현상(주로 전력 사용이 적은 심야에 많이 나타난다)
- 대책 : 수전단에 분로리액터 설치, 동기조상기의 부족여자 운전

용어 정의

플리커(Flicker) 현상
전류의 시간적 변화에 의해 맥동 현상이 나타나는 것이며, 빛, 소리, 열 등의 깜박임 현상

Module 013

단거리 송전선로 특성(배전선로에 적용 가능)

핵심이론

[전압강하]

- 단상 : $e = V_s - V_r = I(R\cos\theta + X\sin\theta)[V]$
- 3상: $e = V_s - V_r = \sqrt{3}\, I(R\cos\theta + X\sin\theta)$

$$= \frac{P}{V_r}(R + X\tan\theta)[V]$$

[전압강하율[%]]

$$\delta = \frac{e}{V_r} \times 100 = \frac{V_s - V_r}{V_r} \times 100 = \frac{P}{V_r^2}(R + X\tan\theta) \times 100[\%]$$

[전압변동률[%]]

$$\varepsilon = \frac{V_{r0} - V_{rn}}{V_{rn}} \times 100[\%]$$

여기서, V_{r0} : 무부하 시 수전단전압, V_{rn} : 전부하 시 수전단전압

[전력손실]

$$P_L = 3I^2R = \frac{P^2R}{V^2\cos^2\theta} = \frac{P^2\rho l}{V^2\cos^2\theta A}[W]\left(I = \frac{P}{\sqrt{3}\, V\cos\theta}[A]\right)$$

[전력손실률[%]]

$$\frac{P_L}{P} = \frac{P}{V^2\cos^2\theta} \times 100 = \frac{P\rho l}{V^2\cos^2\theta A} \times 100[\%]$$

Module 014

장거리 송전선로 특성

핵심이론

[특성(파동) 임피던스]

- 송전선을 이동하는 진행파에 대한 전압과 전류의 비, 300~500[Ω]
- $Z_0 = \sqrt{\dfrac{Z}{Y}} = \sqrt{\dfrac{R+j\omega L}{G+j\omega C}} = \sqrt{\dfrac{L}{C}} = 138\log\dfrac{D}{r}[\Omega]$
  (R, G가 0인 경우)

[전파정수]

- 전압, 전류가 선로의 끝 송전단에서부터 멀어져 감에 따라 그 진폭과 위상이 변해가는 특성
- $\gamma = \sqrt{Z \cdot Y} = \sqrt{(R+j\omega L)(G+j\omega C)} = j\omega\sqrt{LC}$
  (R, G가 0인 경우)

[전파속도]

$v = \dfrac{\omega}{\beta} = \dfrac{1}{\sqrt{LC}}[\text{m/s}]$

Module 015

전 력 (발전기 출력, 송전 출력, 수전 출력)

핵심이론

발전기 출력	송전 출력	수전 출력
$P=3\dfrac{VE}{X}\sin\delta$	$P=\dfrac{V_s V_r}{X}\sin\delta$	$P=\sqrt{3}\,VI\cos\theta$

Module 016

조상설비

핵심이론

[동기조상기, 전력용 콘덴서, 분로리액터 특징]

구 분	동기조상기 (Rotary Condenser)	전력용 콘덴서 (Static Capacitor)	분로리액터 (Shunt Reactor)
용 도	송전 계통	배전 계통	변전소
기 기	회전기	정지기	정지기
시운전	가 능	불가능	불가능
용량 증설	어려움	쉬 움	가 능
가 격	고 가	저 가	저 가
조 정	진·지상 연속	진상 불연속	지상 불연속
	전압강하 보상, 이상전압 억제	전압강하 보상	이상전압 억제

[동기조상기]

• 무부하운전 중인 동기전동기
  - 과여자운전 : 콘덴서로 작용, 진상
  - 부족여자운전 : 리액터로 작용, 지상
  - 연속적인 조정 및 시송전이 가능
  - 증설이 어렵고, 손실이 최대(회전기)

[전력용 콘덴서 설치 효과]

• 전력손실 감소
• 변압기, 개폐기 등의 사용용량 감소
• 송전용량 증대
• 전압강하 감소

[리액터의 종류와 목적]

리액터 종류	사용 목적
직 렬	제5고조파 제거
병렬(분로)	페란티 현상 방지
한 류	단락사고 시 단락전류 제한
소 호	지락사고 시 지락전류 제한

용어 정의

- 조상설비(Phase Modifying Equipment) : 양질의 전력을 공급하기 위하여 적정 전압을 유지하고, 전력설비의 효율적 이용을 위해서는 전력계통에서의 무효전력 조정이 필요한데 이를 위해 사용되는 설비
- 전력용 콘덴서(Static Condenser) : 무효전력을 발생하여 전압을 높여 주는 역할을 하는 설비이며, 콘덴서는 전압보다 90° 위상이 빠른 진상무효전류를 공급함으로써 역률의 개선, 송전손실의 감소, 전압조정의 기능을 수행
- 분로리액터(Shunt Reactor) : 무효전력의 양을 적정수준으로 조정하기 위한 조상설비의 일종으로 전력용 콘덴서와 반대기능을 수행

Module 017

역률(Power Factor)의 특징

핵심이론

[역률 저하의 원인]

- 유도전동기 부하의 영향 : 경부하
- 단상 유도전동기와 방전등(기동장치 : 코일) 보급
- 주상 변압기의 여자전류 영향

[역률이 저하되는 경우]

- 전력 요금의 증가
- 변압기의 손실 및 배전선로의 손실 증가
- 설비용량의 여유도 감소 및 전압강하 증가

[역률 개선 방법(콘덴서)]

콘덴서 용량$(Q) = P\tan\theta_1 - P\tan\theta_2 = P\left(\frac{\sin\theta_1}{\cos\theta_1} - \frac{\sin\theta_2}{\cos\theta_2}\right)$

$$= P\left(\frac{\sqrt{1-\cos^2\theta_1}}{\cos\theta_1} - \frac{\sqrt{1-\cos^2\theta_2}}{\cos\theta_2}\right)$$

여기서, $\theta_1 > \theta_2$, P : 유효전력, $\cos\theta_1$: 개선 전 역률, $\cos\theta_2$: 개선 후 역률

용어 정의

역률(유효율, Power Factor)

전기설비에 걸리는 전압과 전류가 얼마나 효율적으로 일을 하는지를 나타내는 지표이다. 기하학적 의미는 전압과 전류의 위상차이며, $\cos\theta$이다.

Module 018

접지방식

핵심이론

[중성점접지 목적]

- 과도안정도 상승
- 피뢰기 효과 상승
- 이상전압 경감 및 발생 방지
- 지락사고 시 보호(접지)계전기 동작의 확실
- 1선 지락사고 시 전위 상승 억제 → 전선로 및 기기의 절연레벨을 경감

[중성점접지 방식의 분류]

방 식	직접접지	저항접지	비접지	소호리액터접지
보호계전기 동작	확 실	→	×	불확실
지락전류	최 대	→	→	0
1선 지락 시 전위상승	1.3배	$\sqrt{3}$ 배	$\sqrt{3}$ 배	$\sqrt{3}$ 배 이상
과도안정도	최 소	→	→	최 대
유도장해	최 대	→	→	최 소
특 징	중성점 영전위 유지를 통해 단절연 변압기 사용 가능		저전압 단거리	병렬공진

- 차단기의 차단 능력(보호계전기의 동작) : 직접접지 > 저항접지 > 비접지 > 소호리액터접지

[직접(유효)접지방식]

장 점	단 점
• 지락전류가 커서 보호계전기 동작이 확실하다. • 선로나 기기의 대해 절연레벨을 경감시킬 수 있다. • 1선 지락사고 시 건전상의 전위 상승이 거의 없다.	• 과도안정도가 나쁘다. • 큰 전류를 차단하므로 차단기 등의 수명이 짧다. • 1선 지락사고 시 인접 통신선에 대한 유도장해가 크다.

Module 019

유도장해

핵심이론

[전자유도장해]

- 원인 : 영상전류, 상호인덕턴스
- 공식 : $V_m = -3I_0 \times j\omega Ml[\mathrm{V}]$
- 특징 : 주파수, 길이에 비례
- 대 책

구 분	전자유도장해 방지대책
전력선	• 고조파를 억제 • 연가방식을 채택 • 소호리액터접지 방식을 채택 → 지락전류 최소 • 고속도 차단기를 설치 → 고장 지속시간 단축
통신선	• 피뢰기를 설치 → 유도전압 감소 • 배류코일을 설치(저주파 유도전류가 대지로 흐름 → 통신 잡음 제거) • 연피통신케이블을 사용 → 상호인덕턴스 감소 • 통신선 도중 중계코일을 설치
공 통	• 이격거리를 크게 한다. • 전력선과 통신선이 교차 시 수직 교차한다. • 차폐선을 설치한다(유도전압을 30~50[%] 경감).

[정전유도장해]

- 원인 : 영상전압, 상호정전용량
- 공식 : $V_0 = \dfrac{C_m}{C_m + C_s} \times V_s[\mathrm{V}]$
- 특징 : 길이와 무관
- 대책 : 충분한 연가

용어 정의

- **상호인덕턴스(Mutual Impedance)** : 다단자 회로망의 한 쌍의 단자 간 개방 전압과 다른 한 쌍의 단자에 흐르는 전류와의 비
- **상호정전용량(Mutual Capacitance)** : 케이블 간, 가공선 간, 케이블 심선 간 등에 존재하는 정전용량
- **차폐선(Shielding Wire)** : 금속의 차폐물로 씌워진 절연선

Module 020

안정도 (Stability)

핵심이론

[안정도의 종류]

구 분	특 징
정태안정도 (Static Stability)	부하가 서서히 증가할 때 계속해서 송전할 수 있는 능력으로 이때의 최대전력을 정태안정 극한전력이라 한다.
과도안정도 (Transient Stability)	계통에 갑자기 부하가 증가하는 등의 급격한 고장사고(외란)에도 탈조하지 않고 평형상태를 회복하여(= 정전을 일으키지 않고) 계속해서 공급할 수 있는 능력으로 과도안정 극한전력이라 한다.
동태안정도 (Dynamic Stability)	고속 자동전압조정기(AVR)로 동기기의 여자전류를 제어할 경우를 동태안정도라 한다.

[안정도 향상 대책]

구 분	특 징
발전기	• 난조를 방지한다(제동권선 설치, 플라이휠 효과 선정). • 단락비를 크게 한다. • 정태안정 극한전력을 크게 한다(정상 리액턴스를 작게 한다).
송전선	• 전압변동률을 줄인다(속응여자방식, 계통과 연계, 중간 조상방식 채택 등). • 계통에 주는 충격을 작게 한다(고속도 재폐로 방식, 고속차단기, 효율적인 중성점접지 방식 채택 등). • 직렬 리액턴스를 작게 한다(복도체 및 다도체, 병행 2회선 방식, 직렬 콘덴서 채택 등). • 고장 시 발전기 입·출력의 불평형을 작게 한다.

용어 정의

- **난조(Hunting Racing)** : 일반적으로 기기 또는 장치의 동작이 불안정하기 때문에 일어나는 지속적인 진동상태
- **제동권선(Damping Winding)** : 동기발전기에서 회전속도의 주기적 변화를 방지하고 일정한 속도를 유지하여 위하여 설치하는 권선
- **플라이휠 효과(Fly-Wheel Effect)** : 플라이휠(회전속도를 고르게 하기 위해 장치된 바퀴)의 유효한 정도를 나타내는 양
- **정태안정 극한전력(Static Stability Power Limit)** : 동기기에서 여자는 일정하게 유지하고 그 부하를 서서히 증가하면 부하각이 증대하면서 일정한 한계전력까지는 동기운전할 수 있는데 이 극한전력을 정태안정 극한전력이라고 한다.

Module 021

대칭좌표법 (Method of Symmetrical Coordinates)

핵심이론

[대칭전압(또는 전류)]

- 영상분 : $V_0 = \frac{1}{3}(V_a + V_b + V_c)$
- 정상분 : $V_1 = \frac{1}{3}(V_a + a V_b + a^2 V_c)$
- 역상분 : $V_2 = \frac{1}{3}(V_a + a^2 V_b + a V_c)$

[불평형전압(또는 전류)]

- a상 : $V_a = V_0 + V_1 + V_2$
- b상 : $V_b = V_0 + a^2 V_1 + a V_2$
- c상 : $V_c = V_0 + a V_1 + a^2 V_2$

[발전기의 기본식]

$V_0 = -I_0 Z_0$, $V_1 = E_1 - I_1 Z_1$, $V_2 = -I_2 Z_2$

용어 정의

대칭좌표법

불평형 3상 전압이나 전류를 평형의 3성분(상순이 $a-b-c$인 정상분, 상순이 이와 반대인 역상분 및 각 상에 공통된 단상분인 영상분)의 대칭분으로 분해하여 해석한다.

Module 022

피뢰기 (Lightning Arrester)

핵심이론

[설치 목적(제1보호대상은 변압기)]

- 선로의 직격뢰 및 유도뢰에 대한 수변전 기기의 이상전압으로부터 보호
- 차단기 등 개폐서지에 대한 이상전압으로부터 기기를 보호

[구 조]

- 직렬갭 : 속류를 차단(누설전류가 특성요소에 흐르는 것을 방지하고, 충격파 내습 시 즉시 방전), 제한전압이 낮을수록 좋다.
- 특성요소 : 뇌전류를 방전 시 피뢰기의 전위상승을 억제하여 절연파괴를 방지한다. 정격전압이 높을수록 좋다.
- 실드링 : 전・자기적 충격으로부터 보호한다.

[구비조건]

- 방전내량이 클 것
- 속류차단 능력이 클 것
- 내구성 및 경제성이 있을 것
- 상용주파 방전개시전압이 높을 것
- 제한전압 및 충격방전 개시전압이 낮을 것

[설치장소]

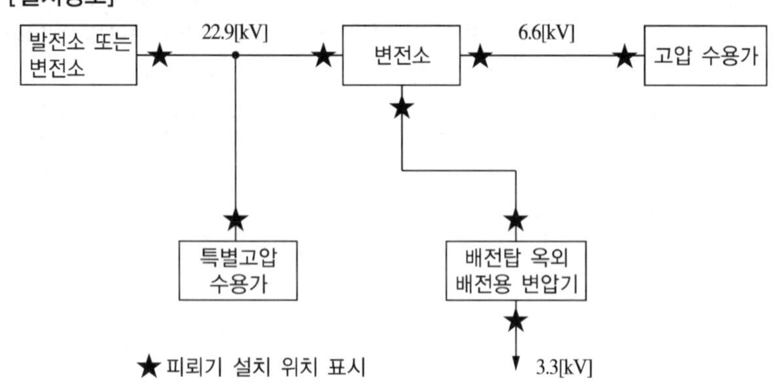

- 가공전선로와 지중전선로가 접속되는 곳
- 가공전선로에 접속하는 배전용 변압기의 고압측 및 특고압측
- 고압, 특고압 가공전선로로부터 공급받는 수용장소의 인입구
- 발전소, 변전소 또는 이에 준하는 장소의 가공전선 인입구 및 인출구

[절연협조(Insulation Coordination)]

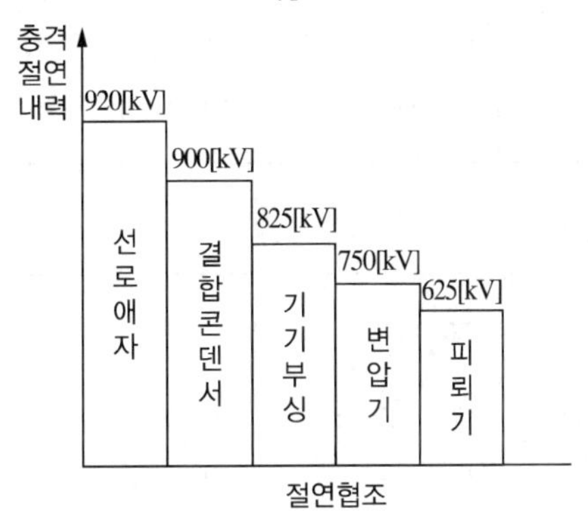

절연협조란 발·변전소의 기기나 송배전선 등 전력계통 전체의 절연설계를 보호장치와 관련시켜서 합리화를 도모하고 안전성과 경제성을 유지하는 것이다. 따라서 규정된 기준충격절연강도(BIL ; Basic Impulse Insulation Level, [kV])를 파악하여 절연계급에 따라 설계, 시공해야 한다.

참고 피뢰기(Lightning Arrester)와 서지흡수기(Surgy Arrester)의 차이
구조상으론 상당한 공통점을 가지고 있으나, 서지흡수기의 경우 차단기 개폐 시 개폐서지를 억제시키는 역할을 하고, 뇌격에 비해 완만하고 지속시간이 긴 개폐서지 등의 이상전압을 대응하는 옥내용 피뢰기로 사용된다.

용어 정의

- 개폐서지(Switching Surge) : 전력계통에서 차단기의 개폐조작으로 발생하는 이상전압
- 정격전압(Rated Voltage) : 속류를 차단할 수 있는 교류 최고 전압
- 제한전압(Discharge Voltage) : 피뢰기 방전 중 단자에 남게 되는 충격전압(단자전압의 파고값)
- 충격방전 개시전압(충격파이 최댓값, Impulse Spark Over Voltage) : 이상전압을 방전하기 시작하는 전압
- 사용주파 방전개시전압(Frequency Meter Firing Voltage) : 정격전압의 1.5배 이상에서 방전되는 전압

Module 023 이상전압 방지 대책

핵심이론

- 피뢰기 : 이상전압에 대한 기계 및 기구 보호
- 가공지선 : 직격뢰 차폐, 통신선에 대한 전자유도장해 경감

- 매설지선 : 역섬락 방지, 철탑 접지저항의 저감
- 서지흡수기 : 변압기, 발전기 등을 서지로부터 보호
- 개폐저항기 : 개폐서지 이상전압의 억제

Module 024

변압기

핵심이론

[Y-Y결선]

- $V_l = \sqrt{3}\, V_p \angle 30°$, $I_l = I_p$
- 상전압(V_p)이 $\frac{1}{\sqrt{3}}$배이므로 절연이 유리하다.
- 제3고조파로 인한 유도장해 발생, 통신장해 발생
- 중성점접지가 가능(이상전압으로부터 보호, 1선 지락 시 지락전류 최대, 계전기 동작이 확실)

[△ - △ 결선]

- $V_l = V_p$, $I_l = \sqrt{3}\, I_p \angle -30°$
- 변압기 1대 고장 시 V결선으로 3상을 계속 운용할 수 있다.
- 이상전압의 위험이 존재, 제3고조파가 발생되지 않아 유도장해가 발생하지 않음

[V-V결선]

- 3상 출력 : $P_{\triangle} = \sqrt{3}\, V_p I_p$
- △ 결선에 대한 V결선의 출력비

  $P_{\triangle} = \sqrt{3}\, VI\cos\theta$

  $P_v = \sqrt{3} \cdot V \cdot \frac{1}{\sqrt{3}} I_{선\triangle} \cdot \cos\theta = VI\cos\theta \left(\because I_{선v} = \frac{1}{\sqrt{3}} I_{선\triangle} \right)$

  $\therefore$ 출력비$= \frac{P_v}{P_{\triangle}} = \frac{VI\cos\theta}{\sqrt{3}\, VI\cos\theta} = \frac{1}{\sqrt{3}} \fallingdotseq 0.577 \rightarrow 57.7[\%]$
- △ 결선에 대한 V결선의 이용률

  $P_{\triangle} = \frac{\sqrt{3}\, VI\cos\theta}{3}$(3상으로 이루어진 전력에서 1상이 부담하는 전력)

  $P_v = \frac{VI\cos\theta}{2}$(2상으로 이루어진 전력에서 1상이 부담하는 전력)

$$\therefore \text{ 이용률} = \frac{P_v}{P_\triangle} = \frac{\frac{VI\cos\theta}{2}}{\frac{\sqrt{3}\,VI\cos\theta}{3}} = \frac{3}{2\sqrt{3}} \fallingdotseq 0.866 \rightarrow 86.6[\%]$$

[단권변압기]

- 단권변압기의 특징
  - 누설자속이 없어 전압변동률이 작다.
  - 고압/저압의 비가 10 이하에 유리하다.
  - 분로권선이 얇아도 되므로 재료 절감에 유리하다.
  - 1차와 2차 권선의 절연이 어려우므로 단락 시 대전류가 흐르는 위험이 있다.
- $\frac{\text{자기용량}}{\text{부하용량}} = \frac{(V_2 - V_1)I_2}{V_2 I_2} = \frac{E_2 I_2}{V_2 I_2}$

$$\therefore \text{ 단권변압기 용량(자기용량)} = \text{부하용량} \times \frac{V_h - V_l}{V_h}$$

$$= \text{부하용량} \times \frac{\text{고압}-\text{저압}}{\text{고압}}$$

[계기용 변압기(PT ; Potential Transformer), 계기용 변류기(CT ; Current Transformer)]

- PT : 2차 정격(110[V]), 점검 시 2차측 개방(과전류 방지)
- CT : 2차 정격(5[A]), 점검 시 2차측 단락(과전압 방지)

[3권선 변압기(Y-Y-△)]

- Y-Y 결선에 △을 추가할 경우 장점
  - 발전소 내에 전력 공급
  - 제3고조파를 억제

용어 정의

개폐기(Switch)

전기회로의 개폐 혹은 접속의 전환을 하는 장치

Module 025

보호계전기

핵심이론

[구비조건]
- 후비 보호능력이 있을 것
- 소비전력이 적고, 경제적일 것
- 고장개소를 정확하게 선택할 것
- 동작이 예민하고, 오동작이 없을 것
- 고장의 정도 및 위치를 정확하게 파악할 것

[동작시간]
- 순한시 계전기 : 고장 즉시 동작(0.3초 이내)
- 정한시 계전기 : 고장 후 일정 시간이 경과한 후 동작
- 반한시 계전기 : 고장전류의 크기에 반비례하여 동작
- 반한시 정한시 계전기 : 전류가 작은 구간은 반한시, 전류가 일정범위 이상이면 정한시 특성으로 동작

[기능(용도)]

목 적	명 칭	비 고
단락보호용	과전류계전기	OCR, 51
	부족전류계전기	UCR, 37
	과전압계전기	OVR, 59
	부족전압계전기	UVR, 27
발전기, 변압기 보호 (전기적 이상)	차동계전기	소용량
	비율 차동계전기	대용량
	반한시 과전류계전기	외 부
지락보호용	지락계전기	GR, 6.6[kV]
	방향 지락계전기	DGR, 67, 154[kV]
	선택 지락계전기	SGR, 22.9[kV]
발전기, 변압기 보호 (기계적 이상)	부흐홀츠계전기	변압기 보호
	온도계전기	
	압력계전기	

Module 026

개폐 장치

핵심이론

사고 발생 시 사고 구간을 신속하게 구분, 제거

[종 류]

구 분	무부하전류	부하전류	고장전류
단로기(DS)	○	×	×
유입개폐기(OS)	○	○	×
차단기(CB)	○	○	○

[조작 순서(차단기 개방 상태에서만 DS 조작 가능, DS는 소호 물질 없음)]

- 정전(개방 시) : CB → DS
- 급전(투입 시) : DS → CB

Module 027

차단기

핵심이론

[차단기의 종류]

- OCB(Oil Circuit Breaker) : 소호실에서 아크에 의한 절연유 분해가스의 흡부력을 이용해서 차단
- ABB(Air Blast Circuit Breaker) : 압축된 공기를 아크에 불어 넣어서 차단
- ACB(Air Circuit Breaker) : 대기 중에서 아크를 길게 하여 소호실에서 냉각 차단
- GCB(Gas Circuit Breaker) : 고성능 절연 특성을 가진 특수가스(SF_6)를 흡수해서 차단
- VCB(Vacuum Circuit Breaker) : 고진공 중에서 고속도 확산에 의해 차단
- MBB(Magnetic Blow Out Circuit Breaker) : 대기 중에서 전자력을 이용하여 아크를 소호실 내로 유도, 냉각 차단

[정격차단용량]

$$P_s = \sqrt{3}\,V \cdot I_s[\mathrm{VA}] = \sqrt{3}\,V \cdot I_s \times 10^{-6}[\mathrm{MVA}]$$

여기서, V : 정격전압, I_s : 정격차단전류

[정격차단시간]

- 3~5[Hz]
- 개극시간 + 아크소호시간

[표준 동작책무(Standard Duty Cycle)]

차단기의 역할은 전력의 송·수전, 절체 및 정지 등을 계획적으로 하는 것 외에 전력계통에 어떤 고장이 발생하였을 때 신속히 자동차단하는 책무를 가지는 중요한 보호장치로서 차단기의 동작기능의 보정이 필요하다. 차단기의 동작책무란 1~2회 이상의 투입, 차단 또는 투입차단을 일정한 시간 간격으로 행해지는 일련의 동작을 말하고 이것을 기준으로 하여 그 차단기의 차단성능, 투입성능 등을 정한 표준동작책무이라 한다.

- 표준동작책무(일반용)

종류 \ 특징	기 호	차단기 동작책무
일반형	A	O → 1분 → CO → 3분 → CO
	B	CO → 15초 → CO
고속도 재투입형	R	O → θ → CO → 1분 → CO

※ O(Open) : 차단동작
CO(Close Open) : 투입동작에 이어 즉시 차단동작
θ : 재투입시간(120[kV]급 이상에서 0.35초 표준)

- 표준동작책무(ESB 150, 국제표준규격(IEC)에 따른 한전의 표준규격 2종)

종류 \ 특징	차단기 동작책무	비 고
일반형	CO → 15초 → CO	7.2[kV]
고속도 재투입형	O → 0.3초 → CO → 3분 → CO	25.8[kV]

※ 전력퓨즈(PF) : 단락전류 차단, 소형 고속도 차단, 재투입 불가능

Module 028

배전 방식의 특징(1)

핵심이론

<table>
<tr><th>구 분</th><th colspan="2">특 징</th></tr>
<tr><td rowspan="4">가지 방식
(수지상식)</td><td colspan="2">• 고장 범위가 넓음
• 전압강하, 전력손실이 큼
• 시설이 간단, 부하 증설이 쉽고 경제적
• 농어촌 지역과 대용량 화학공장 등에 적합
• 전압변동률이 크다 → 플리커 현상이 발생</td></tr>
<tr><th colspan="2">플리커 방지책</th></tr>
<tr><th>전력 공급측</th><th>수용가측</th></tr>
<tr><td>• 공급 전압 승압
• 전용 변압기로 공급
• 단독 공급 계통을 구성
• 단락용량이 큰 계통에서 공급</td><td>• 전압강하를 보상
• 전원계통에 리액터분을 보상
• 부하의 무효전력 변동분을 흡수</td></tr>
<tr><td>환상 방식
(Loop 방식)</td><td colspan="2">• 중소 도시에 적합
• 공급 신뢰도가 향상
• 전압강하 및 전력손실 적음(가지 방식에 비해)
• 전류 통로에 대한 융통성이 증대
• 설비의 복잡화에 따른 부하 증설이 어려움</td></tr>
<tr><td rowspan="3">뱅킹 방식</td><td colspan="2">• 플리커 현상이 감소
• 공급 신뢰도가 향상
• 전압강하 및 전력손실 감소
• 부하 밀집지역에 적합
• 캐스케이딩 현상 발생 → 정전 범위가 확대될 수 있음</td></tr>
<tr><th>캐스케이딩 현상</th><th>대 책</th></tr>
<tr><td>저압선의 고장으로 변압기의 일부 또는 전체가 차단되어 고장이 확대되는 현상</td><td>자동고장구분개폐기 설치</td></tr>
<tr><td rowspan="3">네트워크
방식
(망상식)</td><td colspan="2">• 무정전 전력공급 가능
• 전압강하 및 전력손실 감소
• 공급 신뢰도가 가장 좋고, 부하증설이 용이
• 대형 빌딩가와 같은 고밀도 부하 밀집지역에 적합
• 네트워크변압기나 네트워크프로텍터 설치에 따른 설비비가 고가이다.</td></tr>
<tr><th>네트워크 프로텍터</th><th>네트워크 프로텍터 3요소</th></tr>
<tr><td>변전소의 차단기 동작 시 네트워크에서 전류가 변압기 쪽으로 흘러 1차측으로 역류되는 현상을 방지</td><td>• 방향성 전류계전기
• 저압 차단기
• 저압 퓨즈(캐치홀더)</td></tr>
</table>

용어 정의

- 플리커(Flicker) 현상 : 전류의 시간적 변화에 의해 맥동 현상이 나타나는 것이며, 빛, 소리, 열 등의 깜박임 현상
- 캐스케이딩(Cascading) 현상 : 저압선의 고장으로 변압기의 일부 또는 전체가 차단되어 고장이 확대되는 현상

Module 029

배전 방식의 특징(2)

핵심이론

방 식	전 력	1선당 공급전력	1ϕ2W 기준 전력	전력 손실	전력 손실비 전선 중량비
1ϕ2W	$P_1 = VI\cos\theta$	$\frac{1}{2} \cdot P_1(0.5P_1)$	100[%]	$2I^2R$	1(기준)
1ϕ3W	$P = 2VI\cos\theta = 2P_1$	$\frac{1}{3} \cdot 2P_1(0.67P_1)$	133[%]		$\frac{3}{8}$
3ϕ3W	$P = \sqrt{3}\,VI\cos\theta = \sqrt{3}\,P_1$	$\frac{1}{3} \cdot \sqrt{3}\,P_1(0.58P_1)$	115[%]	$3I^2R$	$\frac{3}{4}$
3ϕ4W	$P = 3VI\cos\theta = 3P_1$	$\frac{1}{4} \cdot 3P_1(0.75P_1)$	150[%]		$\frac{1}{3}$

※ 우리나라의 배전방식 : $3\phi4W$, 우리나라의 송전방식 : $3\phi3W$

Module 030

배전선로의 기기

핵심이론

[보호 협조]

변전소 차단기 - 리클러저(R) - 섹셔너라이저(S) - 라인퓨즈

[과전류 보호]

- 배전변압기 1차측 : 고압 퓨즈(COS ; Cut Out Switch)
- 배전변압기 2차측 : 저압 퓨즈(캐치홀더)

[고장 구간 자동개폐기(ASS ; Auto Section Switch)]

수용가의 구내 고장이 배선선로에 파급되는 것을 방지

[자동 부하 전환개폐기(ALTS ; Automatic Load Transfer Switch)]

가공배전선로에서 주선로의 정전 시 예비선로로 자동 전환

[리클러저(R 또는 R/C ; Recloser, 차단 능력 ○)]

- 배전선로 고장이 발생하였을 때 사고구간을 신속하게 차단하여 사고점의 아크를 제거한 후 재투입하는 기기
- CO – 15초 – CO을 2~3회 반복하여 투입이 안 될 시 영구 차단

[섹셔널라이저(S ; Sectionalizer, 차단 능력 ×)]

- 배전선로에서 사용되는 차단능력이 없는 유입개폐기
- 리클로저의 부하 쪽에 설치
- 리클로저의 개방 동작 횟수보다 1~2회 적은 횟수로 리클러저의 개방 중에 자동적으로 개방 동작

Module 031

3상 4선식 다중접지방식 (22.9[kV-Y], 우리나라 배전 방식)의 특징

핵심이론

장 점	• 피뢰기 동작책무경감 및 효과 증대 • 1선 지락사고 시 보호계전기 동작 확실 • 1선 지락 시 건전상의 대지전위가 거의 상승하지 않음 • 변압기 단절연이 가능하고 변압기 부속설비의 중량 및 가격 절감
단 점	• 지락사고 시 병행 통신선에 유도장애 발생 • 지락전류는 저역률 대전류이므로 과도안정도가 나빠짐 • 지락전류가 매우 크므로 기기에 대한 기계적 충격이 가해짐 • 계통사고의 대부분이 1선 지락사고이므로 차단기의 대전류 차단 기회가 많아짐 → 수명 단축

Module 032

송전전압 승압(n배) 시 특징

핵심이론

송전전력 (P)	전압강하 (e)	단면적 (A)	총중량 (W)	전력손실 (P_l)	전압강하율 (ε)
$P \propto V^2$	$e \propto \dfrac{1}{V}$	$A,\ W,\ P_l,\ \varepsilon \propto \dfrac{1}{V^2}$			

Module 033

수요와 부하

핵심이론

[수용률(Demand Factor)]

$$\text{수용률} = \frac{\text{최대수용전력}}{\text{총부하설비용량}} \times 100[\%]$$

[부하율(Diversity Factor)]

• $\text{부하율} = \dfrac{\text{평균수용전력}}{\text{합성최대수용전력}} \times 100 = \dfrac{\text{부등률} \times \text{평균전력}}{\text{수용률} \times \text{설비용량}} \times 100[\%]$

• $\text{평균수용전력} = \dfrac{\text{전력량[kWh]}}{\text{기준시간[h]}}$

• 부하율↑ → 공급설비에 대한 설비의 이용률↑ → 전력 변동↓

[부등률(Load Factor)]

- 다수의 수용가에서의 변압기용량(합성최대수용전력)을 결정한다.
- $\text{부등률} = \dfrac{\text{각 수용가의 최대수용전력의 합}}{\text{합성최대수용전력}} \geq 1$
- $\text{변압기 용량[kVA]} = \dfrac{\text{각 수용가의 최대수용전력의 합}}{\text{부등률} \times \text{역률} \times \text{효율}}$

$$= \dfrac{\text{설비용량} \times \text{수용률}}{\text{부등률} \times \text{역률} \times \text{효율}}$$

- 부등률 $\downarrow$ $\rightarrow$ 변압기 용량 $\downarrow$ $\rightarrow$ 설비계통의 이용률 $\downarrow$

용어 정의

- **수용률** : 수용장소에 설비된 모든 부하설비용량의 합에 대한 실제 사용되고 있는 최대수용전력의 비(배전변압기용량 계산 활용).
- **부하율** : 임의의 수용가에서 공급설비용량이 어느 정도 유효하게 사용되고 있는가를 나타내는 지표
- **부등률** : 다수의 수용가에서 어떤 임의의 시점에서 동시에 사용되고 있는 합성최대수용전력에 대한 각 수용가에서의 최대수용력과의 비

Module 034 수력발전

핵심이론

[베르누이 정리(Bernoulli's Theorem)]

$$\underbrace{h}_{\substack{\text{위치 수두}\\[\text{m}]}} + \underbrace{\frac{P}{\omega}}_{\substack{\text{압력 수두}\\[\text{m}]}} + \underbrace{\frac{v^2}{2g}}_{\substack{\text{속도 수두}\\[\text{m}]}} = \underbrace{\text{일정}}_{\substack{\text{에너지 보존}\\[\text{m}]}}$$

※ 위치, 압력, 속도 수두의 각각의 에너지는 계속적으로 변화하지만 그 합은 항상 일정하다(단위 [m]로 동일).

[수력발전 출력식]

- 발전소의 이론적 출력 : $P = 9.8QH\,[\text{kW}]$ (실제 출력 : $P = 9.8QH\eta\,[\text{kW}]$)
- 양수발전기의 출력 : $P = \dfrac{9.8QH}{\eta_p \eta_m}[\text{kW}]$

[수력설비]

- 댐의 부속설비(취수구, 제수문, 스크린, 침사지)
- 조압수조(수압철관 보호, 수격 작용 방지, 유량 조절 등)
- 수압철관
  - 공동 현상(캐비테이션) : 수압관 속에 물이 채워지지 않아 저압력 부분이 생기는 현상
  - 대책 : 흡출 수두를 적당히 선정, 적당한 회전수 선정, 부식에 강한 스테인리스강 이용
- 조속기(예민한 경우 난조 발생 → 발전기 관성모멘트를 크게, 제동권선 사용)
  - 동작 순서(평속기 – 배압밸브 – 서보모터 – 복원기구)
  - 평속 시(수차 회전속도의 편차 검출), 배압밸브(스피더의 동작에 의한 유압의 분배), 서보모터(니들밸브나 안내날개의 개폐), 복원기구(니들밸브나 안내날개의 진동 방지)

[수차(Turbine)]

종 류	수차 명칭	특 징	낙차[m]	비 고
충동 수차	펠 턴	물이 버킷을 때려서 기계에너지로 변환	고낙차 300~4,000[m]	–
반동 수차	프랜시스	• 물의 흐름이 수차를 통과하며, 물의 흐름에 의한 기계적 에너지 변환 • 우리나라는 거의 반동 수차를 이용	중낙차 30~400[m]	양수용
	프로펠러		저낙차 40[m] 이하	고정 날개
	카플란		저낙차 30~70[m]	가동 날개
	사류(= 혼류)		저낙차 50~150[m]	변부하 변낙차

용어 정의

- 베르누이 정리(Bernoulli's Theorem) : 유체가 흐르는 속도와 압력, 높이의 관계를 수량적으로 나타낸 법칙
- 관성모멘트(Moment of Inertia) : 한 물체에 대해 각속도, 즉 그것이 회전하는 정도를 변화시키는 데 드는 돌림힘의 양
- 서보모터(Servo-Motor) : 서보기구를 돌리는 모터

Module 035

화력발전

핵심이론

[열역학]

- 엘탈피 : 물 또는 증기가 보유하고 있는 전열량
- 엔트로피 : 열량을 절대온도로 나눈 값

[열사이클]

- 랭킨사이클 : (작업)유체가 액체(물)에서 기상(증기)으로 순환 반복하면서 작동

전기설비	과정명	특징(의미)
보일러	정압 가열	압력을 유지시킨 상태에서 가열한다(물 → 증기).
터 빈	단열 팽창	단열시킨 상태에서 과열 증기가 터빈을 운전
복수기	정압 방열	압력을 유지시킨 상태에서 식혀 주다(증기 → 물).
급수 펌프	단열 압축	단열시킨 상태에서 보일러로 물을 압축(이동)시킨다.

- 재생사이클 : 급수가열기 이용, 증기 일부분을 추출 후 급수 가열
- 재열사이클 : 재열기 이용, 증기 전부 추출 후 증기 가열
- 재생재열사이클 : 대용량 기력발전소

[화력설비]

• 수랭벽 : 열흡수율이 50[%]로 가장 높음
• 보일러 : 수관보일러, 드럼보일러(자연순환식, 강제순환식), 관류보일러(고압, 대용량에 사용)
• 복수기 : 표면 복수기 사용, 열손실 50[%] 가장 큼
• 과열기 : 건조 포화 증기를 과열 증기로 변환하여 터빈에 공급
• 재열기 : 터빈 내에서의 증기를 뽑아 내어 다시 가열하는 장치
• 절탄기 : 굴뚝에서 배출되는 배기가스의 여열을 이용하여 보일러 급수 예열
• 공기예열기 : 절탄기를 통과한 여열 공기를 예열함(연도(굴뚝) 맨 끝에 위치)
• 탈기기 : 산소 분리
• 미분기 : 석탄 연료를 잘게 분쇄(효율적인 연소를 위함)

[발전소 열효율]

$$\eta = \frac{860W}{m \cdot H} \times 100[\%]$$

여기서, η : 발전소의 열효율, H : 연료의 발열량[kcal/kg], m : 연료소비량[kg], W : 발생한 총 전력량[kWh]

Module 036

원자력발전

핵심이론

[원자로 구성]

• 제어봉 : 핵분열 반응의 횟수를 조절하여 중성자수를 조절(Cd(카드뮴), Hf(하프늄), B(붕소), Ag(은))
• 감속재 : 중성자가 U-235와 핵분열을 잘 할 수 있도록 중성자의 속도를 조절(H_2O(경수), D_2O(중수), C(흑연), Be(산화베릴륨))
• 냉각재 : 핵분열 시 발산되는 열에너지를 노 외부로 인출하여 열교환기로 운반(H_2O(경수), D_2O(중수), He(헬륨), CO_2(탄소가스))
• 차폐재 : 방사능(중성자, γ선)이 노 외부로 인출되는 것을 방호하는 역할, 인체 유해 방지, 방열 효과

[원자로의 종류]

구분 \ 원자로	경수로		중수로 (PHWR)	고속증식로 (FBR)
	가압수로(PWR)	비등수로(BWR)		
연 료	저농축 우라늄	저농축 우라늄	천연 우라늄	농축 우라늄, 플루토늄
감속재	경 수	경 수	중 수	미사용
냉각재	경 수	경 수	중 수	액체나트륨
기 타	열교환기 필요	기수분리기 필요		증식비 1

[방호설비]

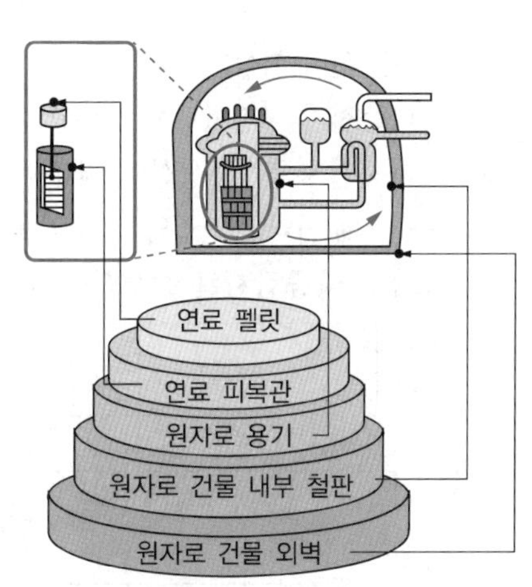

방 호	설비명	특 징
제1방벽	연료 펠렛	해분열에 의해 발생된 방사성 물질의 대부분은 펠렛에 그대로 갇힘
제2방벽	연료 피복관	펠렛을 빠져나온 미소량의 가스 성분이 지르코늄 합금의 금속관인 피복관 안에 밀폐
제3방벽	원자로 용기	피복관에 결함이 생겨 방사성 물질이 새어 나오는 것을 막기 위해 두꺼운 강철로 된 원자로 용기가 외부 유출을 막음
제4방벽	원자로 건물 내부 철판	6[mm] 두께의 강철판으로 이루어진 원자로 건물 내벽으로 방사성 물질을 원자로 건물 내에 밀폐
제5방벽	원자로 건물 외벽	120[cm] 두께의 철근 콘크리트 원자로 건물 외벽으로 외부의 충격이나 자연재해를 대비

용어 정의

- 경수(Light Water) : 우리가 사용하는 보통의 물을 말하며, 중수와 구별하기 위해 사용하는 용어이다. H_2O의 화학식을 가지며, H(수소)원자는 양성자 1개로 이루어진 원자핵을 가지고 있다.
- 중수(Heavy Water) : 화학식은 H_2O로 경수와 같지만 중수를 이루는 H(수소)원자는 양성자와 중성자를 원자핵으로 갖는 이중수소이다.

Module 037

22.9[kV-Y] 다중접지 배전선로의 중성선의 역할

핵심이론

[접지저항 감소]

- 일반적으로 접지저항은 작을수록, 절연저항은 클수록 좋다.
- 다중접지 배전선로는 중성점뿐만 아니라 각종 기기의 철 외함, 가공지선 등을 다중으로 접지하므로 각 접지 개소가 병렬회로처럼 해석된다. 따라서 접지저항을 많이 낮출 수 있다.

[기준 전위 형성]

- 다중접지 배전선로에서 특고압 및 변성된 (상)전압을 사용하는데, 이는 다중접지 된 중성선이 기준 전위가 된다.
- 필요에 따라 선간접압, 상전압을 사용할 수 있지만, 일반적으로 상전압의 경우 다중접지된 중성선이 0[V]의 값을 가진다.

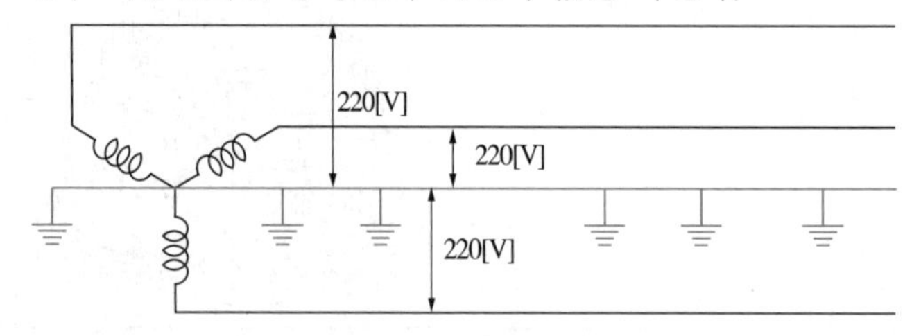

[영상전류의 통로]

- 지락이 발생하여 부하 불평형이 되면 중성전에 영상전류가 흐르게 된다(귀로).
- 지락이 발생되면 중성선의 흐르는 전류를 검출하여 지락계전기를 보다 확실하게 동작시킬 수 있다.

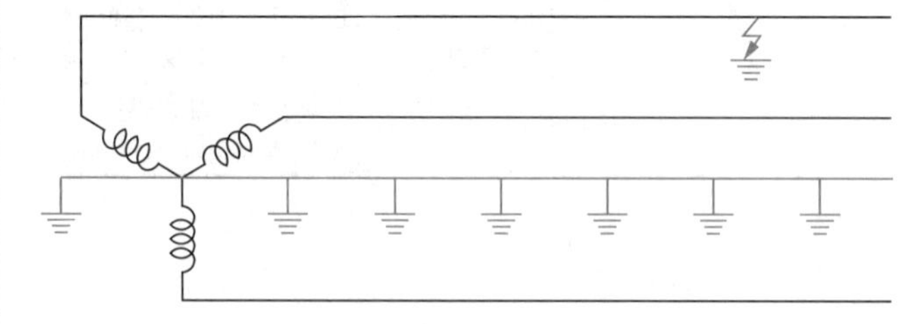

용어 정의

중성선(Neutral Conductor)
다상교류의 전원 중성점에서 꺼낸 전선

Module 038

피뢰기의 충격전압비와 제한전압

핵심이론

[충격전압]

- 충격방전 개시전압 : 충격파전압이 피뢰기 단자 간에 발생되었을 때 피뢰기가 방전을 개시(시작)하는 전압
- 상용주파방전 개시전압 : 상용주파수방전 개시전압의 실효치(일반적으로 피뢰기 정격전압의 1.5배)
- 충격(전압)비 = $\dfrac{\text{충격방전 개시전압}}{\text{상용주파방전 개시전압의 실효치}}$

[제한전압]

- 제한전압 : 피뢰기에 충격파전압이 발생(내습)하여 방전을 시작할 때 피뢰기 단자 간에 나타나는 전압
- 제한전압비 = $\dfrac{\text{제한전압(파고치)}}{\text{정격전압(실효치)}}$

Module 039

가공송전로 공칭전압별 일련 현수애자 개수 (설치장소에 따라 차이가 있을 수 있음)

핵심이론

전압[kV]	22.9	66	154	345	765
현수애자수	2 ~ 3	4 ~ 6	9 ~ 11	19 ~ 23	39 ~ 43
암기법	약 3개	약 5개	약 10개	약 20개	약 40개

Module 040 조명 명칭과 단위

핵심이론

명 칭	조도(E)	광도(I)	휘도(L)	광속(F)	광속발산도(M)
기호(단위)	[lx]	[cd], [candela]	[nt], [sb]	[lm]	[rlx]

[조도(Illumination, E)]

- 어떠한 공간, 장소에 대한 밝기이며, 단위면적당 입사광속의 수로 나타낼 수 있다.
- $E = \dfrac{dF}{dA} \Rightarrow E = \dfrac{F}{A}[\text{lx}]$

[광도(Luminous Intensity, I)]

- 광원에서 어느 방향에 대한 밝기이며, 단위시간당 특정지역을 통과하는 광속의 수로 나타낼 수 있다.
- $I = \dfrac{dF}{d\omega}[\text{cd}]$ 또는 $[\text{candela}]$

여기서, $d\omega$: 미소입체각, dF : $d\omega$ 내 광속)

[휘도(Brightness, L)]

- 특정 표면의 밝기이며, 광원의 빛나는 정도를 나타낸다. 발광면의 어떤 방향에서 본 단위 투영면적당 그 방향의 광도로 나타낼 수 있다.
- $L_\theta = \dfrac{I_\theta}{A_\theta}[\text{cd/m}^2] = [\text{nt}]$ 또는 $[\text{cd/cm}^2] = [\text{sb}]$

여기서, I_θ : 어느 방향의 광도, A_θ : 어느 방향에서 본 표면적

[광속(Luminous Flux, F)]

- 단위시간에 통과하는 광량 즉, 빛의 양이며, 가시 범위 내에서 방사속을 눈의 감도 기준으로 측정한 것이다.
- 광원구($F = 4\pi I[\text{lm}]$), 평면판광원($F = \pi I_0[\text{lm}]$), 원통광원($F = \pi^2 I_0[\text{lm}]$)

[광속발산도(Luminous Emittance, M)]

- 광원에서 발광면의 단위면적당 발산광속이며, 대상물의 실제 밝기로 표현할 수 있다(한 면의 단위면적으로부터 발산하는 광속, 즉 발산광속의 밀도).
- $M = \dfrac{dF}{dA}[\mathrm{rlx}]$

여기서, dF : 단위면적당 발산광속, dA : 단위면적

MEMO

제 6 과목

전기설비기술기준 및 판단기준

Module 50제

※ 2021년 1월 1일부터 적용되는 KEC(한국전기설비규정)에 따라 해당 내용의 수정이 필요하지만 현장에서 기존 시설물의 관리에 판단기준의 내용이 필요하다고 판단되어 KEC(한국전기설비규정)의 내용을 추가 수록하였음을 알려드립니다.

※ 도서의 내용 중, KEC(한국전기설비규정)의 적용으로 인한 주요 변동사항

- 종별 접지공사 폐지
- 사용전압 기준 : 400[V] 이상/미만에서 초과/이하로 변경
- P. 211 Module 013 과전류차단기의 시설

▌퓨즈(gG)의 용단특성

정격전류의 구분	시 간	정격전류의 배수	
		불용단 전류	용단전류
4[A] 이하	60분	1.5배	2.1배
4[A] 초과	60분	1.5배	1.9배
16[A] 미만 16[A] 이상	60분	1.25배	1.6배
63[A] 이하 63[A] 초과	120분	1.25배	1.6배
160[A] 이하 160[A] 초과	180분	1.25배	1.6배
400[A] 이하 400[A] 초과	240분	1.25배	1.6배

▌과전류트립 동작시간 및 특성(산업용 배선차단기)

정격전류의 구분	시 간	정격전류의 배수(모든 극에 통전)	
		부동작전류	동작전류
63[A] 이하	60분	1.05배	1.3배
63[A] 초과	120분	1.05배	1.3배

▌순시트립에 따른 구분(주택용 배선차단기)

형	순시트립범위
B	$3I_n$ 초과 ~ $5I_n$ 이하
C	$5I_n$ 초과 ~ $10I_n$ 이하
D	$10I_n$ 초과 ~ $20I_n$ 이하

비고 1. B, C, D : 순시트립전류에 따른 차단기 분류
2. $I_n I_n$: 차단기 정격전류

▌과전류트립 동작시간 및 특성(주택용 배선차단기)

정격전류의 구분	시 간	정격전류의 배수(모든 극에 통전)	
		부동작전류	동작전류
63[A] 이하	60분	1.13배	1.45배
63[A] 초과	120분	1.13배	1.45배

- P. 231 Module 031 – 사용전선 : 다심형 전선(삭제)
- P. 234 Module 036 – 직접매설식의 특징(차량, 기타 중량물의 압력 장소의 깊이) : 1.2[m]에서 1.0[m]로 변경
- P. 237 Module 040

[전동기의 과부하 보호장치의 시설(예외사항)]

단상전동기로써 그 전원측 전로에 시설하는 과전류차단기의 정격전류 : 15[A]에서 16[A]로 변경

- P. 240 Module 044 – 금속덕트공사의 폭 : 5[cm]에서 4[cm]로 변경
- P. 243 Module 047 – 출퇴근표시등 회로의 시설의 규정 삭제
- P. 244 Module 048, 049 – 관련 규정 삭제
- P. 245 Module 050

▌전차선과 건조물 간의 최소 절연이격거리

시스템 종류	공칭전압 [V]	동적[mm]		정적[mm]	
		비오염	오 염	비오염	오 염
직 류	750	25	25	25	25
	1,500	100	110	150	160
단상교류	25,000	170	220	270	320

▌전기철도차량별 최대임피던스

차량 종류	최대 임피던스[Ω]
기관차	0.05
객 차	0.15

▌전차선과 차량 간의 최소 절연이격거리

시스템 종류	공칭전압[V]	동적[mm]	정적[mm]
직 류	750	25	25
	1,500	100	150
단상교류	25,000	170	270

▌전차선 및 급전선의 최소 높이

시스템 종류	공칭전압[V]	동적[mm]	정적[mm]
직 류	750	4,800	4,400
	1,500	4,800	4,400
단상교류	25,000	4,800	4,570

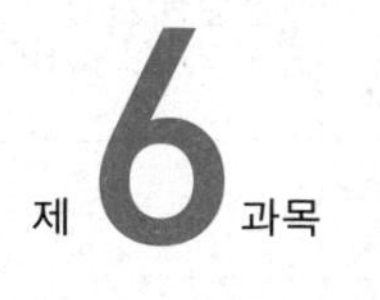

전기설비기술기준 및 판단기준

Module 001

용어 정리 (판단기준 제2조)

핵심이론

- 가공인입선 : 가공전선로의 지지물로부터 다른 지지물을 거치지 아니하고 수용장소의 붙임점에 이르는 가공전선
- 관등회로 : 방전등용 안정기(변압기 포함)에서 방전관까지의 전로
- 전기철도용 급전선 : 전기철도용 변전소로부터 다른 전기철도용 변전소 또는 전차선에 이르는 전선
- 제1차 접근 상태 : 반경 내에 가공전선이 절단 및 지지물의 도괴 등의 경우에 다른 공작물에 접촉할 우려가 있는 상태
- 제2차 접근 상태 : 가공전선이 다른 공작물의 상방 또는 측방에서 수평이격 3[m] 미만인 곳에 시설되는 상태

Module 002

전압의 종별 (한국전기설비규정, 110 일반사항)

핵심이론

크 기 \ 종 류		현행(~ 2020.12.31)	개정(2021.01.01 ~)
저 압	DC	~ 750[V] 이하	~ 1,500[V] 이하
	AC	~ 600[V] 이하	~ 1,000[V] 이하
고 압	DC	750[V] 초과 ~ 7,000[V] 이하	1,500[V] 초과 ~ 7,000[V] 이하
	AC	600[V] 초과 ~ 7,000[V] 이하	1,000[V] 초과 ~ 7,000[V] 이하
특고압	DC, AC	7,000[V] 초과 ~	7,000[V] 초과 ~

Module 003

전 선

핵심이론

[케이블(판단기준 제8조, 제9조)]

- 절연과 강도를 보강한 전선

용 도	케이블 종류
저압, 고압, 특고압용	연피케이블, 알루미늄피케이블
저압, 고압용	클로로프렌외장케이블, 비닐외장케이블, 폴리에틸렌외장케이블
저압용	미네럴인슈레이션케이블(MI 케이블)
고압용	콤바인덕트케이블(CD 케이블)
특고압용	파이프형 압력케이블, 그 밖의 금속피복케이블

[전선 접속 시 주의점(판단기준 제11조)]

- 전선의 전기저항을 증가시키지 않도록 접속
- 전선의 세기(인장하중)를 20[%] 이상 감소시키지 아니할 것(80[%] 이상 유지)
- 도체에 알루미늄, 동(각각의 합금 포함)을 사용하는 전선의 접속 부분이 전기 부식이 일어나지 않도록 할 것

Module 004

저압 전로의 절연 성능 (기술기준 제52조)

〈개정 2019.03.25, 시행 2021.01.01〉

핵심이론

전로의 사용전압[V]	DC 시험전압[V]	절연저항[MΩ]
SELV 및 PELV	250	0.5
FELV, 500[V] 이하	500	1.0
500[V] 초과	1,000	1.0

- ELV(Extra Low Voltage) : 2차 전압이 AC 50[V], DC 120[V] 이하의 특별저압
- SELV(Separated Extra Low Voltage) : 1차와 2차가 절연되어 있고, 비접지 방식
- PELV(Protected Extra Low Voltage) : 1차와 2차가 절연되어 있고, 접지 방식
- FELV(Functional Extra Low Voltage) : 1차와 2차가 절연되어 있지 않은 방식(단권변압기)

즉, 일반적인 AC 50[V]를 초과하는 공칭전압 110[V], 220[V], 380[V] 등의 저압 전로는 1[MΩ]의 절연저항값을 유지해야 한다.

Module 005

전로의 누설전류 (기술기준 제27조, 판단기준 제232조)

핵심이론

- 전로 : 최대공급전류의 $\frac{1}{2,000}$ 이하
- 단상 2선식 : $\frac{1}{1,000}$ 이하
- 유희용(유원지 등) 전차 : $\frac{1}{5,000}$ 이하

Module 006

절연내력

핵심이론

[절연내력시험(판단기준 제13조)]

일정 전압을 가할 때 절연이 파괴되지 않는 한도이며, 전선로나 기기에 일정 배수의 전압을 10분 동안 가할 때 파괴되지 않는 시험

[고압, 특고압 전로(판단기준 제13조)]

접지 방식	전로의 종류	시험전압
비접지	최대사용전압 7[kV] 이하인 전로	×1.5배
	최대사용전압 7[kV] 초과 60[kV] 이하인 전로	×1.25배 (10,500[V] 미만은 10,500[V])
중성점접지	최대사용전압 7[kV] 초과 25[kV] 이하인 중성점접지식 전로(다중접지)	×0.92배
	최대사용전압 60[kV] 초과 중성점접지식 전로	×1.1배 (75[kV] 미만은 75[kV])
직접접지	최대사용전압이 60[kV] 초과 중성점 직접접지식 전로	×0.72배
	최대사용전압이 170[kV] 초과 중성점 직접접지식 전로	×0.64배

[정류기(판단기준 제14조)]

종 류	시험전압	시험방법
최대사용전압 60[kV] 이하	직류측의 최대사용전압의 1배의 교류전압 (500[V] 미만으로 되는 경우에는 500[V])	충전부분과 외함 간
최대사용전압 60[kV] 초과	• 교류측의 최대사용전압의 1.1배의 교류전압 • 직류측의 최대사용전압의 1.1배의 직류전압	교류측 및 직류 고전압측 단자와 대지 사이

[변압기(판단기준 제16조)]

접지방식	권선의 종류	시험전압
비접지	최대사용전압 7[kV] 이하인 권선	×1.5배 (500[V] 미만은 500[V])
	최대사용전압 7[kV] 초과 60[kV] 이하인 권선	×1.25배 (10,500[V] 미만은 10,500[V])
	최대사용전압이 60[kV]를 초과하는 권선	×1.25배
중성점 접지	최대사용전압 7[kV] 이하인 중성점접지식 권선(다중접지)	×0.92배 (500[V] 미만은 500[V])
	최대사용전압 7[kV] 초과 25[kV] 이하인 중성점접지식 권선(다중접지)	×0.92배
	최대사용전압 60[kV] 초과 중성점접지식 권선	×1.1배 (75[kV] 미만은 75[kV])
직접접지	최대사용전압이 60[kV] 초과 중성점 직접접지식 권선	×0.72배
	최대사용전압이 170[kV] 초과 중성점 직접접지식 권선	×0.64배

Module 007

접지공사 (판단기준 제18조, 제19조)

핵심이론

종 별	접지저항	접지선[mm^2](이상)	특 징
제1종 접지 (기기)	10[Ω] 이하	• 연동선 : 6 • 케이블 : 10	• 특고압 계기용 변성기의 2차측 전로 • 고압, 특고압 기계기구의 철대 및 외함 • 특고압 권선과 고압 권선 간에 혼촉방지판을 시설 • 피뢰기(침), 항공장해등, 보호망 및 보호선, 전기집진장치
제2종 접지 (계통)	$\frac{100 \text{ or } 300 \text{ or } 600}{I_g}$[Ω] 이하 • 150 : 차단기 × • 300 : 차단기 1 ~ 2초 • 600 : 차단기 1초 이내 • I_g : 최소 2[A]	• 고압, 22.9[kV-Y] : 6 • 특고압 : 16 • 케이블 : 10	• 고압, 특고압 권선과 저압 권선 사이에 설치하는 금속제 혼촉방지판 • 고압, 특고압을 저압으로 변성하는 변압기의 저압측 중성점 또는 1단자

종 별	접지저항	접지선[mm^2](이상)	특 징
제3종 접지 (인체)	100[Ω] 이하	• 연동선 : 2.5 • 케이블(1심) : 0.75 • 기타 : 1.5	• 고압 계기용 변성기의 2차측 전로 • 400[V] 미만의 저압용 기계기구의 철대 및 금속제 외함 • 지중전선로 외함, 네온변압기 외함, 조가용선, X선 발생 장치
특별 제3종 접지	10[Ω] 이하		• 풀용 수중조명등 용기 외함 • 400[V] 이상의 저압용 기계기구의 외함 및 철대

Module 008

제1종, 제2종 접지공사(판단기준 제19조)

핵심이론

- 접지극은 지하 75[cm] 이상으로 하되 동결 깊이를 감안하여 매설할 것
- 접지선을 철주 기타의 금속체를 따라서 시설하는 경우에는 접지극을 철주의 밑면으로부터 30[cm] 이상의 깊이에 매설하는 경우 이외에는 접지극을 지중에서 그 금속체로부터 1[m] 이상 떼어 매설할 것
- 접지선의 지하 75[cm]로부터 지표상 2[m]까지의 부분은 합성수지관 또는 이와 동등 이상의 절연효력 및 감도를 가지는 몰드로 덮을 것
- 접지선을 시설한 지지물에는 피뢰침용 지선을 시설하여서는 아니 된다.

Module 009

전로의 중성점접지 (판단기준 제27조)

핵심이론

[중성점접지 목적]

전로의 보호장치의 확실한 동작의 확보, 이상전압의 억제 및 대지전압의 저하

- 이상전압 방지(직접접지)
- 전선로 기기 절연레벨 경감(직접접지)
- 보호계전기의 신속 확실 동작(직접접지)
- 소호리액터접지 계통 1선 지락아크 소멸

[시설원칙]

- 직접접지 : 154, 345[kV]
- 소호리액터접지 : 66[kV]
- 중성점 다중접지 : 22.9[kV-Y]

[접지선]

- 고압/특고압 : 공칭단면적 16[mm^2] 이상의 연동선
- 저압 : 공칭단면적 6[mm^2] 이상의 연동선

Module 010

기계기구의 시설 (판단기준 제31조, 제36조)

핵심이론

구 분		울타리의 높이와 울타리로부터 충전부분까지의 거리의 합계 또는 지표상의 높이[m]	시설 가능 경우(비고)
고 압	시가지	4.5	• 공장 등의 구내에서 기계기구의 주위에 사람이 쉽게 접촉할 우려가 없도록 적당한 울타리를 설치하는 경우 • 옥내에 설치한 기계기구를 취급자 이외의 사람이 출입할 수 없도록 설치한 곳에 시설하는 경우 • 기계기구를 콘크리트제의 함 또는 제3종 접지공사를 한 금속제 함에 넣고 또한 충전부분이 노출하지 아니하도록 시설하는 경우 • 충전부분이 노출하지 아니하는 기계기구를 사람이 쉽게 접촉할 우려가 없도록 시설하는 경우 • 충전부분이 노출하지 아니하는 기계기구를 온도상승에 의하여 또는 고장 시 그 근처의 대지와의 사이에 생기는 전위차에 의하여 사람이나 가축 또는 다른 시설물에 위험의 우려가 없도록 시설하는 경우
	시가지 외	4.0	
특고압	35[kV] 이하	5.0	• 공장 등의 구내에서 기계기구를 콘크리트제의 함 또는 제1종 접지공사를 한 금속제의 함에 넣고 또한 충전부분이 노출하지 아니하도록 시설하는 경우 • 옥내에 설치한 기계기구를 취급자 이외의 사람이 출입할 수 없도록 설치한 곳에 시설하는 경우 • 특고압용 기계기구는 노출된 충전부분에 취급자가 쉽게 접촉할 우려가 없도록 시설하여야 한다. ※ 단수$(N) = \frac{160[kV] \text{ 초과분}}{10[kV]}$ (소수점 절상)
	~160[kV] 이하	6.0	
	160[kV] 초과	$6[m] + N \times 0.12[m]$ (160[kV] 초과분에 대하여 단수(N)마다 0.12[m]를 추가)	

Module 011

아크 발생 기구의 시설 (판단기준 제35조)

핵심이론

구 분	이격거리[m]	비 고
고 압	1.0 이상	–
특고압	2.0 이상	35[kV] 이하의 특고압의 기구에서 화재 발생 우려가 없는 경우 1.0[m] 이상

Module 012

개폐기의 시설 (판단기준 제37조)

핵심이론

전로 중에 개폐기를 시설하는 경우(이 기준에서 개폐기를 시설하도록 정하는 경우에 한한다)에는 그곳의 각 극에 설치하여야 한다. 다만, 다음의 경우에는 생략 가능하다.

- 각종 중성선 또는 접지선
- 400[V] 미만의 점멸제어용 개폐기는 단극에 설치 가능
- 특고압 가공전선로로서 다중접지한 중성선
- 제어회로 등의 조작용 개폐기

Module 013

과전류차단기의 시설 (판단기준 제38조, 제39조)

핵심이론

구 분	한 계	정격전류	용단시간	
			정격전류의 1.6배	정격전류의 2배
저압 퓨즈	1.1배	30[A] 이하	60분	2분
		30[A] 초과 60[A] 이하	60분	4분
		60[A] 초과 100[A] 이하	120분	6분
		100[A] 초과 200[A] 이하	120분	8분
		200[A] 초과 400[A] 이하	180분	10분
		400[A] 초과 600[A] 이하	240분	12분
		600[A] 초과	240분	20분
배선용 차단기	1배	정격전류	용단시간	
			정격전류의 1.25배	정격전류의 2배
		30[A] 이하	60분	2분
		30[A] 초과 50[A] 이하	60분	4분
		50[A] 초과 100[A] 이하	120분	6분
		100[A] 초과 225[A] 이하	120분	8분
		225[A] 초과 400[A] 이하	120분	10분
		400[A] 초과 600[A] 이하	120분	12분
		600[A] 초과 800[A] 이하	120분	14분
		800[A] 초과 1,000[A] 이하	120분	16분
		1,000[A] 초과 1,200[A] 이하	120분	18분
		1,200[A] 초과 1,600[A] 이하	120분	20분
		1,600[A] 초과 2,000[A] 이하	120분	22분
		2,000[A] 초과	120분	24분
고압용 퓨즈	포장	정격전류의 1.3배의 전류에 견디고 2배의 전류로 120분 내에 용단		
	비포장	정격전류의 1.25배의 전류에 견디고 2배의 전류로 2분 내에 용단		

Module 014

지락차단기의 시설(판단기준 제41조) 〈개정 2019.03.25〉

핵심이론

- 금속제 외함을 가지는 사용전압이 50[V]를 초과하는 저압의 기계기구
- 특고압 전로, 고압 전로 또는 저압 전로에 변압기에 의하여 결합되는 사용전압 400[V] 이상의 저압 전로 또는 발전기에서 공급하는 사용전압 400[V] 이상의 저압 전로
- 지락차단장치 등의 시설
  - 발전소, 변전소 또는 이에 준하는 곳의 인출구
  - 다른 전기사업자로부터 공급받는 수전점
  - 배전용 변압기(단권변압기를 제외한다)의 시설 장소

Module 015

피뢰기의 시설 및 접지저항 (판단기준 제42조, 제43조)

핵심이론

[피뢰기의 시설]

- 발전소 · 변전소 또는 이에 준하는 장소의 가공전선 인입구 및 인출구
- 가공전선로에 접속하는 제29조(특고압 배전용 변압기의 시설)의 배전용 변압기의 고압측 및 특고압측
- 고압 및 특고압 가공전선로로부터 공급을 받는 수용장소의 인입구
- 가공전선로와 지중전선로가 접속되는 곳

[피뢰기의 접지저항]

- 고압 및 특고압의 전로에 시설하는 피뢰기 : 제1종 접지공사(10[Ω])
- 피뢰기의 제1종 접지공사의 접지선이 전용의 것인 경우에 그 제1종 접지공사의 접지저항값을 30[Ω] 이하로 가능

Module 016

발전소 등의 울타리 · 담의 시설(판단기준 제44조)

핵심이론

[시설 기준]

- 울타리 · 담 등을 시설할 것
- 출입구에는 출입금지의 표시를 할 것
- 출입구에는 자물쇠장치 기타 적당한 장치를 할 것

[울타리 · 담과 충전부분까지의 거리]

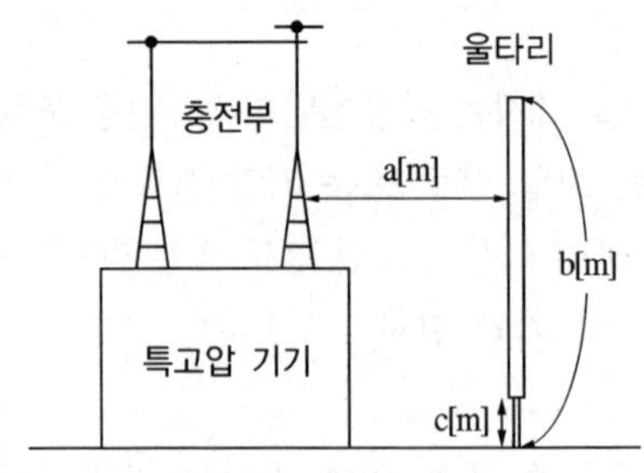

a : 울타리에서 충전부까지의 거리
b : 울타리의 높이, 2[m] 이상
c : 지면과 하부 사이의 거리, 15[cm] 이하

<table>
<tr><th colspan="2">구 분</th><th>울타리 · 담 등의 높이와 울타리 · 담 등으로부터 충전부분까지의 거리의 합계</th></tr>
<tr><td rowspan="3">고압, 특고압</td><td>35[kV] 이하</td><td>5.0[m]</td></tr>
<tr><td>~160[kV] 이하</td><td>6.0[m]</td></tr>
<tr><td>160[kV] 초과</td><td>6[m] + N × 0.12[m], 160[V] 초과분에 대하여 단수(N)마다 0.12[m]를 추가
※ 단수(N) = $\frac{160[kV]\ 초과분}{10[kV]}$ (소수점 절상)</td></tr>
</table>

Module 017

태양전지 모듈 등의 시설 (판단기준 제54조)

핵심이론

- 충전부분이 노출되지 않도록 시설
- 태양전지 모듈에 접속하는 부하측 전로에는 그 접속점에 근접하여 개폐기 기타 이와 유사한 기구를 시설
- 태양전지 모듈을 병렬로 접속하는 전로에는 그 전로에 단락이 생긴 경우에 전로를 보호하는 과전류차단기 기타의 기구를 시설
- 전선은 공칭단면적 2.5[mm^2] 이상의 연동선 사용
- 옥내, 옥측 또는 옥외에 시설할 경우에는 합성수지관공사, 금속관공사, 가요전선관공사 또는 케이블공사로 시설
- 태양전지 모듈의 프레임은 지지물과 전기적으로 완전하게 접속할 것
- 태양전지 발전설비의 직류 전로에 지락이 발생했을 때 자동적으로 전로를 차단하는 장치를 시설

Module 018

풍압하중의 종별과 적용(판단기준 제62조)

핵심이론

[갑종(고온계)]

<table>
<tr><th colspan="4">풍압을 받는 구분</th><th>구성재의 수직 투영면적 1[m^2]에 대한 풍압</th></tr>
<tr><td colspan="4">목 주</td><td>588[Pa]</td></tr>
<tr><td rowspan="10">지지물</td><td rowspan="4">철 주</td><td colspan="2">원형의 것</td><td>588[Pa]</td></tr>
<tr><td colspan="2">삼각형 또는 마름모형의 것</td><td>1,412[Pa]</td></tr>
<tr><td colspan="2">강관에 의하여 구성되는 4각형의 것</td><td>1,117[Pa]</td></tr>
<tr><td colspan="2">기타의 것</td><td>복재가 전・후면에 겹치는 경우에는 1,627[Pa], 기타의 경우에는 1,784[Pa]</td></tr>
<tr><td rowspan="2">철근 콘크리트주</td><td colspan="2">원형의 것</td><td>588[Pa]</td></tr>
<tr><td colspan="2">기타의 것</td><td>882[Pa]</td></tr>
<tr><td rowspan="4">철 탑</td><td rowspan="2">단주(완철류는 제외함)</td><td>원형의 것</td><td>588[Pa]</td></tr>
<tr><td>기타의 것</td><td>1,117[Pa]</td></tr>
<tr><td colspan="2">강관으로 구성되는 것(단주는 제외함)</td><td>1,255[Pa]</td></tr>
<tr><td colspan="2">기타의 것</td><td>2,157[Pa]</td></tr>
<tr><td rowspan="2">전선 기타 가섭선</td><td colspan="3">다도체(구성하는 전선이 2가닥마다 수평으로 배열되고 또한 그 전선 상호 간의 거리가 전선의 바깥지름의 20배 이하인 것에 한한다. 이하 같다)를 구성하는 전선</td><td>666[Pa]</td></tr>
<tr><td colspan="3">기타의 것</td><td>745[Pa]</td></tr>
<tr><td colspan="4">애자장치(특고압 전선용의 것에 한한다)</td><td>1,039[Pa]</td></tr>
<tr><td colspan="4">목주・철주(원형의 것에 한한다) 및 철근 콘크리트주의 완금류(특고압 전선로용의 것에 한한다)</td><td>단일재로서 사용하는 경우에는 1,196[Pa], 기타의 경우에는 1,627 [Pa]</td></tr>
</table>

[을종(저온계)]

전선 기타의 가섭선 주위에 두께 6[mm], 비중 0.9의 빙설이 부착된 상태에서 수직 투영면적 372[Pa](다도체를 구성하는 전선은 333[Pa]), 그 이외의 것은 갑종 풍압하중의 $\frac{1}{2}$

[병종(저온계)]

빙설이 적은 지역으로 인가 밀집한 장소이며 35[kV] 이하의 가공전선로, 갑종 풍압하중의 $\frac{1}{2}$

[풍압하중의 적용]

<table>
<tr><th colspan="2">지 역</th><th>고온 계절</th><th>저온 계절</th></tr>
<tr><td colspan="2">빙설이 많은 지방 이외의 지방</td><td>갑 종</td><td>병 종</td></tr>
<tr><td rowspan="2">빙설이 많은 지방</td><td>일반 지역</td><td>갑 종</td><td>을 종</td></tr>
<tr><td>해안지방, 기타 저온의 계절에 최대 풍압이 생기는 지역</td><td>갑 종</td><td>갑종과 을종 중 큰 값 선정</td></tr>
<tr><td colspan="2">인가가 많이 연접되어 있는 장소</td><td>병 종</td><td>병 종</td></tr>
</table>

Module 019

지지물의 승주금지 및 매설깊이

핵심이론

[가공전선로 지지물의 승탑 및 승주방지(판단기준 60조)]

가공전선로의 지지물에 취급자가 오르고 내리는 데 사용하는 발판볼트 등은 1.8[m] 이상에 설치

[가공전선로 지지물의 기초안전율(판단기준 제63조)]

<table>
<tr><th>설계하중 6.8[kN] 이하, 전장 16[m] 이하인 CP주, 목주, 철주</th><th colspan="3">철근 콘크리트주</th></tr>
<tr><td rowspan="5">① 전주 길이 15[m] 이하 : 전체 길이 $\frac{1}{6}$ 이상
② 전주 길이 15[m] 초과 : 2.5[m] 이상</td><td>• 설계 하중 6.8[kN] 이하
• 전주 길이 16[m] 초과 ~ 20[m] 이하</td><td colspan="2">2.8[m] 이상</td></tr>
<tr><td>• 설계 하중 6.8[kN] 초과 ~ 9.8[kN] 이하
• 전주 길이 14[m] 이상 ~ 20[m] 이하</td><td colspan="2">①, ② + 0.3[m]</td></tr>
<tr><td rowspan="3">• 설계 하중 9.81[kN] 초과 ~ 14.72[kN] 이하
• 전주 길이 14[m] 이상 ~ 20[m] 이하</td><td>15[m] 이하</td><td>①, ② + 0.5[m]이상(지반이 약한 경우)</td></tr>
<tr><td>18[m] 이하</td><td>3[m] 이상</td></tr>
<tr><td>20[m] 이하</td><td>3.2[m] 이상</td></tr>
</table>

[지지물의 기초안전율(판단기준 제63조, 제76조)]

- 일반적 지지물의 기초안전율 : 2 이상
- 철탑의 기초안전율 : 1.33 이상
- 목주의 기초안전율 : 1.5 이상

Module 020

지지물의 상시 상정하중, 이상 시 상정하중 (판단기준 제116조, 제117조)

핵심이론

• 종류 : 수직하중, 수평 횡하중, 수평 종하중
• 수평 종분력 하중

인류형	내장형, 보강형	직선형	각도형
최대장력의 100[%]	최대장력의 33[%]	최대장력의 3[%]	최대장력의 10[%]

Module 021

지선의 시설 (판단기준 제67조)

핵심이론

• 철주 또는 철근콘크리트주는 지선을 사용하지 않음
• 지선 시설 기준

안전율	2.5 이상(목주나 A종은 1.5 이상)
구 조	인장하중 4.31[kN] 이상, 소선 3가닥 이상의 연선
아연도금철봉	지중부분 및 지표상 30[cm]까지 사용
도로횡단	5[m] 이상(교통 지장 없는 장소 4.5[m], 보도 2.5[m] 이상)

Module 022

가공전선의 종류 및 굵기(판단기준 제70조, 제77조, 제104조, 제107조)

핵심이론

전 압		조 건	인장강도[kN]	경동선의 굵기
저·고압	400[V] 미만	절연전선	2.3[kN] 이상	2.6[mm] 이상
		나전선	3.43[kN] 이상	3.2[mm] 이상
		보안공사	5.26[kN] 이상	4.0[mm] 이상
	400[V] 이상	시가지	8.01[kN] 이상	5.0[mm] 이상
		시가지 외	5.26[kN] 이상	4.0[mm] 이상
		보안공사	8.01[kN] 이상	5.0[mm] 이상
특고압	100[kV] 미만	시가지	21.67[kN] 이상	55[mm^2] 이상
	100[kV] 이상		58.84[kN] 이상	150[mm^2] 이상
	170[kV] 초과		240[mm^2] 이상 ACSR(강심 알루미늄)	
	시가지 외		8.71[kN] 이상	22[mm^2] 이상
	22.9[kV-Y] 중성점 다중접지		8.71[kN] 이상	22[mm^2] 이상 ACSR 32[mm^2] 이상

Module 023

가공전선의 높이 (판단기준 제72조, 제110조)

핵심이론

(케이블 높이), 단위 : [m]

장 소	저 압	고 압	특고압		
			35[kV] 이하	~160[kV] 이하	160[kV] 초과
횡단보도교	3.5(3)	3.5	(4)	(5)	불 가
일 반	5(교통 지장 없을 경우 : 4)		5	6	$6+N\times0.12$
도로횡단	6		6	–	불 가
철도횡단	6.5		6.5	6.5	$6.5+N\times0.12$
산 지	–		–	5	$5+N\times0.12$

※ 단수$(N)=\dfrac{160[kV]\ 초과분}{10[kV]}$(소수점 절상)

Module 024

가공전선의 경간 (판단기준 제76조, 제77조, 제78조, 제104조, 제124조, 제125조)

핵심이론

단위 : [m]

구 분	표준경간	장경간	보안공사			특고압 시가지
			저·고압	제1종 특고압	제2, 3종 특고압	
목주/A종	150	300	100	불가	100	75(목주 불가)
B종	250	500	150	150	200	150
철 탑	600	제한없음	400	400 (단주 300)		400(단주 300)

Module 025

보안공사

핵심이론

[저 · 고압 보안공사(판단기준 제77조, 제78조)]

저압 보안공사	고압 보안공사
인장강도 8.01[kN] 이상, 지름 5[mm] 이상 경동선	
단, 400[V] 미만인 경우 인장강도 5.26[kN] 이상 지름 4[mm] 이상 경동선	• 저압/고압(목주의 안전율 : 1.5 이상) • 저압(말구 지름 : 12[cm] 이상)

[제1종 특고압 보안공사(판단기준 제125조)]

• 35[kV] 초과, 제2차 접근상태인 경우

사용전압	전 선
100[kV] 미만	인장강도 21.67 [kN] 이상의 연선 또는 단면적 55[mm^2] 이상의 경동연선
100[kV] 이상 300[kV] 미만	인장강도 58.84 [kN] 이상의 연선 또는 단면적 150[mm^2] 이상의 경동연선
300[kV] 이상	인장강도 77.47 [kN] 이상의 연선 또는 단면적 200[mm^2] 이상의 경동연선

[제2종 특고압 보안공사(판단기준 제126조)]

35[kV] 이하, 제2차 접근상태인 경우

[제3종 특고압 보안공사(판단기준 제126조)]

특고압, 제1차 접근상태인 경우

Module 026

저 · 고압 가공전선의 이격거리 (판단기준 제79조, 제80조, 제81조, 제82조, 제84조, 제86조, 제89조)

핵심이론

구 분			저압 가공전선	고압 가공전선
건조물	상부 조영재	상방	2[m]	
		측, 하방 기타 조영재	1.2[m] 인체 비접촉 시 80[cm]	
시설물	도로, 횡단보도교, 철도		3[m]	
	삭도(지주), 저압 전차선		60[cm]	80[cm]
	가공전선의 지지물		30[cm]	60[cm]
기 타	가공약전류전선		60[cm]	80[cm]
	안테나		60[cm]	80[cm]
	식 물		접촉하지 않아야 한다.	
전 선	저압 가공전선		60[cm]	80[cm]
	고압 가공전선		80[cm]	80[cm]

Module 027

특고압 가공전선과 지지물 등의 이격거리 (판단기준 제108조)

핵심이론

사용전압	이격거리[cm]
15[kV] 미만	15
15[kV] 이상 25[kV] 미만	20
25[kV] 이상 35[kV] 미만	25
35[kV] 이상 50[kV] 미만	30
50[kV] 이상 60[kV] 미만	35
60[kV] 이상 70[kV] 미만	40
70[kV] 이상 80[kV] 미만	45
80[kV] 이상 130[kV] 미만	65
130[kV] 이상 160[kV] 미만	90
160[kV] 이상 200[kV] 미만	110
200[kV] 이상 230[kV] 미만	130
230[kV] 이상	160

Module 028

특고압 가공전선의 이격거리 (판단기준 제126조, 제127조, 제128조, 제129조, 제133조)

핵심이론

구 분			특고압 가공전선	
건조물	상부 조영재	상 방	2.5[m]	35[kV] 초과 = 규정값 + $N \times 0.15$[m] ※ 단수(N) $= \frac{35[kV]\ 초과분}{10[kV]}$ (소수점 절상)
		측, 하방 기타 조영재	1.5[m] 인체 비접촉 시 1[m]	
시설물	도로 등		35[kV] 이하 3[m]	

구 분		35[kV] 이하	35[kV] 이상 60[kV] 이하	60[kV] 초과
지지물(삭도)		2[m]	2[m]	60[kV] 초과 = 규정값 + $N \times 0.12$[m] ※ 단수(N) $= \frac{60[kV]\ 초과분}{10[kV]}$ (소수점 절상)
식 물		0.5[m]	바람에 비접촉	
전 선	저압 가공전선	1.5[m]	2[m]	
	고압 가공전선	1[m]	2[m]	

Module 029

전선 상호 간 이격거리 (판단기준 제135조)

핵심이론

구 분	나전선	특고압 절연전선	케이블
나전선	1.5[m]	–	–
특고압 절연전선	–	1.0[m]	–
케이블	–	–	0.5[m]

Module 030

25[kV] 이하인 특고압 가공전선로의 시설 (판단기준 제135조)

핵심이론

- 접지선 : 지름 6[mm^2] 이상의 연동선
- 접지 상호 간의 거리 : 300[m] 이하
- 접지저항값

전 압	분리 시 개별 접지저항값	합성저항값
15[kV] 이하	300[Ω]	30[Ω]/1[km]
15[kV] 초과 25[kV] 이하		15[Ω]/1[km]

Module 031

저·고압 인입선 등의 시설 (판단기준 제100조, 제102조)

핵심이론

구 분	저 압			
	횡단보도	일 반	도 로	철 도
일반 높이 / 교통에 지장이 없을 경우	3[m]	4 / 2.5[m]	5 / 3[m]	6.5[m]
사용전선	15[m] 이하 : 1.25[kN] / 2.0[mm] 이상인 인입용 비닐절연선전, 다심형 전선, 케이블			
	15[m] 초과 : 2.30[kN] / 2.6[mm] 이상인 인입용 비닐절연선전, 다심형 전선, 케이블			
구 분	고 압			
높 이	최저 높이 3.5[m], 단 위험표시(경동선으로 시설할 경우)			
사용전선	8.01[kN] / 5[mm] 이상 경동선, 케이블(단, 연접인입선 불가)			

Module 032

특고압 인입선 등의 시설 (판단기준 제103조, 제110조)

핵심이론

구 분	저 압			
	횡단보도	일 반	도 로	철 도
35[kV] 이하	4[m] 절연전선, 케이블 사용	5[m]	6[m]	6.5[m]
35[kV] 이상 160[kV] 이하	5[m] 케이블 사용	6[m]	-	6.5[m]
	단, 사람이 쉽게 들어갈 수 없는 산지는 5[m]			
160[kV] 초과	산 지	일 반	철 도	
	5[m] + N	6[m] + N	6.5[m] + N	
	※ 단수 = $\frac{60[\text{kV}] \text{ 초과분}}{10[\text{kV}]}$(소수점 절상), N = 단수 × 0.12[m]			

• 변전소 또는 개폐소에 준하는 곳 이외 곳에서는 사용전압 100[kV] 이하
• 연접인입선 불가

Module 033

옥측전선로의 시설 (판단기준 제94조, 제95조, 제96조)

핵심이론

전 압	특 징
저 압	애자사용공사, 합성수지관공사, 케이블공사, 금속관공사(목조 이외), 버스덕트공사
고 압	케이블공사, 제1종 접지공사(단, 사람의 접촉우려가 없는 경우 제3종 접지공사)
특고압	100[kV]를 초과하여 시설 불가

Module 034

옥상전선로의 시설 (판단기준 제97조, 제99조)

핵심이론

전 압	특 징
저 압	• 전선의 인장강도 2.30[kN] 이상 또는 지름 2.6[mm] 이상의 경동선 사용 • 다른 시설물과 접근하거나 교차하는 경우 이격거리 60[cm](고압 절연전선, 특고압 절연전선, 케이블 30[cm] 이상)
특고압	시설 불가

지지물	조영재	약전류전선, 안테나	식 물
15[m] 이내	2[m] (케이블 1.0[m]) 이상	1[m] (케이블 0.3[m]) 이상	상시 부는 바람과 비접촉

Module 035

철탑의 종류 (판단기준 제114조)

핵심이론

종 류	의미(특징)
직선형	전선로의 직선부분(3° 이하인 수평각도를 이루는 곳을 포함)
각도형	전선로 중 3°를 초과하는 수평각도를 이루는 곳에 사용하는 것
인류형	전가섭선을 인류(맨 끝)하는 곳에 사용하는 것
내장형	전선로의 지지물 양쪽의 경간의 차가 큰 곳에 사용하는 것
보강형	전선로의 직선부분에 그 보강을 위하여 사용하는 것

Module 036

지중전선로

핵심이론

[사용전선 및 접지공사(판단기준 제136조, 제139조)]

구 분	특 징
사용전선	케이블, 트라프를 사용하지 않을 경우는 CD(콤바인덕트)케이블 사용
접지공사	제3종 접지공사(관·암거·기타 지중전선을 넣은 방호장치의 금속제 부분, 금속제의 전선접속함 및 지중전선의 피복으로 사용하는 금속체)

[지중전선의 접근 또는 교차(판단기준 제141조)]

구 분	약전류전선	유독성 유체 포함 관
저·고압	30[cm] 이하	50[cm] 이하
특고압	60[cm] 이하	100[cm] 이하

[매설방식(판단기준 제136조, 제137조, 제138조)]

- 직접매설식, 관로식, 암거식(공동구)
  - 직접매설식의 특징

장 소	차량, 기타 중량물의 압력	기 타
깊 이	1.2[m] 이상	0.6[m] 이상

  - 관로식의 특징

매설깊이	1.0[m] 이상
주의점	폭발성 또는 연소성의 가스가 침입할 우려가 있는 곳에 1[m^3] 이상의 가스 방산 통풍장치 등을 시설할 것
케이블 가압 장치	냉각을 위해 가스 밀봉(1.5배 유압 또는 수압, 1.25배 기압에 10분간 견딜 것)

Module 037

터널 안 전선로의 시설 (판단기준 제143조)

핵심이론

구 분	사람의 통행이 없는 경우	
	저 압	고 압
공사방법	합성수지관, 가요관, 애자, 케이블, 금속관	애자
사용전선	• 인장강도 2.30[kN] 이상의 절연전선 • 2.6[mm] 이상의 경동선	• 인장강도 5.26[kN] 이상의 절연전선 • 4.0[mm] 이상의 경동선
높 이	노면 · 레일면 위(애자공사)	
	2.5[m] 이상	3.0[m] 이상

Module 038

교량에 시설하는 전선로 (판단기준 제148조)

핵심이론

구 분	저 압	고 압
공사방법	교량 윗면 : 케이블	
	교량 아랫면 : 합성수지관, 금속관, 가요전선관, 케이블	–
사용전선	인장강도 2.30[kN] 이상의 것 또는 2.6[mm] 이상의 경동선의 절연전선	인장강도 5.26[kN] 이상의 것 또는 4.0[mm] 이상의 경동선
전선의 높이	노면상 높이 : 5[m] 이상	
조영재와의 이격거리	30[cm] 이상(케이블은 15[cm] 이상)	60[cm] 이상(케이블은 30[cm] 이상)

Module 039

주택의 옥내전로 (판단기준 제166조)

핵심이론

[옥내전로의 대지전압의 제한]

- 주택을 제외한 옥내전로 : 대지전압 300[V] 이하
- 누전차단기가 설치되지 않는 경우 : 최대 대지전압 150[V]

[주택의 옥내전로]

- 사용전압 400[V] 미만일 것(대지전압 300[V] 이하)
- 백열전등의 전구 소켓은 키나 그 밖의 점멸기구가 없을 것
- 누전차단기 시설 : 30[mA](습기가 있는 경우 15[mA]) 이하에서 0.03[sec] 이내에 자동 차단
- 정격소비전력 3[kW] 이상의 전기기계기구에 전기를 공급하기 위한 전로에는 전용의 개폐기 및 과전류차단기를 시설
- 옥내 통과 전선로는 사람의 접촉이 없는 은폐 장소에 시설 : 합성수지관, 금속관, 케이블

Module 040

옥내 저압 간선의 시설(1)

핵심이론

[나전선을 사용할 수 있는 경우(판단기준 제167조)]
- 전기로용 전선
- 절연물이 부식하기 쉬운 곳
- 접촉 전선을 사용한 곳
- 버스덕트공사 또는 라이팅덕트공사

[저압 옥내배선의 사용전선(판단기준 168조)]
- 전선의 굵기는 2.5[mm^2] 이상의 연동선
- 1[mm^2] 이상의 미네럴인슈레이션(MI)케이블

[전동기의 과부하 보호장치의 시설(예외사항, 판단기준 174조)]
- 전동기를 운전 중 상시 취급자가 감시할 수 있는 위치에 시설하는 경우
- 전동기의 구조나 부하의 성질로 보아 전동기가 손상될 수 있는 과전류가 생길 우려가 없는 경우
- 단상전동기로써 그 전원측 전로에 시설하는 과전류차단기의 정격전류가 15[A](배선용 차단기는 20[A]) 이하인 경우
- 전동기의 정격출력이 0.2[kW] 이하인 경우

Module 041

옥내 저압 간선의 시설(2)(판단기준 제175조, 제176조, 제177조)

핵심이론

[간선의 허용전류]

- $\sum I_M \leq \sum I_H$인 경우 : $I_0 = \sum I_M + \sum I_H$
- $\sum I_M > \sum I_H$인 경우

$\sum I_M \leq 50[A]$	$\sum I_M > 50[A]$
$I_0 = 1.25 \sum I_M + \sum I_H$	$I_0 = 1.1 \sum I_M + \sum I_H$

[과전류차단기의 시설]

- $I_F = 3\sum I_M + \sum I_H$, $I_F = 2.5\sum I_0$
- 과전류차단기 용량 선정 : 위 두식의 계산 결과 값 중 작은 것의 정격전류

[분기회로의 시설]

- 원칙 : 3[m] 이하에 개폐기 및 과전류차단기 시설
- $I_2 = 0.35B_1$: 8[m] 이하에 개폐기 및 과전류차단기 시설
- $I_2 = 0.55B_1$: 길이에 제한 없이 개폐기 및 과전류차단기 시설

[옥내배선의 굵기 및 콘센트의 시설]

정격전류	저압 옥내배선	콘센트
15[A] 이하	2.5[mm²](MI 1.0[mm²])	정격전류 15[A] 이하
15[A] 초과 20[A] 이하		정격전류 20[A] 이하
15[A] 초과 20[A] 이하	4.0[mm²](MI 1.5[mm²])	정격전류 20[A](★)
20[A] 초과 30[A] 이하	6.0[mm²](MI 2.5[mm²])	정격전류 20[A] 이상 30[A] 이하(★)
30[A] 초과 40[A] 이하	10.0[mm²](MI 6.0[mm²])	정격전류 30[A] 이상 40[A] 이하
40[A] 초과 50[A] 이하	16.0[mm²](MI 10.0[mm²])	정격전류 40[A] 이상 50[A] 이하

★ 정격전류 20[A] 미만의 꽂음 플럭 접속은 제외

[점멸장치와 타임스위치 등의 시설]

- 고압방전등의 효율 : 70[lm/W] 이상
- 자동 소등 시간
  - 관광숙박업 또는 숙박업(호텔 등) : 1분 이내(여인숙업은 제외)
  - 주택, 아파트 각 호실의 현관 : 3분 이내

Module 042

저압 옥내배선의 시설장소별 공사의 종류 (판단기준 제180조)

핵심이론

시설장소 \ 사용전압		400[V] 미만	400[V] 이상
전개된 장소	건조한 장소	애자사용공사, 합성수지몰드공사, 금속몰드공사, 금속덕트공사, 버스덕트공사, 라이팅덕트공사	애자사용공사, 금속덕트공사, 버스덕트공사
	기타 장소	애자사용공사, 버스덕트공사	애자사용공사
점검할 수 있는 은폐된 장소	건조한 장소	애자사용공사, 합성수지몰드공사, 금속몰드공사, 금속덕트공사, 버스덕트공사, 셀룰라덕트공사, 라이팅덕트공사	애자사용공사, 금속덕트공사, 버스덕트공사
	기타 장소	애자사용공사	애자사용공사
점검할 수 없는 은폐된 장소	건조한 장소	플로어덕트공사, 셀룰라덕트공사	–

Module 043

애자사용공사 (판단기준 제181조, 제209조)

핵심이론

구 분			전선과 조영재 이격거리	전선 상호 간의 간격	전선 지지점 간의 거리: 조영재 윗면 또는 옆면의 경우	전선 지지점 간의 거리: 조영재 윗면 또는 옆면 이외의 경우
저 압	400[V] 미만		2.5[cm] 이상	6[cm] 이상	2[m] 이하	–
	400[V] 이상	건 조	2.5[cm] 이상			6[m] 이하
		기 타	4.5[cm] 이상			
고 압			5[cm] 이상	8[cm] 이상		

Module 044

전선관공사 (판단기준 제183조, 제184조, 제186조, 제187조, 제188조, 제190조)

핵심이론

공사 방법	특 징
합성수지관공사	• 단면적 10[mm^2](알루미늄선 단면적 16[mm^2]) 이하의 절연전선(연선) • 관의 두께는 2[mm] 이상, 지지점 간의 거리는 1.5[m] 이하 • 전선관 상호 간 삽입 깊이 : 관 외경의 1.2배(접착제 0.8배)
금속관공사	• 단면적 10[mm^2](알루미늄선 단면적 16[mm^2]) 이하의 절연전선(연선) • 관의 두께는 1.2[mm](콘크리트 매설 시), 1.0[mm](노출공사) 이상
가요전선관공사	• 단면적 10[mm^2](알루미늄선 단면적 16[mm^2]) 이하의 절연전선(연선) • 지지점의 이격(조영재면 따라 원칙) 1[m] 이하마다 지지 • 1종 금속제 가요전선관(2.5[mm^2] 이상의 나연동선) • 2종 금속제 가요전선관(습기 많고, 물기가 있는 장소, 방습장치) • 제3종 접지공사(400[V] 미만), 특별 제3종 접지공사(400[V] 이상)
금속덕트공사	• 전선은 절연전선(옥외용 비닐절연전선을 제외한다)일 것 • 전선의 단면적은 덕트 내부 단면적의 20[%] 이하(제어회로 등 50[%] 이하) • 지지점 간의 거리는 3[m] 이하(취급자 외 출입 없고 수직인 경우 : 6[m] 이하) • 폭 5[cm] 초과, 두께 1.2[mm] 이상의 철판으로 제작 • 제3종 접지공사(400[V] 미만), 특별 제3종 접지공사(400[V] 이상)
버스덕트공사	도체는 단면적 20[mm^2] 이상의 띠 모양, 지름 5[mm] 이상의 관모양이나 둥글고 긴 막대 모양의 동 또는 단면적 30[mm^2] 이상의 띠 모양의 알루미늄을 사용
플로어덕트공사	• 점검할 수 없는 은폐 장소(바닥), 덕트의 끝 부분은 막을 것 • 전선은 절연전선(연선)(단, 단면적 10[mm^2](알루미늄선은 16[mm^2]) 이하인 것은 제외), 제3종 접지공사

Module 045

특수장소의 저압 옥내배선 (판단기준 제199조, 제202조, 제203조, 제205조, 제215조)

핵심이론

구 분	특 징
폭연성 분진	금속관공사, 케이블공사
가연성 분진	금속관공사, 케이블공사, 합성수지관공사
화약류 저장소	• 대지전압은 300[V] 미만일 것 • 금속관공사, 케이블공사
흥행장	• 사용전압은 400[V] 미만일 것(무대, 오케스트라 박스, 영사실 등 사람의 접촉 시) • 무대마루 밑에 시설하는 전구선은 300/300[V] 편조 고무코드 또는 0.6/1[kV] EP 고무 절연 클로로프렌 캡타이어케이블일 것 • 금속제 외함은 제3종 접지공사
쇼윈도/진열장	• 사용전압은 400[V] 미만일 것 • 0.75[mm^2] 이상의 코드 또는 캡타이어케이블일 것 • 전선의 붙임점 간 거리는 1[m] 이하
네온방전등공사	• 관등회로의 사용전압이 1[kV] 이하의 방전등으로서 방전관에 네온방전관 사용 • 외함 및 금속제는 제3종 접지공사

Module 046

고압 옥내배선 등의 시설 (판단기준 209조)

핵심이론

[공사 방법]

애자사용공사(건조하고, 전개된 장소), 케이블공사, 케이블트레이공사

[애자사용배선]

- 전선 : 6[mm^2] 이상의 고압, 특고압 절연전선
- 조영재와 이격거리 : 5[cm] 이상
- 지지점 간의 거리 : 6[m] 이하(조영재면을 따라 붙이는 경우 2[m])
- 전선 상호 간격 : 8[cm] 이상
- 수도관, 가스관과의 이격거리 : 15[cm] 이상
- 접 지
  - 금속제의 전선접속함 및 케이블의 피복에 사용하는 금속체에는 제1종 접지공사를 할 것
  - 사람의 접촉 우려가 없는 경우 제3종 접지공사
- 고압 옥내배선이 다른 고압 옥내배선 · 저압 옥내전선 · 관등회로의 배선 · 약전류전선 등 또는 수관 · 가스관이나 이와 유사한 것과 접근하거나 교차하는 경우의 이격거리는 15[cm]

Module 047

특수시설

핵심이론

구 분	특 징
전기울타리의 시설 (판단기준 제231조)	• 전로의 사용전압 : 250[V] 이하 • 전선의 굵기 : 인장강도 1.38[kN] 이상의 것 또는 지름 2[mm] 이상의 경동선 • 이격거리 : 2.5[cm] 이상(전선과 기둥 사이), 30[cm] 이상(전선과 수목 사이)
유희용 전차의 시설 (판단기준 제232조)	• 전로의 사용전압(1차) : 400[V] 미만 • 전로의 사용전압(2차) – 직류 60[V] 이하, 교류 40[V] 이하 – 전차 내 승압 시 사용(150[V] 이하) • 절연변압기 사용
교통신호등의 시설 (판단기준 제234조)	• 전로의 사용전압(2차) : 300[V] 이하(단, 150[V] 초과 시 자동차단장치 시설) • 전선의 굵기 : 공칭단면적 2.5[mm^2] 이상의 연동선 • 인하선의 지표상의 높이는 2.5[m] 이상 • 전원측에는 전용 개폐기 및 과전류차단기를 각 극에 시설 • 제어장치의 금속제 외함은 제3종 접지공사
풀용 수중조명등 등의 시설 (판단기준 제241조)	• 조명등 사용을 위한 1차 전압 : 400[V] 미만 • 2차 전압 150[V] 이하 절연변압기 사용 • 절연변압기의 시설 – 30[V] 이하 : 금속제 혼촉방지판, 제1종 접지공사 – 30[V] 초과 : 전로에 지락이 생겼을 때에 자동적으로 전로를 차단하는 장치 설치
출퇴근표시등 회로의 시설 (판단기준 제245조)	• 대지전압 : 300[V] 이하, 2차 전압 60[V] 이하 • 정격전류 5[A] 이하 과전류차단기로 보호 • 전선의 굵기 : 1.0[mm^2] 이상 연동선 사용 • 공사 방법 : 합성수지몰드, 합성수지관, 금속관, 금속몰드, 가요전선관, 금속덕트, 플로어덕트

Module 048

직류식 전기철도

핵심이론

[직류 전차선로의 시설 제한(판단기준 제252조)]

- 사용전압이 직류 고압인 것은 전기철도의 전용부지 안에 시설
- 강체방식 전차선로 위 전차선의 높이 : 5[m] 이상(방호판 시설 : 3.5[m] 이상)

[통신상의 유도장해방지 시설(판단기준 제253조)]

- 직류 복선식 급전선 또는 전차선의 경우 : 2[m] 이상
- 직류 단선식 급전선, 전차선 또는 가공 직류 절연귀선의 경우 : 4[m] 이상

[가공 직류 전차선의 굵기(판단기준 제254조)]

- 저압 : 7.0[mm] 이상의 경동선
- 고압 : 7.5[mm] 이상의 경동선

[도로에 시설하는 가공 직류 전차선로의 경간(판단기준 제255조)]

도로에 시설하는 가공 직류 전차선로의 경간 : 60[m] 이하

[가공 직류 전차선의 레일면상의 높이(판단기준 제256조)]

레일면상	전용부지 위	터널 안	기타의 갱도
4.8[m] 이상	4.4[m] 이상	3.5[m] 이상	1.8[m] 이상

Module 049

조가용선 및 장선의 접지 (판단기준 제258조)

핵심이론

- 조가용 금속선은 그 전선으로부터 애자로 절연하고 또한 이에 제3종 접지공사
- 가공 직류 전차선의 장선에는 가공 직류 전차선간 및 가공 직류 전차선으로부터 60[cm] 이내의 부분 이외에는 제3종 접지공사(단, 장선접지 필요 없는 부분 : 1[m], 전차 포울의 이탈 장해 우려 : 1.5[m])

Module 050

교류식 전기철도

핵심이론

[전압불평형에 의한 장해방지(판단기준 제267조)]

단상 부하일 때 전압불평형률 : 3[%] 이하일 것

[교류 전차선과 건조물, 기타 시설물과 접근 교차(판단기준 제270조, 제271조, 제272조, 제273조)]

- 이격거리

지지물의 경간	건조물	삭 도	교 량	식 물
60[m] 이하	3[m] 이상	2[m] 이상	30[cm] 이상	2[m] 이상

- 금속제 난간 : 제3종 접지공사
- 흡상변압기의 높이 : 5[m] 이상

MEMO

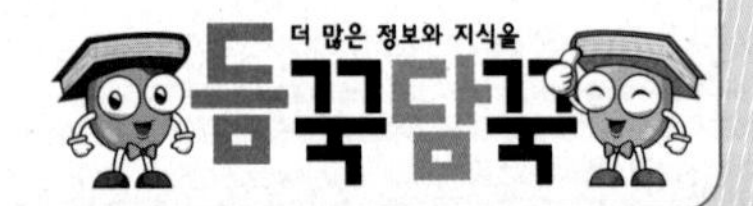

제 7 과목

디지털 논리회로

Module 10제

공사공단 공기업 전공 [필기]

전기직 필수 이론 500제

(주)시대고시기획
(주)시대교육
www.sidaegosi.com
시험정보 · 자료실 · 이벤트
합격을 위한 최고의 선택

시대에듀
www.sdedu.co.kr
자격증 · 공무원 · 취업까지
BEST 온라인 강의 제공

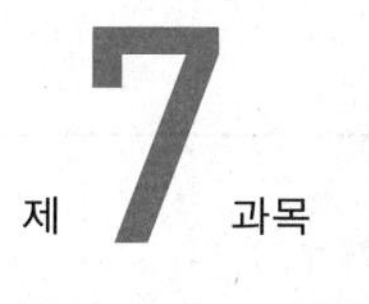

디지털 논리회로

Module 001

N진수 표현

핵심이론

구 분	표현법
10진수	• 기수(Radix)가 10인 수 • 0~9를 사용 • $658.27 = 6\times100+5\times10+8\times1+2\times0.1+7\times0.01$ $= 6\times10^2+5\times10^1+8\times10^0+2\times10^{-1}+7\times10^{-2}$
2진수	• 기수가 2인 수 • 0, 1을 사용 • $1101.1001_{(2)} = 1\times1000_{(2)}+1\times100_{(2)}+0\times10_{(2)}+1\times1_{(2)}+1\times0.1_{(2)}$ $+0\times0.01_{(2)}+0\times0.001_{(2)}+1\times0.0001_{(2)}$ $=1\times2^3+1\times2^2+0\times2^1+1\times2^0+1\times2^{-1}+0\times2^{-2}$ $+0\times2^{-3}+1\times2^{-4}$
8진수	• 기수가 8인 수 • 0~7을 사용 • $706.24_{(8)} = 7\times100_{(8)}+0\times10_{(8)}+6\times1_{(8)}+2\times0.1_{(8)}+4\times0.01_{(8)}$ $=7\times8^2+0\times8^1+6\times8^0+2\times8^{-1}+4\times8^{-2}$
16진수	• 기수가 16인 수 • 0~9, A~F를 사용 • $5B\,6.2C = 5\times100_{(16)}+B\times10_{(16)}+6\times1_{(16)}+2\times0.1_{(16)}+C\times0.01_{(16)}$ $=5\times16^2+B\times16^1+6\times16^0+2\times16^{-1}+C\times16^{-2}$

Module 002

N진수 – N진수 변환 (정수부분만 존재한다면 정수부분 변환법으로만 변환 가능)

핵심이론

구 분	표현법
10진수 → 2진수	• 정수부분과 소수부분을 분리하여 변환한다. • 정수부분은 2로 나누고, 소수부분은 2를 곱한다. • 소수부분이 "0"이 나올 때까지 "2"를 곱하지만, 대부분의 10진수는 2진수로 완벽히 변환되기 힘들다. 예 $65.28 = 1000001.0100\cdots_{(2)}$ 65.28 정수 부분 2│65, 2│32 …1, 2│16 …0, 2│8 …0, 2│4 …0, 2│2 …0, 1 …0 소수 부분 0.28 × 2 = 0.56, × 2 = 1.12, × 2 = 0.24, × 2 = 0.48 $1000001_{(2)}$ $0100\cdots\cdots_{(2)}$
10진수 → 16진수	• 정수부분과 소수부분을 분리하여 변환한다. • 정수부분은 16으로 나누고, 소수부분은 16을 곱한다. • 소수부분이 "0"이 나올 때 까지 "16"을 곱하지만, 대부분의 10진수는 16진수로 완벽히 변환되기 힘들다. 예 $39.6875 = 27.B_{(16)}$ 〈정확하게 변환이 되는 경우〉 39.6875 정수 부분 16│39, 2 …7 $27_{(16)}$ 소수 부분 0.6875 × 16 = 11.0 11은 8을 나타냄 $8_{(16)}$

Module 003

10진수-2진수-8진수-16진수 상호 변환

핵심이론

10진수	2진수	8진수	16진수
0	0000	00	0
1	0001	01	1
2	0010	02	2
3	0011	03	3
4	0100	04	4
5	0101	05	5
6	0110	06	6
7	0111	07	7
8	1000	10	8
9	1001	11	9
10	1010	12	A
11	1011	13	B
12	1100	14	C
13	1101	15	D
14	1110	16	E
15	1111	17	F

예 $27.6875 = 11011.1011_{(2)}$
$= 011\ 011.\ 101\ 100_{(2)}$
$= 3\ \ 3\ .\ 5\ \ 4_{(8)}$
10진수 → 2진수 → 8진수(3자리씩 계산)

예 $69.6 = 1000101.1001100110011001\cdots_{(2)}$
$= 0100\ 0101.1001\ 1001\ 1001\ 1001\cdots_{(2)}$
$= 4\ \ 5\ .\ 9\ \ 9\ \ 9\ \ 9\cdots_{(16)}$
10진수 → 2진수 → 16진수(4자리씩 계산)

Module 004

디지털코드의 종류

핵심이론

구 분	특 징
BCD코드 (Binary Coded Decimal Code)	10진수 0~9를 2진화한 코드이며, 실제 표기는 2진수로 하지만 10진수처럼 사용한다. 즉, 1010 ~ 1111까지의 6개는 사용되지 않는다.
그레이코드 (Gray Code)	• 가중치가 없는 코드이기 때문에 연산에는 적절하지 않다. • 아날로그-디지털 변환기나 입출력장치 코드로 주로 사용된다. • 연속되는 코드들 간에 하나의 비트만 변화하여 새로운 코드가 된다.
패리티코드 (Parity Code)	• 에러 검출 코드 • 패리티 비트는 데이터 전송 과정에서 에러 검사를 위한 추가 비트 • 패리티는 단지 에러 검출만 가능하며, 여러 비트에 에러가 발생할 경우에는 검출이 안 될 수도 있다.
해밍코드 (Hamming Code)	• 에러 정정 코드 • 추가적으로 많은 비트가 필요하므로 많은 양의 데이터 전달이 필요 • 추가되는 패리티 비트의 수 • $2^p \geq d+p+1$(p : 패리티 비트의 수, d : 데이터 비트의 수) • 해밍코드에서는 짝수 패리티를 사용

BCD코드 표:

10진수	BCD코드	10진수	BCD코드
0	0000	10	0001 0000
1	0001	11	0001 0001
2	0010	12	0001 0010
3	0011	13	0001 0011
4	0100	14	0001 0100
5	0101	15	0001 0101
6	0110	16	0001 0110
7	0111	17	0001 0111
8	1000	18	0001 1000
9	1001	19	0001 1001

그레이코드 표:

10진수	2진코드	Gray Code	10진수	2진수	Gray Code
0	0000	0000	8	1000	1100
1	0001	0001	9	1001	1101
2	0010	0011	10	1010	1111
3	0011	0010	11	1011	1110
4	0100	0110	12	1100	1010
5	0101	0111	13	1101	1011
6	0110	0101	14	1110	1001
7	0111	0100	15	1111	1000

구 분	특 징
ASCII코드 (American Standard Code for Information Interchange)	• 미국 국립 표준 연구소(ANSI)가 제정한 정보 교환용 미국 표준 코드 • 128가지의 문자를 표현 가능 • 총 8비트로 구성(패리티 비트(1), 존 비트(3), 디지트 비트(4))
유니코드 (Unicode)	• ASCII 코드의 한계성을 극복하기 위해 개발된 인터넷 시대의 표준 • 구두표시, 수학기호, 전문기호, 기하학적 모양 등을 포함하고 있음

Module 005

기본 논리게이트

핵심이론

[NOT게이트]

한 개의 입력과 한 개의 출력을 갖는 게이트로서 논리 부정(반전)

진리표, 논리식	동작 파형
X: 0 → F: 1, X: 1 → F: 0 ; $F=\overline{X}$	입력 X: 1 0 1 0 / 출력 F: 0 1 0 1

X	F
0	1
1	0

$F=\overline{X}$

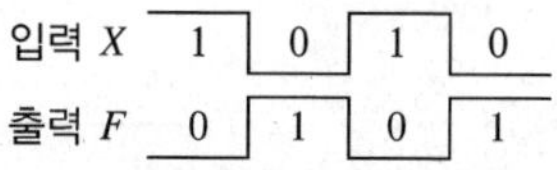

논리 기호	트랜지스터 회로
X —▷o— F	$+V_{cc}$, R_C, F, R_B, V_{in}

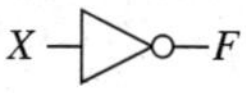

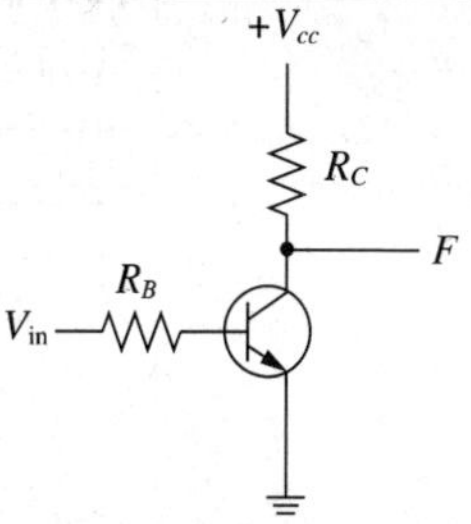

[BUFFER게이트]

입력된 신호를 변경하지 않고, 입력된 신호 그대로를 출력

X	F
0	0
1	1

$F=X$

진리표, 논리식	동작 파형	논리 기호
$F=X$	입력 X: 0 1 0 1 / 출력 F: 0 1 0 1	X —▷— F

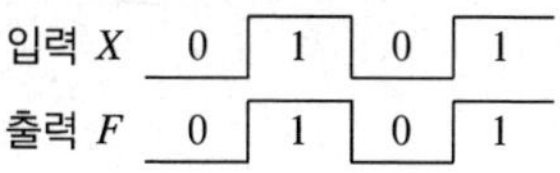

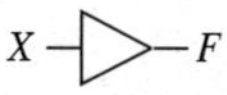

[AND게이트]

N개의 입력이 모두 1(ON)인 경우에만 출력은 1(ON)이 되고, 입력 중 0(OFF)인 것이 하나라도 있을 경우에는 출력은 0(OFF)

진리표, 논리식

X	Y	F
0	0	0
0	1	0
1	0	0
1	1	1

$F = XY$

동작 파형

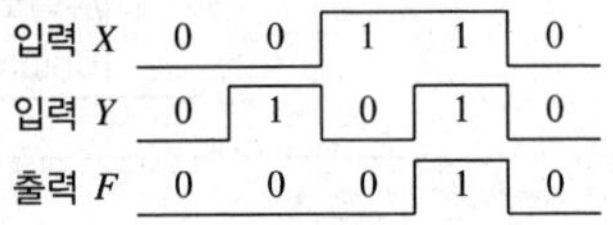

입력 X	0	0	1	1	0
입력 Y	0	1	0	1	0
출력 F	0	0	0	1	0

논리 기호

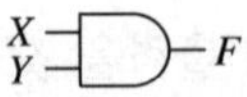

X, Y → F

트랜지스터 회로

$+V_{cc}$, X, Y, F, R

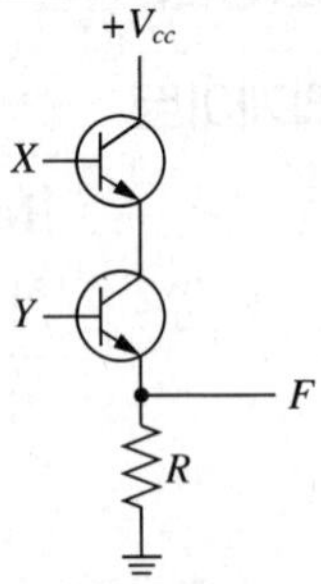

[OR게이트]

N개의 입력 중에 하나라도 1(ON)이라면 출력은 1(ON)

진리표, 논리식

X	Y	F
0	0	0
0	1	1
1	0	1
1	1	1

$F = X + Y$

동작 파형

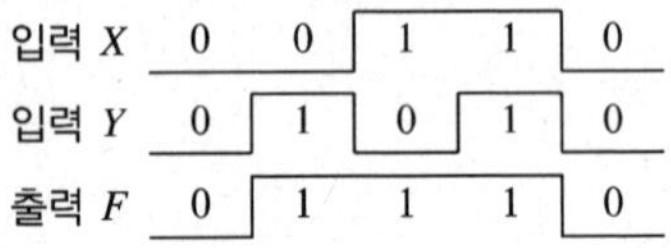

입력 X	0	0	1	1	0
입력 Y	0	1	0	1	0
출력 F	0	1	1	1	0

논리 기호

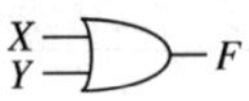

X, Y → F

트랜지스터 회로

$+V_{cc}$, X, Y, F, R_E

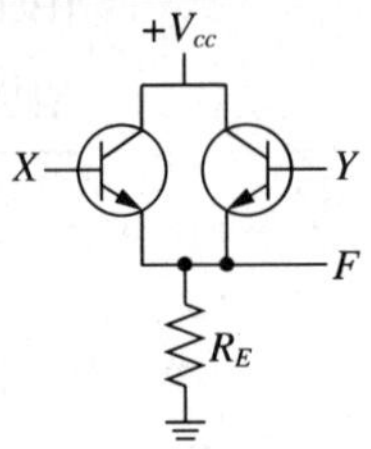

[NAND게이트]

N개의 입력이 모두 1인 경우 출력은 0이 되고, 그렇지 않을 경우 출력은 1, AND게이트와 반대로 작동, NOT AND의 의미

진리표, 논리식

X	Y	AND	F(=NAND)
0	0	0	1
0	1	0	1
1	0	0	1
1	1	1	0

$F=\overline{XY}$

동작 파형

입력 X	0	0	1	1	0
입력 Y	0	1	0	1	0
출력 F	1	1	1	0	1

논리 기호

X, Y → F

X, Y → F

[NOR게이트]

N개의 입력이 모두 0인 경우 출력은 1이 되고, 그렇지 않을 경우 출력은 0, OR게이트와 반대로 작동, NOT OR의 의미

진리표, 논리식

X	Y	OR	F(=NOR)
0	0	0	1
0	1	1	0
1	0	1	0
1	1	1	0

$F=\overline{X+Y}$

동작 파형

입력 X	0	0	1	1	0
입력 Y	0	1	0	1	0
출력 F	1	0	0	0	1

논리 기호

X, Y → F

X, Y → F

[XOR게이트]

N개의 입력 중 홀수 개의 1이 입력된 경우 출력은 1이 되고, 그렇지 않은 경우 출력은 0이 된다(Exclusive-OR Gate, 베타적 논리합).

진리표, 논리식

X	Y	F(=XOR)
0	0	0
0	1	1
1	0	1
1	1	0

$F = X \oplus Y = \overline{X}Y + X\overline{Y}$

동작 파형	논리 기호
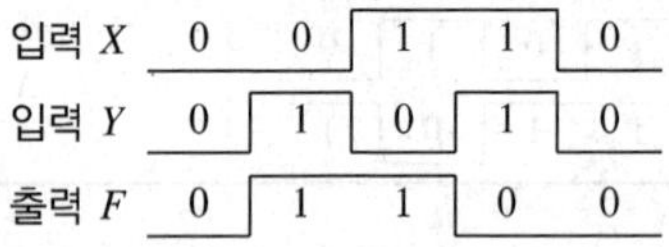 입력 X: 0 0 1 1 0 입력 Y: 0 1 0 1 0 출력 F: 0 1 1 0 0	X, Y → XOR → F NOT, AND, AND, OR → F

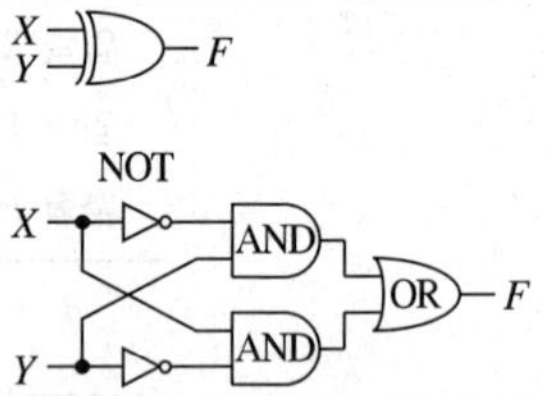

[XNOR게이트]

N개의 입력 중 짝수 개의 1이 입력된 경우 출력은 1이 되고, 그렇지 않은 경우 출력은 0이 된다(NOT + XOR).

진리표, 논리식

X	Y	XOR	F(=XNOR)
0	0	0	1
0	1	1	0
1	0	1	0
1	1	0	1

$F = \overline{X \oplus Y} = \overline{X}\,\overline{Y} + XY = X \odot Y$

동작 파형	논리 기호
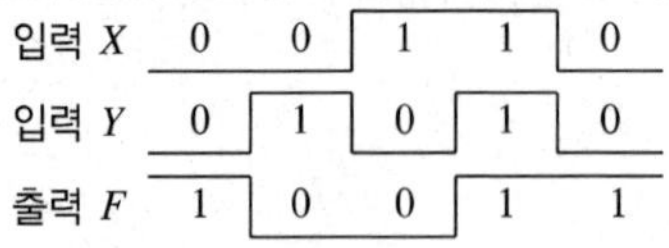 입력 X: 0 0 1 1 0 입력 Y: 0 1 0 1 0 출력 F: 1 0 0 1 1	X, Y → XNOR → F X, Y → XOR → NOT → F AND, AND, NOT, OR → F

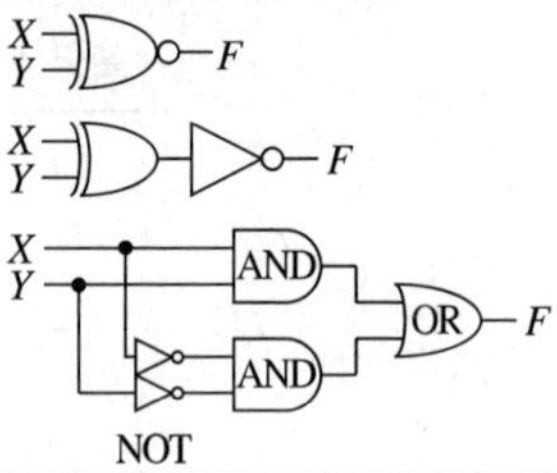

Module 006

논리게이트 대응

핵심이론

정논리	각 입·출력에 부정 (↔)	부논리
AND		OR
OR		AND
NAND		NOR
NOR		NAND
XOR		XNOR
XNOR		XOR
NOT		NOT

Module 007

기본 게이트를 NAND, NOR로 표현

핵심이론

기본 게이트	NAND게이트로 표현	NOR게이트로 표현
NOT	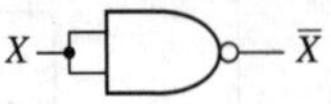 X → $\overline{X}$	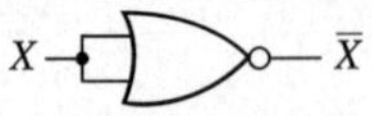 X → $\overline{X}$
AND	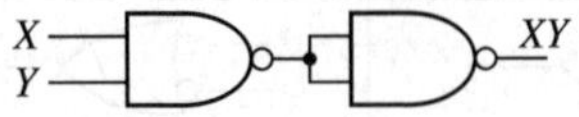 X, Y → XY	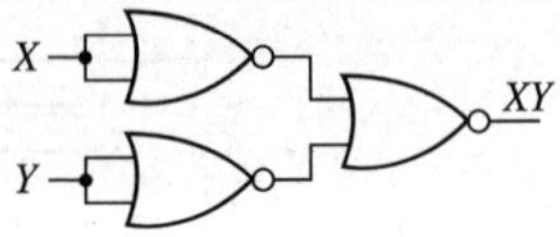 X, Y → XY
OR	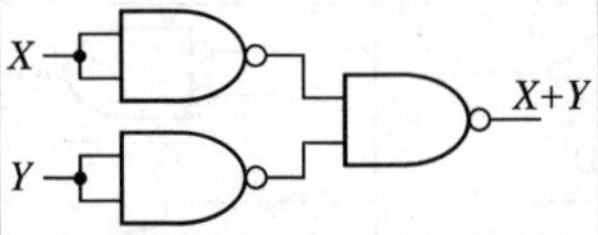 X, Y → $X+Y$	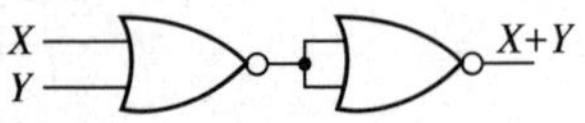 X, Y → $X+Y$
XOR	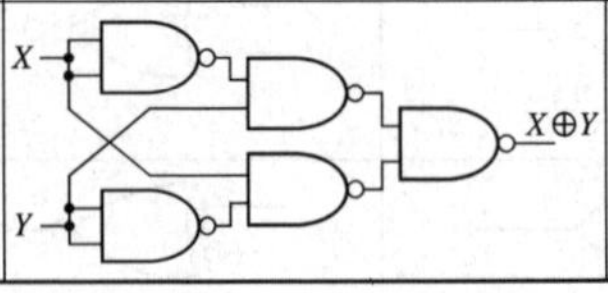 X, Y → $X \oplus Y$	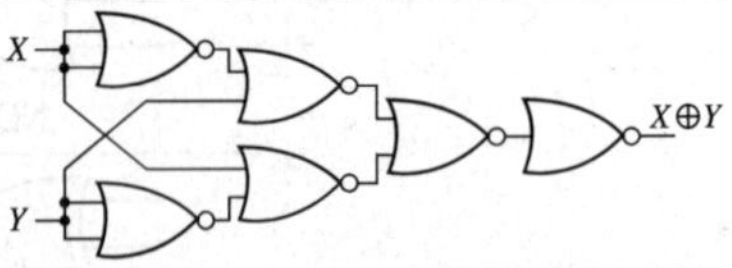 X, Y → $X \oplus Y$

Module 008

불 대수 공리 (Boolean Postulates)

핵심이론

$X=0$ 또는 $X=1$	$1+1=1$
$0 \cdot 0=0$	$1 \cdot 0=0 \cdot 1=0$
$1 \cdot 1=1$	$1+0=0+1=1$
$0+0=0$	

Module 009

불 대수 법칙

핵심이론

구 분	특 징
기본 법칙 (Basic Law)	• $X+0=0+X=X$ • $X \cdot 1=1 \cdot X=X$ • $X+1=1+X=1$ • $X \cdot 0=0 \cdot X=0$ • $X+X=X$ • $X \cdot X=X$ • $X+\overline{X}=1$ • $X \cdot \overline{X}=0$ • $\overline{\overline{X}}=X$
교환 법칙 (Commutative Law)	• $X+Y=Y+X$ • $XY=YX$
결합 법칙 (Associate Law)	• $(X+Y)+Z=X+(Y+Z)$ • $(XY)Z=X(YZ)$
분배 법칙 (Distributive Law)	• $X(Y+Z)=XY+XZ$ • $X+YZ=(X+Y)(X+Z)$
드모르간의 정리 (De morgan's Theorem)	• $\overline{X+Y}=\overline{X}\,\overline{Y}$ • $\overline{XY}=\overline{X}+\overline{Y}$
흡수 법칙 (Absorptive Law)	• $X+XY=X$ • $X(X+Y)=X$
합의의 정리 (Consensus Theorem)	• $XY+YZ+\overline{X}Z=XY+\overline{X}Z$ • $(X+Y)(Y+Z)(\overline{X}+Z)=(X+Y)(\overline{X}+Z)$

Module 010 논리식의 정리(간소화 예시)

핵심이론

- $\overline{\overline{X+Y}+Z}=\overline{\overline{(X+Y)}}\cdot\overline{Z}$

  $=(X+Y)\cdot\overline{Z}$

  $=X\overline{Z}+Y\overline{Z}$

- $\overline{\overline{\overline{W}+X}+\overline{YZ}}=\overline{\overline{\overline{W}+X}}\cdot\overline{\overline{YZ}}$

  $=(\overline{W}+X)YZ=\overline{W}YZ+XYZ$

- $\overline{(A+B)\overline{C}\overline{D}+E+\overline{F}}=\overline{(A+B)\overline{C}\overline{D}}\cdot\overline{E}\cdot\overline{\overline{F}}$

  $=(\overline{A+B}+\overline{\overline{C}}+\overline{\overline{D}})\overline{E}\cdot F$

  $=(\overline{A}\,\overline{B}+C+D)\overline{E}\cdot F$

  $=\overline{A}\,\overline{B}\,\overline{E}F+C\overline{E}F+D\overline{E}F$

- $\overline{\overline{AB}(CD+\overline{E}F)(\overline{AB}+\overline{CD})}=\overline{\overline{AB}}+\overline{(CD+\overline{E}F)}+\overline{(\overline{AB}+\overline{CD})}$

  $=AB+(\overline{CD}\cdot\overline{\overline{E}F})+\overline{\overline{AB}}\cdot\overline{\overline{CD}}$

  $=AB+(\overline{C}+\overline{D})(E+\overline{F})+ABCD$

  $=AB+\overline{C}E+\overline{C}\,\overline{F}+\overline{D}E+\overline{D}\,\overline{F}+ABCD$

- $\overline{A}\,\overline{B}\,\overline{C}+\overline{A}B\overline{C}+\overline{A}BC+A\overline{B}\,\overline{C}$

  $=(\overline{A}\,\overline{B}\,\overline{C}+\overline{A}B\overline{C})+\overline{A}BC+A\overline{B}\,\overline{C}$

  $=\overline{A}\,\overline{C}(\overline{B}+B)+\overline{A}BC+A\overline{B}\,\overline{C}$

  $=\overline{A}\,\overline{C}+\overline{A}BC+A\overline{B}\,\overline{C}$

  $=\overline{A}(\overline{C}+BC)+A\overline{B}\,\overline{C}$

  $=\overline{A}(\overline{C}+B)(\overline{C}+C)+A\overline{B}\,\overline{C}$ (분배법칙)

  $=\overline{A}(\overline{C}+B)+A\overline{B}\,\overline{C}$

  $=\overline{A}\,\overline{C}+\overline{A}B+A\overline{B}\,\overline{C}$

  $=\overline{A}\,\overline{C}+A\overline{B}\,\overline{C}+\overline{A}B$

  $=\overline{C}(\overline{A}+A\overline{B})+\overline{A}B$

  $=\overline{C}(\overline{A}+\overline{B})+\overline{A}B$

  $=\overline{C}\,\overline{A}+\overline{C}\,\overline{B}+\overline{A}B$

  $=\overline{B}\,\overline{C}+\overline{A}B$ (합의의 정리)

- $\overline{A}\,\overline{B}\,\overline{C}+\overline{A}B\overline{C}+\overline{A}BC+A\overline{B}\,\overline{C}$

  $=(\overline{A}\,\overline{B}\,\overline{C}+A\overline{B}\,\overline{C})+\overline{A}B\overline{C}+\overline{A}BC$

  $=\overline{B}\,\overline{C}(\overline{A}+A)+\overline{A}B(\overline{C}+C)$

  $=\overline{B}\,\overline{C}+\overline{A}B$

※ 위 두 논리식을 간소화하는 방법은 다양할 수 있으나(결과는 동일함) 상황에 알맞도록 효과적으로 간소화하는 것이 중요하다.

제 8 과목

한국사

Module 200제

공사공단 공기업 전공 [필기]

전기직 필수 이론 500제

(주)시대고시기획
(주)시대교육
www.sidaegosi.com
시험정보 · 자료실 · 이벤트
합격을 위한 최고의 선택

시대에듀
www.sdedu.co.kr
자격증 · 공무원 · 취업까지
BEST 온라인 강의 제공

제 8 과목 한국사

Module 001

선사시대 대표적 유물

핵심이론

• 구석기시대 : 주먹도끼, 막집
• 신석기시대 : 움집, 빗살무늬토기, 가락바퀴, 뼈바늘
• 청동기시대 : 비파형동검, 거친무늬거울, 고인돌, 벼농사시작, 반달돌칼, 민무늬토기
• 철기시대 : 세형동검, 반량전이나 명도전 등의 화폐사용

핵심 포인트

선사시대(先史時代)
인류가 문자를 발명하여 역사를 기록하기 시작한 "역사시대" 이전의 시대

Module 002

8조법(8조금법)

핵심이론

고조선 때 8개 조항의 법으로 현재는 3개의 조항만이 전해진다.
[8조법 조항]
• 사람을 죽인 자는 즉시 사형에 처한다.
• 남에게 상처를 입힌 자는 곡물로써 배상한다.
• 남의 물건을 훔친 자는 노비로 삼는다. 단, 용서를 받으려면 1인당 50만냥을 내야 한다.

핵심 포인트

8조법
우리나라 최초의 법으로 중국의 역사서인 "한서"의 지리지 부분에 기재되어 있다.

Module 003

고대 국가들의 주요 특징

핵심이론

- 부여 : 5부족 연맹체(왕, 마가, 우가, 구가, 저가), 일책12법, 우제점법
- 고구려 : 5부족 연맹체, 데릴사위제(예서제)
- 옥저 : 해산물 풍부, 민며느리제(예부제), 가족공동묘, 골장제, 세골장
- 동예 : 단궁, 과하마, 반어피 생산, 책화, 족외혼(동성불혼)
- 삼한 : 마한, 진한, 변한

핵심 포인트

- **책화** : 동예의 벌칙제도로 상대 씨족의 영역을 함부로 침범하면 노예나, 소, 말로 배상
- **민며느리제** : 옥저의 혼인풍속으로 여자 나이 열 살 때 남자 집으로 데려와 키우다가 성인이 되면 여자 집에 지참금을 지불하고 혼인시키는 풍습이 있었다.

Module 004

고대 왕들의 업적

핵심이론

고구려		백 제		신 라		고 려	
고국천왕	왕위 부자상속 진대법실시	고이왕	한강유역장악 율령반포 관리 공복제정 관리 복색제정	지증왕	신라 국호 사용 "왕" 호칭 사용 우산국 정벌	태 조	사성정책(왕씨 성하사) 호족통합정책
소수림왕	율령반포 태학설립 불교수용	근초고왕	마한 정복 낙동강 유역 가야에 영향력	법흥왕	율령반포 불교공인	광 종	노비안검법 왕권강화 과거제 실시
광개토대왕	영토확장 고조선 땅 회복	무령왕	지방 22담로 설치	경덕왕	관직명 중국식 변경 녹읍 부활	성 종	중앙정치체계 완성 지방행정체계 마련
장수왕	평양천도 영토확장 남하정책 남북조와 교류	성 왕	국호를 남부여로 변경 사비(부여)천도 노리사치계를 통해 일본(왜) 불교 전파	진흥왕	거칠부에게 국사를 편찬하게 함		

핵심 포인트

- 신라라는 국호를 처음 사용한 왕 : 지증왕

[광개토대왕릉비에 적힌 광개토대왕의 업적]

- 보병과 기병 5만을 보내 신라를 도와주었다.
- 395년 패수(浿水)에서 백제를 크게 대패시키고 8,000여명을 사로잡고, 60여개의 성과 664여개의 촌락을 점령하였다.
- 동부여가 배반하여 조공을 바치지 않아 군사를 거느리고 동부여를 정벌하였다.

Module 005

아직기와 담징

핵심이론

- 아직기 : 백제의 학자. 근초고왕의 명으로 일본에 건너가 왜왕에게 말 두 필을 선물하였고, 승마와 말 기르는 방법을 전수하였다.
- 담징 : 고구려의 승려이자 화가로 일본 서기에 기록된 사료에는 종이나 먹의 제작방법을 일본에 전수했다는 기록이 있다.

핵심 포인트

아직기와 담징은 일본(왜)에게 백제의 기술을 전수함

Module 006

무구정광 대다라니경

핵심이론

경주 불국사 석가탑을 해체하던 중 발견된 세계 최고(最古)의 목판 인쇄본으로 통일신라 때 만들어졌다. 우리나라의 국보로 지정되어 있다.

핵심 포인트

무구정광 대다라니경

두루마리로 만들어진 세계 최고(最古)의 목판인쇄본

Module 007

녹 읍

핵심이론

신라시대 관리나 귀족에게 고을 단위로 지급했던 급여적 성격의 "녹"으로, 해당 지역의 농지세를 대신 받거나 그 고을의 백성을 동원하여 부역을 시킬 수도 있었다.

핵심 포인트

- 신라 신문왕 때 녹읍이 폐지됨
- 신라 경덕왕 때 녹읍이 다시 부활함

Module 008

살수대첩

핵심이론

중국을 통일한 수나라가 7세기 초 110만여 대군을 이끌고 고구려를 공격했을 때 을지문덕 장군이 수나라 장수 우중문에게 시를 지어 보내어 전투 없이 수나라 군대를 되돌아가게 한 후, 돌아가던 수나라 군대를 살수에서 수장시킨 전투다.

핵심 포인트

[고구려 을지문덕 장군이 수나라 우중문에게 보낸 시의 내용]
"이 정도면 전쟁에서 이겼으니 그만 수나라로 돌아가라"

Module 009

안시성 싸움

핵심이론

삼국시대 645년(7세기)에 고구려 안시성 안의 백성들이 사력을 다해 수십만 당나라 군대의 침공에 맞서 안시성을 지켜낸 전투였다. 당시 안시성의 성주는 양만춘 장군이었다(고구려 보장왕 4년). 즉, 당나라 태종이 고구려 영류왕을 폐위시키고 왕좌를 차지한 연개소문을 벌하겠다는 이유로 수나라에 이어 당나라가 대대적으로 쳐들어 왔으나 안시성에서 대패하고 돌아갔다.
안시성 싸움에서 진 당나라가 신라와 나당연합군을 결성하여 고구려를 재침략함으로써 끝내 몰락하였다.

핵심 포인트

안시성 싸움
당나라 태종(이세민)이 고구려 연개소문을 벌하러 왔다가 대패하고 돌아간 전투

Module 010

중원고구려비

핵심이론

5세기 고구려 장수왕 때 제작한 것으로 추정되며, 국내 유일의 "고구려 때의 석비"로 국보 제205호로 지정되어 있다. 현재 충북 충주에 위치해 있어서 충주 고구려비라고도 한다. 이 비석은 장수왕의 남하정책에 의해 고구려 군이 신라의 영토에 주둔하며 영향력을 행사한 사실을 나타내며, 삼국시대 고구려와 신라의 관계를 해석하는 데 중요한 역할을 한다.

핵심 포인트

중원 고구려비(현재 충주 고구려비)
광개토대왕의 아들 장수왕이 세운 비석으로, 5C 고구려의 영토가 남한강 주변까지 미쳤다는 것을 알려주는 사료이다.

Module 011

독서삼품과

핵심이론

신라 하대(통일신라) 원성왕 때 관리 선발 제도로 학문의 성취 정도를 "삼품(三品)"으로 나누어 상품, 중품, 하품으로 구분하여 관직 수여에 참고하였다.

[등급별 읽어야 할 서적]

- 상품 : 춘추좌씨전, 예기, 문선, 논어, 효경
- 중품 : 논어, 효경, 곡례
- 하품 : 효경, 곡례

핵심 포인트

독서삼품과

국학 졸업생들의 유교경전 독해능력을 구분하는 졸업시험의 일종으로, 독서출신과(讀書出身科)라고도 한다.

Module 012

민정문서 (=신라장적)

핵심이론

통일신라 서원경(현재 충북 청주지역)의 4개 촌락의 경제 상황을 기록한 문서이다. 이 장부에는 호구의 수, 전답의 넓이, 소와 말의 수, 특산물, 과실나무 수 등으로 나누어 3년 동안의 변화상을 기록하였다. 당시 해당 지역의 경제 상황을 집계한 장부로 일본에서 발견되었다.

핵심 포인트

민정문서(신라장적)

통일신라시대 촌락의 경제 상황을 알 수 있는 문서

Module 013

의 상

핵심이론

신라시대 승려였던 의상은 진골 귀족으로 원효대사와 함께 당나라 유학을 가던 중 되돌아와 화엄종을 창시하였다. "일즉다 다즉일"을 주장하였고, 부석사를 창건하였다.

핵심 포인트

의 상
화엄종의 창시자

Module 014

원효대사

핵심이론

"일심사상"과 "화쟁사상"을 주장한 고려 시대의 승려로, 태종 무열왕의 둘째 딸 요석공주와 결혼하여 설총을 낳았다. 해골물을 마신 후 "이 세상 만물은 모두 내 마음먹기에 달렸다"는 이야기로 유명하다. 신문왕에게 화왕계를 지어 바치면서 왕이 나아갈 길을 제시하였다.

• **원효의 주요 저서** : 십문화쟁론, 금강삼매경론, 대승기신론소

핵심 포인트

원효대사
화왕계를 저술한 설총의 아버지로 해골물로 유명하며, 아미타 신앙을 통해 대중화에 기여하였다.

Module 015

신라 왕호의 변천

핵심이론

[신라 왕호의 변천 순서]

거서간 → 차차웅 → 이사금 → 마립간 → 왕

핵심 포인트

시조인 박혁거세의 왕호는 거서간이었다.

Module 016

신라의 삼국통일 과정

핵심이론

나 · 당 연합군 결성 → 백제 정복 → 고구려 정복 → 나 · 당 전쟁(매소성 전투, 기벌포 전투) → 통일신라

핵심 포인트

신라의 삼국통일을 마무리한 왕 : 문무왕

Module 017

동북 9성

핵심이론

발해가 멸망하고 만주와 함경도 지역에 있던 여진족의 세력이 커지면서 고려와 충돌이 잦았는데, 이에 고려 윤관이 별무반을 조직하여 여진족을 토벌하고 그 지역에 세운 9개의 성

핵심 포인트

별무반
고려 윤관이 여진정벌을 위해 만든 임시 군사조직

Module 018

팔만대장경

핵심이론

고려시대에 만든 목판으로 국보 제32호이며 유네스코 기록 문화유산이다. 몽골의 침략을 부처의 힘으로 물리치기 위해 강화도에서 조판되었으며, 현재 경남 합천 해인사 장경판고에 보관되어 있다.

핵심 포인트

- **초조대장경** : 고려시대 최초의 대장경
- **팔만대장경** : 목판인쇄물

Module 019

발 해

핵심이론

대조영이 고구려가 멸망한 후 그 땅에 세운 나라이다. 발해는 눈부시게 성장하여 해동성국이라고도 불렸다.

[발해의 특징]

- 중앙에 3성 6부
- 전국에 5경 15부 2주
- 궁정 터에서 온돌장치와 기와가 발견되었다.
- 고려의 국왕을 표방하고 일본과도 교류하였다.
- 수도인 상경에 주작대로라는 직선 길(남쪽으로 뚫린 대로, 마차 12대가 지나갈 수 있는 규모였다고 함)

핵심 포인트

- 조선 후기 실학자 유득공이 "발해고"를 저술하여 발해와 통일신라를 "남북국 시대"라고 함
- **발해 문화의 고구려 영향** : 온돌, 기와, 불상, 무덤양식
- **발해 문화의 당나라 영향** : 주작대로, 3성 6부(운영은 독자적)

Module 020

묘청의 서경천도운동

핵심이론

묘청을 중심으로 한 서경파와, 김부식을 중심으로 한 문벌 귀족 세력인 개경파가 대립하면서 묘청 세력이 권력을 장악하기 위해 난을 일으킨 사건이며, 김부식에 의해 진압되었다. 수도를 서경(지금의 평양)으로 옮길 것을 주장하였다.

• 서경파 : 고구려 의식을 계승하여 금을 정벌할 것과 서경천도를 주장
• 개경파 : 신라 의식을 계승하여 금과 타협할 것을 주장

핵심 포인트

묘 청
고려시대 서경의 승려로 서경천도 주장

Module 021

소손녕 침입

핵심이론

고려 성종 993년 고려의 친송정책과 거란의 북진정책의 대립으로 고려를 정벌하고자 거란의 소손녕이 고려를 최초로(1차) 침입한 사건이다. 오히려 서희가 소손녕과의 외교 담판으로 강동 6주를 획득하였다.

핵심 포인트

• 1차 거란족의 침입 : 서희 장군의 외교담판으로 승리
• 2차 거란족의 침입 : 서경함락 후 양규 장군의 퇴각로 차단으로 화친
• 3차 거란족의 침입 : 강감찬 장군의 귀주대첩으로 승리

Module 022

상평창

핵심이론

고려시대의 물가조절 기관으로 풍년이 들었을 때 국가에서 곡물을 사들여서 곡물가격이 떨어지지 않도록 하고, 반대로 흉년이 들면 곡물을 다시 풀어서 가격이 너무 오르지 않도록 시장가를 떨어뜨리면서 물가를 조절하였다.

핵심 포인트

- 상평창 : 고려시대 물가조절 기구
- 의창 : 고려와 조선시대 백성 구휼기관

Module 023

시무 28조

핵심이론

고려 성종 때 최승로가 건의한 28개 조항으로 된 개혁 상소문이다. 이 상소문은 성종이 고려 초기에 국가 체제를 정비하는 데 기본 토대가 되었다.

핵심 포인트

시무 28조 : 최승로

Module 024

안동도호부

핵심이론

고구려가 멸망하고 당나라가 평양에 안동도호부를 설치하고 초대 도호로서 설인귀를 임명하여 옛 고구려 땅을 다스리게 한 군사행정기구이다. 안녹산의 난을 계기로 758년경 사라졌다.

핵심 포인트

당나라는 고구려를 멸망시키고 고구려 땅에 안동도호부 외 6개의 도호부를 추가로 두었다.

Module 025

이성계의 업적

핵심이론

- 요동 정벌
- 조선 건국
- 수도를 개경에서 한양으로 천도
- 과전법 실시
- 반대파 제거

핵심 포인트

태조 이성계
조선을 건국한 초대 왕으로 고려 공민왕 시기에 급성장한 신흥무인세력이다. 요동 정벌에 반대하였지만 요동정벌군의 우군도통사로 임명되어 전쟁에 나가던 중 위화도에서 회군하여, 우왕과 권문세족을 몰아내고 정도전 등의 신진사대부들의 힘을 얻어 조선을 건국하였다.

Module 026

이자겸의 난

핵심이론

고려 인종 때 예종의 장인이면서 인종의 외조부인 이자겸은 당시 최고 권력자였는데, 그의 둘째 딸이 예종의 왕후가 되어 인종을 낳으면서 외척 세력을 떨치기 시작하였다. 1126년 인종 4년경 인종이 이자겸을 멀리하자 인종을 폐위시키고 정권을 장악하여 스스로 왕이 되고자 반란을 일으킨 사건이다.

핵심 포인트

이자겸의 난
외척 세력이 권력 강화를 위해 반란을 일으킨 사건

Module 027

비변사

핵심이론

1510년 삼포왜란 이후 조선시대 국방대책 논의를 위해 설치한 임시기구이다. 국가에서 중요한 사건이나 왜란이 발생했을 때만 주로 활동했으나 임진왜란 이후 국란 수습을 위해 비변사의 권한이 강화되어 최고 기관으로 활용되면서부터 의정부의 권한은 약화되었다.

핵심 포인트

- 비변사 강화 : 왜란과 호란(병자호란) 이후
- 비변사 폐지 : 흥선대원군

Module 028

정암 조광조의 개혁정치

핵심이론

[조광조의 개혁정치]

- 위훈삭제
- 소학보급
- 소격서 폐지
- 현량과 실시
- 경연의 활성화

[정암 조광조의 절명 시]

愛君如愛父(애군여애부) : 임금 사랑하기를 아버지 사랑하듯 하였고,
憂國如憂家(우국여우가) : 나라 걱정하기를 집안의 근심처럼 하였다.
白日臨下土(백일임하토) : 밝은 해 아래 세상을 굽어보시고,
昭昭照丹衷(소소조단충) : 내 단심과 충정을 밝게 비춰주소서.

핵심 포인트

소광소는 중종반정 때 공을 세우지 않은 훈구세력이 대거 토지나 재물을 받게 되자, 그 세력을 공신에서 삭제해야 한다는 위훈삭제를 주장한 사림파의 지도자로 학문의 중심이 마음의 수양이라고 주장하였다.

Module 029

관수관급제

핵심이론

조선시대 직전법의 폐단을 막기 위해 성종 때 국가가 대신 농민으로부터 조세를 받아 수조권을 받은 관리에게 녹봉을 지급했던 제도

핵심 포인트

관수관급제의 시행으로 관리들의 백성에 대한 착취가 힘들어졌다.
[조선시대 관리임금 제도 변천]
과전법 → 직전법 → 관수관급제 → 녹봉

Module 030

승정원과 사간원, 사헌부

핵심이론

- 승정원 : 왕이 내린 명령을 발표하거나 상소문과 보고서를 왕에게 전달하는 관청이다. 도승지가 그 수장을 맡았다.
- 사간원 : 조선시대 언론기관으로 임금에 대한 간쟁과 논박을 관장했다.
- 사헌부 : 조선시대 감찰기관으로 기강과 풍속을 바로잡거나 시정을 논의하였다.

핵심 포인트

- 대간 : 사헌부, 사간원
- 삼사 : 홍문관, 사헌부, 사간원

Module 031

고려시대와 조선시대 화폐

핵심이론

- 고려와 조선시대 화폐의 종류

고려시대	조선시대
• 건원중보 • 해동통보 • 삼한통보 • 은병(활구) • 해동중보	• 조선통보 • 상평통보 • 당백전

핵심 포인트

조선시대의 법화 : 상평통보

Module 032

종묘와 사직

핵심이론

- 종묘 : 왕실의 역대 왕들의 위패를 모신 사당으로 조상신에게 제사를 지내는 곳
- 사직 : 나라 경제의 근본이 되는 토지와 오곡의 신에게 제사를 지내는 곳

핵심 포인트

종묘는 세계문화유산에 등재되었다.

Module 033

고대 주요 역사서

핵심이론

[주요 역사서]
- 김부식 : 삼국사기
- 일연 : 삼국유사
- 이규보 : 동명왕편
- 이승휴 : 제왕운기
- 이제현 : 사략

핵심 포인트

삼국유사에는 고조선이 언급되어 있으나, 삼국사기에는 고조선의 언급이 없다.

Module 034

6조 직계제

핵심이론

조선시대 6조의 장관격인 판서가 의정부를 거치지 않고 직접 왕에게 보고하여 업무를 처리한 제도로 국정 운영에서 왕의 역할을 강화시킨 정치체계이다.

핵심 포인트

6조 직계제는 왕과 신하의 소통을 위한 것으로 왕권 강화에 도움을 주었다.

Module 035

이황과 이이

핵심이론

퇴계 이황	율곡 이이
• 주리론 • 이기호발설 • 성학십도, 주자서절요 집필 • 이(理) 우선으로 본성 중시 • 1,000원 지폐권의 배경 인물 • "동방의 주자"로 불림	• 주기론 • 이통기국론 • 성학집요, 동호문답 집필 • 기(氣) 우선으로 행동이 우선 • 5,000원 지폐권의 배경 인물

핵심 포인트

- **이(理)** : 변하지 않는 근본 원리
- **기(氣)** : 만물을 구성하는 기본 요소

Module 036

조선시대 상인

핵심이론

상인의 종류

관허상인	사상(도고)
시전상인 보부상 공인	의주지역 - 만상 개성지역 - 송상 동래지역 - 내상 서울지역 - 경강상인 객주, 여상 - 숙박업, 창고, 중간상인

사상은 "도고"라고도 하며, 정부의 허가 없이 개인적으로 활동한 상인이다.

Module 037

조선 후기 실학자

핵심이론

조선 후기 실학자와 주요 저서

중농학파 실학자	중상학파 실학자
유형원 - 반계수록, 균전론 주장 이익 - 성호사설, 한전론 주장 정약용 - 목민심서, 경세유표, 여전론 주장	박제가 - 북학의 박지원 - 열하일기 홍대용 - 담헌서, 의산문답, 지전설 주장 유수원 - 우서

핵심 포인트

- **중농학파** : 조선 후기 실학자들의 집단으로 토지개혁과 농민의 생활안정을 중시하였다.
- **중상학파** : 조선 후기 실학자들의 집단으로 상공업의 발달을 중시하였고, 북학파라고도 한다.

Module 038

김홍도와 신윤복 그림

핵심이론

	김홍도	신윤복
그림의 특징	간결하고 소탈하며 농촌의 생활상을 주로 그렸다.	세련되고 섬세한 도시의 생활상을 그렸으며 풍자적인 그림도 그렸다.
그림의 종류	논갈이 길쌈 기와이기 빨래터 단원 풍속도첩 – "씨름"	미인도 쌍검대무 월하정인 단오풍정 행려풍속도

핵심 포인트

- 김홍도 대표작 : 씨름
- 신윤복 대표작 : 미인도

Module 039

홍경래의 난

핵심이론

1811년 홍경래가 일으킨 농민봉기로 10일 만에 평안도의 주요 지역을 점령하였으나, 관군에 밀려 정주성으로 쫓겨 들어갔다가 결국 봉기 100일 만에 패하고 말았다. 이 봉기를 통해서 농민들도 지배층에 맞서 싸울 수 있다는 자신감을 얻고 불의에 항거하며 지배층의 간담을 서늘하게 만들었지만 농민을 위한 어떤 개혁사항도 주장하지 못했다.

핵심 포인트

홍경래의 난 : 농민봉기

Module 040

동학농민운동

핵심이론

조선 후기(1894년)에 부패한 탐관오리들의 수탈이 극심하였는데, 전라도 고부 군수인 조병갑의 학정에 견디다 못한 고부지역 농민들이 1894년 3월 전라도 백산지역에서 전봉준을 중심으로 농민 봉기를 일으킨 농민운동이다. 이에 정부는 청과 일에 도움을 요청하였으며, 전주를 점령하고 있었던 농민군은 외국세력에 항거하여, 그해 5월 정부와 자치기구인 집강소가 폐정개혁안 실시를 합의하는 '전주 화약'을 맺었으나, 9월 일본군에 대한 2차 농민 봉기가 일어나 청일전쟁의 직접적 원인이 되기도 하였다.

핵심 포인트

- 동학농민운동 : 전봉준
  - 1894년 3월의 고부 봉기(제1차), 9월의 전주・광주 궐기(제2차), 1895년 3월 서울 전봉준 처형, 청일전쟁의 직접적 원인
- 동학의 창시자 : 최재우
- 동학 : 천주교 등의 서학에 대항해서 풍수사상과 유(儒), 불(佛), 선(仙)의 교리를 토대로 만든 우리의 새로운 종교
- 동학의 핵심사상 : 인내천, 사람이 곧 하늘
  - 새로운 세계는 내세(來世)가 아니라 현세에 있다.

Module 041

금난정권

핵심이론

시전 상인들에게 조선 정부가 준 일종의 독점적인 전매특권으로 육의전 외 한성 내 시전상인들이 도성 내 · 외부 10리 이내에서 난전을 금지시킬 수 있는 권리이다. 이 금난정권으로 인해 물건 값이 급등하게 되었다.

핵심 포인트

육의전

조선시대 지금의 종로 자리에 있었던 여섯 종류의 상점이다. 국역을 부담하면서 조선 정부로부터 왕실과 국가 의식을 도맡는 상품의 독점과 전매권을 행사하였고, 상업 경제를 지배하면서 조선 말기까지 확고한 지위를 차지했다.

Module 042

의정부 서사제

핵심이론

태조가 조선을 건국한 초기부터 도입한 국가의 통치체제로 의정부에 속하는 3정승이 합의하여 국가의 중대사를 처리하도록 한 제도다. 6조의 판서들이 의정부에 보고하면 의정부에서 임금에게 건의하고 임금은 이를 재가하는 형태로 국정을 운영한 것이 특징이다.

핵심 포인트

3정승

영의정, 우의정, 좌의정

Module 043

영조와 정조의 업적

핵심이론

영 조	정 조
• 성균관에 탕평비 건립 • 청계천 준설 • 신문고 부활 • 균역법 실시 • 이조전랑의 특혜를 없앰	• 화성축조 • 규장각 설립 • 공장안 폐지 • 서얼의 등용 • 초계문신제 실시 • 탕평책 실시(시파와 벽파 고루 등용) • 장용영 설치(왕의 직속 경호 부대) • 신해통공(금난정권 폐지로 상업 자유화) • 대전통편, 동문휘고(외교 문서 모음), 추관지 규장전운 편찬
조선의 21대 왕(1694~1776)	조선의 22대 왕(1752~1800)

핵심 포인트

• 사도세자 : 정조의 아버지이며 뒤주에 갇혀 죽음. 영조 - 노론(집권세력), 사도세자 - 소론(비집권세력) 간 대립이 그 원인이 되기도 함
• 한중록 : 정조의 생모이자 사도세자의 빈인 혜경궁 홍씨의 회고록

Module 044

삼전도비

핵심이론

1636년경 청나라의 침략 시기인 병자호란 때 청나라 태종이 조선의 인조로부터 항복받은 것을 자신의 공덕으로 삼고 한양과 남한산성을 이어주던 나루터인 삼전도에 세운 비석

핵심 포인트

삼전도비는 굴욕적 외교의 산물로 인식되며, 현재 서울특별시 송파구에 있다.

Module 045

오죽헌

핵심이론

조선시대 학자인 율곡 이이의 외가로 어머니인 신사임당과 이이가 태어난 곳으로 유명하며, 조선시대의 대표적 건축물로써 그 가치를 인정받아 보물 제165호로 지정되었다.

핵심 포인트

오죽헌

조선시대의 목조건물로 신사임당과 율곡 이이가 태어난 곳

Module 046

택리지

핵심이론

조선 후기 실학자인 이중환이 1751년 영조 시기에 저술한 현지 답사를 기초로 한 인문 지리서이다. 지리적 특성과 함께 해당 지역의 생활과 관련된 내용도 기록하였다.

핵심 포인트

택리지 : 이중환

Module 047

서경덕

핵심이론

조선 중기의 학자로 주기파의 거장이다. 황진이의 유혹에도 꿈쩍하지 않아서 황진이가 그의 인품에 감격한 것으로 유명하다. 주요 저서로는 화담집이 있다.

핵심 포인트

송도 3절

서경덕, 황진이, 박연폭포

Module 048

유향소

핵심이론

조선 초기에 지역의 유지(유력자)들이 지방의 수령이 그 지역을 통치하는 데 도움을 주거나 향리의 비리를 감찰하고 풍속을 바로잡기 위해 만든 자발적 조직으로, 고려 때 사심관제도의 영향으로 만들어졌다. 조선 태종 이전에 유향소 또는 향소(鄕所)라는 조직으로 고정되었다.

핵심 포인트

조선시대 지방 군현의 수령(守令)을 보좌하던 자문기관

Module 049

조선시대 주요 서적

핵심이론

서적명	집필자	특 징
지봉유설	이수광	우리나라 최초 백과사전적 서술, 서양 문물과 문화 소개
성호사설	이 익	이익이 느낀 점과 흥미로운 사실을 기록
대동여지도	김정호	오늘날의 지도와 큰 차이가 없을 정도의 정밀도를 가짐
혼일강리도	태 종	우리나라를 사실보다 크게 그린 그림
향약구급방	대장도감	우리나라 최고(最古)의 의학서적
동의수세보원	이제마	사상의학에 대한 이론과 치료법을 모아 놓은 책

핵심 포인트

- **혼일강리도** : 우리나라를 지도에서 크게 그림으로써 자주성을 돋보인 지리서
- **대동여지도** : 개개의 산보다 산줄기를 표현하는 데 역점을 둔 우리나라 대축척 지도

Module 050

조선시대 농업서적

핵심이론

서적명	집필자	특 징
농사직설	정 초	현존 최고의 농업서적, 지방 권농관의 지침서
금양잡록	강희맹	농민의 경험으로 저술됨
구황촬요	이 택	흉년을 대비한 농업서적
과농소초	박지원	한전법 제시

박지원의 한전법

1호당의 평균 경작 면적을 국가가 제정하자는 것

Module 051

조선시대 4대 법전

핵심이론

[조선시대 4대 법전]

- 경국대전 : 세조 때 시작, 1485년 성종 편찬, 조선의 기본법전
- 속대전 : 1746년 영조 때 편찬, 경국대전에서 필요한 것을 간추린 법전
- 대전통편 : 1785년 정조 때 편찬, 경국대전과 속대전을 통합하여 편찬
- 대전회통 : 1865년 고종(흥선대원군) 때 편찬, 조선시대 마지막 법전

핵심 포인트

경국대전

조선시대의 기본법전

Module 052

백두산정계비

핵심이론

조선 숙종 때 청나라와의 국경선 문제를 해결하기 위하여 백두산에 "서위압록, 동위토문"을 기록하고 세운 비석. 간도는 압록강 건너 남만주 지역인데 이곳은 현재 중국과 영토분쟁이 이루어지고 있는 지역이다. 한중 간 분쟁의 주된 내용은 토문강을 중국은 두만강으로 우리나라는 쑹화강으로 주장한다.

핵심 포인트

백두산정계비
한국과 중국 간 국토 분쟁의 핵심에 서 있는 비석으로 "서위압록, 동위토문"이 새겨짐

Module 053

광해군의 주요 업적

핵심이론

외교적 업적	경제적 업적
후금(청)과 명 사이의 중립외교	전란수습 대동법 실시 호패제 재실시 창덕궁, 경희궁 중건 허준에게 동의보감을 저술하게 함

핵심 포인트

광해군은 중립외교로 정치를 잘했지만 인조반정으로 폐위되었다.
폐모살제[영창대군을 죽이고 인목왕후를 폐위시킨 사건]로 그의 공덕에 비해 역사적 평가는 좋지 않다.

Module 054

조선왕조실록

핵심이론

조선시대에 태종에서 철종까지 일어난 사건들을 한 왕의 제위기간을 기준으로 만들어진 역사서이다. 해당 시대의 정치와 경제, 사회와 문화, 주요 사건 등을 알려 주는 중요 사료이다. 고종과 순종의 실록은 일제강점기에 나온 것으로 조선왕조실록으로 보지 않는 것이 중론이다. 사초(史草)는 실록 완성 후 세초(洗草)하여 글씨는 지우고 사초에 쓰인 종이는 재활용하였다.

핵심 포인트

- **실록** : 사초를 기초로 한 명의 왕이 나라를 다스리면서 일어난 주요 사건들을 순서대로 기록한 역사서
- **사초** : 사관이 국가의 중요 회의에서 왕과 신하가 논의한 것을 기록한 문서로, 공식적인 사초는 관장사초(館藏史草)라 하여 춘추관에 보관하였고, 미처 기록하지 못해 기억에 의해 집에서 기록된 가장사초(家藏史草)는 왕의 사후에 제출하거나 사관의 집에 보안을 유지하여 보관되기도 했다.

Module 055

대동법

핵심이론

광해군 때 땅이 있는 지주에게 공납을 쌀로 내도록 한 납세제도로, 1결당 12두를 내도록 하여 공납과 방납의 폐단을 막기 위한 제도이다. 대동법은 부자와 가난한 사람 모두 동일하게 특산물을 납부했던 공납과는 달리, 부자와 가난한 사람에게 차등을 두어 세금을 내도록 한 제도다. 가난한 백성에게는 공납의 부담을 줄여 주고 부자에게 세금을 더 걷었다. 이 대동법은 공인이 등장하는 계기가 되었다.

핵심 포인트

- **공납의 폐단** : 공납은 호주가 그 지역의 특산물을 세금으로 내는 것이었으나, 특산물이 바뀔 경우 해당 지역에 이미 부과하도록 한 특산물을 대신 납부해 주는 대납가가 출현했는데, 이 대납가는 막대한 이익을 남기고 농민들에게 특산물을 비싸게 팔았다.
- **방납의 폐단** : 관가에 백성이 공납인 특산물을 세금으로 낼 때 아전이 그 납부를 막는 방어행위를 한다 하여 방납이라고 불렸다. 오히려 관리와 연결된 상인에게 특산품을 사서 납부하는 폐해가 발생했다.

Module 056

훈민정음 해례본

핵심이론

훈민정음을 왜 만들었으며, 어떤 원리로 만들었고 어떻게 사용해야 하는지를 상세하게 설명해 놓은 책이다. "예의"와 "해례"로 구성.
예의는 세종이 한글을 만든 이유와 사용법을 직접 쓴 것으로 '세종어제'라고도 하며, 해례는 성삼문, 박팽년, 최항, 이개, 이선로, 강희안, 신숙주, 정인지 등 집현전 학사들이 자음·모음의 만든 원리와 쓰는 법을 설명하였고, 서문은 정인지가 썼다고 하여 '정인지의 서'로 되어 있다.

핵심 포인트

- 훈민정음의 의미 : 백성을 가르치는 바른 소리
- 한글로 쓴 최초의 서적 : 용비어천가
- 훈민정음 언해본 : 훈민정음 해례본 중의 '예의'만 정음으로 언해한 것을 말하며, 우리가 배우고 있는 '훈민정음'이다.

Module 057

삼강행실도

핵심이론

백성들이 유교의 충과 효, 절개를 어떻게 생활에서 실천하며 살 것인가에 대해 상세히 설명해 놓은 책이다. 그림과 한글 설명이 함께 기록된 것으로 세종대왕이 백성이 죄를 짓지 않도록 알려주기 위한 교육용으로 만든 것으로 전해진다.

핵심 포인트

삼강행실도 : 세종대왕 때 편찬

Module 058

장영실의 업적

핵심이론

- **측우기 제작** : 빗물을 받아 강우량을 측정하는 기기
- **앙부일구 제작** : "해"의 그림자로 시간을 측정하는 해시계
- **자격루 제작** : 자동으로 시간을 알려주는 물시계

핵심 포인트

장영실은 노비 신분으로 손재주가 좋아 "궁궐"에서 일하던 중 태종이 발탁했고 세종대왕이 신분을 풀어주고 종3품까지 벼슬을 주었다. 과학과 천문학에 밝아 많은 발명품을 제작했던 조선시대 대표 과학자이다.

Module 059

사육신

핵심이론

단종을 다시 왕위에 복위시키려다가 세조에게 발각되어 죽임을 당한 6명의 신하를 일컫는 말이다. 사육신은 성삼문, 박팽년, 하위지, 유성원, 이개, 유응부로 총 6명이다.

핵심 포인트

1456년 세조 2년 단종 복위를 모의하던 중 발각되어 죽임을 당했다.

Module 060

삼국, 고려, 조선 시대 교육기관

핵심이론

- 태학 : 고구려 국립대학으로 소수림왕 때 설립
- 국자감 : 고려 국립대학
- 서원 : 사학교육기관으로 유학교육과 향촌 자치기구의 역할
- 향교 : 고려와 조선시대 지방의 유학교육을 위해 설립한 관학교육기관
- 성균관 : 조선시대 최고의 고등교육기관

핵심 포인트

- 최초의 서원 : 풍기 군수 주세붕의 백운동 서원(= 소수서원)
- 서원철폐 : 흥선대원군

Module 061

예송논쟁

핵심이론

조선 18대 왕 현종 때, 17대 왕 효종이 돌아가셨을 때 16대 왕 인조의 계비인 자의대비(장렬왕후 조씨)가 상복을 몇 년 입을지에 대한 서인과 남인의 싸움(1차 예송논쟁, 기해예송)이 있었고, 그 이후에도 효종의 비인 인선대비가 돌아가셨을 때 또 자의대비가 상복을 몇 년 입을지에 대한 서인과 남인의 싸움(2차 예송논쟁, 갑인예송)이 발생하였다.

핵심 포인트

- 1차 예송논쟁 : 1659년, 서인과 남인의 논쟁
- 2차 예송논쟁 : 1674년, 서인과 남인의 논쟁

Module 062

6. 10 만세운동

핵심이론

일제의 수탈과 강제 식민지 교육 등으로 불만이 쌓인 국민들이 1926년 순종의 장례식 날을 기해 대규모 만세운동이 거행되었으며, 학생들이 주도적인 역할을 했다. 6. 10 만세운동은 향후 신간회의 창립 계기가 되었다.

핵심 포인트

6. 10 만세운동 시기의 격문
조선 민중아, 우리의 철천지 원수는 자본과 제국주의 일본이다. 2천만 동포야, 죽음을 각오하고 싸우자, 만세, 만세, 만세, 조선 독립 만세

Module 063

위정척사운동

핵심이론

1860년대 통상수교 반대를 외친 위정척사파가 주장한 것으로 이항로와 기정진이 주도하였다. 강화도 조약 이후 개항과 개화를 반대하는 사상과 의병 투쟁으로 이어졌다.

핵심 포인트

위정척사운동은 유교 사상에 심취해 있던 유생들이 주도했다.

Module 064 헤이그 특사

핵심이론

일제의 침략을 전 세계에 호소하고 을사조약의 무효를 주장하기 위해 1907년 고종이 비밀리에 네덜란드 헤이그에서 열린 제2회 만국평화회의에 특사를 파견했던 외교활동이다. 이때 파견된 특사는 이준과 이상설, 이위종이다.

핵심 포인트

헤이그 특사
을사조약의 무효 주장을 하기 위해 고종이 파견한 특사 3인

Module 065 운요호 사건

핵심이론

1875년 고종 12년에 일본 군함인 운요호가 강화도 초지진 근처에 불법으로 들어와 측량을 한다는 핑계로 조선 정부를 염탐하다 조선 수비대와 전투를 벌였던 사건이다. 일제는 이 운요호 사건을 빌미로 통상 조약을 요구하였고, 결국 강화도 조약을 맺게 되었다. 강화도 조약은 우리나라가 외국과 맺은 첫 조약이면서 불평등 조약이었다.

핵심 포인트

운요호 사건을 계기로 우리나라는 일제와 불평등 조약인 강화도 조약을 체결하게 되었다.

Module 066 을미개혁

핵심이론

을미사변 이후 일본의 요구로 을미개혁을 하였는데, 이 을미개혁에는 건양이라는 연호를 사용하였으며 단발령과 태양력 도입이 포함되었다.

핵심 포인트

- 태양력 : 지구가 해의 둘레를 1회전하는 기간을 1년으로 사용하는 역법
- 단발령 : 머리카락을 자르도록 하여, 상투를 트는 한국 고유의 풍속을 말살하려던 일제의 모략

Module 067

아관파천

핵심이론

고종은 부인인 명성황후가 시해되고 난 후 일제를 피해 러시아 공사관으로 거처를 옮겼는데, 이 사건을 부르는 용어이다.

핵심 포인트

- 아관파천 : 아–러시아, 관–공사관, 파천–옮김을 의미한다.
- 을미사변 : 일제가 여우사냥이라는 작전명으로 "명성왕후"를 시해한 사건이다.

Module 068

대한독립군

핵심이론

1919년 홍범도를 주축으로 만주에서 조직된 독립운동단체로 주활동무대는 북간도였다. 봉오동 전투에서 큰 활약을 하였다.

핵심 포인트

대한독립군–홍범도–봉오동 전투

Module 069

카이로 선언과 포츠담 선언

핵심이론

연합국이 한국의 광복을 약속한 선언 : 1943년 카이로 선언, 1945년 포츠담 선언(재확인)

핵심 포인트

카이로와 포츠담 선언을 통해 연합국이 한국의 광복을 선언했다.

Module 070

광무개혁

핵심이론

고종은 아관파천 이후 1897년 국호를 대한제국으로 바꾸고 환구단에서 황제 즉위식을 거행하였다. 근대적 성격의 개혁으로 자신의 연호를 따서 광무개혁이라 하였다. 구본신참을 원칙으로 한 점진적인 개혁으로서 대표적인 것은 다음과 같다.

- 황제권한 강화
- 무관학교 설립
- 상공업 진흥정책 추진
- 상공업 관련 관공서 설치
- 양전사업을 통한 지계(토지소유문서) 발급
- 상공학교와 같은 기술교육기관 설립

핵심 포인트

광무개혁은 위로부터의 개혁으로 유명하다.

Module 071

박은식

핵심이론

- 민족의 혼 중시
- 황성신문의 주필
- 신한혁명당 결성
- 대한국민노인동맹단 조직

[박은식의 한국통사 주요내용]

국혼은 살아 있다. 국혼의 됨됨이는 국백에 따라서 죽고 사는 것이 아니다. 그러므로 국교와 국사가 망하지 아니하면 국혼은 살아 있으므로 그 나라는 망하지 않는다.

핵심 포인트

박은식 : 한국통사, 민족의 혼

Module 072

봉오동 전투와 청산리 대첩

핵심이론

- 1920년 6월 봉오동 전투 : 홍범도의 대한독립군
- 1920년 10월 청산리 대첩 : 김좌진의 북로군정서

핵심 포인트

일제와의 독립 전투에서 대표적으로 승리한 전쟁
봉오동 전투, 청산리 대첩

Module 073

조선책략

핵심이론

2차 수신사로 일본에 갔던 김홍집이 가져온 책. 여기에는 조선이 서양의 여러 나라들과 통상을 하고, 그 나라들의 기술을 배워 나라의 기반을 튼튼히 해야 한다는 내용이 담겨 있다. 이 책으로 인해 유생들은 위정척사 운동을 일으켰다.

핵심 포인트

- 1차 수신사 대표 : 김기수
- 2차 수신사 대표 : 김홍집
- 수신사 : 조선이 일본에 파견했던 사절단

Module 074

우리나라의 유네스코 세계문화유산과 세계자연유산

핵심이론

세계문화유산	세계자연유산
• 화 성 • 종 묘 • 창덕궁 • 남한산성 • 조선왕릉 • 하회마을 • 해인사 장경판전 • 석굴암과 불국사 • 고창, 화순, 강화 고인돌 • 경주 역사유적지구 • 백제 역사유적지구	• 한라산 천연보호구역 • 성산일출봉 • 거문오름 용암동굴계

핵심 포인트

유네스코 세계유산

1972년부터 유네스코가 인류를 위해 보호해야 할 가치가 있는 유산 지정하고 있다. 문화유산, 자연유산, 복합유산으로 나뉜다(발굴, 보호, 보존).

Module 075

단재 신채호

핵심이론

신채호는 일제강점기시대 독립 운동가이며, 언론인, 역사학자이다. "역사는 아(我)와 비아(非我)의 투쟁이다"라는 말로 유명하다.

[신채호의 주요 저술활동]

• 이순신전	• 최도통전	• 독사신론
• 조선상고사	• 꿈하늘	• 일목대왕의 철퇴
• 용과 용의 대격전	• 조선사연구초	

핵심 포인트

신채호의 키워드

조선상고사, 아(我)와 비아(非我)의 투쟁, 신민회의 창립위원

Module 076

거문도 사건

핵심이론

1885년부터 약 3년간 러시아의 남하를 막기 위해 영국의 군함 6척과 상선 2척이 조선의 거문도를 불법 점거한 후 영국의 국기를 게양한 사건이다.

핵심 포인트

거문도 사건
러시아의 남하정책을 막기 위해 영국이 한국의 거문도를 점령한 사건이다.

Module 077

한 · 일 간 협약

핵심이론

- 제1차 한일협약 : 1904년 8월, 외교와 재정분야에 고문을 파견하여 고문 정치 시작
- 제2차 한일협약 : 1905년 11월, 외교권 박탈 후 통감부 설치, 민영환 자결로 저항
- 한일신협약 : 1907년 7월, 헤이그 특사 파견을 계기로 고종황제를 강제 퇴위시킨 후 일본 관리인 차관을 임명하여 차관 정치
- 한일병합조약 : 1910년 8월, 대한제국의 국권을 상실하였다. 경술년에 발생하여 경술국치라고 하였다.

핵심 포인트

한일병합조약은 대한제국의 국권을 상실하면서 경술국치라고 하였다.

Module 078

의열단

핵심이론

[의열단의 주요활동]

- 김원봉, 윤세주를 중심으로 활동한 단체다.
- 신채호의 조선혁명선언이 주요 활동지침이었다.
- 국내 활동으로 나석주가 동양척식주식회사에 폭탄을 투척했다.
- 해외 활동으로 김지섭이 일본 도쿄의 궁성에 폭탄을 투척했다.

핵심 포인트

- 의열단 단장 : 김원봉
- 의열단 활동 : 일본 관리 암살, 경찰서 등의 파괴. 시인 이육사도 의열단 단원이었다.

Module 079

해외견문록

핵심이론

- 8세기 혜초 – 왕오천축국전
- 15세기 성종 – 표해록
- 15세기 성종 – 신숙주 해동제국기
- 18세기 박지원 – 열하일기
- 1895년 유길준 – 서유견문

핵심 포인트

혜초의 왕오천축국전은 천축국인 인도와 서역 등을 순례하고 쓴 글이다.

Module 080

정미의병

핵심이론

을사조약 이후 일제가 고종을 강제 폐위시키고 대한제국의 군대도 해산시켰는데, 이를 계기로 해산된 군인들이 의병활동에 참여하면서 발생한 전쟁이다. 해산된 군인들이 대한제국 군대시절 자신들이 소유했던 무기들을 갖고 정미의병에 참여하면서 의병군의 무기 및 전력이 크게 증진되었다.

핵심 포인트

정미의병의 발생원인
일제에 의한 대한제국 군대의 강제해산

Module 081

얄타회담

핵심이론

1945년 2월 미국의 루스벨트 대통령과 영국의 처칠 수상, 소련의 스탈린이 소련의 얄타지역에 모여서 조선을 일정기간 신탁통치하자고 결정한 회담

핵심 포인트

얄타회담
조선의 신탁통치를 결정한 회담

Module 082

일제강점기 의사

핵심이론

- 안중근 – 만주 하얼빈역에서 이토 히모부미 사살. 돈의학교와 삼흥학교 설립
- 이봉창 – 일본 천황이 탄 마차에 폭탄 투척("사쿠라다몬 의거"라고도 한다)
- 윤봉길 – 중국 상하이 홍커우 공원에서 도시락 폭탄 투척
- 김상옥 – 종로경찰서에 폭탄 투척, 대한광복단 결성
- 나석주 – 일제 동양척식주식회사에 폭탄 투척

핵심 포인트

안중근의사

1909년 10월 26일 중국 하얼빈역에서 일제의 조선 침략의 원흉인 이토 히로부미를 권총으로 사살한 독립운동가이다. 윤봉길의사는 도시락 폭탄과 거사 전 김구 선생과 시계를 바꾼 일화로도 유명하다.

Module 083

통리기무아문

핵심이론

1880년 고종 17년에 개화정책 총괄을 위해 설치된 기구. 의정부나 6조와는 별도로 운영되었다. 조선 정부가 외국의 문호를 개방한 이후 국가의 재정과 군사업무, 대외정책을 관장하기 위해 총리대신이 수장을 맡았던 조선 최초의 근대적 기관이다.

핵심 포인트

통리기무아문은 임오군란 때 폐지되었다.

Module 084

조선시대 주요 붕당

핵심이론

[선조 때 붕당(붕당이 처음 시작되었다)]

- 사림파가 동인과 서인으로 나뉘었다.
- 동인은 다시 북인과 남인으로 나뉘었다.

[광해군 때 붕당]

개방적이고 실리적인 북인과 지주이면서 명분을 강조하면서 정권을 탈취하고자 하는 남인으로 나뉘었다. 서인이 일으킨 폐모살제(인목대비 폐위, 영창대군 제거)를 명분으로 일으킨 반정이 인조반정이다.

핵심 포인트

붕 당

오늘날의 정당정치와 유사한데, 서로 대립하면서도 공존하며 정치를 해 나가는 형태

Module 085

농광회사

핵심이론

1904년 보안회가 일제의 황무지 개척권 요구에 반대해서 만든 특허 회사로 서울에 이도재와 김종한 등이 설립하였다. 대한제국 시기에 설립되어 국내의 진황지 개간, 관개 사무와 산림천택(산, 숲, 내, 못), 식양채벌 등의 사무업무와 금, 은, 동, 철, 석유 등의 각종 채굴 사무를 주요 업무로 했다.

핵심 포인트

농광회사는 일제의 토지 수탈 정책에 맞서기 위해 조선인 자력으로 설립한 회사이나, 같은 해 해체 당하였다.

Module 086

갑오개혁

핵심이론

1894년에 일어난 근대적 개혁으로, 추진 기구는 "군국기무처"다.

[갑오개혁의 주요내용]

- 과거제 폐지
- 신분제 폐지
- 과부 재가 허용
- "개국" 연호 사용
- 왕실과 정부 사무 분리
- 도량형 통일
- 조세의 금납화
- 사법권 독립
- 지방관의 권한 축소

핵심 포인트

갑오개혁 : 고종 때 3차에 걸쳐 추진한 근대 개혁운동으로 봉건사회의 문제 해결이라는 개혁적 성격을 갖고 있다.

- 1차 : 1894년 7월~11월
- 2차 : 1894년 11월~1895년 5월
- 3차 : 1895년 8월(갑오개혁 최종단계 : 을미개혁)

Module 087

한국광복군

핵심이론

1940년 9월 대한민국 임시정부의 최초 정규군이다. 지청천을 총사령관으로 하고 일본과 맞설 마지막 준비를 하던 중 광복이 이루어져 국내 진공 작전은 실행되지 못했다.

핵심 포인트

한국광복군 : 대한민국 임시정부의 정식 군대

Module 088

최초의 평민 의병장

핵심이론

신돌석은 을미의병 시기 본인의 재산으로 의병을 일으키며 "태백산호랑이"로도 불린 평민 의병장이다.

핵심 포인트

- 신돌석 : 최초의 평민 의병장
- 을미의병의 발생원인 : 일제의 명성황후 시해

Module 089

대성학교와 오산학교

핵심이론

- 대성학교 : 도산 안창호가 평양에 설립한 중등 교육기관으로 1911년 105인 사건 등으로 인해 폐교되었다.
- 오산학교 : 1907년 이승훈이 민족교육을 위해 평안북도에 세운 사립 중학교이다.

핵심 포인트

- 대성학교 : 안창호
- 오산학교 : 이승훈

Module 090

동양척식주식회사 (동척)

핵심이론

일본이 1908년 서울에 세운 국책 회사. 일본인의 조선 이민 정책과 척식 사업을 통해 조선의 농민들에 대한 수탈(토지, 자원)을 목적으로 설치한 식민지 착취기관

핵심 포인트

나석주 열사는 1926년 12월에 동양척식주식회사에 폭탄을 투척하였다.

Module 091

조선건국 준비위원회 (=건준)

핵심이론

일본의 항복으로 우리나라가 독립하자 여운형은 우리나라의 건국준비를 위하여 민족주의와 사회주의로 대표되는 좌익과 우익세력이 함께 1945년 8월 17일 조선건국준비위원회를 결성하였다.

[건국준비위원회의 주요역할]
- 건국준비
- 치안유지
- 일본인의 국부유출 방지

[조선건국준비위원회의 강령]
- 우리는 완전한 독립 국가의 건설을 기한다.
- 우리는 전 민족의 정치적, 경제적, 사회적 기본 요구를 실현할 수 있는 민주주의 정권의 수립을 기한다.
- 우리는 일시적 과도기에 있어서 국내 질서를 자주적으로 유지하며 대중 생활의 확보를 기한다.

핵심 포인트

- 조선건국준비위원회 : 여운형을 주축으로 좌익과 우익세력이 함께 결성하였다.
- 몽양 여운형(1886~1947) : 독립운동가이자 정치가, 언론인으로 대한민국 임시정부 수립에 참여하였으며 좌우합작운동을 주도하였다.

Module 092 최초의 보통선거

핵심이론

우리나라 최초의 보통선거는 1948년 5월 10일에 열렸으며 제헌국회 구성을 위해 실시되었다. 이 선거에는 일부 중도 세력과 공산주의자는 불참한 것으로 전해지며, 투표권은 21세 이상의 모든 국민에게 부여되었다. 일반적으로 "5.10 총선거"로 불린다.

핵심 포인트

최초의 보통선거 : 5.10 총선거

Module 093 진단학회

핵심이론

일제강점기인 1934년 한국의 역사와 언어, 주변국의 문화를 연구하기 위해 조직한 학술단체로 당시 한국학 연구자들이 우리나라의 문화를 연구할 수 있는 토대가 되었다.

핵심 포인트

진단학회
일제강점기에 이병도를 주축으로 설립된 한국학 연구 학술단체

Module 094 백범 김구

핵심이론

- 대한민국 임시정부의 주석
- 해방 이후 신탁통치 반대운동 주도
- 일제강점기 전·후 정치가이며, 독립운동가
- "백범일지" 안에 나의 소원이라는 글이 유명하다
- 윤봉길 의사와 "회중시계"를 바꾸고 그 시계를 죽을 때까지 간직한 것은 유명한 일화이다.
- 1948년 2월 '내가 3.8선을 베고 쓰러질지언정'이라는 "삼천만 동포에 읍고함"이라는 성명서를 남한 단독정부 수립에 반대하며 발표하였다.

핵심 포인트

백범김구 선생 : “삼천만 동포에 읍고함”이라는 성명서 발표

Module 095

브나로드 운동

핵심이론

1931~1934년 일제의 식민통치에 저항하기 위해 동아일보사의 주도하에 총 4번에 걸쳐 일어났던 문맹퇴치운동으로 식민통치에 반발해 일어난 농촌계몽운동의 일종이다.

핵심 포인트

브나로드(Vnarod) : “민중 속으로”라는 러시아어

Module 096

일제강점기 수탈정책

핵심이론

- 1910년 토지조사사업
- 1920년 산미증식계획
- 1930년 국가총동원령(법), 병참기지화정책으로 남면북양정책 실시

핵심 포인트

- 국가총동원령(법) : 일제강점기 전쟁에 물적 · 인적으로 우리나라 국민들을 강제로 투입함
- 병참기지화정책 : 한반도를 전쟁 물자 공급을 위한 “병참기지”로 삼음
- 남면북양정책 : 공업원료의 생산량 증대를 위해 남부는 면화 재배, 북부는 양사육을 강요함

Module 097

모스크바 삼국 외상회의

핵심이론

[모스크바 삼국 외상회의(모스크바 삼상회의) 내용]

- 대한민국 임시정부 수립
- 미 · 소 공동위원회(임시정부 수립에 도움을 주기 위해 설립)
- 신탁통치 최대 5년(남한은 미국과 영국, 북한은 소련과 중국)

핵심 포인트

모스크바 삼국 외상회의 참가국 : 미국, 소련, 영국

Module 098

직지심체요절 (아직 돌아오지 못한 서적)

핵심이론

고려 말인 1377년 청주의 흥덕사에서 세계 최고(最古)의 금속활자인 주자(鑄字)로 찍어 만들어진 서적. 독일의 구텐베르크가 만든 금속활자보다 더 오래된 활자이며, 현재 프랑스 국립도서관에 소장되어 있다. 아직도 돌아오지 못한 서적으로 유명하다.

핵심 포인트

- 직지심체요절(백운화상초록직지심체요절) : 세계에서 가장 오래된 금속활자로 만든 "서적"
- 주자(鑄字) : 쇠붙이로 주조하여 만든 활자

Module 099 남한과 북한의 공동합의

핵심이론

[남한과 북한의 합의 순서]

- 7.4 남북공동성명 : 박정희, 1972년 7월 4일 통일 3대 원칙(자주, 평화, 민족 대단결)
- 남북기본합의서 : 노태우, 1991년 12월
- 6.15 남북공동선언 : 김대중, 2000년 6월
  - 냉전종식과 평화공전
  - 남북한 당국 간 대화 추진
  - 남북교류와 북한 경제회복 지원
- 10.4 남북정상선언문 : 노무현
- 4.27 판문점 선언 : 문재인 2018년 4월 27일
  - 완전한 비핵화, 해당 연도 종전선언
- 9월 평양 공동선언 : 문재인 2018년 9월 19일

핵심 포인트

남한과 북한의 정상회담 순서

7. 4 남북 정상회담 → 6. 15 남북 공동 선언 → 10. 4 남북정상선언문 → 4. 27 판문점 선언 → 9월 평양 공동선언

Module 100 남북단일팀, 스포츠

핵심이론

[남북단일팀 스포츠 활동]

- 1991년 일본 지바 세계탁구선수권대회 – 남북 첫 단일팀 출전, 우승
- 2000년 시드니 올림픽 – 한반도기를 들고 남북공동입장
- 2004년 아테네 올림픽 – 한반도기를 들고 남북공동입장
- 2018년 평창올림픽 – 여자 아이스하키 단일팀 출전

핵심 포인트

- 한반도기 : 1963년부터 논의가 시작되어 1989년경 남북체육회담에서 제정
- 2000년 6월 남북정상회담인 6.15공동 성명을 통해서 "2000년 시드니 올림픽"에서 한반도기로 남북공동입장을 함

Module 101 경복궁, 창덕궁, 창경궁, 덕수궁, 경희궁

핵심이론

[경복궁]

- 조선 제일의 법궁(정궁)으로 정도전이 명명했다.
- 태조 이성계가 창건하였으나 1592년 임진왜란으로 불탔다가 고종 때 중건되었다.

[창덕궁]

- 규장각(왕실의 도서관)이 위치해 있었다.
- 사적 제122호이며 조선 태종 때 건립되었다.
- 1997년에 유네스코 세계유산으로 등재되었다.

[창경궁]

- 세종대왕이 상왕이었던 태종을 위해 건립하였다.
- 임진왜란 때 소실되었으나 이후 여러 임금 시기를 거치면서 복원되었다.
- 일제강점기 때 창경궁을 격하시켜 동물원과 식물원의 성격인 창경원이 되었다가, 이후 동물원이 서울대공원으로 옮겨가면서 다시 창경궁으로 복원하였다.

[덕수궁]

- 정릉동 행궁으로 불리다가 광해군 때 경운궁이라고 하였다.
- 광복 후 덕수궁 석조전에서 미소공동위원회가 열렸다.

[경희궁]

- 1617년 광해군 때 건립된 궁궐로 창덕궁과 더불어 조선의 양대 궁궐이었다.
- 처음에는 경덕궁이었다가 영조 때 경희궁으로 명칭이 변경되었다.

핵심 포인트

- 경복궁 : 새 왕조의 큰 복을 누리라는 의미로 정도전이 "경복(景福)"으로 지었다.
- 법궁 : 궁궐에서 제일 으뜸이 되는 궁

Module 102

삼봉 정도전

핵심이론

[주요 업적]

- 과전법을 주장하였다.
- 한양 도성을 설계하였다.
- "불씨잡변", "조선경국전", "고려국사"를 편찬하였다.
- 조선 왕조의 설계자로 개국 공신이다.

핵심 포인트

조선 건국의 1등 공신 정도전이 지은 "불씨잡변"은 성리학이 불교나 도교보다 더 우월하다는 것을 강조한 책이다.

Module 103

대한제국시대 건물

핵심이론

- **중명전** : 을사늑약이 체결된 장소로 구 러시아 공사관과 석조전 사이에 위치해 있었다.
- **덕수궁 석조전** : 근대 서양식 궁중 건축물로 침전과 정전(황제 근무공간)이 위치해 있었다.
- **배재학당** : 1885년 서양의 선교사가 아펜젤러가 세운 중등교육기관으로 건축되었으며, 정동교회 근처에 위치해 있었다.

핵심 포인트

대한제국은 1897년~1910년까지 우리나라가 사용한 국가 명칭이다.

Module 104

안용복

핵심이론

조선 후기 어부였던 안용복은 울릉도 근해로 출항했다가 일본 어선이 조업하고 있음을 보고 일본으로 건너가 울릉도가 조선의 영토임을 밝히고 일본 어부들이 울릉도 조업을 하지 못하도록 요구하여 관철시켰다.

핵심 포인트

안용복은 두 번이나 일본으로 가서 이를 항의하여 울릉도와 독도가 조선 영토임을 확인받았다.

Module 105

윤동주 시인

핵심이론

일제강점기 때 활동한 시인으로 "서시", "별헤는 밤", "자화상"을 지었다. 일본 유학 중 반일 운동 혐의로 일본 경찰에 체포되었으며 후쿠오카 형무소에서 순국하였다.

핵심 포인트

윤동주 시인의 주요 대표작은 "서시", "별헤는 밤" 등이다.

Module 106

칠정산 내편

핵심이론

[주요 특징]

- 세종 때 편찬되었다.
- 우리나라 최초로 한양을 기준하여 천체 운동을 계산한 역법서
- 정인지와 정초 등이 원나라의 수시력 등의 서적을 참고하여 편찬하였다.
- 계절의 변화, 일식과 월식, 날짜 등의 파악이 전보다 더 정확해졌다.

핵심 포인트

칠정산 내편

세종 때 정인지, 정초 등이 편찬한 한양을 기준으로 한 역법서

Module 107

제너럴 셔먼호 사건

핵심이론

1866년 고종 황제 재위 3년에 미국의 상선이었던 제너럴 셔먼호가 평양 대동강 근방에서 통상을 요구하다 거절당하였다. 당시 평양감사 박규수의 화공으로 제너럴 셔먼호를 불태웠고 선원들은 몰살하였다. 미국은 제너럴 셔먼호 사건을 빌미삼아 고종 황제 8년에 다시 한 번 개항을 요구하는 신미양요를 일으켰다.

핵심 포인트

미국 배 제너럴 셔먼호를 불태운 사건을 빌미삼아 미국은 신미양요를 일으켰다.

Module 108

고려와 몽골 사이의 교류 흔적

핵심이론

고려는 몽골에 항복하면서 지배권이 넘어갔지만 몽골에 점령됐던 다른 나라들과는 달리 끝까지 항쟁하였고, 부마국이라는 점도 몽골에서 고려 문화에 대한 큰 관심을 보였던 계기가 되었으며, 두 나라 사이에는 문화 교류가 유독 많았던 흔적이 전해지고 있다.
고려에서는 몽고풍습(몽골풍 ; 변발, 만두, 소주, 볼연지)이 유행하였고, 몽골에서는 고려풍습(고려양 ; 고려병(유밀과), 쌈채소, 청자, 나전칠기, 먹, 종이, 비파)이 유행하였다.

[고려와 몽골 간 주요 교류 문화재]

- 고려 → 몽골 : 천산대렵도(공민왕이 그렸다고 알려진 수렵도)
- 몽골 → 고려 : 순천 송광사 티베트문 문서(법지)

핵심 포인트

고려는 몽골로부터 독립성과 자치권을 보장받는 대신 국왕의 이름에 충(忠)을 붙였다.
충렬왕, 충선왕, 충숙왕, 충혜왕, 충목왕, 충선왕, 충정왕

Module 109

발해의 문화유산

핵심이론

[발해의 문화유산]

- 발해 석등
- 영광탑
- 이불병좌상
- 정효 공주 묘지석

핵심 포인트

발해는 고려가 삼국을 통일할 때 고구려인이었던 대조영이 한반도 북쪽 지역에 세운 나라다.

Module 110

국자감

핵심이론

[국자감의 주요 특징]

- 992년 설립된 고려시대 국립대학으로 유학부와 기술부가 있었다.
- 유학부 - 논어와 효경과 같은 유교경전 교육
- 기술학부 - 율학, 서학, 산학 등의 실무교육

핵심 포인트

국자감은 고려시대에 설립된 국립대학으로 유능한 관리의 양성을 목적으로 하였다.

Module 111

이제현

핵심이론

[주요 특징]
- 정방 설치
- 역옹패설 저술
- 공민왕 즉위 후 문하시중으로 국정을 총괄하였다.

핵심 포인트

이제현(1287~1367년)
호는 “익재”, 고려 후기의 학자이며 정치가. 충선왕을 보좌하여 중국 각지를 여행하였다.

Module 112

문익점

핵심이론

고려 말 중국 원나라로 파견되었다가 되돌아오는 길에 목화씨를 붓뚜껑 안에 숨겨 가져온 관리다. 문익점이 목화씨를 우리나라로 반입한 이후 백성들의 옷감이 삼베에서 무명으로 바뀌었다.

핵심 포인트

문익점(1329~1398년) : 목화씨를 원나라에서 고려로 가져왔다.

Module 113

만파식적 (통일신라 설화)

핵심이론

삼국유사에 기록된 설화로 바다의 용이 되어 나라를 지키는 바다의 신 문무왕과 하늘의 신 김유신이 대나무를 동해안에 보냈는데 이것을 피리로 만들었고, 나라가 어지러울 때 이 피리를 불면 적군이 물러가고 병이 낫는 등 나라가 평온해졌다는 내용이다.

핵심 포인트

만파식적
통일신라시대 삼국통일을 달성한 뒤 나라의 안정을 위해 만들어진 설화

Module 114

징비록 (유성룡)

핵심이론

유성룡이 관직을 떠나 고향인 안동으로 귀향한 후 임진왜란(1592~1598) 때 경험했던 일들을 상세히 기록한 책으로, 임진왜란 이전의 국내외 정세, 임진왜란의 발발과 진행 상황, 전쟁 이후의 조선과 일본의 관계에 대해 기록되어 있다. 훗날 "임진왜란"과 같은 국가적 재난이 다시는 일어나지 않도록 후환을 경계하고 대비하고자 저술한 것으로 알려져 있다.

핵심 포인트

서애 유성룡은 관직에서 물러난 후 고향의 "옥연정사"에서 머물면서 임진왜란에서 드러난 자신과 조정 등의 문제점을 반성하고, 훗날 후손들을 위해 징비록을 저술하였다.

Module 115

박규수

핵심이론

[박규수의 주요활동]
- 진주 농민봉기를 수습하기 위해 노력함
- 평안 감사 시절 대동강으로 침입한 제너럴 셔먼호를 불태워 버림
- 김옥균, 박영효, 유길준, 김윤식 등 개화 사상가에게 많은 영향을 줌

핵심 포인트

조선 후기 개화파 문신으로 일본과의 수교를 주장하여 강화도 조약을 맺는데 주요 역할을 하였다. 연암 박지원의 손자이다.

Module 116

갑신정변

핵심이론

정부의 소극적인 개화 정책 및 청나라와의 종속관계 청산을 위해 우정총국의 개국 축하연을 계기로 일본 급진 개화파인 김옥균, 박영효, 서재필, 서광범 등이 일으킨 사건으로 청나라 군대의 개입으로 거사 3일 만에 실패하였으며, "3일 천하"라고도 한다.

핵심 포인트

갑신정변은 3일 만에 종료되어 3일 천하라고도 한다.
- 1일차 - 우정총국의 개국 축하연을 이용해서 정변을 일으킴
- 2일차 - 김옥균, 박영효 등을 중심으로 새로운 정부를 구성하였음
- 3일차 - 개혁 정강을 발표했으나 청나라 군대의 개입으로 실패함

Module 117

한인애국당

핵심이론

[한인애국당의 주요활동]
- 김구에 의해 조직
- 이봉창 의사가 도쿄에서 일왕을 수류탄으로 저격함
- 윤봉길 의사가 상하이 홍커우 공원에서 전승경축식에 참석한 일본군 장성들을 폭사시킴
- 대한민국 임시 정부에 활력을 불어넣은 조직으로 우리나라의 독립 의지를 해외에까지 널리 알림

핵심 포인트

김구는 대한민국 임시정부의 항일 무력단체로 한인애국단을 조직했다.

Module 118

정림사지 5층 석탑

핵심이론

백제 성왕이 538년 도읍을 부여(사비성)로 천도할 때 세운 정림사지의 한가운데에 있다. 익산 미륵사지 석탑과 함께 백제 불탑의 쌍두마차로 불린다. 충남 부여군 정립사지에 있는 국보 제9호의 석탑으로, 재질은 화강암이고 높이는 약 8.33[m]이다.

핵심 포인트

정림사지 5층 석탑
국보 제9호로 1층 탑신부에는 백제 멸망 후 당나라 장수 소정방이 “백제를 정벌하고 세운 기념탑”이라는 글귀가 새겨져 있다.

Module 119

불국사

핵심이론

신라시대의 사찰로 경덕왕 때 김대성의 발원으로 창건하여 현재는 경북 경주시 토함산에 위치해 있다. 1996년 유네스코 세계문화유산으로 지정되었으며 인공으로 쌓은 석조단 위에 목조 건축물로 지어졌다. 불국사의 주요 유적으로는 청운교와 백운교, 석가탑과 다보탑, 대웅전이 있다.

핵심 포인트

불국 : 부처님의 나라

Module 120

곽재우

핵심이론

임진왜란 때 경남 의령지역을 중심으로 가장 먼저 의병을 일으켜 일본군에 맞서 싸운 의병장으로, 전투할 때 빨간색 옷인 “홍의”를 입어 “홍의 장군”으로도 불렸다.

핵심 포인트

곽재우
조선 중기 임진왜란 때 “홍의장군”으로 불린 의병장

Module 121

법주사 팔상전

핵심이론

법주사 팔상전은 현재 우리나라에 남아 있는 유일한 목탑으로 내부 벽면에 석가모니(부처)의 삶을 8개의 그림으로 나타낸 팔상도가 있다. 현재 충북 보은군 속리산 내 법주사 경내에 위치해 있다. 국보 제55호로 신라 때 창건된 사찰이지만 임진왜란 이후 재건축되었다.

핵심 포인트

법주사 팔상전은 우리나라에 현존하는 가장 오래된 목조탑이다.

Module 122

향 약

핵심이론

송나라에서 향촌사회의 교화를 목적으로 처음 만들어진 여씨향약을 기초로 하여, 조선 중종 때 향촌사회의 질서를 안정시키고자 도입한 자치적 사회규범(자치규약)이다. 유교를 바탕으로 도덕을 지키도록 하는 데 그 목적을 갖고 전국으로 운영되었고 마을을 단위로 시행되었다. 향후 이황과 이이 같은 학자들은 향약을 우리나라의 실정에 맞게 수정하기도 했다.

핵심 포인트

- 향촌(鄕村) : 행정구역상 마을 향, 마을 촌
- 향약 : 향촌사회의 도덕적 자치규범

Module 123

과전법

핵심이론

1391년 고려 공양왕 3년 이성계를 중심으로 한 신진사대부 세력은 고려 조정 관리들이 갖고 있던 무분별한 사전을 없애고 농민의 생활 안정과 국가의 재정 확보를 위해 실시한 토지제도다. 전직과 현직 관리들에게 과거 전지와 시지를 지급했던 것과는 달리 시지만 지급했다. 또한 시지에서 농사를 짓고 있던 농민에게는 곡식으로 1결의 최대 생산량을 300두로 정하고 논은 현미 30말, 밭은 잡곡 30말을 최고로 하였으며, 세율은 수확량의 $\frac{1}{10}$ 만 거둘 수 있도록 했다. 또한, 개인이 갖는 사전은 경기 지역으로만 한정하였다. 관리가 죽거나, 역모 등으로 반역을 하면 국가에 반환하게 하였고 세습을 금하였지만 수신전, 휼양전 등으로 세습이 이루어지기도 하였다.
과전법은 정도전이 조선 개국의 이념으로 토지 문제를 해결하였던 조선 초기 양반사회의 경제적 기반을 이루고 있던 토지제도이기도 하였다.

핵심 포인트

과전법은 전·현직 관리에게 전지에 대한 수조권을 지급한 토지제도이다.

Module 124

구휼제도

핵심이론

[시대별 구휼제도 및 기관]

- 고구려 : 진대법
- 고려 : 초기 태조 – 흑창
  후기 성종 – 의창
- 조선 : 환곡

핵심 포인트

구휼(救恤) : 건질 구, 구휼하다(동정하다) 휼
흉작 때 백성이 굶는 것을 방지한 제도

Module 125

골품제

핵심이론

연맹왕국이었던 신라는 지방 부족장들을 통합시키면서 왕권 강화를 위해 세력에 따라 등급을 부여했던 엄격한 신분제도다. 부모의 등급이 그대로 세습된 이 골품제는 크게 "골제"와 "두품제"로 나뉘었다. 왕족은 성골과 진골, 일반 귀족은 6~4두품, 평민은 3두품 이하로 나뉘었다. 신라는 총 17관등으로 분류되었지만 두품에 따라 올라갈 수 있는 관직이 정해져 있었다.

[신라시대 골품제 등급]

- 성골 : 부모가 모두 왕
- 진골 : 부모 중 1명이 왕. 1등급인 이벌찬까지 가능
- 6두품 : 6관등인 아찬까지 진급가능
- 5두품 : 10관등인 대나마까지 진급가능
- 4두품 : 12관등인 대사까지 진급가능

핵심 포인트

- 골품(骨品) : 뼈 골, 품평할 품
  혈통에 따라 나눈 신분 제도
- 6두품의 대표적 인물 : 최치원
- 최초의 진골 왕 : 태종 무열왕

Module 126

자격루

핵심이론

조선 세종 때 장영실이 만들었으며, 자동으로 시보를 알려주는 물로 구동되는 물시계이다. 파수호 4개, 수수호 2개, 12개의 살대, 동력 전달 장치와 자동 시보 장치로 구성되었다. 자동으로 시각을 알리는 장치는 움직이는 인형들로 만들어졌는데, 이 인형들은 각각 1시간씩 12시간을 담당한다. 부력에 의해 얻은 힘으로 시각에 따라 징이나 북, 종을 울려 백성들에게 정확한 시각을 알렸다. 백성들은 일상생활의 편리함 및 규제·통제·질서 등을 유지하도록 하였고 왕에게는 권위와 질서, 통치 수단이기도 하였다. 국보 제229호로 현재 국립고궁박물관에 보관되어 있다.

핵심 포인트

- 자격루 : 장영실이 만든 물시계
- 시보(時報) : 때 시, 알릴 보
- 파수호 : 물을 흘려보내는 항아리
- 수수호 : 흘러오는 물을 받는 항아리

Module 127

기인제도

핵심이론

고려 개국 초기에 태조 왕건이 지방 호족의 자제를 뽑아서 볼모로 삼아 개경에 머물게 한 제도. 출신지에 대해 자문하게 하였으며, 호족들을 견제하여 반란을 방지하는 왕권 강화책의 일종으로 고려사에 기록되어 있다.

핵심 포인트

기인제도 : 태조 왕건의 호족 자녀를 볼모로 잡은 왕권 강화책

Module 128

오페르트 도굴사건

핵심이론

중국 상하이 등지에서 상업 활동 중이었던 독일의 상인 오페르트가 조선에 통상을 2차례 요구하였으나 흥선대원군의 쇄국정책으로 이를 저지당하자 그 보복으로 1868년에 흥선대원군의 아버지인 남연군의 묘를 도굴하려다가 실패한 사건이다.

핵심 포인트

조선 후기에 독일의 상인 오페르트가 흥선대원군의 아버지 묘를 도굴하려다 실패함

Module 129

비격진천뢰

핵심이론

조선 선조 때 화포장이었던 이장손이 제작한 포탄으로 임진왜란 때의 활약상이 유성룡의 징비록에 기록되어 있다. 비격진천뢰는 공격 지점에 떨어진 후 즉시 폭발하지 않고 약간의 시간이 지난 후 화약이 폭발하는 신기술이 적용되었다. 현재 보물 제860호로 지정되어 있다.

핵심 포인트

비격진천뢰는 조선 선조 때 이장손이 개발한 시한폭탄이다.

Module 130

서산 마애 여래 삼존상

핵심이론

국보 제84호로 바위에 새겨진 백제시대 불상이다. 부처가 입을 다문 채 온화하게 미소 짓고 있는 형상인데, 얼굴 표정이 부드러워서 "백제의 미소"로도 불린다. 현재 충남 서산 가야산의 계곡에 위치해 있다.

핵심 포인트

백제의 마애 여래 삼존상은 "백제의 미소"로 불린다.

Module 131

원산학사

핵심이론

1883년 고종 20년에 설립된 우리나라 최초의 근대식 사학으로 중등 교육기관이다. 함경도 원산 덕원 지방의 관민들에 의해 설립되었으며, 설립 목적은 신지식 교육과 인재 양성이었다. 1880년 원산이 개항되고 일본 사람들이 유입되면서 지역 주민들에게 신지식을 공부해야 한다는 여론이 형성된 것이 설립의 기초가 되었다.

핵심 포인트

원산학사는 고종 20년에 설립된 우리나라 최초의 근대적 중등 사립학교

Module 132

왕 인

핵심이론

백제의 학자로 일본에 천자문과 논어를 전해 주면서 일본의 고대 문화 형성에 큰 영향을 준 인물이다. 현재 일본에서는 왕인 박사를 기리는 행사가 해마다 열릴 정도로 높이 기리고 있는 인물이다.

핵심 포인트

백제의 학자였던 왕인이 일본에 천자문과 논어를 전파함

Module 133

안압지(월지)

핵심이론

안압지는 통일신라시대 왕자가 살던 궁궐 근처에 만들어졌던 연못을 말한다. 신라 때 쓰이던 명칭이 아니라 조선 초기 동국여지승람과 동경잡기에 기록된 명칭이다. 경주시가 유적정비 사업으로 안압지의 바닥을 파내던 중 1만 5천여 점이 넘는 유물이 발견되었는데, 이때 14면체의 주사위가 발견된 것이 화제가 되었다.

핵심 포인트

안압지 : 기러기 안, 오리 압, 못(도랑) 지
폐허가 되어 갈대가 무성한 호수에 기러기, 오리가 날아와 안압지(雁鴨池)라고 하였다. 안압지에서 출토된 특이한 유물은 "14면체의 주사위"이다.

Module 134

논산 관촉사 석조미륵보살입상

핵심이론

- 보물 제218호로 지정되었다가 국보 제323호로 승격되었다.
- 고려 광종 때 승려 혜명이 만들었다.
- 높이는 약 18[m]로 인체의 비례가 불균형한 모습으로 머리 부분이 하체의 길이와 비슷하다.
- 규모가 장대하고 고려시대의 독자적이고 특이한 양식이다.
- 정교하지는 못하나 토속신앙과 불교가 혼합된 석불상이다.
- 당시 지방 세력들의 독특한 개성과 미적 의식을 보여 주는 것으로 유명하다.

핵심 포인트

관촉사 석조미륵보살입상은 인체의 비례가 불균형하며 머리 부분이 길쭉하게 4등신으로 비사실적이다.

Module 135

황성신문

핵심이론

[주요 특징]

- 발행기간은 1898~1910년이다.
- 독자층은 주로 유생들이었다.
- 일간 신문으로 국문과 한문을 혼용해서 기재하였다.
- 장지연의 논설문인 "시일야 방성대곡"을 게재한 것으로 유명하다.

핵심 포인트

황성신문은 장지연의 "시일야 방성대곡"을 게재한 일간지다.

Module 136

천주교 탄압과 관련된 유적지

핵심이론

- 서울 – 절두산 성지
- 제천 – 베론 성지
- 서산 – 해미 읍성
- 전주 – 치명자산 성지

핵심 포인트

조선 후기의 천주교 탄압 사건

- 1차 탄압 : 1803년 신유박해
- 2차 탄압 : 1839년 기해박해
- 3차 탄압 : 1846년 병오박해
- 4차 탄압 : 1866년 병인박해

Module 137

경천사지 십층 석탑

핵심이론

고려 충목왕 4년인 1348년에 원나라의 영향을 받아 세워진 탑으로 대리석으로 만들어졌다. 이 탑은 나중에 원각사지 십층 석탑의 양식에 영향을 준 것으로도 알려져 있다. 일제강점기 개경의 경천사지에서 일본으로 무단으로 반출되었다가 다시 되찾아 왔다. 지금은 국립중앙박물관에서 전시되고 있다.

핵심 포인트

경천사지 십층 석탑은 원나라의 영향을 받았고 일본에 무단반출되었다가 되찾아 온 문화재이다.

Module 138

홍문관

핵심이론

조선시대 왕의 자문을 담당한 기관으로 경연을 담당하고 궐내 경전과 서적을 관리하였다. 옥당 혹은 옥서로 불리기도 했다. 홍문관은 사헌부와 사간원과 함께 삼사라고 하였다.

핵심 포인트

- 홍문관은 삼사 중의 하나다.
- 삼사 : 사헌부, 사간원, 홍문관

Module 139

장보고

핵심이론

신라와 당나라, 일본을 잇는 해상무역을 주로 하였던 장보고는 당나라의 무령관 소장을 지낸 장수로 신라방에서 지내는 신라인들을 위해 절을 세우기도 했다. 당나라 해적에게 노비로 사고 팔리는 신라인을 보고 통일신라로 돌아가 청해진을 세우고 무역의 거점으로 삼아 해적을 소탕하고 해상권을 장악하였다.

[장보고의 주요업적]

- 해적소탕
- 해상무역

핵심 포인트

신라방

당나라에 신라인들이 모여 살던 집단거주지

Module 140

호우명 그릇

핵심이론

신라시대의 고분인 호우총에서 발견된 유물로 밑바닥에 고구려 광개토대왕을 기념하는 명문이 새겨진 청동제의 그릇이다.

핵심 포인트

호우명 그릇은 고구려와 신라 사이의 우호 관계를 나타내는 중요 사료다.

Module 141

고려 토지제도

핵심이론

- **태조 왕건 – 역분전** : 인품에 따라 토지를 나누어 주고 이에 대한 수조권을 지급한 제도
- **경종 – 시정 전시과** : 광종 때 정립한 4색 공복제와 인품에 따라 전지(농사)와 시지(땔감)를 지급한 제도
- **목종 – 개정 전시과** : 성종 때 정립한 18품계에 따라서 전・현직 문무 관리에게 전지(농사)와 시지(땔감)를 나누어 준 제도이며 퇴직 후에도 반납하지 않다가 죽은 후 반납한 제도
- **문종 – 경정 전시과** : 문무 현직 관리에게만 전지(농사)와 시지(땔감)를 나누어 준 제도
- **공양왕 – 과전법** : 경기지방의 문무 관리에게 수조권을 지급하였다.

핵심 포인트

수조권
조세의 성격인 곡식을 농민에게서 징수하는 권리

Module 142

무신집권기의 주요 난(亂)

핵심이론

- **김보당의 난** : 1173년 동북면병마사 김보당이 무신정권에 도전
- **조위총의 난** : 1174년 병부상서 조위총이 무신정권에 도전
- **망이・망소이의 난** : 1176년 공주 명학소에서 천민인 망이, 망소이가 부역과 차별대우에 반발
- **전주 관노의 난(죽동의 난)** : 1182년 전주의 관노들이 죽동을 중심으로 일으킴
- **김사미・효심의 난** : 1193년 경상도 일대에서 가혹한 농민수탈로 무신정권에 도전
- **만적의 난** : 1198년 천민 계층의 난으로 만적을 중심으로 한 최초의 신분해방 운동

핵심 포인트

- 난(亂) : 반역 난
- 무신정권기 : 고려 1170 ~ 1270년, 약 100년간 무신들이 집권했던 시기

Module 143

전민변정도감

핵심이론

고려 후기 1269년에 신돈이 왕인 원종에게 청하여 만든 관서이다. 당시 농민들이 귀족들로부터 빼앗긴 토지와 노비를 되찾아 주는 등 관리들의 부패를 바로 잡기 위해 설치되었다.

핵심 포인트

전민변정도감은 신돈의 건의로 만들어진 관리들의 부패 척결을 위한 관청이었다.

Module 144

고려시대 생활상

핵심이론

[고려 백성들의 주요 생활상]

• 여자도 호주가 가능했다.
• 여성의 재가가 자유로운 분위기였다.
• 태어난 순서대로 호적에 기재하였다.
• 불효나 반역죄는 중죄로 처벌되었다.
• 상평창은 물가를 조절하는 기관이었다.
• 남녀 구분 없이 자녀에게 균분 상속하였다.
• 제위보에서는 기금을 모아 그 이자로 빈민을 구제하였다.
• 보건소 역할을 한 동·서 대비원은 환자를 치료하여 빈민을 구제하였다.

핵심 포인트

제위보는 빈민구제기금을 마련했던 고려의 국가기관이다.

Module 145

조선시대 수령 7사

핵심이론

[조선시대 수령의 7대 업무]
- 농업을 발전시킬 것
- 학교를 흥하게 할 것
- 소송을 공정하게 할 것
- 인구수(호구수)를 늘릴 것
- 군사를 안전하게 유지할 것
- 관리의 부정행위를 근절할 것
- 백성에 대한 부역을 공평하게 할 것

핵심 포인트

"사또"로 불린 수령에게는 해당 고을의 사법, 행정, 군사 분야의 통솔권이 주어졌다.

Module 146

세 조

핵심이론

[세조의 주요 업적]
- 직전법 실시
- 6조 직계제 부활
- 군제를 개편하여 왕권 강화
- 자신의 무덤에 석실과 석곽을 두지 말라는 유언을 함
- 한명회, 권남 등과 함께 반란을 일으켜 왕위에 오름

핵심 포인트

세조는 수양대군으로 알려진 조선의 7대 임금으로 왕세자를 거치지 않고 즉위한 임금이다. 어린 조카 단종의 왕위를 찬탈한 것으로 알려져 있다.

Module 147

교육입국조서

핵심이론

교육을 근대화하려던 조선 정부에서 1894년 7월 예부를 폐지하고 근대적 교육행정기관인 학무아문을 설치한 후, 고종이 1895년 2월 2일 2차 갑오개혁 도중에 발표했던 교육에 관한 조서이다.

[주요내용]

- 교육의 중요성 강조
- 널리 학교를 세우고 인재를 양성하겠다.
- 구본신참(전통교육에 새로운 교육을 받아들임)을 강조
- 널리 학교를 세우고 인재를 양성하겠다.
- 교육의 3대 강령으로 덕양, 체양, 지양 3가지를 원칙으로 삼는다.

핵심 포인트

교육입국조서(교육조서)는 고종이 발표한 것으로 구본신참을 강조하였다.

Module 148

향 도

핵심이론

고려시대 불교를 믿는 소모임에서 향나무를 함께 심는 활동을 하면서 시작된 공동체 문화로 여러 사람들이 함께 무엇인가를 이루어내는 고려의 독특한 풍습이다. 여러 가지 공동 목적을 달성하기 위해 조직된 단체를 의미하며, 각 시기와 사회 변동에 따라 조직의 성격이 바뀌었다.

- 삼국시대 : 불교신앙 활동을 위한 승려단체
- 고려 전기 : 전국적, 신앙조직 연등회·팔관회 실행
- 고려 후기 : 불교색채 약화, 혼례·상례 주관, 상호부조 역할
- 조선시대 : 향약 보급 후 향도가 위축되고 점차 두레로 기능 이전

핵심 포인트

향 도

향도는 두레나 품앗이와 같은 고려시대의 공동체 활동이다.

Module 149

연등회와 팔관회

핵심이론

- **연등회** : 1월 15일 ~ 2월 15일 전국적으로 연등을 밝히는 불교행사
- **팔관회** : 10 ~ 12월에 치러진 도교적 신앙과 불교적 요소가 합쳐진 대규모 행사

핵심 포인트

연등회와 팔관회의 시작은 신라시대였으나 고려 태조 왕건이 "훈요 10조"에서 숭불정책을 강조하면서 후대 왕들이 더 중시하여 활발해졌다.

Module 150

최치원

핵심이론

신라 하대(통일신라시대)의 문장가로 당나라 빈공과에 급제하였다. 당나라 말기 황소의 난을 진압하면서 작성했던 격문이 문장으로써 뛰어남을 인정받아 이름을 떨치게 되었다. 당나라에서 신라로 돌아온 뒤 진성여왕에게 10여 조항의 개혁안을 건의하였으나 받아들여지지 않자 가야산에 위치한 해인사에 은둔하며 저술활동을 하였다. 주요 저서로 계원필경, 난랑비문이 있다.

핵심 포인트

최치원

통일신라 때 당나라 빈공과에 합격한 문장가로 진성여왕에게 "시무 10조(시무십여조)"를 제시한 것으로 유명하다.

Module 151

양명학

핵심이론

조선 중종 때 명나라에서 전래된 것으로 이론을 중심으로 한 성리학을 비판하고 실천할 것을 강조하였다. 아는 것과 행함은 다르지 않고 병행한다는 지행합일, 심즉리, 치양지를 강조한 학문이다.

핵심 포인트

- 심즉리 : 인간의 마음은 곧 이(理)다.
- 치양지 : 인간은 차별됨이 없으며 타고난 천리(天理)로 양지를 실현하여 사물을 바로잡을 수 있다.

Module 152

개천절

핵심이론

1909년 10월 3일 대종교에서 이날을 개천일로 이름을 짓고 기념했던 것에서 시작되어 단군왕검이 고조선을 건국한 것을 기리는 뜻에서 국경일로 제정되었다.

핵심 포인트

개천절은 단군왕검이 고조선을 건국한 것을 기념한 날이다.

Module 153

도병마사

핵심이론

고려 때 국가의 국방과 군사 문제를 논의했던 독자적인 정치기구로 왕밑의 단독 기관이었다. 중서문하성의 "재신"과 중추원의 "추밀"이 합좌(合坐)하여 논의하였는데, 한 해에 한 번 모이기도 하고 여러 해 동안 모이지 않기도 한 기록이 있다.

핵심 포인트

도병마사
"재신"과 "추밀"이 모여 국방과 군사문제를 논의했던 고려시대 독자적 정치기구다.

Module 154

최무선

핵심이론

- 화통도감을 설치할 것을 건의하였다.
- 진포 싸움에서 왜구를 격퇴시켰다.
- 화약 제조법을 습득하였다.
- 화포를 제작하여 전투에 사용하였다.

핵심 포인트

최무선은 고려 후기 최초로 화약을 발명한 장군이자 발명가이다.

Module 155

호패법

핵심이론

조선시대 백성들 중에서 군역이나 요역 담당자를 파악하기 위해 시행되었던 일종의 주민등록제도로 양반에서 노비까지 16세 이상의 남자에게 모두 호패가 발급되었다. 여성에게는 발급되지 않았으며 중앙은 한성부에서, 지방은 관찰사와 수령이 관할하였다.

핵심 포인트

호패는 양반에서 노비까지 16세 이상의 남자에게만 발급되었다.

Module 156

심양일기

핵심이론

조선의 병자호란 때 인조의 항복으로 청나라에 볼모로 잡혀 갔던 인조의 아들인 소현세자와 봉림대군 일행들이 심양에서 겪은 일들을 정리한 책이다.

핵심 포인트

심양일기
소현세자와 봉림대군이 청나라에 잡혀 갔을 때 선양에서 체류하면서 기록한 기록물

Module 157

근우회

핵심이론

1927년 조선 여성의 단결과 지위 향상을 위해 설립된 단체로 신간회의 자매단체다. 국·내외에 60여 개의 지회를 설치하였으며 전국을 순회하며 강연과 야학을 통해 여성들의 의식을 향상시키고자 하였다.

핵심 포인트

근우회는 여성의 지위 향상을 위해 노력했던 단체이다.

Module 158

문무대왕릉

핵심이론

경상북도 경주에 있는 신라 문무대왕의 수중 무덤이다. 삼국통일을 이룬 문무왕은 신라를 통일한 이후 불안했던 국가의 안위를 걱정하여 바다에 있는 바위 아래 유해를 안치하였다. 오늘날 그 위치는 경북 경주시 양북면의 바다길 근처다.

핵심 포인트

문무왕
신라의 제30대 왕으로 태종 무열왕의 적장자로 어머니는 김유신 장군의 누이다. 아들은 제31대 왕인 신문왕이다.

Module 159

이순신의 주요 해전

핵심이론

[옥포해전]
1592년 5월 옥포 앞바다에서 조선 수군이 처음 승리한 해전

[사천해전]
1592년 5월 처음으로 거북선을 사용한 해전

[한산도대첩]
1592년 7월 학익진을 이용하여 대승을 거둠

[명량대첩]
1597년 9월 13척의 배로 울돌목으로 들어온 일본 수군 133척을 상대하여 승리한 전투

[노량해전]
1598년 11월 도요토미 사망 후 임진왜란 말기 조명 수군의 연합작전으로 일본 수군 약 150여척을 물리친 전투였다. 이 노량해전에서 이순신 장군이 전사하였다.

핵심 포인트

한산도대첩
임진왜란의 운명을 바꾼 전투로 학익진의 전술을 사용한 전투로 유명함

Module 160

문헌공도 (=구재학당)

핵심이론

고려시대 개경에 있었던 사학인 12개 중의 한 개로 최충이 은퇴 후 후진양성을 위해 설립한 것으로 송악산 아래에 개설하였다. 소속 문도 중 과거에 급제했으나 아직 관직에 나가지 않은 인물을 교도로 삼고 학생들을 교육하게 함으로써 많은 학도들이 모여 들었다. 고려 후기 국학인 국자감의 중흥정책에 의해 공양왕 3년 때 폐지되었다.

핵심 포인트

문헌공도는 최충이 설립한 사학으로 9개의 학반으로 나눈 것을 따서 구재학당으로도 불렸다.

Module 161

훈요 10조

핵심이론

[태조 왕건의 훈요 10조 요약]

- 제1조 : 대업을 위해 사원을 개창한 것이니 불교를 잘 위하되 후세 간신이 정권을 잡고 각자 사원을 경영하지 못하게 하라.
- 제2조 : 현재 지어놓은 사원 외에는 함부로 짓지 마라. 신라 말기에 앞 다투어 사탑을 세워서 지덕이 손상하여 나라가 망한 것이다.
- 제3조 : 왕위 계승은 맏아들이 상례이나 맏아들이 불초할 때는 형제 중 중망 받는 자로 하라.
- 제4조 : 당나라의 풍속을 숭상해 왔으나 풍토가 다르므로 굳이 따를 필요는 없으나 거란은 금수의 나라이니 의관 제도를 본받지 마라.
- 제5조 : 서경은 우리나라 지맥의 근본이니 백일 이상 머물러라.
- 제6조 : 연등회와 팔관회 같은 중요 행사를 소홀히 다루지 말라.
- 제7조 : 왕은 공평하게 일을 처리하여 민심을 얻어라.
- 제8조 : 공주강 밖은 산형지세가 험하니 그 지방 사람을 등용하지 말라.
- 제9조 : 백관의 기록을 공평하게 정해 줘라.
- 제10조 : 널리 경사를 보아서 현재를 경계하라.

핵심 포인트

훈요 10조
고려의 태조 왕건이 후세 왕들이 지켜야 할 정책 방향을 10개 조항으로 남긴 왕실 가전(家傳)으로 박술희에게 전한 유훈

Module 162

제가회의

핵심이론

고구려에서 국가의 정책을 심의하고 의결했던 귀족회의 기구이며, 5부족 연맹체로 시작한 고구려에서 초기부터 시행된 제도다.

핵심 포인트

제가회의는 고구려의 귀족 회의로 국가의 주요 정책을 심의하고 의결하였다.

Module 163

나제동맹

핵심이론

삼국시대 때 막강했던 고구려 장수왕의 남하정책에 대응하고자 백제의 비유왕과 신라의 눌지왕 사이에 맺은 우호적 동맹이다. 장수왕은 먼저 백제를 침략했는데 신라군이 구원군을 보냈으나 백제의 개로왕이 죽고 한강유역을 빼앗겼다. 이후 신라도 공격을 받아 7성을 점령당했으나 백제가 도와 고구려의 공격을 막았다. 이후 연합군을 구성하여 고구려를 공격하여 백제가 한강유역을 되찾았으나 신라 진흥왕이 한강하류를 점령하면서 나제동맹은 깨졌다.

핵심 포인트

나제동맹은 고구려 장수왕의 남하정책에 대비한 신라와 백제의 동맹이었지만 신라 진흥왕의 한강하류 점령으로 깨졌다.

Module 164

사심관 제도

핵심이론

고려의 태조 왕건이 지방 호족들을 견제하기 위해 실시한 제도로, 해당 지방의 관리를 그 지역사람으로 등용시켜 지방에서 반역이 발생하면 이를 책임지게 함으로써 반란 세력의 발생을 없애고자 한 왕권강화책이다.

핵심 포인트

- 사심관 제도는 해당 지역사람을 해당 지역의 관리로 임명하여 반란을 없애도록 만든 왕권강화책이다.
- 왕건은 사심관 제도와 기인 제도를 왕권강화책으로 활용하였다.

Module 165

태종 이방원

핵심이론

태종 이방원은 이성계의 다섯째 아들로 태어난 조선의 3대 임금으로 정몽주에게 "하여가"를 지어 새로이 조선 왕조에 충성할 것을 회유한 것으로 유명하다.

[주요 업적]
- 사병철폐
- 호패법 실시
- 6조 직계제

핵심 포인트

[이방원 - 하여가]
이런들 어떠하리 저런들 어떠하리,
만수산 드렁칡이 얽혀진들 어떠하리,
우리도 이같이 얽혀져서 백년까지 누리리라.
[정몽주 - 단심가]
이 몸이 죽고 죽어 일백 번 고쳐 죽어,
백골이 진토되어 넋이라도 있고 없고,
임 향한 일편단심이야 가실 줄이 있으랴.

Module 166

세종대왕

핵심이론

[주요업적]
- 한글창제
- 집현전 설치(임금과 경연)
- "농사직설" 편찬
- "삼강행실도" 편찬(30편의 그림책)
- 서울 기준의 역법서인 "칠정산 내편" 편찬

핵심 포인트

세종대왕은 조선 태종 이방원의 셋째 아들로 충녕대군으로 불렸다. 한글을 창제하여 우리민족의 기틀을 다진 임금으로 유명하다.

Module 167

소 도

핵심이론

소도는 철기 문화 기반의 농경사회였던 삼한(三韓) 시대에 제사장인 천군이 천신(天神)에게 제사를 지낸 장소이다. 삼한이란 마한, 진한, 변한지역을 말하며, 이들 지역에서는 소도라는 특정 지역을 두고 이곳에 제사장을 임명하고 천신에게 제사를 지냈다. 이때 소도라는 표시로써 마을 입구에 큰 나무를 세우고 그 나무에 방울과 북을 매달아서 이 곳이 성지임을 나타냈다. 이 소도로 죄인이 도망쳐도 관군은 잡을 수 없었다는 점을 들어 정치적 지도자와 제사장은 분리되어 있었으며, 제정분리 사회였음을 알 수 있다.

핵심 포인트

삼한(三韓)
우리나라의 남쪽에 위치했던 마한, 진한, 변한을 한 번에 불렀던 말

Module 168

천리장성

핵심이론

고려 덕종 때 여진족의 침입을 막기 위해 쌓은 장성으로 서쪽으로는 압록강 어귀에서부터 동쪽으로는 의주 근방까지 약 천리 정도의 거리를 돌로 축조하였다. 이후 고려의 북방 침입을 막는 주요 경계가 되었으며 현재까지도 남아 있는 유적이다.

핵심 포인트

- 1리(里) = 약 392.7[m]
- 1,000리(里) = 약 392.7[km]

Module 169

5.18 민주화운동

핵심이론

1980년 5월 18일부터 약 9일간 광주 시민들이 민주주의 회복을 위한 신군부 퇴진과 계엄령 철폐를 요구하며 신군부에 저항했던 사건으로 최근엔 영화 "택시운전사"를 통해 당시의 시대적 상황을 다시 되돌아보는 계기가 되었다. 2011년에 유네스코 세계기록유산으로 등재되었다.

핵심 포인트

5.18 민주화운동은 광주지역민들이 민주주의 회복을 위해 계엄군에 저항했던 민주화운동이다.

Module 170

반민족 행위 특별조사위원회

핵심이론

일제강점기 친일행위를 한 사람들(친일파)을 처벌하기 위해 이승만 대통령 때 만든 특별법인 "반민족 행위 처벌에 관한 특별법"을 실행하기 위해 만든 위원회로 일명 "반민특위"라고도 한다. 이 위원회는 각 도에서 1명씩 추천된 국회의원으로 구성되었으며, 1948년 시행되어 1949년 폐지되었다.

핵심 포인트

반민특위는 일제강점기 활동했던 친일파를 처벌하기 위해 만든 특별위원회다.

Module 171

고려인

핵심이론

구소련의 영토나 현재 러시아 등지에 거주하는 한국 이주민과 그 후손들을 가리키는 말이다. 1860년대 러시아가 청나라로부터 연해주를 넘겨받은 시점에, 한국인들이 농업을 위해 연해주로 이주하면서부터 고려인들이 많아졌다. 그러다가 일본에 의해 우리나라의 국권이 위협받으면서 고려인들은 더 많아졌다.

핵심 포인트

고려인
"카레이스키"라고도 불리는데 러시아 등지에 사는 교포를 가리킨다. "한국"의 영어 Korean을 러시아어로 카레이스키, 즉, 고려인이라는 말이다.

Module 172 사문난적

핵심이론

조선 후기에 유교 경전을 읽고 이를 해석하는 방법에서 당시 성리학을 중시했던 양반들이 "주희"와 다른 해석을 내놓는 사람들에게 "사문난적"이라고 비난했다.

핵심 포인트

사문난적(斯文亂賊) : 이 사, 글월 문, 어지러울 난, 도둑 적
당시 성리학이라는 큰 틀의 학문의 이치를 어지럽힌다는 의미

Module 173 상피제

핵심이론

고려시대 중국 송나라로부터 처음 들여온 제도이다. 조선 세종 때 보완되어 일정 범위의 친족 간에는 같은 관서나 직속 관서의 관원이 되지 못하게 했던 규정이다. 상피제는 권세 있는 집안에서 조정의 요직을 독점하는 것을 방지하는 장치로도 사용되었다.

핵심 포인트

상피제(相避制) : 서로 상, 피할 피, 마를 제
서로 피하게 하는 제도

Module 174

수렴청정

핵심이론

왕실을 대표하는 여성, 즉 왕후가 어린 국왕을 대신해 일정 기간 국정을 관할하는 정치 행위다.

[조선시대 수렴청정 사례]

- 성종 때 정희왕후
- 명종 때 문정왕후
- 순 조
- 헌 종

핵심 포인트

수렴청정(垂簾聽政) : 받을 수, 발 렴, 들을 청, 정사 정

Module 175

계유정난

핵심이론

조선 단종 임금 1년차 때 수양대군이 한명회 등의 주변인들과 함께 어린 단종을 보좌했던 김종서, 황보인 등의 세력을 제거하고 권력을 차지했던 사건이다. 수양대군은 결국 단종에게 왕위를 이어받아 세조로 즉위하였다.

핵심 포인트

계유정난
문종이 죽고 어린 단종을 보좌하던 김종서의 세력을 수양대군 세력이 제거했던 사건

Module 176

교조신원운동

핵심이론

조선 정부는 동학을 사교로 규정하고 교조였던 최제우를 처형하고 동학을 탄압하기 시작했는데 제2대 교조였던 최시형을 중심으로 동학을 합법화하여 교조 최제우의 억울함을 풀고 탄압을 중지해 달라는 동학교도들의 운동. 1892~1893년 사이에 총 4차 교조신원운동까지 진행되었으며 정부로부터 해산을 위한 회유와 설득을 받아 4차로 종료되었으나, 교조신원운동은 1894년 동학농민운동으로 발전하는 계기가 되었다.

핵심 포인트

교조신원운동은 동학의 교도들이 조정으로부터 포교의 자유를 얻고자 한 저항운동이다.

Module 177

최충헌

핵심이론

고려의 무신정권기 최고의 권력을 누렸던 무신으로 100여년의 무신정권 기간 중 최씨 가문이 약 60년간 권력을 잡을 수 있는 토대를 마련한 인물이다. 명종 26년 1196년에 당시 정권을 잡고 있던 이의민 일당을 몰아내면서 정권을 장악하기 시작했다. 명종에게 10개조의 개혁안인 “봉사 10조”를 지어 건의한 것으로 전해진다.

핵심 포인트

최충헌은 무신집권기의 무신으로 “봉사 10조”를 지어 국왕에게 올렸다.

Module 178

대각국사 의천

핵심이론

[주요 업적]

- 고려 11대 왕인 문종의 넷째 아들
- 해동 천태종을 창시함
- 화엄종으로 교종을 통합함
- 이론과 수행을 함께 강조하는 "교관겸수"를 주장함
- "교장도감"을 저술

핵심 포인트

의천은 왕자의 신분으로 승려가 된 인물로 천태종을 창시하였다.

Module 179

고려와 조선의 지방 행정조직

핵심이론

[고 려]

- 5도 양계 체제
- 모든 군과 현에 관리가 파견되지 않음
  파견된 지방은 주군과 주현, 미파견 지방은 속군과 속현으로 불림
- 성종 때 12목을 설치하고 지방관인 목사를 파견함
- 도의 순찰을 담당한 안찰사를 파견함
- 향, 소, 부곡이 존재함

[조 선]

- 8도 체제
- 향, 소, 부곡을 폐지하고 군이나 현으로 편입함
- 병마절도사와 수군절도사를 겸임하는 관찰사를 파견함

핵심 포인트

하층민들이 거주하는 향, 소, 부곡이 고려시대에는 존재했으나 조선시대에는 일반 군이나 현으로 편입되었다.

Module 180

숭례문

핵심이론

우리나라 국보 제1호인 숭례문은 한양도성의 남쪽 문으로 1398년 태조 때 건립되었다. 2008년 2월 설 연휴 기간 중 방화에 의한 화재로 2층 지붕이 무너져 내리는 등의 훼손이 발생되었다. 이후 복구하는 전 과정에서 3차원 기법을 적용하고 이를 기록하는 작업을 거쳐 2013년 4월 30일 복구가 완료되었다.

핵심 포인트

우리나라 국보 제1호인 숭례문(남대문)은 2008년 화재가 발생하여 2013년 완전 복구되었다.

Module 181

한성순보 (최초의 관보)

핵심이론

- **한성순보** : 조선 후기 박문국에서 발행했던 최초의 관보로 1883년 7월부터 발행되어 1884년 갑신정변 때 폐간되었다. 순한문으로 작성된 신문으로 열흘마다 발행되었다.
- **한성주보** : 한성순보를 계승해서 1886년 1월부터 국한문 혼용체 신문으로 박문국에서 발행한 관보이며, 한주에 한번 발행되다가 1888년 박문국 폐지로 함께 폐간되었다.

핵심 포인트

우리나라 최초의 관보(최초의 근대신문) : 한성순보(漢城旬報)

Module 182

대한자강회

핵심이론

나라의 독립은 자강에 달려 있을 뿐이고, 자강은 교육과 산업발전을 통해 가능하다고 주장한 단체이다. 일본은 고종이 헤이그 특사 파견을 빌미로 고종을 강제 폐위시킨 후, 이에 조선 사람들이 반발하는 것을 막기 위해 집회시위를 단속하는 "보안법"을 제정하였으며, 이때 대한자강회가 고종의 강제퇴위 반대운동을 전개하다가 보안법에 의해 해산되었다.

핵심 포인트

헌정연구회를 계승하여 1906년 설립되어 고종의 강제 퇴위 반대 운동을 전개하다가 1907년 일제의 보안법에 의해 강제 해산됨

Module 183

삼별초

핵심이론

고려 무신정권기에 권력을 잡고 있던 최우가 도둑이 많았던 시대적 상황에서 이를 수습하고자 군대조직과는 별개의 사병으로 만든 야별초가 그 시작이었다. 이 야별초가 향후 정규군으로 편성되면서 "야별초"와 "우별초"로 나뉘었고, 대몽 항쟁기에 몽골에 포로로 잡혀갔다가 탈출한 병사들로 이루어진 "신의군"을 묶어서 "삼별초"라 불리기 시작했다. 1270년 몽골에 항복한 원종이 삼별초 해산을 명령했으나 이에 반발하여 배중손을 중심으로 항전을 지속했다. 강화도에서 진도, 제주도까지 점령했다가 여몽 연합군에 의해 제주도에서 진압되었다.

핵심 포인트

삼별초의 대몽항쟁은 배중손을 중심으로 강화도 → 진도 → 제주도로 근거지를 옮겨가며 항전하였다. 야별초인 좌별초, 우별초와 신의군으로 구성된 3개의 별초군을 총칭한 것

Module 184

한양도성 4대문과 4소문

핵심이론

[한양도성 4대문]
• 동대문 – 흥인지문
• 서대문 – 돈의문
• 남대문 – 숭례문 [정문의 역할]
• 북대문 – 숙정문

[한양도성 4소문]
• 동소문 – 혜화문
• 서소문 – 소의문
• 남소문 – 광화문
• 북소문 – 창의문

핵심 포인트

조선시대의 정문은 숭례문(남대문)이었다.

Module 185

신문고제도

핵심이론

태종 이방원 때 백성들이 억울하거나 원통한 일을 당했을 경우 "등문고"라는 북을 치게 하자는 의정부의 건의를 받아들여 만들어진 제도다. 나중에 "등문고"를 "신문고"로 바꿔 불렀기 때문에 오늘날은 신문고로 알려지게 되었다.

핵심 포인트

조선시대 신문고제도는 태종 이방원 때 처음 실시하였다.

Module 186

당상관, 당하관

핵심이론

[당상관]

- 정3품 이상의 관리로 문관은 통정대부, 무관은 절충장군으로 불림
- 의정부의 3정승, 6조의 판서직을 담당하는 고위관료로 국가의 중요 정책에 참여하였다.

[당하관]

- 정3품에서 종9품까지의 관리
- 국가의 정책에 따른 실무를 담당함

핵심 포인트

- 당상관은 능력이나 공덕이 인정되면 시기에 상관없이 승진하였다.
- 당하관은 정해진 근무일수를 채우면 승진하는 순차법이 적용되었다.

Module 187

조선시대 주요 관청의 업무

핵심이론

- 의정부 – 재상들이 국정을 총괄하던 기관
- 6조 – 이조, 호조, 예조, 병조, 형조, 공조
- 승정원 – 왕의 비서와 같은 업무를 담당하면서 왕명을 출납함
- 의금부 – 국가에 대해 죄가 큰 죄인을 담당하는 사법기관
- 성균관 – 국립대학
- 예문관 – 왕의 교서를 작성
- 한성부 – 한양의 토지와 가옥에 대한 소송을 담당
- 승문원 – 외교문서 작성
- 춘추관 – 역사서 보관 및 편찬
- 홍문관 – 궁중도서 관리 및 경연을 담당

핵심 포인트

- 의정부의 수장 – 영의정
- 승정원의 수장 – 도승지
- 승문원의 수장 – 도제조

Module 188

조선시대의 기술교육기관

핵심이론

- 형조 – 율학(법률)
- 관상감 – 천문
- 도화서 – 그림
- 전의감, 혜민서 – 의학
- 장악원 – 음악
- 호조 – 산학(수학)
- 사역원 – 외국어

핵심 포인트

조선의 기술교육기관에는 주로 중인의 자제가 입학하였으며, 이후 잡과에 응시하여 해당 관청의 실무직으로 일했다.

Module 189

대마도 정벌

핵심이론

고려 말에서 조선 중반까지 한반도에 침략하여 노략질을 해온 왜구의 근거지였던 대마도(쓰시마)를 3차에 걸쳐 정벌하였다.

- 1차 대마도 정벌 : 1389년 고려 창왕 때 박위
- 2차 대마도 정벌 : 1396년 조선 태조 때 김사형
- 3차 대마도 정벌 : 1419년 조선 세종 때 이종무

핵심 포인트

조선시대 대마도를 정벌한 것으로 가장 유명한 장군은 이종무다.

Module 190

김시습

핵심이론

조선 초기인 1435년에 태어나 8개월 만에 글을 읽고 3세 때 글을 지었다고 전해지는 천재로 5세 때는 중용과 대학에 능통했다. 세종대왕이 5세 때 하사한 비단들의 끝을 서로 묶어서 끌고 갔다는 일화로도 유명하다. 우리나라 최초의 한문소설인 금오신화를 저술하였다.

핵심 포인트

김시습 : 우리나라 최초의 한문소설인 금오신화 저술

Module 191

주요 판소리

핵심이론

- **적벽가** : 삼국지 중 적벽대전에서 조조가 제갈공명에게 크게 패하는 이야기
- **산대놀이** : 지배층과 그들에게 의지하며 지내는 부패한 승려의 위선을 풍자한 이야기
- **춘향가** : 이몽룡이 월매의 딸 춘향이와 사랑을 이루어가는 이야기
- **흥보가** : 착한 동생 흥부, 욕심 많은 형 놀부, 다리가 부러진 제비 다리를 흥보가 고쳐 주는 내용 전개를 통해 결국 형이 개과천선 한다는 이야기
- **수궁가**(별주부타령) : 용왕이 병이 들어 약에 쓸 토끼의 간을 구하러 자라가 세상에 나가 토끼를 꾀어 용궁으로 데려왔으나 꾀가 많은 토끼가 영리하게 죽음을 면하여 살아온 이야기

핵심 포인트

판소리
창을 부르는 창자가 고수의 북 장단에 맞춰 스토리가 있는 가사를 소리(창, 노래)나 아니리(말하는 형태), 발림(몸짓)의 형태로 전달함으로써 그 속에 숨어 있는 이야기를 전달하는 고유 놀이

Module 192

조선시대 제주도에 표류한 네덜란드인

핵심이론

[박 연]

- 조선 후기 인조 때 귀화한 네덜란드인
- 훈련도감에서 서양식 대포 제조법과 조종법을 전수함
- 네덜란드 홀란디아호의 승무원으로 일본으로 향하던 중 제주도에 표류함
- 1653년 하멜이 표류했을 때 하멜 일행을 한양으로 호송하는 임무를 수행함

[하 멜]

- 네덜란드 동인호 회사의 선원으로 일본 나가사키로 향하던 중 제주도에 표류함
- 네덜란드로 되돌아가서 조선에 머물면서 생활했던 내용을 "하멜표류기"로 작성

핵심 포인트

하멜표류기(1668년)는 하멜이 자신의 고국 네덜란드로 돌아가 보상금을 받기 위해 회사 측에 제출한 보고문의 일종이다.

Module 193

혼천의

핵심이론

홍대용이 만든 조선시대 천체 관측기구로 태양이나 달, 수성과 금성, 화성, 토성, 목성 등의 위치를 관측하는 데 주로 사용하였다. 자동으로 날짜와 시간도 표시되었다.

핵심 포인트

혼천의는 홍대용이 만든 천체 관측기구다.

Module 194

조선시대 과거시험

핵심이론

[문과] - 문관을 선발하는 과거시험

- 소 과
  - 대과를 보기 위한 1차 시험의 성격으로 생원과와 진사과가 있음
  - 합격자는 생원과 진사로 불리며 하급관리가 되거나 성균관 입학 혹은 대과에 응시하였다.
- 대 과
  - 식년시 : 3년마다 정기적으로 실시되었던 시험으로 이외에는 모두 비정기적 시험이다.
  - 증광시 : 왕이 즉위하였거나 왕자가 태어나는 등 국가 경사가 있을 때 실시
  - 알성시 : 왕이 성균관에서 문묘를 참배할 때 실시
  - 백일장 : 시골 유생들에게 학업 증진의 기회를 제공하고자 실시

[무과] - 무관을 선발하는 과거시험

- 시험 시기는 문과와 동일한 날 시행되었다.
- 서자나 천인들이 주로 응시함

핵심 포인트

- 소과에 합격하면 하급관리인 생원과 진사가 되기도 함
- 대과에 합격하면 합격증서인 홍패를 받았으며 순위에 따라 종6품~정9품의 품계가 주어짐

Module 195

공명첩과 납속책

핵심이론

[공명첩]

조선 후기 때 국가의 재정을 늘리기 위해 재력가들에게 돈이나 곡식과 바꾸어 준 관리 임용장

이름을 쓰는 부분이 지워진 채 만들어진 것으로 실무는 보지 않고 이름만 올린 가짜 임용 시스템이었다.

[납속책]

곡식이 부족해서 군량미나 구휼미가 필요할 때 실시한 정책으로 부유한 농민이나 큰 상인들로부터 곡식을 받고 이에 맞는 직책을 부여했다. 이는 공명첩과 같이 이름만 올린 가짜 임용 시스템의 일종이었다.

핵심 포인트

공명첩과 납속책은 돈을 많이 번 부농이나 상인들이 신분상승을 위해 주로 구입하였다.

Module 196

조선교육령

핵심이론

[제1차 조선교육령] – 1911년
- 민족의식적 성격이 큰 사립학교 감축
- 보통학교 수업 연한 단축시킴

[제2차 조선교육령] – 1922년
- 조선어를 필수과목에 포함
- 조선인의 일본고등학교 진학 허용

[제3차 조선교육령] – 1938년
- 내선일체화로 황국신민서사를 강제로 암송하게 함
- 조선어를 선택과목으로 하였다가 결국 폐지시킴
- 우리말과 우리역사의 교육을 금지시킴

핵심 포인트

일제는 조선 사람들의 정신을 강압적 교육을 통해 탄압하고자 1, 2, 3차에 걸쳐 교육령을 반포하였다. 학교에서 조선어를 금지시킨 것은 제3차 교육령 때이다.

Module 197

승정원 일기

핵심이론

승정원 담당자가 임금의 매일매일 일과나 신하들이 올린 상소, 각 관청에서 보고한 내용들을 기록한 책으로 현재까지 전해지고 있는 사료다.
국보 제303호로 지정된 기록문화 유산으로 서울대학교 규장각에 보존되어 있다.

핵심 포인트

승정원은 조선 태종 때 만들어진 왕의 비서기관으로 왕의 일상을 적은 승정원 일기를 편찬했다.

Module 198

우리나라 최초의 전차

핵심이론

우리나라의 전차는 1899년 5월 청량리와 서대문 사이를 최초로 운행했다. 이 전차는 한 번에 45명 정도 탈 수 있었던 우리나라 최초의 대중교통 수단이라고 할 수 있다. 미국인 콜브란과 대한제국 황실이 합작해서 만든 한성전기회사에서 건설하였다.

핵심 포인트

우리나라 최초의 전차는 청량리와 서대문 사이를 운행했다.

Module 199

미쓰야 협정

핵심이론

1925년 일제강점기 때 만주 등지에서 항일독립군이 활발히 활동하자 일본군과 만주군이 우리 독립군을 탄압하기 위해 "만주에 거주하는 한국인 단속에 대한 교섭"을 벌여 조선총독부의 경무국장 미쓰야와 중국 둥산성의 경무처장 위린, 사실상 지배자였던 만주 군벌 장작림이 체결한 협정이다. 만주군은 우리 독립군을 체포하면 일본으로부터 상금을 받았기에 독립군 체포에 혈안이 되어 있었다. 이 협정으로 인해 우리 독립군은 큰 타격을 받았다.

핵심 포인트

미쓰야 협정은 일제강점기 일본과 중국 군대에 의해 우리 독립군의 활동이 큰 제약을 받은 사건이다. 미쓰야 협약, 삼시 협약, 삼시 협정 등으로 불림

Module 200

우리나라의 주요 세시풍속

핵심이론

[삼짇날]

- 음력 3월 3일로 봄을 알리는 날
- 강남 갔던 제비가 돌아온다고 하여 진달래꽃을 넣은 화전을 만들어 먹었다.

[단 오]

- 왕은 신하들에게 무더위를 잘 견디라는 의미로 부채를 선물했다는 기록이 있다.
- 음력 5월 5일로 1년 중 양기가 가장 왕성한 날이라 여겼다.
- 남자들은 씨름, 여자들은 그네를 타는 풍속이 전해진다.

[정월 대보름]

- 음력 1월 15일
- 오곡밥 먹기
- 해충 피해 방지를 위한 - 쥐불놀이
- 부스럼 예방을 위한 - 부럼 깨기
- 액운을 물리치고 복을 기원하는 - 달집(나무더미) 태우기

[동 지]

- 1년 중 밤이 가장 긴 날
- 팥죽을 먹고 부적을 쓰며 귀신을 쫓는다는 풍습

[한 식]

- 동지 이후 105일째가 되는 날로 대략 양력으로 4월 6일 무렵이다.
- 찬 음식을 먹는 풍습이 있다.

[판소리]

- 소리꾼, 고수, 관중이 함께 즐기는 공연
- 춘향가, 심청가, 흥부가, 수궁가 등이 유명하다.

핵심 포인트

세시풍속(歲時風俗) : 해 세, 때 시, 바람 풍, 풍속 속
과거 농경사회 때 해마다 되풀이되는 관습적이고 민속적인 풍속이다.

부록

기출복원문제

제1회 기출복원문제
제2회 기출복원문제
제3회 기출복원문제
제4회 기출복원문제
제5회 기출복원문제
제1회 기출복원문제 정답 및 해설
제2회 기출복원문제 정답 및 해설
제3회 기출복원문제 정답 및 해설
제4회 기출복원문제 정답 및 해설
제5회 기출복원문제 정답 및 해설

공사공단 공기업 전공 [필기]

전기직 필수 이론 500제

기출복원문제

01 $i_1 = \frac{15}{\sqrt{2}}\left(\cos\frac{\pi}{3} + j\sin\frac{\pi}{3}\right)$[A], $i_2 = \frac{3}{\sqrt{2}}\left(\cos\frac{\pi}{6} + j\sin\frac{\pi}{6}\right)$[A]의 두 벡터를 $\frac{i_1}{i_2}$로 계산할 경우 알맞은 값은?

① $5\left(\cos\frac{\pi}{6} + j\sin\frac{\pi}{6}\right)$

② $\frac{5}{\sqrt{2}}\left(\cos\frac{\pi}{3} + j\sin\frac{\pi}{3}\right)$

③ $\frac{5}{2}\left(\cos\frac{\pi}{3} + j\sin\frac{\pi}{3}\right)$

④ $10\left(\cos\frac{\pi}{6} + j\sin\frac{\pi}{6}\right)$

02 우리가 사용하는 통신사 주파수가 1.8[GHz]일 경우 그 파장[m]으로 가장 알맞은 것은?(단, 진공 중으로 가정한다)

① $\frac{1}{3}$[m]

② $\frac{1}{6}$[m]

③ $\frac{1}{\sqrt{2}}$[m]

④ 1.8[m]

03 다음 중 [보기]의 용어에 대한 설명으로 옳은 것끼리 있는 대로 모두 고른 것은?

[보 기]

(가) 자화율은 자계에 두어진 물체가 자화하는 정도를 나타낸다.

(나) 투자율은 자속밀도(B)와 자화의 세기(H)의 비$\left(\mu = \frac{B}{H}\right)$로 나타낼 수 있다.

(다) 유전율은 전속밀도(D)와 전계의 세기(E)의 비$\left(\varepsilon = \frac{D}{E}\right)$로 나타낼 수 있다.

(라) 전도율은 고유저항의 역수로 도체에 전류가 흐르기 쉬운 정도를 나타낸다.

① (나), (다)

② (나), (라)

③ (가), (다), (라)

④ (가), (나), (다), (라)

04 진공 중에 점전하 5[μC]을 놓았을 때, 이 점전하로부터 3[m] 떨어진 지점에서의 전계의 크기[V/m]로 알맞은 것은?

① $\frac{5}{3} \times 10^3$[V/m]

② 5×10^3[V/m]

③ $\frac{25}{9} \times 10^3$[V/m]

④ $\frac{5}{9} \times 10^3$[V/m]

05 무한평행판 전극 2장($+\rho$, $-\rho$)을 진공 중에 나란히 놓았을 때, 전계의 세기(E)와 전위(V)에 대한 설명으로 옳은 것은?

① 전계의 세기(E)는 거리(r)에 비례한다.
② 외부에서의 전계의 세기(E)는 ∞의 값을 갖는다.
③ 전위(V)는 유전율(ε)에 반비례한다.
④ 전위(V)는 면전하밀도(ρ_s)의 제곱에 비례한다.

06 전원전압 200[V]를 정전용량 20[μF]인 콘덴서에 인가하였을 때, 콘덴서에 축적되는 전하량[C]으로 알맞은 것은?

① 10×10^{-3}[C] ② 0.1×10^{-3}[C]
③ 40×10^{-3}[C] ④ 4×10^{-3}[C]

07 [보기]의 현상에 대해 옳은 용어로 짝지어진 것은?

> [보 기]
> (가) 교류(AC)선로에 흐르는 전류가 전선의 바깥쪽(표면)으로 집중되는 현상
> (나) 교류(AC)선로에 나란한 두 도체에 전류가 흐를 때 그 밀도가 방향성을 가지고 집중되는 현상
> (다) 직류(DC)선로에서 전선의 중심으로 힘이 작용하여 전류가 중심으로 집중되는 현상

	(가)	(나)	(다)
①	표피 효과	근접 효과	핀치 효과
②	근접 효과	표피 효과	핀치 효과
③	근접 효과	표피 효과	광전 효과
④	표피 효과	근접 효과	홀 효과

08 그림과 같은 전류를 4[H]의 인덕턴스에 흘렸다면, 유기되는 역기전력[V]의 모형으로 알맞은 것은?

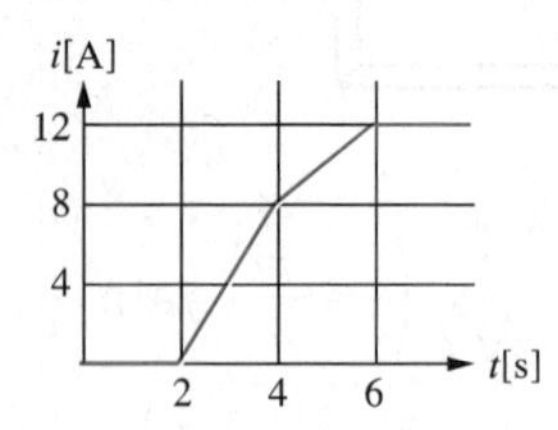

①
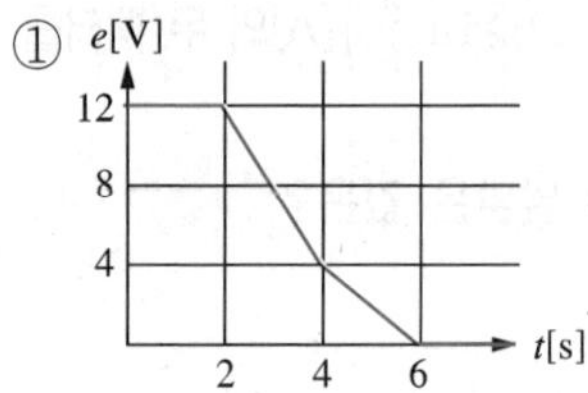

②
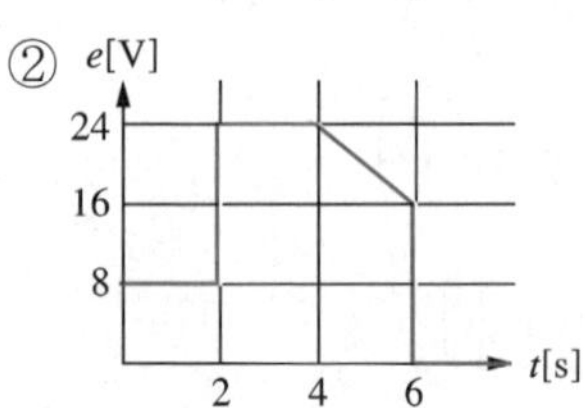

③
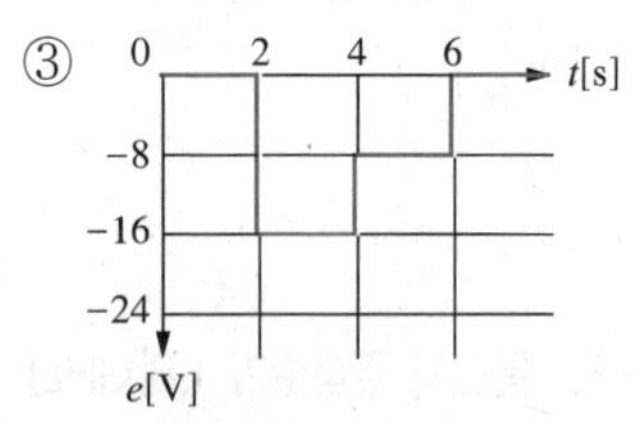

④
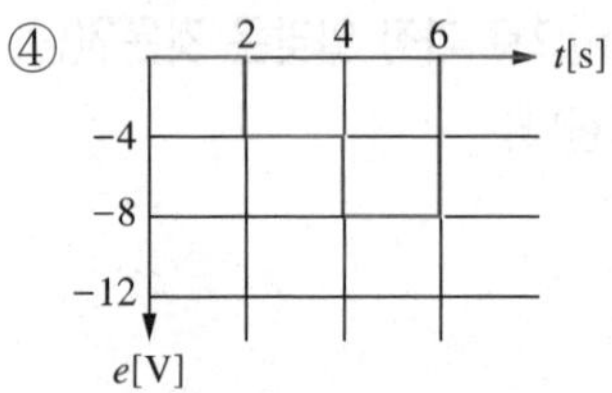

09 다음 중 자기력선의 성질로 옳지 않은 것은?

① 자기력선은 스스로 폐곡선을 이룬다.
② 자기력선은 서로 교차하며, 인력이 작용한다.
③ 자기력선은 N극에서 시작에서 S극에서 그친다.
④ 임의의 점에서 자기력선의 접선방향과 자계의 방향은 같다.

10 환상 솔레노이드의 반지름이 2[m], 권수 $N=20$회, 전류 4[A]일 때, 내부의 자계[AT/m]로 알맞은 것은?

① $\frac{20}{\pi}$[AT/m] ② $\frac{5}{\pi}$[AT/m]
③ $\frac{\pi}{10}$[AT/m] ④ $\frac{2}{\pi}$[AT/m]

11 진공콘덴서 C[F]가 V[V]로 충전되어 있다. 이 콘덴서에 $\varepsilon_s=5$의 유전체를 채운 경우 전계의 세기(E)는 기존의 진공콘덴서인 경우의 몇 배가 되는가?

① 2배 ② 5배
③ 0.2배 ④ 0.5배

12 20[cm]의 도선에 15[A]의 전류가 흐르고 있다. 이 도선이 자속밀도 2[Wb/m^2]와 수직으로 배치되어 있다면, 이 도선에 작용되는 힘[N]으로 알맞은 것은?

① 2[N] ② 4[N]
③ 6[N] ④ 10[N]

13 자기인덕턴스가 4,800[H]인 코일에 6[J]의 에너지가 저장되었다면, 이 코일에 흐르는 전류[A]는?

① 0.2[A] ② 0.5[A]
③ 0.02[A] ④ 0.05[A]

14 다음 중 강자성체의 물질로 옳지 않은 것은?

① 구 리 ② 철
③ 코발트 ④ 니 켈

15 3[Wb]의 자극을 어떠한 자계 중에 놓았을 때, 9×10^3[N]의 힘이 발생했다. 이 자계의 세기[AT/m]로 알맞은 것은?

① 3,000[AT/m]
② 1,500[AT/m]
③ 1,000[AT/m]
④ 100[AT/m]

16 삼각파의 평균값으로 가장 알맞은 것은? (단, V_m : 최댓값)

① $\frac{V_m}{2}$ ② $\frac{V_m}{\sqrt{3}}$
③ $\frac{2V_m}{\pi}$ ④ $\frac{V_m}{\sqrt{2}}$

17 인덕턴스만의 회로에서 전압과 전류의 위상차로 옳은 것은?

① 전압과 전류는 동상이다(In-Phase).
② 전압이 전류보다 90° 뒤진다(Lagging).
③ 전압이 전류보다 90° 앞선다(Leading).
④ 전압이 전류보다 180° 뒤진다(Lagging).

18 다음에서 측정계 사용방법 (가), (나)가 옳게 짝지어진 것은?

임의의 부하에 흐르는 전류를 측정하기 위해서는 그 부하와 전류계를 (가)접속해야 한다. 또한 임의의 부하 양단에 걸리는 전압을 측정하기 위해서는 그 부하와 전압계를 (나)접속해야 한다.

	(가)	(나)
①	직렬	직렬
②	직렬	병렬
③	병렬	직렬
④	병렬	병렬

19 그림과 같은 회로에서 $a-b$ 간의 합성 인덕턴스 L[mH]로 가장 알맞은 것은?(단, $L_1 = 3$[mH], $L_2 = 7$[mH], $L_3 = 4$[mH], $M_{L_1-L_2} = 3$[mH]이다)

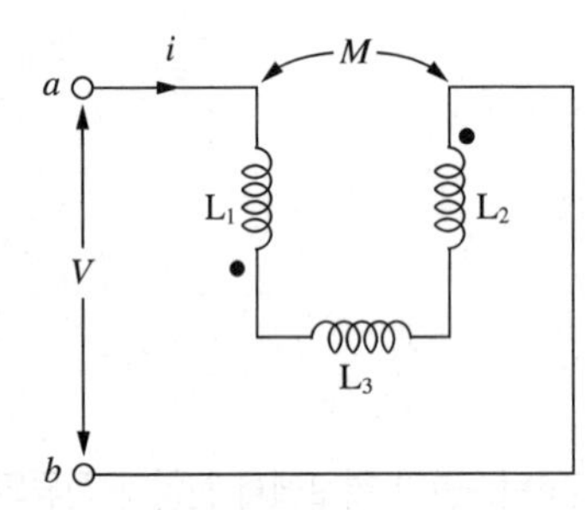

① 4[mH]
② 8[mH]
③ 16[mH]
④ 20[mH]

20 $R-L$ 직렬회로와 $R-C$ 직렬회로의 시정수(τ)가 알맞게 짝지어진 것은?

	$R-L$ 직렬 회로의 시정수(τ)	$R-C$ 직렬 회로 시정수(τ)
①	$\frac{L}{R}$[sec]	RC[sec]
②	$\frac{R}{L}$[sec]	RC[sec]
③	RL[sec]	$\frac{R}{C}$[sec]
④	RL[sec]	$\frac{C}{R}$[sec]

21 $R-L-C$ 직렬회로에 흐르는 전류가 최대가 되도록 하는 조건으로 알맞은 것은?

① 저항이 최소가 되어야 한다.
② 직렬공진이 발생해야 한다.
③ 임피던스가 최대가 되어야 한다.
④ 어드미턴스가 최소가 되어야 한다.

22 다음 회로에서 단자 $a-b$에 나타나는 전압[V]으로 알맞은 것은?

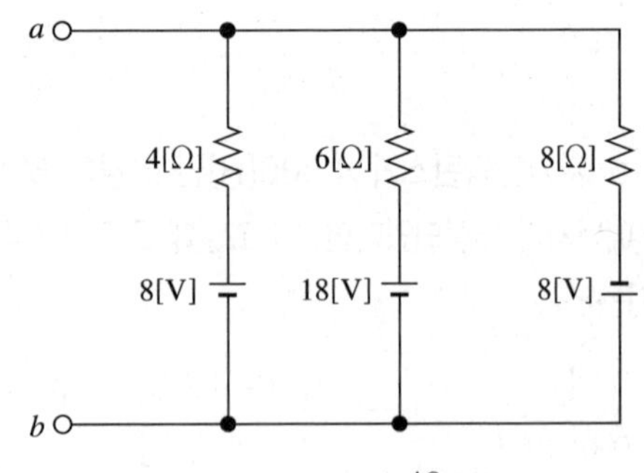

① 24[V] ② $\frac{48}{16}$[V]
③ $\frac{96}{13}$[V] ④ $\frac{32}{10}$[V]

23 평형 3상 Y결선의 상간전압은 선간전압의 몇 배인가?

① 1　　② $\sqrt{3}$

③ $\frac{1}{\sqrt{3}}$　　④ 3

24 정현파전류 $i = 282\sin(\omega t - 30°)$[A]에서 실횻값의 크기 I[A]로 알맞은 것은?

① 약 200[A]

② 약 173[A]

③ 약 141[A]

④ 약 100[A]

25 다음 중 선형, 비선형회로에서 모두 적용 가능한 방법은?

① 가역 정리

② 키르히호프 법칙

③ 중첩의 원리

④ 밀만의 정리

26 내부저항이 10[Ω]이고, 최대눈금이 10[mA]인 전류계가 있다. 이 전류계로 100[A]까지 측정하고자 할 때, 추가해야 하는 분류기저항으로 알맞은 것은?

① 약 0.1[Ω]

② 약 0.01[Ω]

③ 약 0.001[Ω]

④ 약 0.0001[Ω]

27 $R-L-C$ 직렬회로에서 공진이 발생했을 때, 선택도(Q)의 값으로 가장 알맞은 것은?(단, $R=5$[Ω], $L=10$[mH], $C=25$[μF]이다)

① 1　　② 2

③ 3　　④ 4

28 어떤 부하에 $100+j50$[V]의 전압을 인가하였더니 $6+j8$[A]의 부하전류가 흘렀다. [보기]에서 이에 대한 설명으로 옳은 것끼리 있는 대로 모두 고른 것은?

> [보 기]
> (가) 부하의 유효전력은 1,000[W]이다.
> (나) 부하의 무효전력은 −500[Var]이다.
> (다) 부하전류는 진상전류이며, 전압의 위상이 전류의 위상보다 뒤진다(Lagging).
> (라) 역률(Power Factor)은 $\frac{2}{\sqrt{5}}$로 나타낼 수 있다.

① (나), (다)

② (다), (라)

③ (가), (나), (라)

④ (가), (다), (라)

29 다음 회로에서 $Z_{Th} = 400 + j100$[Ω], $V_{Th} = 200\angle 0°$[V]일 경우 부하임피던스 Z_L에 전달 가능한 최대전력[W]으로 가장 알맞은 것은?

① 12.5[W]

② 25[W]

③ 50[W]

④ 100[W]

30 $ABCD$**파라미터(Parameter)의 각 정수 A, B, C, D차원(Domain)을 옳게 표현한 것은?**

	A	B	C	D
①	전압비	임피던스	어드미턴스	전류비
②	전류비	임피던스	어드미턴스	전압비
③	임피던스	전류비	전압비	어드미턴스
④	어드미턴스	전압비	전류비	임피던스

31 **직류발전기의 양호한 정류를 위한 설명으로 옳지 않은 것은?**

① 정류주기가 길어야 한다.
② 브러시 접촉저항이 작아야 한다.
③ 리액턴스 평균전압이 작아야 한다.
④ 브러시 접촉면 전압강하가 평균 리액턴스전압보다 커야 한다.

32 **직류발전기의 특성곡선 상호 관계가 옳지 않은 것은?**

	종류	횡축(가로)	종축(세로)
①	부하 특성곡선	계자전류	단자전압
②	외부 특성곡선	계자전류	단자전압
③	내부 특성곡선	부하전류	유기기전력
④	무부하 특성곡선	계자전류	유기기전력

33 **[보기]에서 직류발전기 병렬운전조건으로 옳은 것끼리 있는 대로 고른 것은?**

> [보 기]
> (가) 극성이 같을 것
> (나) 용량이 같을 것
> (다) 단자전압이 같을 것
> (라) 부하전류가 같을 것

① (가), (나)　　② (가), (다)
③ (나), (다)　　④ (다), (라)

34 **직류전동기의 속도변동률이 가장 작은 것으로 알맞은 것은?**

① 분 권　　② 가동(복권)
③ 차동(복권)　　④ 직 권

35 **직류 분권전동기를 운전하고 있는 중에 계자저항을 증가시킬 경우 전동기의 회전속도로 알맞은 것은?**

① 증 가　　② 감 소
③ 정 지　　④ 유 지

36 **동기발전기에서 회전자(Rotor)를 회전자계형으로 사용하는 이유가 아닌 것은?**

① 기계적으로 튼튼하다.
② 슬립링, 브러시가 증가하여 효율이 좋다.
③ 절연이 용이하여 구조적으로 제작이 수월하다.
④ 계자권선에 저압 직류회로를 구성하여 소요동력이 적다.

37 **동기발전기의 전기자 반작용에서 전기자전류(I_a)가 유기기전력(E)보다 뒤진 위상각을 가질 때 발생되는 현상으로 가장 알맞은 것은?**

① 감자작용이 나타난다.
② 증자작용이 나타난다.
③ 횡축 반작용이 나타난다.
④ 교차 자화작용이 나타난다.

38 동기기의 단락비가 큰 경우의 특징으로만 [보기]에서 있는 대로 고른 것은?

[보 기]
(가) 단락전류가 작다.
(나) 전압변동률이 크다.
(다) 전기자 반작용이 작다.
(라) 동기임피던스가 작다.

① (가), (나) ② (가), (다)
③ (나), (다) ④ (다), (라)

39 분권전동기의 정격회전수가 1,200[rpm]이고, 속도변동률이 20[%]라면, 이것이 무부하일 때의 회전수[rpm]로 알맞은 것은?(단, 공급전압과 계자저항의 값은 불변이다)

① 960[rpm]
② 1,440[rpm]
③ 1,920[rpm]
④ 2,400[rpm]

40 변압기의 무부하시험으로 측정할 수 있는 항목으로만 [보기]에서 있는 대로 고른 것은?

[보 기]
(가) 철 손
(나) 동 손
(다) 와류손
(라) 임피던스와트
(마) 임피던스전압
(바) 히스테리시스손

① (가), (나), (라)
② (가), (다), (바)
③ (나), (라), (마)
④ (다), (마), (바)

41 다음 중 3상 변압기의 병렬운전이 가능한 경우는?

① Y－Y와 △－△
② △－△ 와 Y－△
③ △－Y 와 △－△
④ Y－Y 와 Y－△

42 다음 중 변압기의 3상 결선방식에 대한 특징으로 옳은 것은?

① △－Y결선은 일반적으로 수전단 강압용 변압기에 사용된다.
② Y－△, △－Y결선은 중성점접지를 할 수 있어 절연에 유리하다.
③ Y－△, △－Y결선은 제3고조파 통로가 있으므로, 위상변위가 발생하지 않는다.
④ Y－Y결선에서 3대 중 1대의 변압기가 고장이 나도 V결선으로 임시 운전할 수 있다.

43 다음 중 계기용 변류기(CT)와 계기용 변압기(PT)의 2차측 정격이 올바르게 짝지어진 것은?

	계기용 변류기(CT)의 2차측 정격전류[A]	계기용 변압기(PT)의 2차측 정격전압[V]
①	5[A]	110[V]
②	5[A]	220[V]
③	10[A]	110[V]
④	10[A]	220[V]

44 **다음 중 단상 유도전동기의 특징으로 옳지 않은 것은?**

① 교번자계가 발생한다.
② 슬립이 0이 되기 전에 토크는 미리 0이 된다.
③ 2차 저항(r_2)이 증가되면 최대토크도 증가한다.
④ 기동 시 기동토크가 존재하지 않으므로 기동장치가 필요하다.

45 **다음 중 교류(AC)를 교류(AC)로 변환하는 전력변환기의 명칭으로 알맞은 것은?**

① 초 퍼 ② 인버터
③ 정류기 ④ 사이클로 컨버터

46 **PVC 전선관의 표준길이를 A[m/본], 금속(Steel, 강제)전선관의 표준길이를 B[m/본]라고 할 경우 A+B의 값[m]으로 알맞은 것은?**

① 6.5[m] ② 7.6[m]
③ 8.0[m] ④ 9.2[m]

47 **154[kV]급 가공송전선로에서 일련의 현수애자 개수로 가장 적당한 것은?**

① 약 10개 ② 약 16개
③ 약 20개 ④ 약 24개

48 **다음 중 조명 명칭과 그 단위[Unit]가 옳게 짝지어진 것은?**

① 조도 – [sb] ② 광도 – [cd]
③ 휘도 – [rlx] ④ 광속발산도 – [lx]

49 **다음 중 페란티 현상(Ferranti Effect)에 대한 설명으로 옳지 않은 것은?**

① 선로의 정전용량이 크면 더 심하게 발생한다.
② 야간과 같은 무부하 또는 경부하 시에 발생한다.
③ 송전단전압이 수전단전압보다 높아지는 현상이다.
④ 대책으로는 수전단에 분로리액터를 설치할 수 있다.

50 **화력발전의 랭킨사이클(Rankine Cycle)에 대한 설명으로 옳은 것을 [보기]에서 있는 대로 고른 것은?**

> [보 기]
> (가) 물에서 증기로 변환되는 과정을 정압 가열이라고 한다.
> (나) 정압 방열 과정이 일어나는 전기설비는 터빈(Turbine)이다.
> (다) 단열 팽창 과정이 일어나는 전기설비는 복수기(Surface Condenser)이다.
> (라) 단열시킨 상태에서 보일러로 물을 압축 이동시키는 과정을 단열 압축이라 한다.

① (가), (나) ② (가), (라)
③ (나), (다) ④ (다), (라)

51 **신라시대 관리나 귀족에게 고을 단위로 지급했던 급여적 성격으로 해당 지역의 농지세를 대신 받거나 그 고을의 백성을 동원할 수 있었던 것은?**

① 방 납 ② 녹 읍 ③ 대동법
④ 직전법 ⑤ 진대법

52 조선시대 때 6조 직계제를 처음 시행한 왕은?

① 태 종 ② 세 종 ③ 성 종
④ 단 종 ⑤ 흥선대원군

53 조선의 인조가 남한산성에서 45일간 항전하다 청나라 태종에게 항복한 자리에 세운 비석은?

① 마운령비
② 단양적성비
③ 백두산정계비
④ 삼전도비
⑤ 사택지적비

54 우리나라 최초의 서원은?

① 소수서원 ② 도산서원 ③ 돈암서원
④ 문회서원 ⑤ 자운서원

55 여운형 등이 일본의 항복으로 우리나라의 건국준비를 위하여 좌익·우익세력들과 함께 1945년 8월 17일에 결성한 조직은?

① 진단학회
② 독립협회
③ 한국광복군
④ 동양척식주식회사
⑤ 조선건국준비위원회

56 민며느리제의 풍속을 지닌 고대 국가는?

① 부 여 ② 옥 저 ③ 동 예
④ 마 한 ⑤ 고구려

57 고구려 장수왕의 업적으로 틀린 것은?

① 평양 천도 ② 영토 확장 ③ 남하 정책
④ 태학 설립 ⑤ 남북조와 교류

58 세계에서 가장 오래된 금속활자로 만든 서적은?

① 목민심서
② 팔만대장경
③ 상정고금예문
④ 직지심체요절
⑤ 무구정광대다라니경

59 서재필과 이상재 등이 1896년 설립한 단체로 만민공동회를 주관한 이곳은?

① 신민회
② 신간회
③ 독립협회
④ 농광회사
⑤ 대한독립군

60 우리나라 최초의 보통 선거일은?

① 4.27
② 5.10
③ 6.15
④ 7.4
⑤ 10.4

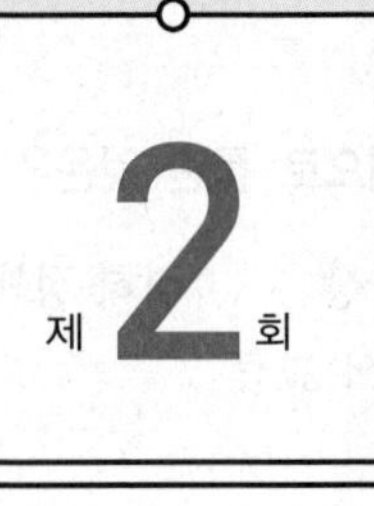

기출복원문제

01 원주(원통) 대전체에 균등하게 전하가 분포되어 있다. 이 원주(원통) 대전체의 내부, 외부 전계의 세기 그래프로 가장 알맞은 것은?(단, 반지름은 a이다)

①
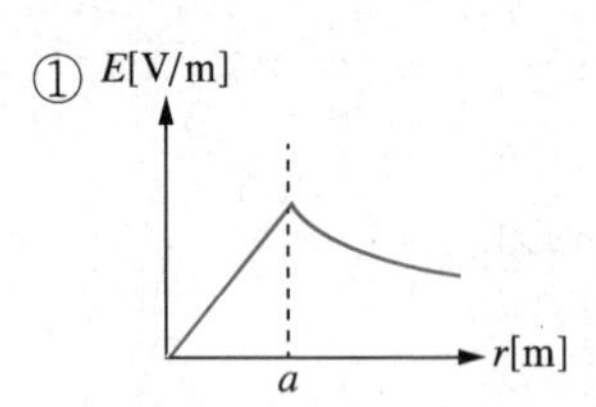

②
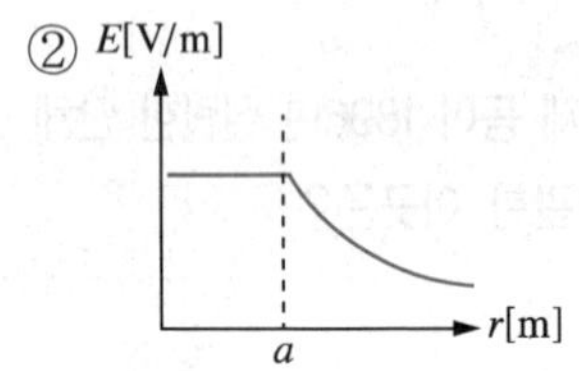

③
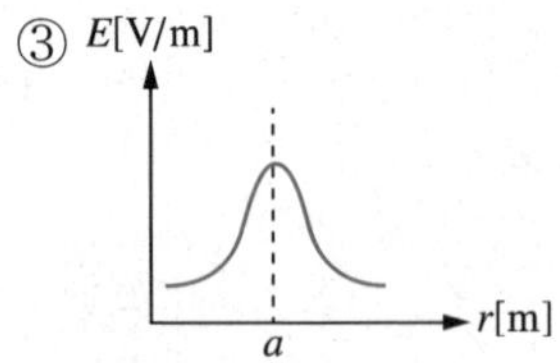

④
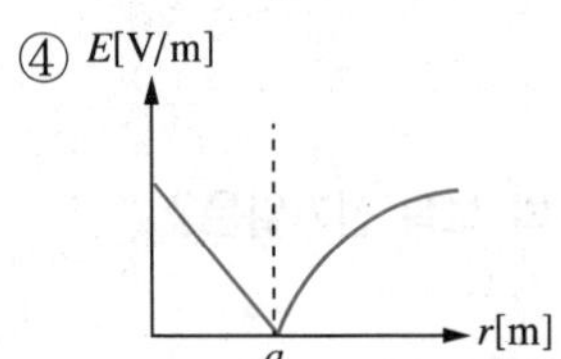

02 전위차가 220[V]인 A와 B 두 지점이 있다. A지점에는 전하가 존재하며, B지점에는 전하가 존재하지 않을 경우 두 지점 간의 전계의 세기로 알맞은 것은?(단, A와 B는 2[m] 거리로 가정한다)

① 55[V/m]　② 110[V/m]
③ 220[V/m]　④ 440[V/m]

03 진공 중에 도체구 전하 $4Q$[C]이 있다. 반지름이 2[m]라면, 그 표면의 전속밀도 D[C/m^2]로 옳은 것은?

① $\frac{Q}{16\pi}$　② $\frac{Q}{4\pi}$
③ $\frac{Q}{2\pi}$　④ $\frac{Q}{\pi}$

04 다음 중 [보기]의 전기력선에 대한 설명으로 옳은 것끼리 있는 대로 모두 고른 것은?

[보 기]
(가) 전기력선은 그 자신만으로 폐곡선을 이룬다.
(나) 전계의 방향은 전기력선의 접선방향과 같다.
(다) 전하가 없는 곳에서는 전기력선의 발생과 소멸이 없으며 연속이다.
(라) 전하는 곡률 반지름이 큰 부분일수록 많이 모이려는 성질을 갖는다.

① (나), (다)
② (나), (라)
③ (가), (다), (라)
④ (가), (나), (다), (라)

05 콘덴서 C_1, C_2, C_3를 직렬로 연결하고 전체 양단의 전압을 서서히 증가시켰을 때 가장 빨리 위험에 노출되는 콘덴서로 알맞은 것은?(단, $C_1 = 10[\mu F]$, $C_2 = 12[\mu F]$, $C_3 = 14[\mu F]$이며, 콘덴서의 유전체 및 두께는 동일한 것으로 가정한다)

① C_1이 가장 먼저 위험에 노출된다.
② C_2가 가장 먼저 위험에 노출된다.
③ C_3가 가장 먼저 위험에 노출된다.
④ 동시에 위험에 노출된다.

06 평행판 콘덴서(공기)에 목재($\varepsilon_r = 4$)를 50[%] 두께로 전극과 평행하게 채운다면 기존 콘덴서에 비해서 정전용량은 몇 배가 되는가?

① 1.2 ② 1.6
③ 1.8 ④ 2.0

07 유전율의 단위로 가장 알맞은 것은?

① $[C/m^2]$ ② $[Wb/m^2]$
③ [H/m] ④ [F/m]

08 자기장이 균일한 환경에서 도체에 전류 I가 그림과 같이 흐른다면, 도체의 운동(힘)방향으로 알맞은 것은?(단, ◉는 전류가 나오는 방향으로 가정한다)

① ㉠ ② ㉡
③ ㉢ ④ ㉣

09 어떤 코일에 1초 동안 전류가 20[A]에서 0[A]로 변화하며 흐른다면, 이 코일에 유기되는 기전력[V]으로 알맞은 것은?(단, 코일의 인덕턴스는 200[mH]로 가정한다)

① 1[V] ② 2[V]
③ 4[V] ④ 10[V]

10 철심의 히스테리시스 곡선에서 X(횡축), Y(종축)에 대한 의미로 옳게 짝지어진 것은?

	X축(횡축)	Y(종축)
①	투자율	자계
②	자계	자속밀도
③	자속밀도	투자율
④	투자율	보자력

11 다음과 같은 회로에서 스위치 S를 단락시켰을 경우의 $V_{AB(Short)}$는 스위치 S를 개방시켰을 경우의 $V_{AB(Open)}$의 몇 배인가?

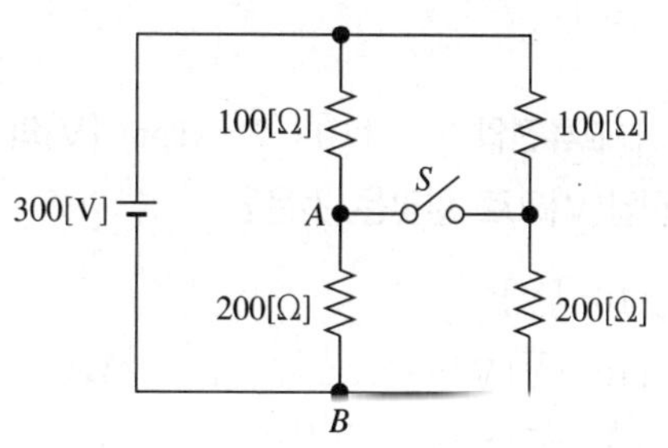

① 1.0배
② 2.0배
③ 2.5배
④ 3.0배

12 다음과 같은 폐회로가 구성되어 있을 때 흐르는 전류 i[A]로 옳은 것은?(단, 전압원은 이상적인 것으로 가정한다)

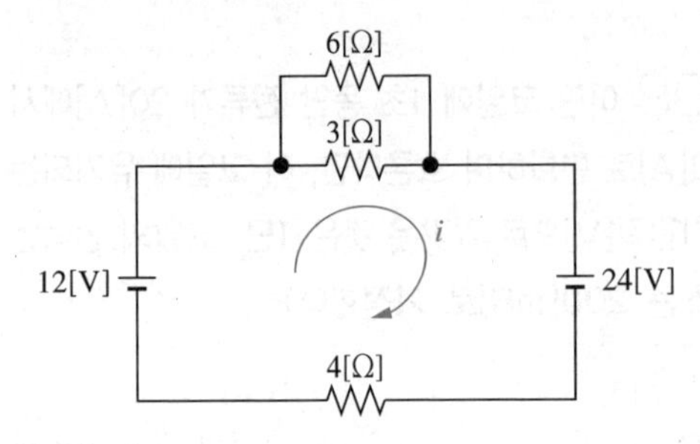

① 2[A]
② −2[A]
③ 6[A]
④ −6[A]

13 220[V]의 전압을 측정하기 위해 최대측정값이 55[V], 내부저항이 2[kΩ]인 전압계를 준비하였다. 전압계 외부에 접속해야 하는 최소저항[kΩ]값으로 알맞은 것은?

① 4[kΩ]
② 6[kΩ]
③ 10[kΩ]
④ 12[kΩ]

14 교류전압 $v = 110\sqrt{2}\pi\sin\omega t$[V]의 평균전압[V]으로 알맞은 것은?

① 110π[V]
② $110\sqrt{2}$[V]
③ $220\sqrt{2}$[V]
④ $220\sqrt{2}\pi$[V]

15 다음 중 [보기]의 인덕터에 대한 설명으로 옳은 것끼리 있는 대로 고른 것은?

> [보 기]
> (가) 인덕터는 직류에서 단락회로로 해석한다.
> (나) 인덕터의 유도성 리액턴스는 주파수에 비례한다.
> (다) 전류가 인덕터에 일정하게 흐른다면 전압은 ∞ 가 된다.
> (라) 인덕터의 전류가 단위시간당 매우 급격히 변화하면 전압은 0이 된다.

① (가), (나)　② (가), (다)
③ (나), (라)　④ (다), (라)

16 RLC 직렬회로에 교류전원을 가했더니 직렬공진(Resonance)이 발생하였다. 이에 대한 설명으로 옳지 않은 것은?

① 역률(Power Factor)의 값이 1이 된다.
② 무효전력(Reactive Power)이 0이 된다.
③ L[H]와 C[F]의 값이 같아지는 순간에 발생한다.
④ 전류와 전압의 위상이 동상(In Phase)을 이룬다.

17 다음과 같은 회로에서 부하임피던스 Z_L[Ω]에 최대전력이 전달될 경우 Z_L[Ω]의 값으로 가장 알맞은 것은?

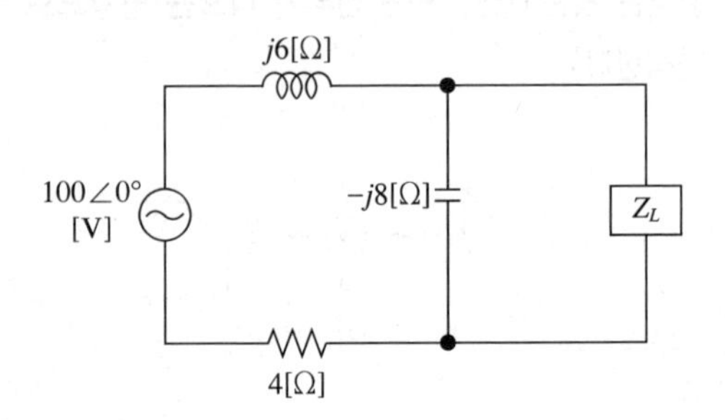

① $\frac{64+j8}{5}[\Omega]$

② $\frac{24+j6}{7}[\Omega]$

③ $\frac{12-j5}{4}[\Omega]$

④ $\frac{8-j5}{3}[\Omega]$

18 최초 다음과 같은 회로가 3상 대칭전원($V_p=300$[V])에 연결되어 정상운전하고 있었다. 사고로 인해 X지점에서 단선사고가 발생했을 때 b상에 흐르는 선전류 I_b[A]로 가장 알맞은 것은?

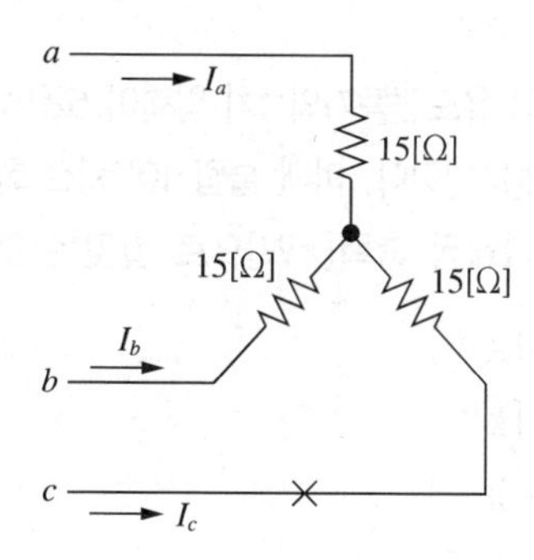

① 10[A]　　② $10\sqrt{2}$[A]

③ $10\sqrt{3}$[A]　　④ 20[A]

19 다음 중 시정수(τ)가 클 경우의 해석으로 옳은 것은?

① 특성근이 크다.

② 시스템 응답속도가 빠르다.

③ 정상값 도달시간이 짧게 소요된다.

④ 충·방전이 이루어지는 데 많은 시간이 소요된다.

20 다음과 같은 4단자 정수 회로망에서 Z_2를 $ABCD$로 표현한 것으로 옳은 것은?

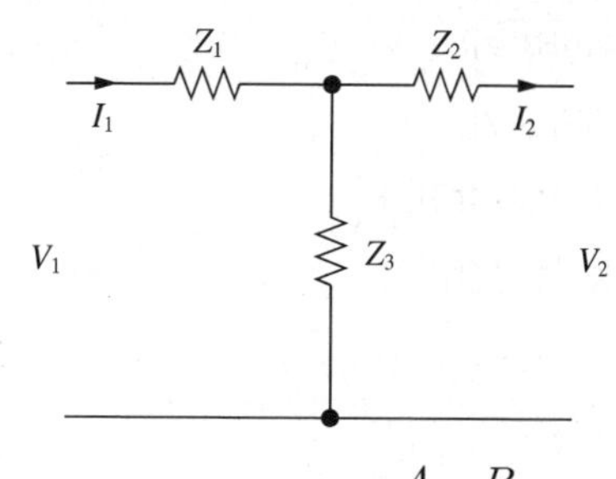

① $C-1$　　② $\frac{A-B}{C}$

③ $\frac{D-1}{C}$　　④ $\frac{AB-1}{D}$

21 다음 중 직류발전기의 구성요소인 브러시(Brush)에 대한 설명으로 옳은 것끼리 있는 대로 고른 것은?

[보 기]
(가) 연마성이 적어야 한다.
(나) 접촉저항이 작아야 한다.
(다) 브러시가 많으면 맥동률이 작아지고, 평균 전압이 커진다.
(라) 전기흑연브러시는 접촉저항이 커 정류가 용이하고, 각종 기계에 널리 사용된다.

① (가), (나)　　② (가), (라)

③ (나), (다)　　④ (다), (라)

22 다음 중 직류기의 전기자철심을 규소강판으로 성층하는 이유로 가장 타당한 것은?

① 동손을 감소시키기 위해

② 철손을 감소시키기 위해

③ 기계손을 감소시키기 위해

④ 표류부하손을 감소시키기 위해

23 다음 중 정전류 특성을 갖는 직류발전기로 알맞은 것은?

① 직권발전기
② 분권발전기
③ 가동 복권발전기
④ 차동 복권발전기

24 동기임피던스가 큰 동기발전기의 특징으로 옳지 않은 것은?

① 단락비가 크다.
② 전압변동률이 크다.
③ 전기자 반작용이 크다.
④ 기계의 중량이 가볍고 효율이 좋다.

25 3,600[rpm]으로 운전 중인 4극 동기발전기와 병렬운전하는 8극 동기발전기가 있다. 이 동기발전기의 회전수[rpm]로 알맞은 것은?

① 1,800[rpm]
② 1,920[rpm]
③ 2,400[rpm]
④ 3,600[rpm]

26 다음 중 변압기 절연유가 갖추어야 할 조건이 아닌 것은?

① 인화점이 높을 것
② 열전도율이 클 것
③ 절연내력이 클 것
④ 열팽창계수가 클 것

27 그림과 같은 이상적인 변압기 회로에서 1차 측 전류 I_1[A]의 값으로 가장 알맞은 것은?(단, $N_1 = 200$회, $N_2 = 100$회이며, 변압기의 무부하에 의한 전류손실은 없는 것으로 가정한다)

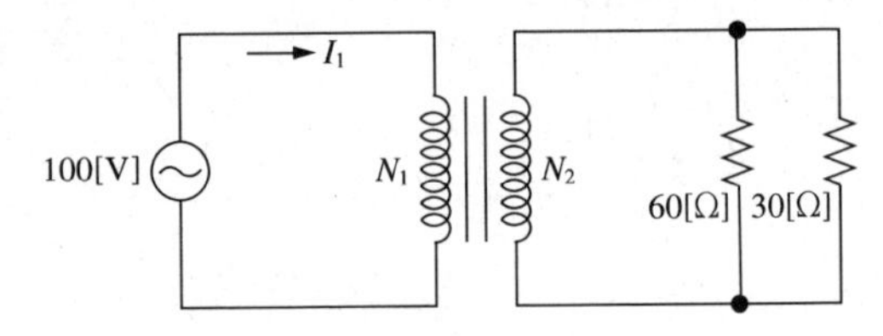

① 1.25[A]
② 2.50[A]
③ 5.00[A]
④ 6.25[A]

28 3상 유도전동기의 1차 입력이 52[kW], 1차 손실이 2[kW]이다. 이때 슬립 10[%]로 회전하고 있다면 기계적 출력[kW]으로 알맞은 것은?

① 42.0[kW]
② 45.0[kW]
③ 46.5[kW]
④ 48.5[kW]

29 3상, 60[Hz] 유도전동기를 동일 전압으로 50[Hz]에서 사용하게 되었다면, 이로 인해 나타나는 현상으로 옳지 않은 것은?

① 철손이 증가한다.
② 자속밀도가 증가한다.
③ 온도상승이 감소한다.
④ 동기속도가 감소한다.

30 다음 소자들 중에서 쌍방향성을 가진 것으로만 짝지어진 것은?

[보 기]
(가) SCR
(나) SCS
(다) DIAC
(라) TRIAC

① (가), (나)　② (가), (라)
③ (나), (다)　④ (다), (라)

31 다음 중 옥내배선공사에서 사용하기 적절하지 않은 케이블은 무엇인가?

① EV케이블　② VV케이블
③ OF케이블　④ IV케이블

32 전선을 상호 접속할 경우 그 유의사항으로 옳지 않은 것은?

① 전기적 저항을 증가시키지 않아야 한다.
② 접속 부위의 기계적 강도를 80[%] 이상 되도록 유지한다.
③ 전선의 접속은 박스 안에서 장력이 충분히 가해지도록 한다.
④ 접속점의 절연이 약해지지 않도록 와이어 커넥터를 사용하여 접속한다.

33 조명 용어 중 광속(F)의 단위(Unit)로 가장 알맞은 것은?

① [lm]　② [lx]
③ [sb]　④ [cd]

34 다음 중 교류송전에 비해 직류송전이 갖는 특징을 있는 대로 고른 것은?

[보 기]
(가) 유도장해가 발생한다.
(나) 코로나손실 및 전력손실이 작다.
(다) 절연계급이 낮고, 단락용량이 작다.
(라) 회전자계를 쉽게 얻을 수 있어 설비의 소형화가 가능하다.

① (가), (나)
② (가), (라)
③ (나), (다)
④ (다), (라)

35 송전선로에서 두 지점 A, B가 수평한 상태로 운영되고 있다. 이때 두 지점 간의 이도[m]를 표현한 것으로 가장 알맞은 것은?(단, T : 허용최대장력, W : 전선 단위길이 1[m]의 중량, S : 두 지점 간의 경간)

① $\frac{TS}{8W}$[m]

② $\frac{WT^2}{8S}$[m]

③ $\frac{SW^2}{8T}$[m]

④ $\frac{WS^2}{8T}$[m]

36 전력계통에서 사용하는 전력용 퓨즈(PF)의 설치 목적으로 가장 적절한 것은?

① 충전전류를 제한하기 위해
② 과도전류를 제한하기 위해
③ 단락전류를 제한하기 위해
④ 과부하전류를 제한하기 위해

37 다음 중 나전선 상호 간 이격거리의 기준[m]으로 옳은 것은?

① 1.5[m] ② 1.7[m]
③ 1.8[m] ④ 2.0[m]

38 금속전선관을 커터나 쇠톱으로 절단하고 절단면을 매끄럽게 다듬는 공구로 가장 알맞은 것은?

① 홀소(Hole Saw)
② 리머(Reamer)
③ 오스터(Oster)
④ 녹아웃펀치

39 다음 중 폭연성 분진이 존재하는 곳의 저압 옥내배선공사 방법으로 옳은 것을 있는 대로 고른 것은?

[보 기]
(가) 케이블공사
(나) 금속관공사
(다) 가요전선관공사
(라) 합성수지관공사

① (가), (나) ② (가), (라)
③ (나), (다) ④ (다), (라)

40 다음 중 가공전선로에서 사용하는 원형 철주의 수직 투영면적 1[m²]에 대한 갑종 풍압하중으로 옳은 것은?

① 588[Pa]
② 745[Pa]
③ 1,117[Pa]
④ 1,255[Pa]

41 다음 중 가장 큰 수로 알맞은 것은?

① 11101111_2 ② 367_8
③ 235_{10} ④ FB_{16}

42 그림의 회로를 논리 동작으로 해석했을 때 알맞은 것은?

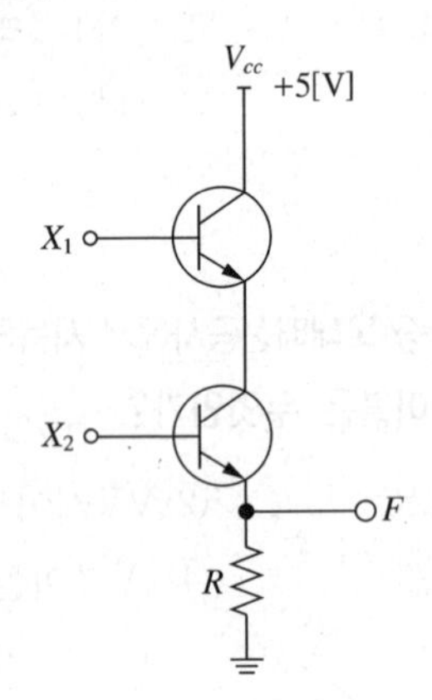

① AND ② OR
③ NAND ④ NOR

43 그림의 회로에서 입력 A, B, C가 모두 1의 값을 갖는다면 출력 X, Y의 값으로 알맞은 것은?

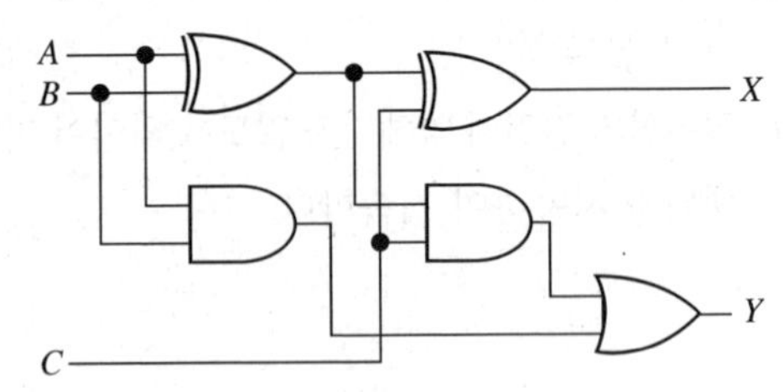

① $X=0$, $Y=0$
② $X=0$, $Y=1$
③ $X=1$, $Y=0$
④ $X=1$, $Y=1$

44 다음 중 불 대수의 정리가 옳지 않은 것은?

① $X \cdot \overline{X} = 0$

② $X \cdot X = 1$

③ $X + \overline{X} = 1$

④ $X + X \cdot Y = X$

45 그림과 같은 논리회로를 설명한 내용 중 옳은 것을 있는 대로 고른 것은?

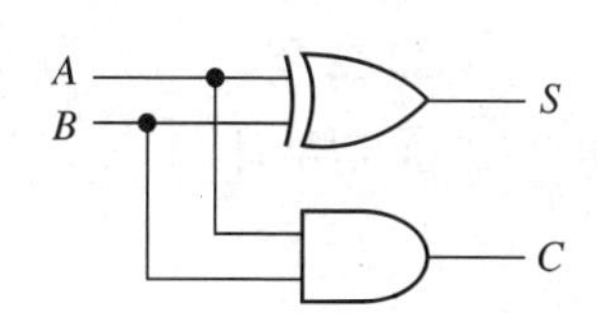

[보 기]

(가) 반감산기를 나타내는 회로이다.

(나) $S = AB + \overline{A} + \overline{B}$이다.

(다) $C = AB$이다.

(라) $S = A \oplus B$로 간소화할 수 있다.

① (가), (나)

② (가), (라)

③ (나), (다)

④ (다), (라)

46 다음 중 단위계단함수 $u(t)$에 −3을 곱한 값의 라플라스 변환식으로 알맞은 것은?

① $-\frac{3}{s-3}$

② $-\frac{3}{s^2}$

③ $-\frac{3}{s}$

④ $\frac{1}{s-3}$

47 다음 그림과 같은 회로의 전달함수로 알맞은 것은?(단, 시정수 $T = \frac{L}{R}$이다)

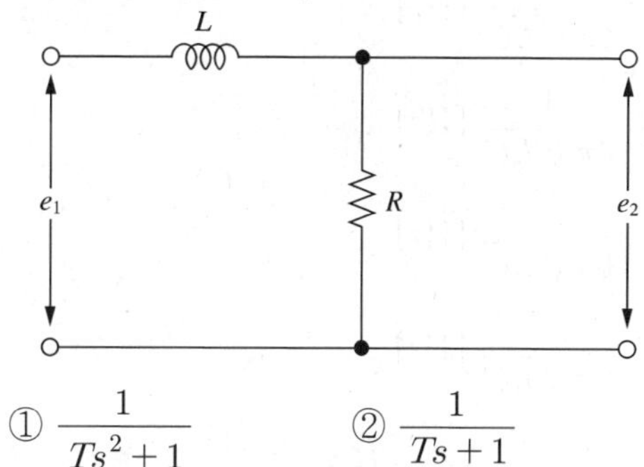

① $\frac{1}{Ts^2 + 1}$ ② $\frac{1}{Ts + 1}$

③ $Ts + 1$ ④ $Ts^2 + 1$

48 다음 그림과 같은 블록선도(Block Diagram)의 합성전달함수$\left(\frac{C(s)}{R(s)}\right)$로 알맞은 것은?

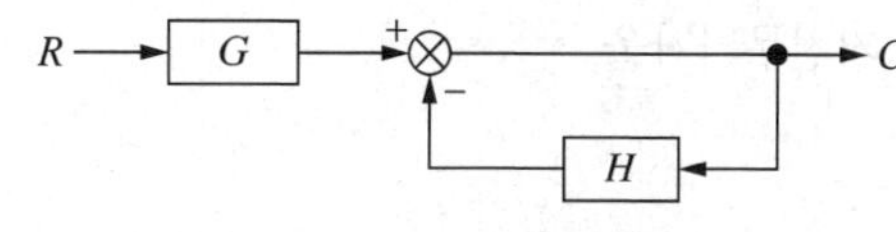

① $\frac{1}{1+H}$ ② $\frac{G}{1+H}$

③ $\frac{1}{1+GH}$ ④ $\frac{G}{1+GH}$

49 다음 중 궤환제어계에서 반드시 필요한 장치로 알맞은 것은?

① 안정성을 높이는 장치

② 정확성을 높이는 장치

③ 구동의 효율성을 높이는 장치

④ 입력과 출력을 비교하는 장치

50 다음 중 RLC 직렬공진회로에서 제3고조파 공진주파수[Hz]로 알맞은 것은?

① $\frac{1}{2\pi\sqrt{LC}}$[Hz]

② $\frac{1}{3\pi\sqrt{LC}}$[Hz]

③ $\frac{1}{6\pi\sqrt{LC}}$[Hz]

④ $\frac{1}{9\pi\sqrt{LC}}$[Hz]

51 청동기시대의 특징으로 알맞지 않은 것은?

① 반달돌칼
② 가락바퀴
③ 비파형동검
④ 벼농사시작
⑤ 거친무늬거울

52 "삼천만 동포에 읍고함"이라는 성명서 발표한 대한민국임시정부 주석을 역임한 인물은?

① 김 구 ② 손병희 ③ 신채호
④ 이상설 ⑤ 김상옥

53 1909년 10월 중국 하얼빈 역에서 이토 히로부미를 권총으로 사살한 독립 운동가는?

① 안중근 ② 안창호 ③ 윤봉길
④ 이봉창 ⑤ 민영환

54 정암 조광조의 개혁안에 해당하지 않는 것은?

① 위훈삭제 ② 과거제 실시
③ 소격서 폐지 ④ 현량과 실시
⑤ 경연의 활성화

55 고려시대 승려로 수도를 평양으로 옮기자는 서경천도운동을 주도한 인물은?

① 의 천 ② 묘 청 ③ 서 희
④ 최충헌 ⑤ 김부식

56 을사조약의 무효 주장을 위해 고종이 파견한 특사 3인에 속하는 인물은?

① 김홍집 ② 이상설 ③ 김기수
④ 신채호 ⑤ 민영환

57 일제강점기 민족의 혼을 중시하였고 한국통사를 저술한 인물은?

① 신채호 ② 안창호 ③ 이승훈
④ 나석주 ⑤ 박은식

58 두루마리로 만들어진 세계 최고(最古)의 목판인쇄본은?

① 속장경 ② 직지심경
③ 초조대장경 ④ 팔만대장경
⑤ 무구정광대다라니경

59 **고종이 명성황후가 시해되자 러시아 공사관으로 거처를 옮긴 사건을 일컫는 말은?**

① 몽 진
② 아관파천
③ 진망공처
④ 궁대실거
⑤ 인도민정

60 **을미의병 시기 본인의 재산으로 의병을 일으킨 우리나라 최초의 평민 의병장은?**

① 만 적
② 전봉준
③ 신돌석
④ 곽재우
⑤ 최익현

기출복원문제

01 다음 대전체 중 전계의 세기가 거리 r에 반비례 하는 것으로 알맞은 것은?

① 구전하도체에 의한 전계
② 점전하도체에 의한 전계
③ 무한 평면도체에 의한 전계
④ 무한장 직선도체에 의한 전계

02 다음 중 분포되어 있는 전하에 의한 전계를 유도하기 위해 사용하는 법칙(정리)으로 가장 알맞은 것은?

① 렌츠의 법칙
② 스토크의 정리
③ 가우스의 법칙
④ 패러데이의 법칙

03 어떠한 정사각형의 4개 꼭짓점에 $+2\times10^{-9}$[C]의 점전하가 배치되어 있다. 이 정사각형의 중심에서의 전위[V]로 가장 알맞은 것은?(단, 정사각형 한 변의 길이는 $2\sqrt{2}$[m]이다)

① 18[V]
② 36[V]
③ 48[V]
④ 56[V]

04 어떤 도체구의 반지름이 a[m], 전위가 V[V], 전하가 Q[C]라면, 이 도체구가 갖는 에너지[J]로 알맞은 것은?(단, 유전율은 ε[F/m]이다)

① $2\pi\varepsilon a V^2$[J]
② $4\pi\varepsilon a V^2$[J]
③ $\dfrac{\pi\varepsilon a V^2}{2}$[J]
④ $\dfrac{\pi\varepsilon a^2 V^2}{2}$[J]

05 3[μF], 4[μF], 5[μF]의 정전용량을 갖는 콘덴서 3개를 직렬로 연결하고, 양단의 전압을 서서히 증가시켰을 때 가장 먼저 파괴되는 콘덴서로 알맞은 것은?(단, 유전체의 재질이나 두께는 동일하며, 콘덴서의 내압은 순서대로 400[V], 300[V], 200[V]이다)

① 3개의 콘덴서가 동시에 파괴된다.
② 3[μF]의 콘덴서가 가장 먼저 파괴된다.
③ 4[μF]의 콘덴서가 가장 먼저 파괴된다.
④ 5[μF]의 콘덴서가 가장 먼저 파괴된다.

06 평행판 공기콘덴서에 극판 면적의 $\frac{1}{3}$만큼 비유전물(ε_r)을 채웠을 때, 콘덴서의 정전용량[F]으로 가장 알맞은 것은?(단, 공기콘덴서의 정전용량은 C_0라고 가정한다)

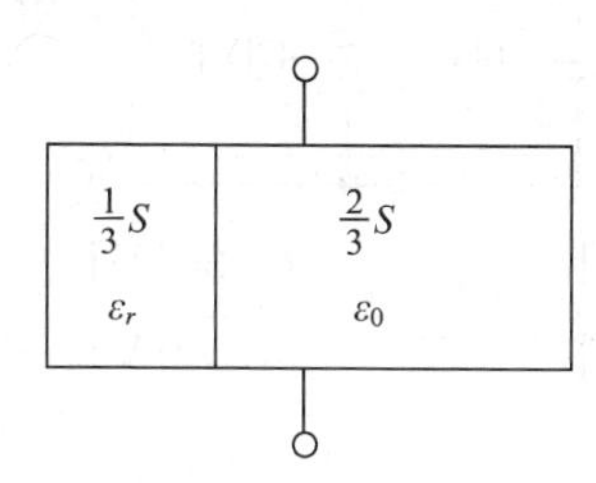

① $(2+\varepsilon_r)C_0$
② $(1+2\varepsilon_r)C_0$
③ $\left(\frac{2+\varepsilon_r}{3}\right)C_0$
④ $\left(\frac{1+2\varepsilon_r}{3}\right)C_0$

07 다음 중 금속도체와 전기저항과의 일반적 관계를 설명한 것으로 옳지 않은 것은?

① 전기저항은 금속도체의 길이에 비례한다.
② 전기저항은 온도의 변화에 부특성을 갖는다.
③ 금속도체의 도전율(σ)이 작으면, 전기저항은 증가한다.
④ 초전도체는 (특정)임계온도까지 낮아졌을 때 저항값이 0이 된다.

08 다음 중 히스테리시스 곡선의 기울기에 해당하는 것은?

① 투자율 ② 자화율
③ 유전율 ④ 감자율

09 다음 중 폐회로에 유도되는 기전력에 관한 설명으로 알맞은 것은?

① 유도기전력은 권수의 제곱에 비례한다.
② 렌츠의 법칙은 유도기전력의 크기만을 결정한다.
③ 패러데이 법칙은 유도기전력의 방향만을 결정한다.
④ 자계가 일정한 공간 내에서 폐회로가 운동하면 유도기전력이 발생된다.

10 환상철심에 A, B와 같이 코일이 감겨 있다. 전류 I가 60[A/s]로 변화할 때, 코일 A에는 $e_1 = 120$[V], 코일 B에는 $e_2 = 60$[V]의 기전력이 유도되었다. 코일 A의 자기인덕턴스 L_1[H]과 두 코일의 상호인덕턴스 M[H]으로 알맞은 것은?(단, 코일 B에 흐르는 전류는 무시한다)

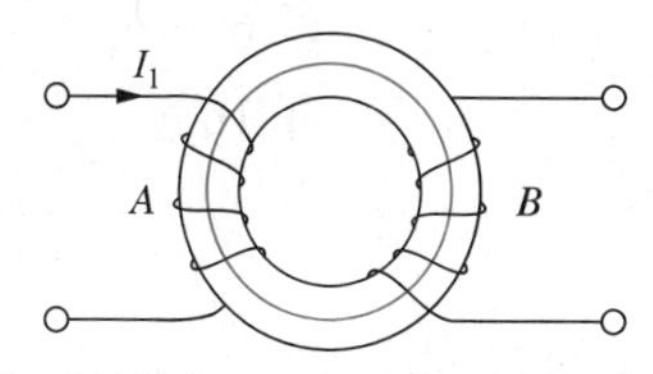

① $L_1 = 2$[H], $M = 1$[H]
② $L_1 = 1$[H], $M = 2$[H]
③ $L_1 = \frac{1}{2}$[H], $M = 2$[H]
④ $L_1 = 2$[H], $M = \frac{1}{2}$[H]

11 정전용량이 동일한 콘덴서 4개를 병렬로 연결하였을 때의 합성정전용량은 직렬로 연결했을 때의 합성정전용량의 몇 배에 해당하는가?

① $\frac{1}{4}$배 ② 4배

③ $\frac{1}{16}$배 ④ 16배

12 다음 그림에서 $a-b$ 간 합성인덕턴스 L_T[H]의 값으로 가장 알맞은 것은?(단, $L_1 = 3$[H], $L_2 = 3$[H], $L = 4$[H], $k = 1$이다)

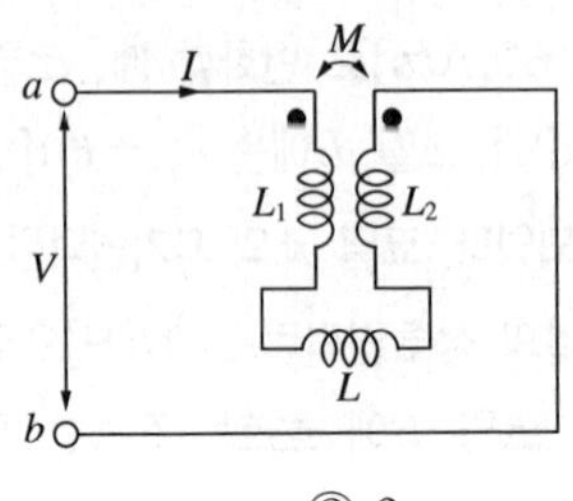

① 4 ② 6
③ 10 ④ 16

13 다음 그림과 같은 RLC 직렬회로에서 사용자가 주파수를 조절하여 측정할 수 있는 전류의 최댓값으로 알맞은 것은?(단, $v = 220$[V], $R = 4$[kΩ], $L = 15$[mH], $C = 15$[μF]이다)

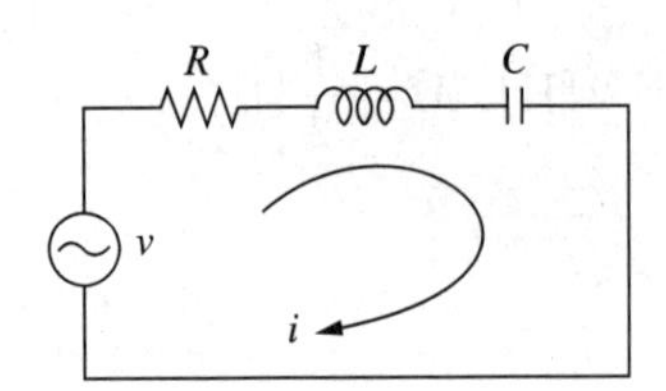

① 10[mA] ② 25[mA]
③ 30[mA] ④ 55[mA]

14 다음 그림과 같은 회로에서 단자 a, b에서 바라본 전압 V_{ab}[V]의 값으로 알맞은 것은?

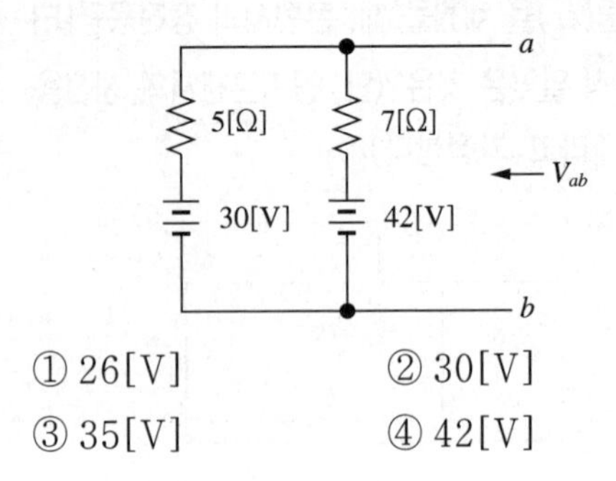

① 26[V] ② 30[V]
③ 35[V] ④ 42[V]

15 전류 $i_1 = 15\sqrt{2}\sin\omega t$[A], $i_2 = 10\sqrt{2}\cos\left(\omega t - \frac{\pi}{6}\right)$[A]의 합성$(i_1 + i_2)$ 실횻값[A]으로 알맞은 것은?

① $3\sqrt{15}$ [A]
② $2\sqrt{21}$ [A]
③ $5\sqrt{19}$ [A]
④ $7\sqrt{10}$ [A]

16 그림의 4단자 회로망에서 4단자 정수 C에 해당하는 것은?

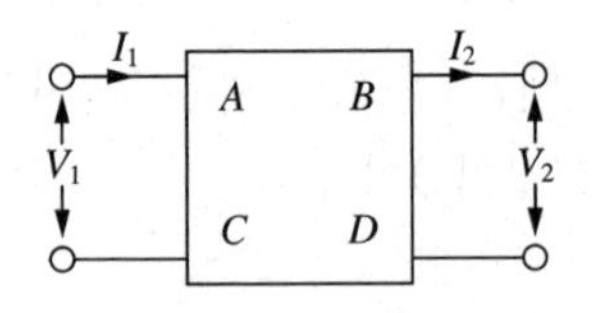

① $\left.\frac{V_1}{V_2}\right|_{I_2=0}$ ② $\left.\frac{I_1}{I_2}\right|_{V_2=0}$

③ $\left.\frac{V_1}{I_2}\right|_{V_2=0}$ ④ $\left.\frac{I_1}{V_2}\right|_{I_2=0}$

17 RLC 직렬공진이 일어나는 회로의 선택도(Q)로 알맞은 것은?

① $R\sqrt{\frac{L}{C}}$ ② $\frac{1}{R}\sqrt{\frac{L}{C}}$

③ $R\sqrt{\frac{C}{L}}$ ④ $\frac{1}{R}\sqrt{\frac{C}{L}}$

18 다음 그림과 같이 RC 직렬회로에서 $t=0$일 때 스위치(S)를 닫으면 회로에 직류전압 200[V]가 가해진다. C에 충전되는 전하량[C]으로 알맞은 것은?(단, $R=20[\Omega]$, $C=0.2$[F]으로 가정한다)

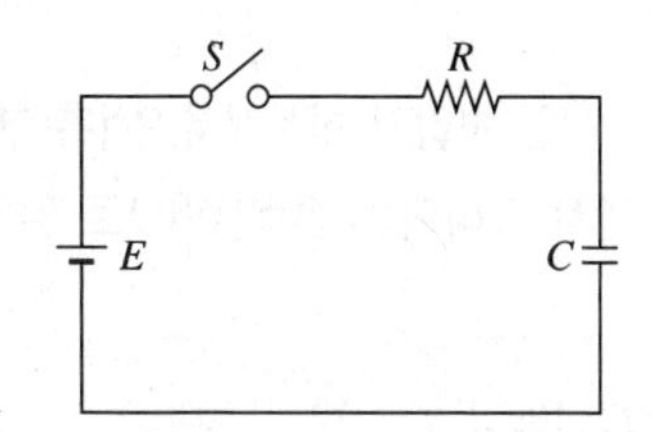

① $40\left(1-e^{-\frac{1}{4}t}\right)$

② $20\left(1-e^{-\frac{1}{10}t}\right)$

③ $\frac{1}{4}\left(1-e^{-\frac{1}{4}t}\right)$

④ $1-e^{-\frac{1}{4}t}$

19 외부 저항 13[Ω]을 어떠한 전지에 연결하였더니 4[A]의 전류가 흘렀다. 또한 동일한 전지에 외부 저항 18[Ω]으로 바꾸어 연결하였더니 3[A]가 흘렀다. 이 전지의 기전력[V]으로 알맞은 것은?

① 12[V] ② 25[V]

③ 40[V] ④ 60[V]

20 2개의 전력계를 사용하여 3상 평형부하의 전력과 역률을 측정할 때, 전력계의 지시가 각각 P_1[W], P_2[W]라면 부하의 총 유효전력[W]과 역률($\cos\theta$)로 알맞은 것은?

	유효전력[W]	역률($\cos\theta$)
①	P_1+P_2	$\frac{P_1+P_2}{2\sqrt{P_1^2+P_2^2-P_1P_2}}$
②	P_1+P_2	$\frac{P_1+P_2}{\sqrt{P_1^2+P_2^2-P_1P_2}}$
③	$2(P_1+P_2)$	$\frac{P_1+P_2}{2\sqrt{P_1^2+P_2^2-P_1P_2}}$
④	$2(P_1+P_2)$	$\frac{P_1+P_2}{\sqrt{P_1^2+P_2^2-P_1P_2}}$

21 직류 직권전동기에서 자속이 증가하였을 때 나타나는 토크와 회전속도의 변화로 알맞은 것은?

① 전동기의 토크는 증가, 회전속도는 감소한다.
② 전동기의 토크는 증가, 회전속도도 증가한다.
③ 전동기의 토크는 감소, 회전속도는 증가한다.
④ 전동기의 토크는 감소, 회전속도도 감소한다.

22 다음이 설명하는 직류발전기기의 명칭으로 가장 알맞은 것은?

> 계자에서 발생된 주자속을 끊어서 기전력을 유도하는 부분이다.

① 슬립링
② 정류자
③ 브러시
④ 전기자

23 3상 동기기(발전기 및 전동기)에서 전기자 전류(I_a)가 기전력(E)보다 90° 위상이 앞서는 경우의 전기자 반작용으로 알맞게 짝지어진 것은?

	발전기	전동기
①	증자작용	증자작용
②	증자작용	감자작용
③	감자작용	감자작용
④	감자작용	증자작용

24 일반적으로 전기자철심은 규소강판을 사용하며, 여러 장 겹쳐 성층하여 사용한다. 성층 과정을 통해 얻을 수 있는 효과로 가장 알맞은 것은?

① 동손은 감소시킨다.
② 기계손을 감소시킨다.
③ 와류손은 감소시킨다.
④ 히스테리시스손을 감소시킨다.

25 정격출력이 12,000[kVA], 정격전압이 6,000[V], 각 1상당 동기임피던스가 5[Ω]인 3상 동기발전기의 단락비(K_s)로 알맞은 것은?

① 0.4 ② 0.6
③ 0.8 ④ 0.9

26 800[rpm]으로 회전하는 타여자발전기가 120[V]의 유기기전력을 발생시키는 데 여자전류 4[A]를 필요로 한다. 이 타여자발전기를 640[rpm]으로 회전시켜 140[V]의 유기기전력을 얻는다면 이때 필요한 여자전류[A]로 알맞은 것은?(단, 자기회로의 포화현상은 무시한다)

① $\frac{14}{3}$[A] ② $\frac{35}{6}$[A]
③ $\frac{3}{14}$[A] ④ $\frac{6}{35}$[A]

27 3,000/100[V], 용량 3[kVA]의 단상변압기가 있다. 이를 승압기로 연결하고, 1차측에 3,000[V]를 가했을 때, 그 부하용량[kVA]으로 알맞은 것은?

① 63[kVA] ② 86[kVA]
③ 93[kVA] ④ 120[kVA]

28 이상적인 변압기 회로에서 2차측 부하저항 200[Ω]에서 소비되는 전력[W]으로 알맞은 것은?

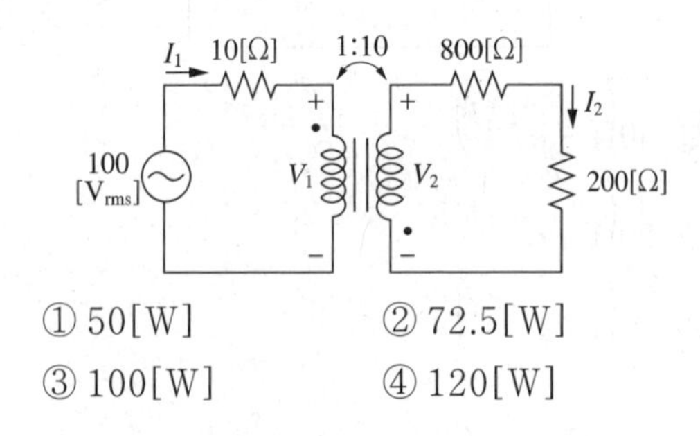

① 50[W] ② 72.5[W]
③ 100[W] ④ 120[W]

29 어떤 변압기에 1차 전압 1,000[V]를 가하여 무부하상태로 운전하고 있다. 이때의 1차 입력전력이 300[W]이고, 1차 전류가 0.5[A]라면 자화전류[A]의 값으로 알맞은 것은?

① 0.1[A] ② 0.2[A]
③ 0.3[A] ④ 0.4[A]

30 어떤 수전단에서 전압 2,000[V], 전류 $\frac{1,000}{\sqrt{3}}$[A], 뒤진 역률 0.6의 전력을 공급받고 있다. 동기조상기를 이용하여 역률을 0.8로 개선하고자 할 때, 필요한 동기조상기의 용량[kVA]으로 알맞은 것은?

① 700[kVA]
② 800[kVA]
③ 900[kVA]
④ 1,000[kVA]

31 다음 중 DV전선의 정식명칭으로 알맞은 것은?

① 인입용 비닐절연전선
② 옥외용 비닐절연전선
③ 일반용 단심 비닐절연전선
④ 내열 실리콘 고무절연전선

32 일반적으로 조명용 전등에 타임스위치를 시설해야 하는 장소로 알맞은 것은?

① 공 장　② 병 원
③ 은 행　④ 주택 현관

33 과전류차단기로 시설하는 퓨즈 중에서 저압 전로에 사용하는 퓨즈는 정격전류의 2배에서 몇 분 이내에 용단되어야 하는가?(단, 정격전류는 50[A]이다)

① 2분　② 4분
③ 6분　④ 8분

34 저압 배선 중의 전압강하는 간선 및 분기회로에서 각각 표준전압의 몇 [%] 이하로 해야 하는가?

① 1[%]　② 2[%]
③ 4[%]　④ 5[%]

35 아울렛(Outlet)박스에 금속관을 고정할 때 사용되는 전기재료로 알맞은 것은?

① 부 싱　② 새 들
③ 커플링　④ 로크너트

36 어떤 수용가에 최대수용전력이 각각 6[kW], 7[kW], 8[kW], 13[kW], 14[kW]인 부하들이 있다. 합성 최대수용전력이 40[kW]일 경우, 그 부등률로 알맞은 것은?

① 0.9　② 1.0
③ 1.1　④ 1.2

37 그림은 A부하와 B부하에 대한 일부하곡선이다. 전체 부등률로 알맞은 것은?

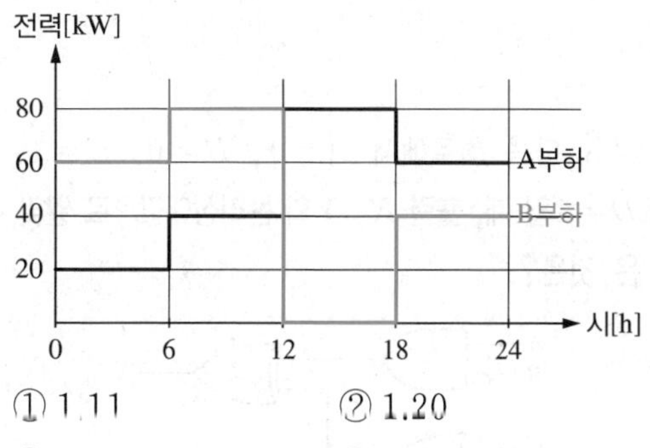

① 1.11　② 1.20
③ 1.33　④ 1.50

38 다음 중 영상변류기(ZCT)의 사용목적으로 알맞은 것은?

① 부하전류 검출　② 부족전류 검출
③ 부하역률 검출　④ 지락전류 검출

39 수력발전 시 발생될 수 있는 수격(Water Hammering)현상에 대한 설명으로 옳지 않은 것은?

① 강한 수압으로 효율이 상승한다.
② 유체가 밸브에 부딪혀 진동이 발생한다.
③ 보통 밸브조작을 급격하게 할 때 발생한다.
④ 운동에너지가 압력에너지로 변환되는 과정에서 발생한다.

40 다음이 설명하는 효과로 가장 알맞은 것은?

> 직류(DC)선로에서 전선의 중심으로 힘이 작용하여 전류가 중심으로 집중되는 현상이며, 쇳물, 전선 제작 등에 사용된다.

① 핀치 효과　② 근접 효과
③ 표피 효과　④ 광전 효과

41 다음 회로에서 $A=1$, $B=0$, $C=1$, $D=1$일 때, 출력 X, Y의 논리상태값으로 알맞은 것은?

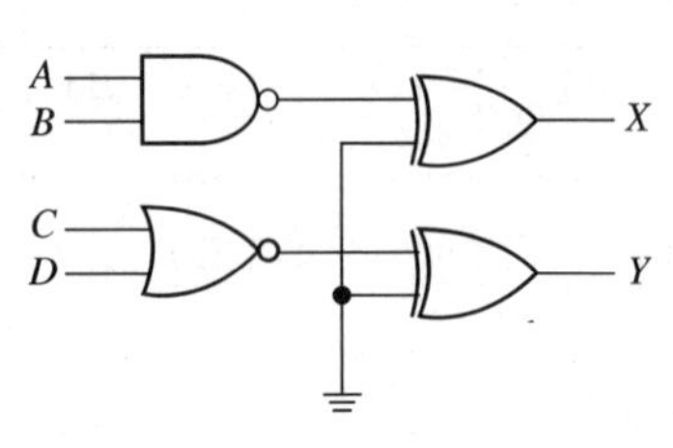

	X	Y
①	0	0
②	0	1
③	1	0
④	1	1

42 다음 논리식의 부정($\overline{Y}$)으로 알맞은 것은?

> $Y=\overline{A}B\overline{C}+A\overline{B}C+\overline{A}BC$

① $(A+\overline{B}+C)(\overline{A}+B+\overline{C})(A+\overline{B}+\overline{C})$
② $(A+B+C)(\overline{A}+B+C)(A+\overline{B}+\overline{C})$
③ $(A+\overline{B}+C)(\overline{A}+\overline{B}+C)(A+\overline{B}+\overline{C})$
④ $(A+\overline{B}+C)(\overline{A}+\overline{B}+C)(\overline{A}+B+\overline{C})$

43 불 함수 $F=A+\overline{B}C$를 최소항의 곱으로 표현한 것으로 알맞은 것은?

① $F(A,B,C)=\sum m(1,4,5,6,7)$
② $F(A,B,C)=\sum m(1,3,5,6,7)$
③ $F(A,B,C)=\sum m(1,2,4,6,7)$
④ $F(A,B,C)=\sum m(1,2,3,6,7)$

44 다음 논리회로의 명칭으로 알맞은 것은?

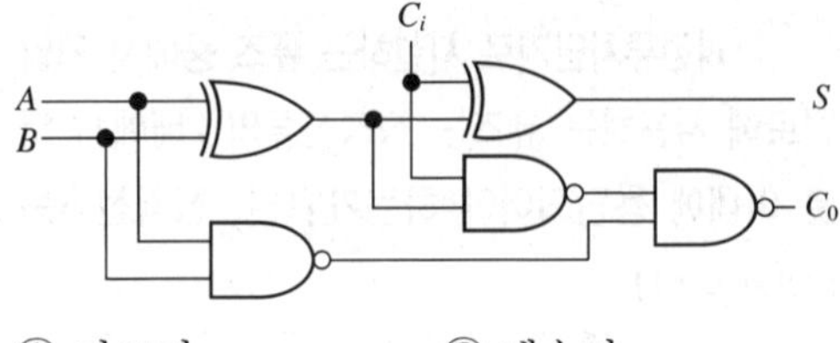

① 디코더　② 계수기
③ 전가산기　④ 전감산기

45 다음 그림과 같은 파형의 라플라스 변환 $F(s)$로 알맞은 것은?

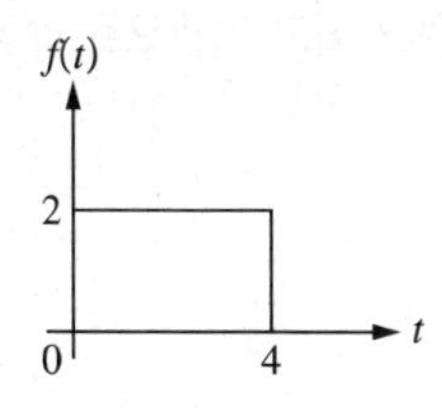

① $\dfrac{1}{s}-\dfrac{1}{s}e^{-4s}$

② $\dfrac{1}{s}-\dfrac{2}{s}e^{-4s}$

③ $\dfrac{2}{s}-\dfrac{2}{s}e^{-4s}$

④ $\dfrac{2}{s}-\dfrac{4}{s}e^{-4s}$

46 다음 전류 i의 초기값 $i(0^+)$으로 알맞은 것은?

$$I(s)=\frac{12(s+8)}{4s(s+6)}$$

① 0　② 1
③ 2　④ 3

47 다음 중 추치제어에 해당하지 않는 제어 방식은?

① 정치제어
② 비율제어
③ 추종제어
④ 프로그램제어

48 다음의 블록선도에서 최종 전달함수가 1이 되기 위한 조건으로 알맞은 것은?

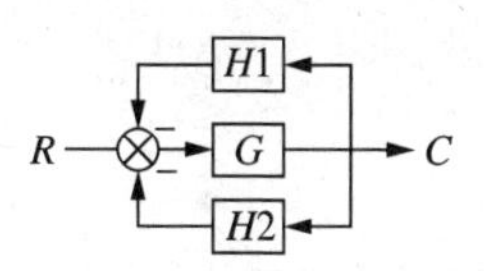

① $G=\dfrac{-1}{1-H1-H2}$

② $G=\dfrac{1}{1-H1-H2}$

③ $G=\dfrac{-1}{1+H1+H2}$

④ $G=\dfrac{1}{1+H1+H2}$

49 다음의 회로를 블록선도로 표현했을 때 옳은 것은?

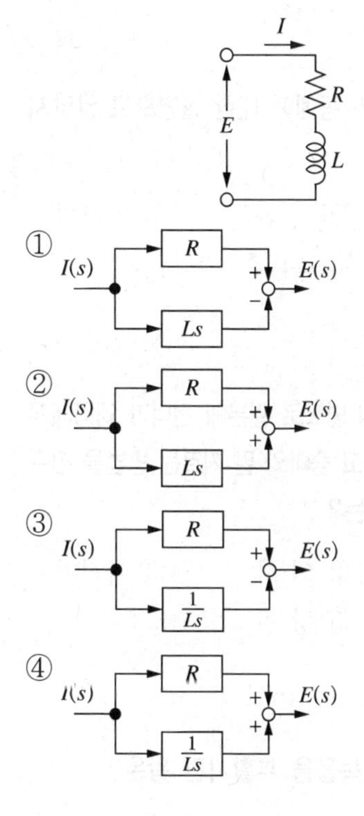

50 다음의 회로를 논리소자로 변경한다면 가장 알맞은 것은?

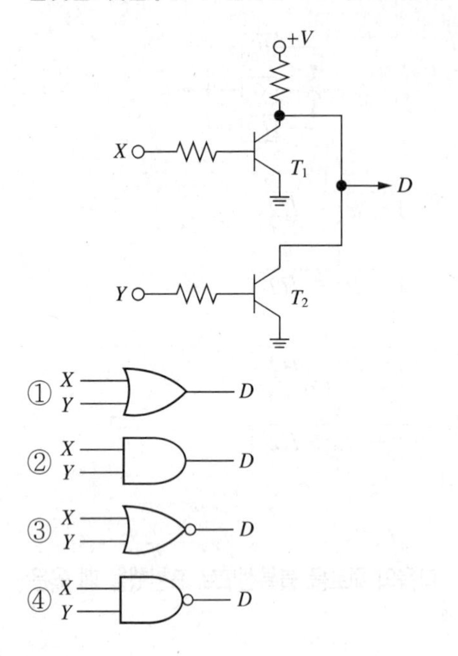

51 고대국가인 동예에 대한 설명으로 알맞지 않은 것은?

① 단 궁 ② 책 화 ③ 반어피
④ 예서제 ⑤ 족외혼

52 근초고왕의 명으로 일본에 건너가 왜왕에게 말 두필을 선물하고 승마와 말 기르는 방법을 전수한 백제의 학자는?

① 담 징 ② 의 천 ③ 아직기
④ 혜 초 ⑤ 왕 인

53 신라시대 녹읍을 부활시킨 왕은?

① 신문왕 ② 경덕왕 ③ 지증왕
④ 문무왕 ⑤ 선덕여왕

54 1510년 삼포왜란 이후 조선시대 국방대책 논의를 위해 설치한 임시기구였으나 임진왜란 후 국난 수습을 위해 최고 기관으로 성장한 이곳은?

① 홍문관
② 의정부
③ 사간원
④ 비변사
⑤ 사헌부

55 다음 중 연합국이 처음으로 한국의 광복을 약속한 것은?

① 얄타회담
② 포츠담 선언
③ 카이로 선언
④ 미소공동위원회
⑤ 모스크바 3상 외상회의

56 "씨름", "빨래터"가 대표작으로 간결하고 소탈하며 농촌의 생활상을 주로 그린 조선시대 화가는?

① 정 선 ② 안 견 ③ 이 암
④ 신윤복 ⑤ 김홍도

57 고종이 광무개혁으로 점진적으로 개혁하고자 한 내용으로 알맞지 않은 것은?

① 무관학교 설립
② 황제의 권한 강화
③ 아래로부터의 개혁
④ 기술 교육기관 설립
⑤ 양전 사업을 통한 지계 발급

58 **신민회의 창립위원이자 아(我)와 비아(非我)의 투쟁을 주장한 인물로 조선상고사를 저술한 인물은?**

① 김 구 ② 이승훈 ③ 손병희
④ 신채호 ⑤ 이육사

59 **도산 안창호 선생이 평양에 설립한 중등 교육기관은?**

① 무관학교 ② 돈의학교 ③ 삼흥학교
④ 오산학교 ⑤ 대성학교

60 **조선이 일제와 불평등 조약인 강화도 조약을 체결하게 된 계기가 된 사건은?**

① 을미사변
② 아관파천
③ 거문도 사건
④ 운요호 사건
⑤ 위정척사운동

제 4 회 기출복원문제

01 어떤 전위 V가 $2x^2+4z$의 분포를 가질 때, 점 (1, 0, 2)에서의 전계의 세기로 알맞은 것은?

① $+4i-8k$[V/m]
② $-4i-4k$[V/m]
③ $-2i+4k$[V/m]
④ $+2i-8k$[V/m]

02 어떤 평행판 콘덴서의 양끝 극판 면적을 $\frac{1}{2}$배, 간격을 3배로 조정하였다면, 최초 평행판 콘덴서 정전용량의 몇 배인가?(단, 비유전율은 1로 가정한다)

① 6배 ② $\frac{3}{2}$배
③ $\frac{2}{3}$배 ④ $\frac{1}{6}$배

03 평균 자로의 길이가 a[m]인 환상 솔레노이드에 코일을 n회 균일하게 감았을 경우 흐르는 전류가 $3I$[A]였다. 이 환상 솔레노이드의 자계의 세기[AT/m]로 알맞은 것은?

① $\frac{3nI}{2a}$[AT/m] ② $\frac{3nI}{a}$[AT/m]
③ $\frac{3nI}{4\pi a}$[AT/m] ④ $\frac{3n}{2\pi I}$[AT/m]

04 원점(0, 0)에 점전하 Q가 존재한다. A지점 $\left(\frac{3}{\sqrt{2}}, \frac{3}{\sqrt{2}}\right)$과 B지점 $\left(\frac{6}{\sqrt{2}}, \frac{6}{\sqrt{2}}\right)$의 전위차[V]로 알맞은 것은?(단, 점전하 내부의 전하는 균일하게 분포되어 있다)

① $-\frac{Q}{12\pi\varepsilon}$[V] ② $+\frac{Q}{12\pi\varepsilon}$[V]
③ $-\frac{Q}{24\pi\varepsilon}$[V] ④ $+\frac{Q}{24\pi\varepsilon}$[V]

05 전기쌍극자에 의한 전계, 전위를 바르게 설명한 것은?(단, 자유공간으로 한정한다)

① 전기쌍극자에 의한 전계는 전기쌍극자 모멘트에 비례한다.
② 전기쌍극자에 의한 전계는 전기쌍극자 모멘트에 반비례한다.
③ 전기쌍극자에 의한 전위는 전기쌍극자 모멘트의 제곱에 비례한다.
④ 전기쌍극자에 의한 전위는 전기쌍극자 모멘트의 제곱에 반비례한다.

06 자유공간에서 유전율(ε_0)과 투자율(μ_0)의 위상관계로 옳은 것은?

① 유전율이 투자율보다 90° 빠르다.
② 투자율이 유전율보다 90° 빠르다.
③ 투자율이 유전율보다 180° 빠르다.
④ 유전율과 투자율은 동상(In Phase)이다.

07 유전체 내의 한 점의 전속밀도가 $36\pi \times 10^3$ [C/m]이고, 비유전율 $\varepsilon_s = 3$일 때 분극의 세기 [C/m^2]로 가장 알맞은 것은?

① $12\pi \times 10^3$[C/m^2]
② $18\pi \times 10^3$[C/m^2]
③ $24\pi \times 10^3$[C/m^2]
④ $32\pi \times 10^3$[C/m^2]

08 표피두께 δ에 대한 설명으로 옳은 것끼리 있는 대로 고른 것은?

[보 기]
(가) δ는 $\frac{1}{\sqrt{\pi}}$에 비례한다.
(나) δ는 $\sqrt{\mu}$에 비례한다.
(다) δ는 $\frac{1}{\sqrt{f}}$에 비례한다.
(라) δ는 $\sqrt{\sigma}$에 비례한다.

① (가), (나)　② (가), (다)
③ (나), (라)　④ (다), (라)

09 다음 설명에 해당하는 법칙으로 알맞은 것은?

전자기 유도 법칙으로 도선에 유도되는 기전력은 그 속을 통과하는 자기력선의 수가 변할 때(자속)나 도선이 자기력선(자속)을 끊고 지나갈 때 나타난다.

① 렌츠의 법칙
② 가우스의 법칙
③ 패러데이의 법칙
④ 비오-사바르의 법칙

10 유전체 내의 전속밀도가 25[C/m^2], 전계의 세기가 10[V/m]일 때, 유전체 내에 저장되는 에너지밀도[J/m^3]로 알맞은 것은?

① 10[J/m^3]
② 25[J/m^3]
③ 100[J/m^3]
④ 125[J/m^3]

11 12[kΩ]의 내부저항을 갖는 전류계로 전류를 측정하고자 할 때, 그 범위를 최대 7배까지 확대하려면 얼마의 분류기저항이 필요한가?

① 1[kΩ]
② 2[kΩ]
③ 3[kΩ]
④ 4[kΩ]

12 다음 회로에서 전압 v와 전류 i의 위상차가 발생하지 않을 때, 유도성 리액턴스 X_L[Ω]의 값으로 가장 알맞은 것은?

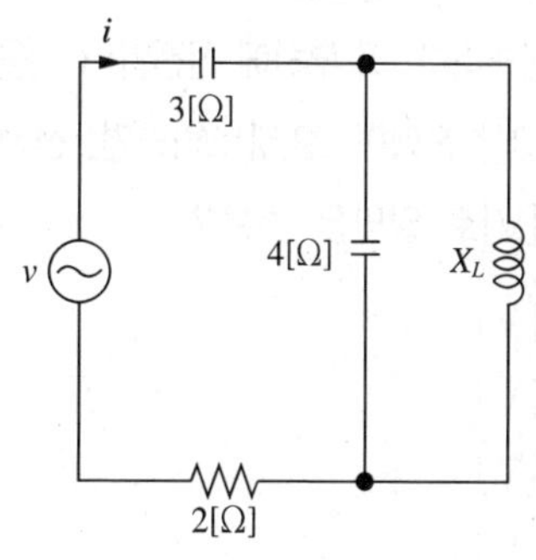

① $\frac{7}{15}$[Ω]　② $\frac{2}{3}$[Ω]
③ $\frac{3}{4}$[Ω]　④ $\frac{12}{7}$[Ω]

13 어떠한 부하에 정격전압을 인가하였더니 소비전력이 300[kW]이었다. 이 부하에 정격전압의 70[%]를 인가하였을 때의 소비전력[kW]으로 알맞은 것은?

① 67[kW]
② 96[kW]
③ 123[kW]
④ 147[kW]

14 $5+j2$[V]의 전압을 부하에 인가하였더니 $3-j4$[A]의 전류가 도통되었다. 이 부하의 유효전력[W]과 무효전력[Var]의 값으로 알맞은 것은?

	유효전력[W]	무효전력[Var]
①	7	26
②	7	−26
③	23	14
④	23	−14

15 한 상의 임피던스가 $3+j4[\Omega]$인 △부하가 평형상태이다. 이 부하에 선전압(V_L)을 인가하였을 때 3상 전력이 22.5[kW]라면, 선전압(V_L)의 크기[V]로 알맞은 것은?

① 100[V]
② 125[V]
③ 200[V]
④ 250[V]

16 다음 회로와 같이 테브난 등가회로 전압 V_{th}와 테브난 등가회로 저항 R_{th}가 주어졌을 때, 노튼 등가회로로 변환하였을 때의 올바른 회로는?

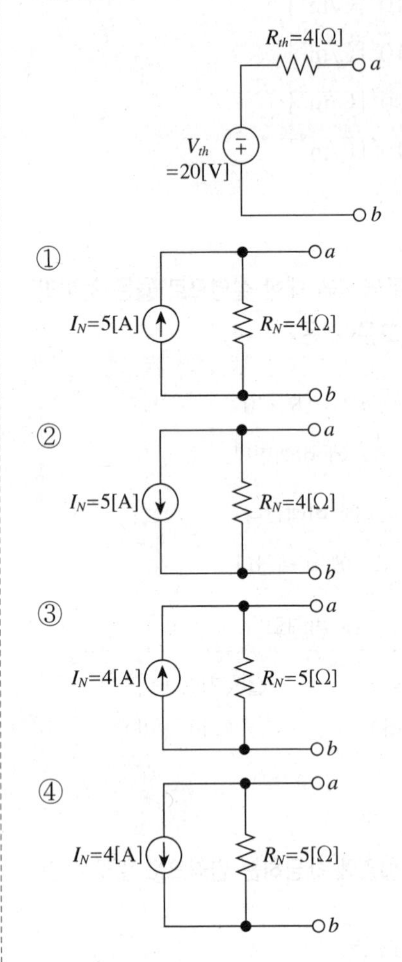

17 RLC 병렬회로가 공진상태에 있다. 이때의 첨예도(Q)로 가장 알맞은 것은?(단, $R=15[\Omega]$, $L=1,000$[mH], $C=225$[F]이다)

① 225 ② 250
③ 300 ④ 325

18 RC 직렬회로에 직류전압 E를 $t=0$에서 인가하였다. t초 후의 전압으로 알맞은 것은?

① $CE-CE\cdot e^{-\frac{1}{RC}t}$[C]

② $\frac{C}{E}-\frac{C}{E}\cdot e^{-\frac{1}{RC}t}$[C]

③ $RE-RE\cdot e^{-\frac{1}{RC}t}$[C]

④ $\frac{C}{R}-\frac{C}{R}\cdot e^{-\frac{1}{RC}t}$[C]

19 어떤 부하에 전압 $v=50\sin(\omega t+\theta)$[V]를 인가하였더니 전류 $i=20\sin(\omega t+\theta-30°)$[A]가 흘렀다. 이 부하의 무효전력 P_r[Var]으로 알맞은 것은?

① 100[Var]
② 125[Var]
③ 150[Var]
④ 250[Var]

20 다음 회로에서 단자 $a-b$ 사이의 전압 V_{ab}[V]로 가장 알맞은 것은?

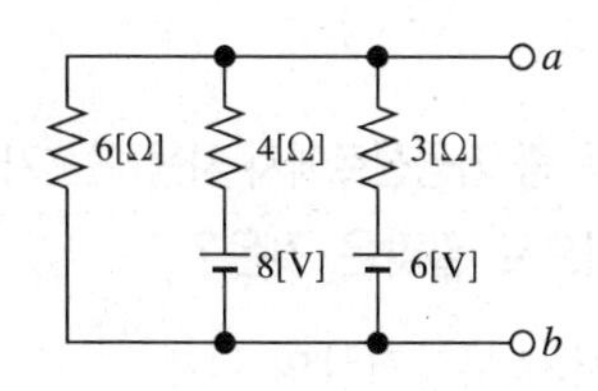

① $\frac{2}{3}$[V]

② $\frac{16}{3}$[V]

③ 6[V]

④ $\frac{13}{2}$[V]

21 단중 중권 직류발전기의 전기자 도체수가 150, 유기기전력이 3,000[V], 회전속도가 6,000[rpm], 극수 4극이라면, 자극당 유효자속[Wb]는 얼마인가?

① 0.01[Wb]
② 0.02[Wb]
③ 0.1[Wb]
④ 0.2[Wb]

22 정격부하 시 2차 단자전압이 800[V], 무부하 시 2차 단자전압이 1,000[V]라면 변압기의 전압변동률[%]로 알맞은 것은?

① 20[%] ② 25[%]
③ 50[%] ④ 100[%]

23 어떤 직류발전기의 출력이 125[kW], 전손실이 25[kW]일 경우 이 발전기의 규약효율[%]로 알맞은 것은?

① 16.67[%] ② 80[%]
③ 83.33[%] ④ 120[%]

24 2대의 교류발전기를 병렬운전하고자 한다. 하나의 교류발전기(4극)가 1,500[rpm]으로 회전할 때, 또 다른 교류발전기(8극)의 회전속도[rpm]로 알맞은 것은?

① 750[rpm]
② 960[rpm]
③ 1,080[rpm]
④ 1,200[rpm]

25 **다음 중 변압기 단락시험으로 측정할 수 있는 항목만 있는 대로 고른 것은?**

> [보 기]
> (가) 동 손
> (나) 철 손
> (다) 와류손
> (라) 임피던스와트
> (마) 임피던스전압

① (가), (나), (다) ② (나), (다), (라)
③ (다), (라), (마) ④ (가), (라), (마)

26 **다음 절연등급 중 허용최고온도가 130[℃]에 해당하는 것은?**

① A종 ② B종
③ C종 ④ F종

27 **다음 중 단락비가 작은 발전기의 특징으로 알맞은 않은 것은?**

① 전압변동률이 크다.
② 전기자 반작용이 크다.
③ 주로 터빈발전기에 사용된다.
④ 철손이 증가하여 효율이 감소한다.

28 **다음은 전기자 반작용에 대한 설명이다. 전기자전류(I_a)와 유기기전력(E)과의 관계가 알맞게 짝지어진 것은?**

> 전기자전류가 유기기전력보다 위상각이 90° 앞서는 경우에는 (ⓐ)현상이 나타나며, 전기자전류가 유기기전력보다 위상각이 90° 뒤처지는 경우에는 (ⓑ)현상이 나타나며, 전기자전류와 유기기전력의 위상각이 동상인 경우에는 (ⓒ)현상이 나타난다.

	ⓐ	ⓑ	ⓒ
①	증자 작용	감자 작용	횡축 반작용
②	감자 작용	증자 작용	횡축 반작용
③	증자 작용	감자 작용	직축 반작용
④	감자 작용	증자 작용	직축 반작용

29 **1차 전압이 350[V], 2차 전압이 300[V]인 단권변압기의 부하용량이 49[kVA]일 때, 자기용량[VA]으로 알맞은 것은?**

① 5,500[VA]
② 6,000[VA]
③ 7,000[VA]
④ 8,500[VA]

30 **동기기(발전기)에서 회전계자형을 사용하는 이유로 옳지 않은 것은?**

① 절연이 용이하다.
② 과도안정도 향상에 기여한다.
③ 계자권선이 저압 교류회로로 소요동력이 적다.
④ 계자권선의 인출도선이 2가닥이므로 슬립링, 브러시의 수가 감소한다.

31 **다음 중 가공선로에서 사용하는 가공지선의 설치 목적으로 알맞은 것은?**

① 개폐서지 이상전압의 억제
② 역섬락 방지, 철탑 접지저항의 저감
③ 이상전압에 대한 기계 및 기구 보호
④ 직격뢰 차폐, 통신선에 대한 전자유도장해 경감

32 **다음 중 계전기의 특성에 대한 설명이 옳은 것은?**

① 정한시 계전기 : 고장 및 이상이 생기면 즉시 동작하는 고속도계전기
② 반한시 계전기 : 전류가 크면 동작시한이 짧고 전류가 작으면 동작시한이 길어지는 계전기
③ 과전압 계전기 : 계전기에 주어지는 전압이 설정한 값과 같거나 작으면 동작하는 계전기
④ 순한시 계전기 : 일정(설정) 전류 이상이 되면 크기에 관계없이 일정시간 후 동작하는 계전기

33 **각각의 개별 수용가 최대수용전력의 합과 합성 최대수용전력의 비를 나타낸 값으로 알맞은 것은?**

① 부등률 ② 수용률
③ 부하율 ④ 일부하율

34 **수변전설비에서는 전력용 콘덴서회로를 구성하게 되는데, 이에 추가로 병렬리액터를 접속하게 된다. 병렬리액터의 설치목적으로 알맞은 것은?**

① 페란티 현상 방지
② 수전단의 역률 개선
③ 선로의 전압강하 보상
④ 고조파 발생 억제 및 방지

35 **다음은 저압 전로의 절연성능에 대한 내용이다. ⓐ, ⓑ, ⓒ에 대한 내용으로 알맞게 짝지어진 것은?**

전로의 사용전압[V]	DC 시험전압[V]	절연저항[MΩ]
SELV 및 PELV	250	ⓐ
FELV, 500[V] 이하	500	ⓑ
500[V] 초과	1,000	ⓒ

	ⓐ	ⓑ	ⓒ
①	0.5	1.0	1.0
②	0.5	1.0	2.0
③	1.0	1.0	1.5
④	1.0	1.5	2.0

36 **다음 중 최대사용전압이 154[kV]인 중성점 접지식 전로의 절연내력 시험전압[kV]으로 알맞은 것은?(단, 소수점 둘째자리에서 반올림한다)**

① 110.9[kV]
② 141.7[kV]
③ 169.4[kV]
④ 192.5[kV]

37 **옥내 저압 간선을 시설하고자 한다. 220[V]의 사용전압에 정격전류 10[A], 15[A], 20[A]의 전동기 3대와 정격전류 10[A] 1대, 5[A] 2대를 시설할 경우 간선의 최소허용전류로 알맞은 것은?**

① 69.5[A] ② 71.5[A]
③ 76.25[A] ④ 81.25[A]

38 **다음 중 전선 시설 시 특고압 절연전선-특고압 절연전선 상호 간 최소 이격거리[m]로 알맞은 것은?**

① 0.5[m] ② 1.0[m]
③ 1.5[m] ④ 2.0[m]

39 다음 중 기준충격절연강도(Basic Impulse Insulation Level, [kV])가 가장 높은 것으로 알맞은 것은?

① 피뢰기
② 선로애자
③ 기기부싱
④ 결합 콘덴서

40 다음 중 애자(Insulator)가 갖추어야 할 조건으로 옳은 것만을 있는 대로 모두 고른 것은?

> [보 기]
> (가) 절연저항이 클 것
> (나) 정전용량이 클 것
> (다) 절연내력이 작을 것
> (라) 기계적 강도가 클 것
> (마) 습기 흡수가 작을 것

① (가), (나), (다)
② (가), (라), (마)
③ (다), (라), (마)
④ (나), (다), (라)

41 다음 논리회로의 명칭으로 알맞은 것은?

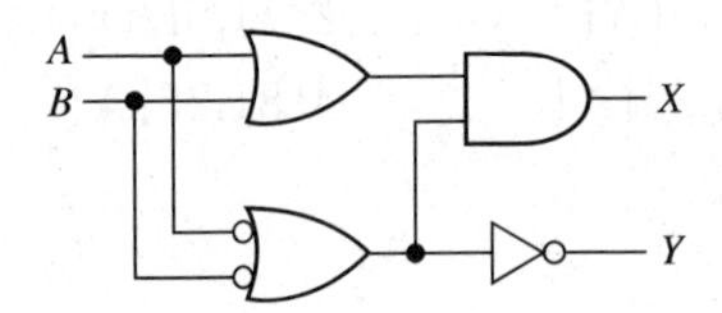

① 반가산기
② 전가산기
③ 반감산기
④ 전감산기

42 다음과 같은 회로를 논리기호로 표시하였을 때 알맞은 것은?

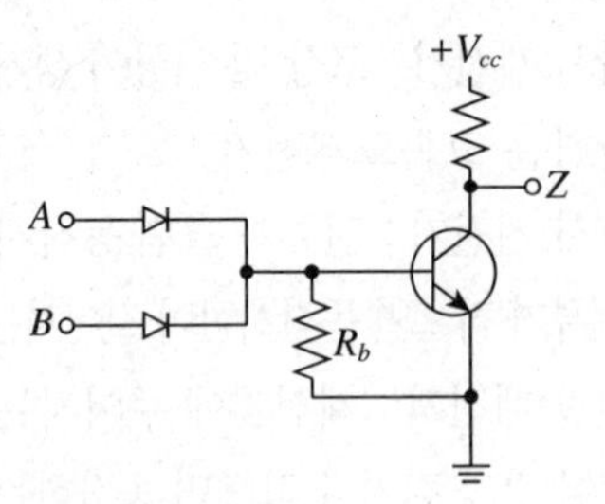

① A B Z
② A B Z
③ A B Z
④ A B Z

43 다음 논리식을 간소화한 것으로 알맞은 것은?

$$\overline{A}\,\overline{B}\,\overline{C}+\overline{A}B\overline{C}+\overline{A}BC+A\overline{B}\,\overline{C}$$

① $\overline{B}\,\overline{C}+\overline{A}B$
② $AC+\overline{A}\,\overline{B}$
③ $\overline{A}\,\overline{B}+C$
④ $\overline{A}C+\overline{B}\,\overline{C}$

44 다음 중 드모르간(De Morgan)의 정리에 해당하는 것은?

① $A+\overline{A}=1$
② $A+B=B+A$
③ $\overline{A \cdot B}=\overline{A}+\overline{B}$
④ $(A \cdot B) \cdot C=A \cdot (B \cdot C)$

45 어떠한 시스템의 출력이

$C(s) = \dfrac{4s+14}{2s(s^2+3s+3.5)}$ 일 때,

최종값 $c(t)$의 값으로 알맞은 것은?

① 0　　② 1

③ 2　　④ 4

46 다음 블록선도(Block Diagram)의 전달함수 $\dfrac{C}{R}$로 알맞은 것은?

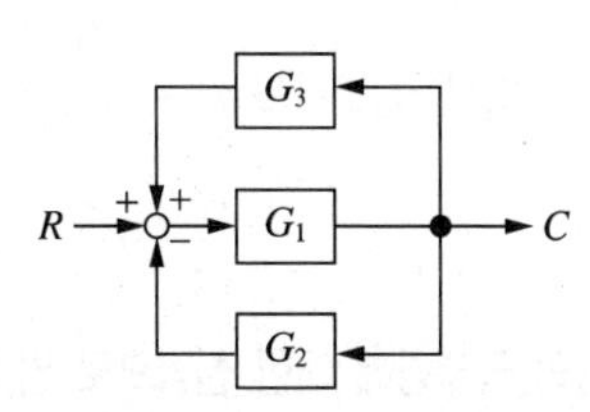

① $\dfrac{G_1}{1+G_1G_3-G_1G_2}$

② $\dfrac{G_1}{1-G_1G_3+G_1G_2}$

③ $\dfrac{G_1}{1+G_1G_3+G_1G_2}$

④ $\dfrac{G_1}{1-G_1G_3-G_1G_2}$

47 다음 중 비선형회로(Nonlinear Circuit)에서 활용 가능한 회로해석법으로 알맞은 것은?

① 가역 정리

② 중첩의 원리

③ 밀만의 정리

④ 키르히호프 법칙

48 다음 회로의 전달함수$\left(\dfrac{V_o}{V_i}\right)$로 알맞은 것은?

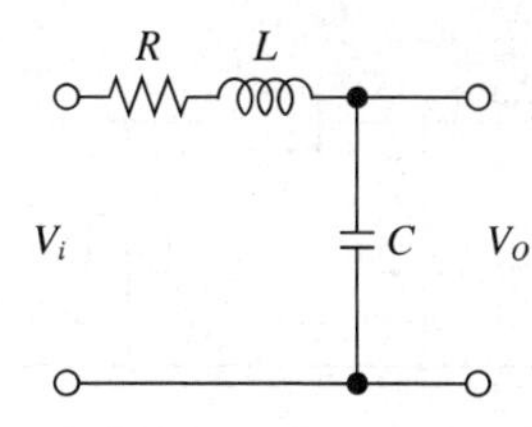

① $\dfrac{C}{LCs^2+RCs+LC}$

② $\dfrac{1}{\frac{L}{C}s^2+Rs+1}$

③ $\dfrac{1}{LCs^2+RCs+1}$

④ $\dfrac{1}{\frac{L}{C}s^2+RCLs+1}$

49 그림과 같은 시간함수의 라플라스 변환 $F(s)$로 알맞은 것은?

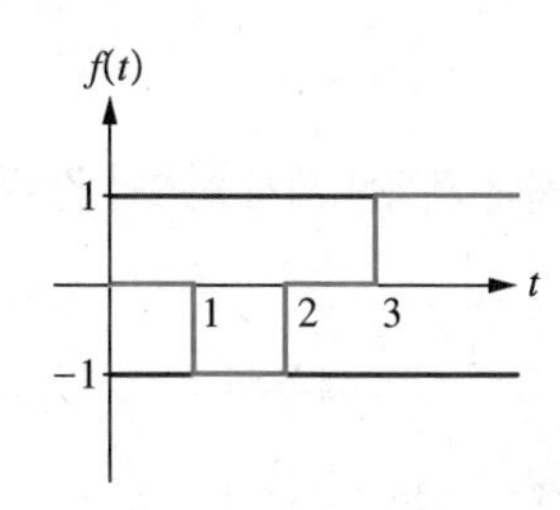

① $s(e^{-3s}+e^{-2s}-e^{-s})$

② $\dfrac{1}{s}(-e^{-3s}-e^{-2s}+e^{-s})$

③ $\dfrac{1}{s}(e^{3s}+e^{2s}-e^{s})$

④ $\dfrac{1}{s}(e^{-3s}+e^{-2s}-e^{-s})$

50 **그림과 같은 π형 회로에서 Z_2를 4단자 정수 (A, B, C, D)로 알맞게 표현한 것은?**

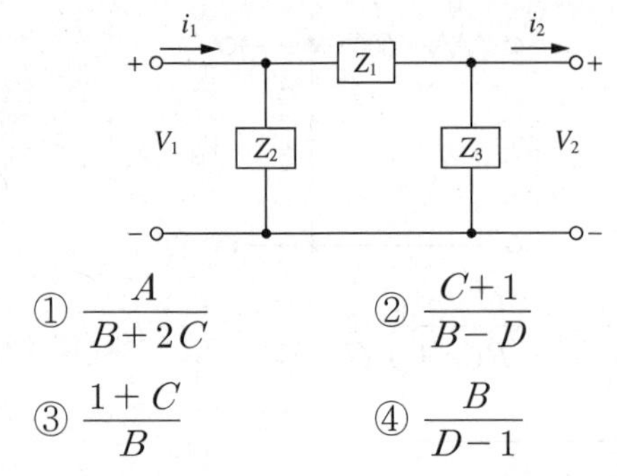

① $\dfrac{A}{B+2C}$　② $\dfrac{C+1}{B-D}$
③ $\dfrac{1+C}{B}$　④ $\dfrac{B}{D-1}$

51 **팔만대장경판에 대한 설명으로 알맞지 않은 것은?**

① 고려시대 최초의 대장경이다.
② 동아시아 불교의 경전을 집대성하였다.
③ 고려의 목판 인쇄술의 우수성을 보여 주었다.
④ 경남 합천군 가야면의 해인사에 보관되어 있다.
⑤ 2007년 유네스코 세계기록유산으로 등재되었다.

52 **조선시대 제작된 세계 최초의 강우량 측정기구는?**

① 측우기　② 거중기　③ 자격루
④ 앙부일구　⑤ 혼천의

53 **대동법에 대한 설명으로 알맞지 않은 것은?**

① 광해군 때 실시하였다.
② 대동법으로 인해 공납과 방납의 폐단이 나타났다.
③ 부자와 가난한 사람에게 차등을 두어 세금을 내게 한 제도다.
④ 특산물 대신 쌀이나 베 등으로 납부하게 한 제도이다.
⑤ 17세기 후반 공납제도의 폐단을 막기 위해 김육이 주장하였다.

54 **보물 제849호로 숙종 때 관상감에서 중국의 지도를 보고 1708년 모사한 서양식 세계지도로 전 세계를 타원형으로 나타낸 이 지도는?**

① 팔도총도
② 동국여지승람
③ 대동여지도
④ 곤여만국전도
⑤ 혼일강리역대국도지도

55 **고려의 국자감에 대한 설명으로 알맞지 않은 것은?**

① 광종 때 처음 설치되었다.
② 유학부와 기술부가 있었다.
③ 992년에 세워진 국립 교육기관이다.
④ 기술학부는 율학과 서학, 산학 등을 공부하였다.
⑤ 유학부는 논어와 효경 등 유교 경전을 공부하였다.

56 **1882년에 구식군대에 대한 차별과 개화정책에 대한 반발로 일어났으며, 청군의 개입으로 진압된 이 사건은?**

① 임오군란　② 정미의병
③ 거문도 사건　④ 만적의 난
⑤ 운요호 사건

57 **당시 학자들이 중국의 경전과 역사에는 능통하나 정작 우리나라의 역사를 잘 알지 못하는 것을 걱정하여 김부식이 쓴 저서는?**

① 고려사
② 발해고
③ 동국통감
④ 삼국사기
⑤ 삼국유사

58 **조선시대 국가의 행정을 체계화시키기 위해 통치 전반에 걸친 법령을 종합해서 만든 법전으로 세조 때 편찬을 시작해서 성종 때 완료하고 반포한 이것은?**

① 속대전
② 경국대전
③ 대전회통
④ 대전통편
⑤ 조선경국전

59 **조선의 제21대 왕인 영조의 업적으로 알맞지 않은 것은?**

① 신문고 부활
② 속대전 편찬
③ 탕평비 건립
④ 균역법 실시
⑤ 규장각 설립

60 **행정권과 입법권을 가진 기구로 1894년 6월 설치되었다. 신분제 폐지 등의 당시 개혁안을 심의 및 통과시키는 것이 주요 업무였던 이 기관은?**

① 비변사
② 중추원
③ 도병마사
④ 군국기무처
⑤ 도평의사사

기출복원문제

01 벡터 $A = 3i + 4j - 7k$, $B = 2i + ak$가 있다. 두 벡터 A, B가 이루는 각이 수직일 경우 a의 값으로 알맞은 것은?

① 0 ② $\frac{2}{3}$
③ $\frac{6}{7}$ ④ $\frac{5}{4}$

02 두 벡터 $A = 2i - 4j + 3k$, $B = -3i + 7j - k$의 외적으로 알맞은 것은?

① $3i - 11j - 3k$
② $11i - 4j + 14k$
③ $-17i - 7j + 2k$
④ $-2i - 5j + 11k$

03 등전위면의 성질 중 옳은 것을 [보기]에서 있는 대로 고른 것은?

[보 기]
(가) 등전위면은 폐곡선이다.
(나) 도체 내부의 전계는 0이다.
(다) 도체 표면은 등전위면을 형성하지 않는다.
(라) 등전위면과 전기력선은 수평한 방향으로 발생한다.

① (가), (나) ② (가), (라)
③ (나), (다) ④ (다), (라)

04 다음이 설명하는 법칙으로 가장 알맞은 것은?

임의의 폐곡면을 통과하는 전기선속은 그 폐곡면 내에 존재하는 총 전하량과 같다.

① 쿨롱의 법칙
② 암페어의 법칙
③ 가우스의 법칙
④ 패러데이의 법칙

05 전하 2[nC]이 원점에 존재할 때, 두 점 A(2, 0, 0)[m]와 B(0, 0, 3)[m] 사이의 전위차[V]로 알맞은 것은?(단, 공기 중으로 가정한다)

① 0[V] ② 1[V]
③ 2[V] ④ 3[V]

06 원형 도체판 2개를 평행하게 구성한 콘덴서가 있다. 도체판의 반지름을 2배로 하는 경우 처음의 콘덴서와 정전용량이 같아지려면 양 원형 도체판의 간격을 몇 배로 구성해야 하는가?

① $\frac{1}{4}$배 ② $\frac{1}{2}$배
③ 4배 ④ 2배

07 어떤 유전체를 평행판 콘덴서에 넣었더니 전속밀도는 4×10^{-6}[C/m^2]이고, 단위체적당 에너지가 5×10^{-3}[J/m^3]이었다. 주입한 유전체의 유전율[F/m]로 알맞은 것은?(단, $\varepsilon_s = 1$)

① 1.6×10^{-9}[F/m]
② 2.5×10^{-9}[F/m]
③ 8.0×10^{-9}[F/m]
④ 1.2×10^{-8}[F/m]

08 다음 중 유전체에서 변위전류를 생성하는 배경이 되는 것을 설명한 것은?

① 전계의 공간적인 변화
② 전속밀도의 시간적인 변화
③ 자계의 공간적인 변화
④ 자속밀도의 시간적인 변화

09 그림과 같이 무한히 긴 직선 도체에 전류 I[A]가 흐르고 있다. 이 도체에서 거리 r[m]만큼 떨어진 지점 P의 자속밀도[Wb/m^2]와 그 방향으로 알맞은 것은?

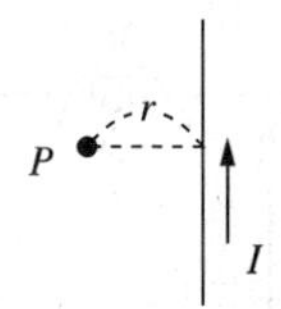

① $\dfrac{2\mu_0\mu_s I}{\pi r}$[Wb/m^2], ⊙
② $\dfrac{\mu_0\mu_s I}{2\pi r}$[Wb/m^2], ⊙
③ $\dfrac{2\pi r I}{\mu_0\mu_s}$[Wb/m^2], ⊗
④ $\dfrac{\pi r I}{2\mu_0\mu_s}$[Wb/m^2], ⊗

10 다음 중 맥스웰의 전자계 기초방정식을 미분 방정식 형태로 올바르게 나타낸 것은?

① $\text{rot}E = -\dfrac{\partial B}{\partial t}$, $\text{rot}H = i$, $\text{div}D = 0$, $\text{div}B = 0$
② $\text{rot}E = -\dfrac{\partial B}{\partial t}$, $\text{rot}H = i$, $\text{div}D = \rho$, $\text{div}B = 0$
③ $\text{rot}E = -\dfrac{\partial B}{\partial t}$, $\text{rot}H = i + \dfrac{\partial D}{\partial t}$, $\text{div}D = \rho$, $\text{div}B = 0$
④ $\text{rot}E = -\dfrac{\partial B}{\partial t}$, $\text{rot}H = i + \dfrac{\partial D}{\partial t}$, $\text{div}D = 0$, $\text{div}B = H$

11 다음 중 계산 결과의 물리량이 스칼라인 것을 [보기]에서 있는 대로 고른 것은?(단, A는 스칼라량, V는 벡터량이다)

[보 기]	
(가) ∇A	(나) $\nabla \cdot V$
(다) $\text{div}(V)$	(라) $\text{grad}(A)$

① (가), (나)
② (가), (라)
③ (나), (다)
④ (다), (라)

12 어떤 회로의 전원은 전지이다. 부하저항이 3[Ω]일 때, 회로의 전류는 9[A]이었다. 부하저항을 5[Ω]로 교체한 후 회로의 전류를 측정하였더니 5[A]였다면, 이 전지의 기전력으로 알맞은 것은?

① 12.5[V]　② 22.5[V]
③ 32.5[V]　④ 50.0[V]

13 그림과 같은 파형으로 커패시터만의 회로에 전압을 인가할 경우 흐르는 전류의 파형으로 알맞은 것은?(단, 커패시터의 크기는 3[F]이며, 초기값 전압은 0[V]으로 간주한다)

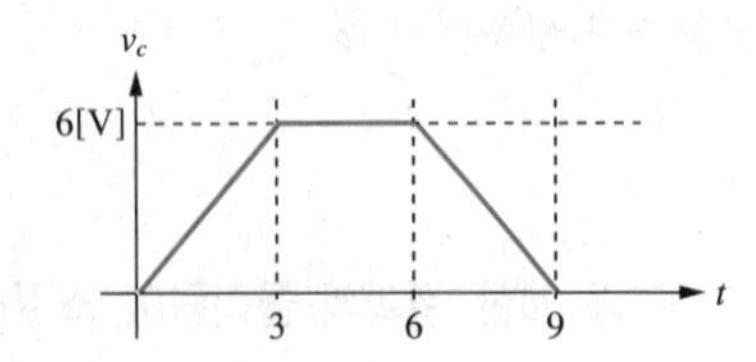

①
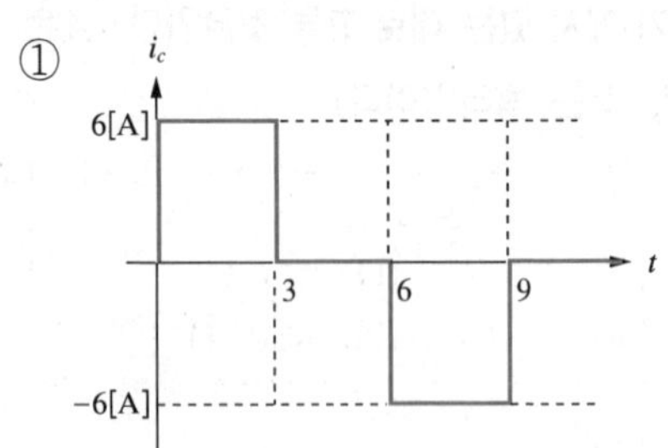

②
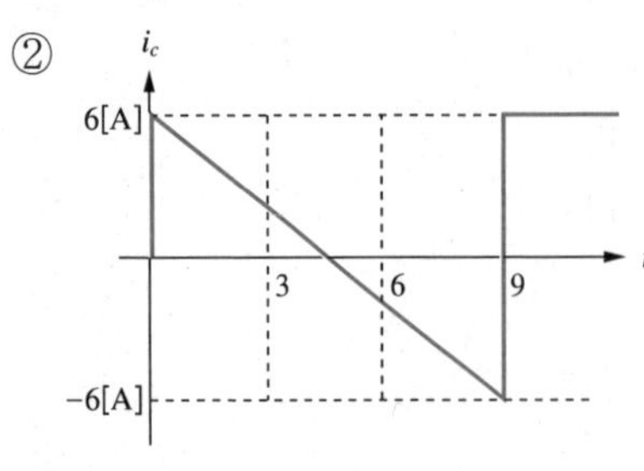

③
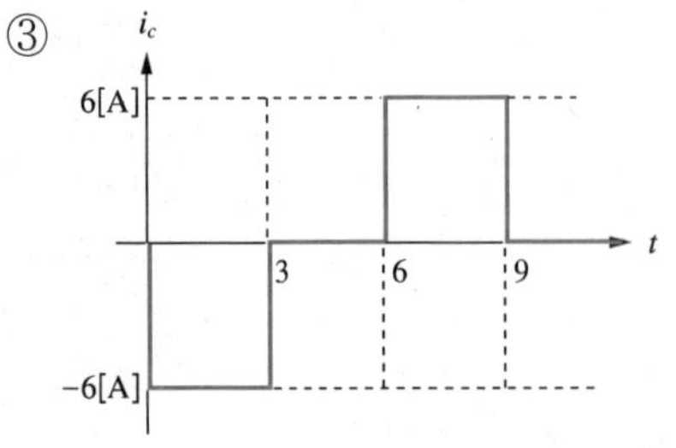

④
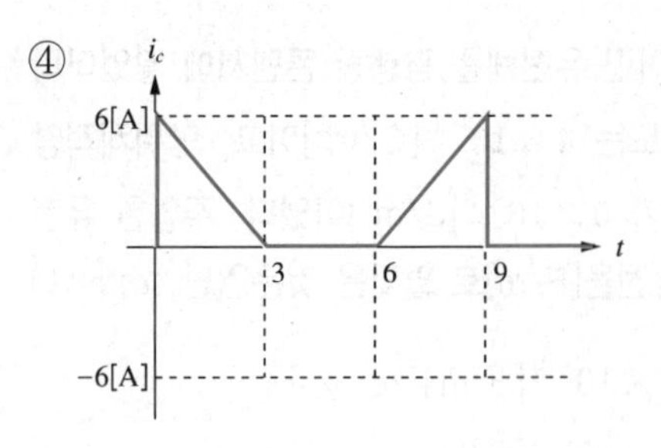

14 다음과 같은 RLC회로에서 전압이 $v_s = 100\sqrt{2}\cos(\omega t - 30°)$라면, 전류 i[A]의 최댓값으로 알맞은 것은?

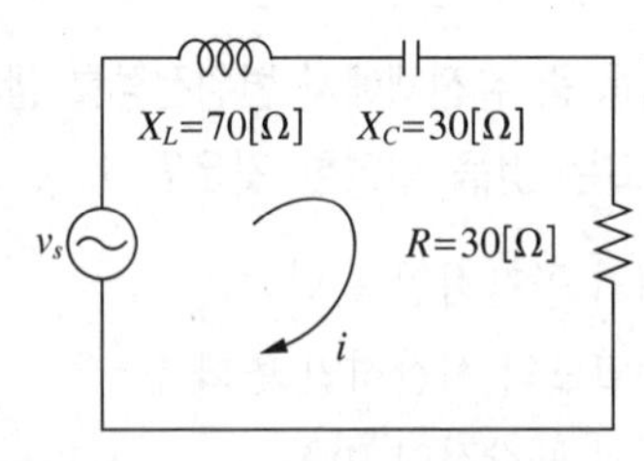

① $\sqrt{2}$[A]　② $\sqrt{3}$[A]
③ 2[A]　④ $2\sqrt{2}$[A]

15 다음과 같이 R, L, C가 조합된 회로가 있다. 시간이 충분히 지난 후 $t=0$ 시점에서 스위치를 $a \rightarrow b$로 이동시켰을 경우 $v_C(0)$[V]와 $i_L(0)$[A]로 알맞은 것은?

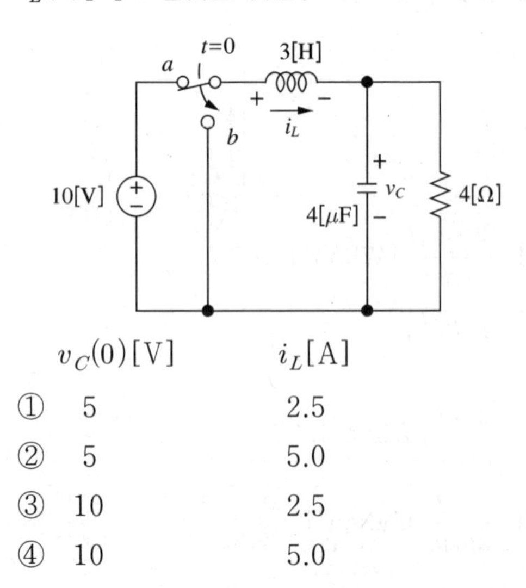

	$v_C(0)$[V]	i_L[A]
①	5	2.5
②	5	5.0
③	10	2.5
④	10	5.0

16 다음과 같은 △회로에서 각 상의 흐르는 전류가 동일할 경우 임피던스 Z[Ω]의 값으로 알맞은 것은?

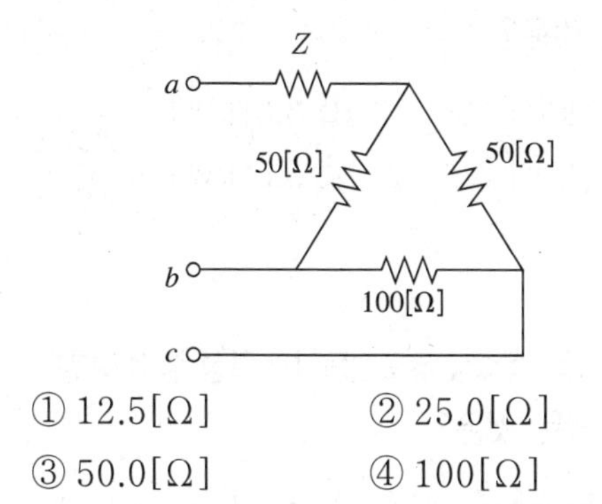

① 12.5[Ω] ② 25.0[Ω]
③ 50.0[Ω] ④ 100[Ω]

17 다음의 2단자망 회로에서 전달함수 $Z(s)$로 알맞은 것은?

8[Ω] 2[F]

① $\frac{8s+2}{s}$ ② $\frac{8s+0.5}{s}$
③ $\frac{4s+1}{s}$ ④ $\frac{0.25s+1}{s}$

18 다음의 회로에서 영상임피던스 Z_{02}[Ω]의 값으로 알맞은 것은?

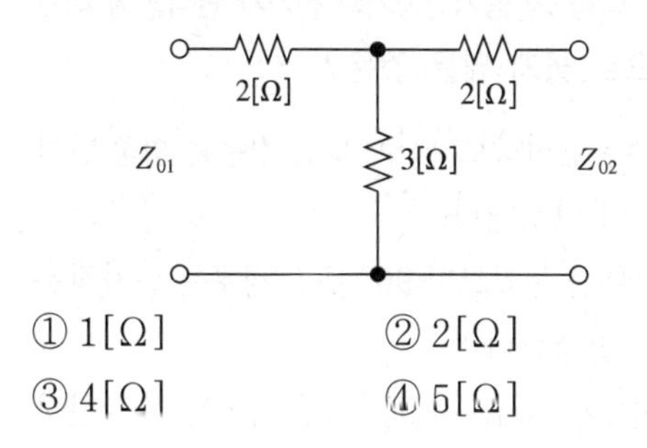

① 1[Ω] ② 2[Ω]
③ 4[Ω] ④ 5[Ω]

19 균일한 자기장(z축 방향) 내에 길이가 1[m]인 도선을 y축 방향으로 배치시키고, 전류 2[A]를 흘렸더니 힘이 6[N] 발생하였다. 이 도선을 그림과 같이 z축에 대해 수직이며, x축에 대해 30° 방향, $v = 10$[m/s]의 속도로 움직인다면, 발생되는 유기기전력[V]의 크기는?

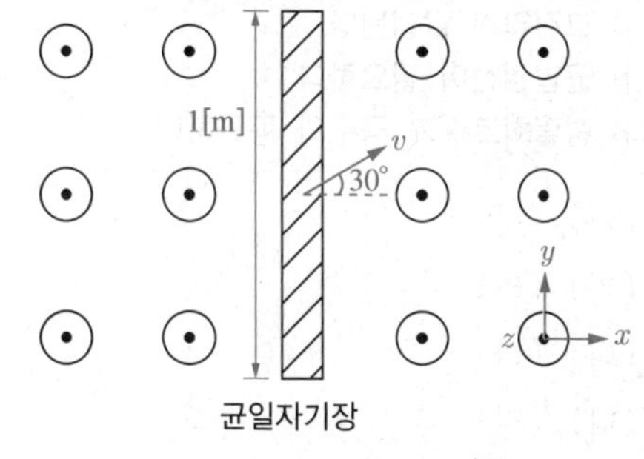

① 15[V] ② $15\sqrt{3}$[V]
③ 30[V] ④ $30\sqrt{3}$[V]

20 다음 회로에서 저항 2[Ω]이 소비하는 전력[W]으로 알맞은 것은?

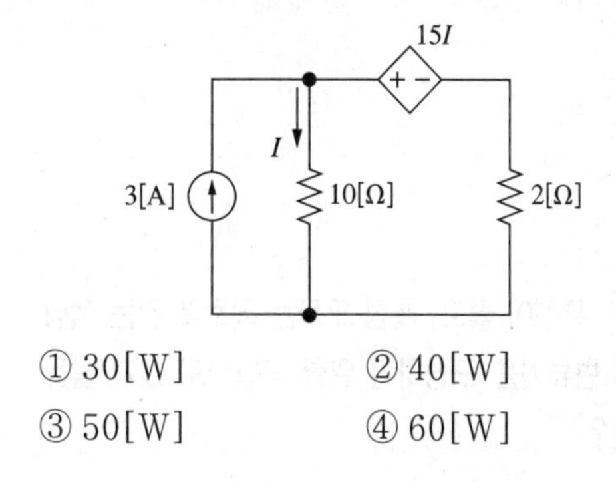

① 30[W] ② 40[W]
③ 50[W] ④ 60[W]

21 직류발전기에서 전기자권선은 철심을 사용한다. 이에 발생되는 히스테리시스손을 감소시키기 위해서는 어떠한 조치를 취해야 하는가?

① 보극 설치 ② 성층철심 사용
③ 규소강판 사용 ④ 보상권선 설치

22 직류발전기 전기자권선법 중 파권에 대한 설명으로 옳은 것을 [보기]에서 있는 대로 고른 것은?(단, 전기자도체의 굵기, 권수, 극수가 모두 동일하다고 가정한다)

> [보 기]
> (가) 저전류가 발생된다.
> (나) 고전압이 발생된다.
> (다) 균압권선이 필요하다.
> (라) 병렬회로수가 극수와 동일하다.

① (가), (나)
② (가), (라)
③ (나), (다)
④ (다), (라)

23 변압기의 1차 전압은 일정하게 고정하고, 1차 코일의 권수를 50[%] 증가시켰을 때, 최대 자속의 변화로 알맞은 것은?

① $\frac{1}{2}$배　② 2배
③ $\frac{2}{3}$배　④ $\frac{3}{2}$배

24 특성이 좋고, 측정 오차는 최소를 갖는 이상적인 변류기를 구성하기 위한 방법으로 옳지 않은 것은?

① 누설자속을 작게 한다.
② 암페어턴을 작게 한다.
③ 철심의 단면적을 크게 한다.
④ 권선의 임피던스를 작게 한다.

25 60[Hz], 20극의 권선형 유도전동기를 전부하운전할 때, 2차 회로의 주파수가 3[Hz]이고, 2차 손실이 500[W]라면, 기계적 출력[kW]으로 알맞은 것은?

① 5.2[kW]　② 6.8[kW]
③ 7.5[kW]　④ 9.5[kW]

26 다음 중 3상 유도전동기의 특성 중 비례추이 할 수 없는 것은?

① 역 률　② 토 크
③ 1차 전류　④ 2차 동손

27 3상 6극 유도전동기에서 회전자도 3상이며, 회전자 정지 시의 1상의 전압은 220[V]이다. 전부하 시의 속도가 1,152[rpm]이면, 2차 1상의 전압[V]으로 알맞은 것은?(단, 1차 주파수는 60[Hz]로 가정한다)

① 7.2[V]　② 8.8[V]
③ 12.4[V]　④ 15.0[V]

28 다음 중 동기전동기의 전기자 반작용에 대한 설명으로 옳지 않은 것은?

① 전류가 전압보다 90° 뒤진 경우는 횡축 반작용이 발생한다.
② 전류가 전압보다 90° 뒤진 경우는 증자작용이 발생한다.
③ 전류가 전압보다 90° 앞선 경우는 직축 반작용이 발생한다.
④ 전류가 전압과 동상(In Phase)일 경우 교차자화작용이 발생한다.

29 역률이 60[%]인 3상 6,000[kW]의 전력계통을 역률 80[%]로 개선하고자 할 때 수전단에 접속하게 될 조상기의 용량[kVA]으로 알맞은 것은?

① 3,500[kVA]
② 4,500[kVA]
③ 5,000[kVA]
④ 6,000[kVA]

30 다음 중 TRIAC의 기호로 옳은 것은?

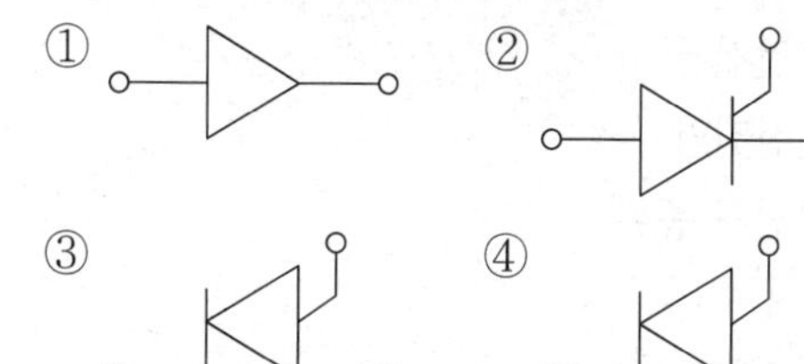

31 다음 중 직류송전방식에 대한 설명으로 옳은 것을 [보기]에서 있는 대로 고른 것은?

> [보 기]
> (가) 절연계급을 낮출 수 있다.
> (나) 전압의 승압, 강압 변경이 용이하다.
> (다) 전등, 전동력을 사용하는 부하에 일관된 운용이 가능하다.
> (라) 비동기 연계가 가능하므로 주파수가 다른 계통 간의 연계가 가능하다.

① (가), (나)
② (가), (라)
③ (나), (다)
④ (다), (라)

32 다음 중 지중전선로와 가공전선로의 비교가 잘못 짝지어진 것은?

	구 분	지중전선로	가공전선로
①	안전도	충전부의 노출로 적정 이격거리 확보	충전부의 절연으로 안전성 확보
②	신규수용	설비 구성상 신규수용 대응 탄력성 결여	신규 수요에 신속 대처 가능
③	고장형태	외상 사고, 접속개소 시공 불량에 의한 영구 사고 발생	수목 접촉 등 순간 및 영구 사고 발생
④	유도장해	차폐케이블 사용으로 유도장해 경감	유도장해 발생

33 중성점접지방식에서 1선 지락사고 시 건전상의 전압 상승이 가장 큰 접지방식은?

① 비접지방식　② 직접접지방식
③ 고저항접지방식　④ 소호리액터접지방식

34 보호계전기 중 정한시 계전기의 특성을 나타낸 곡선으로 알맞은 것은?

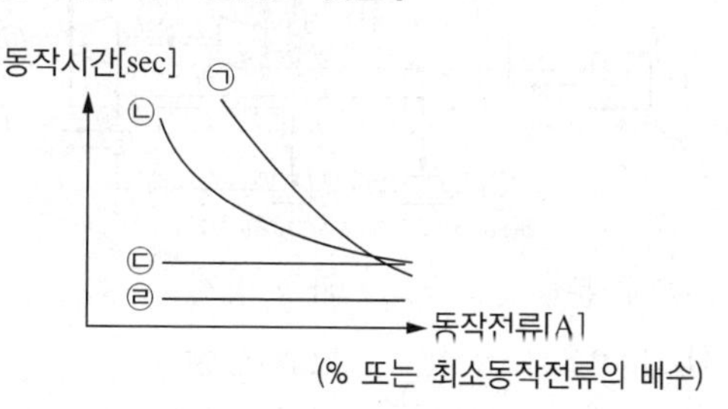

① ㉠　② ㉡
③ ㉢　④ ㉣

35 선간전압이 3.3[kV]인 배전선로에서 전압을 6.6[kV]로 승압하였다. 동일한 소재의 전력선, 동일 전력, 동일 전력손실을 기준으로 할 경우 송전거리는 몇 배 증가 또는 감소되는가?

① $\frac{1}{2}$배로 감소 ② 2배로 증가

③ $\frac{1}{4}$배로 감소 ④ 4배로 증가

36 다음 중 수력발전에서 사용되는 조압수조(Surgy Tank)에 대한 직접적인 기능으로 옳은 것을 [보기]에서 있는 대로 고른 것은?

[보 기]
(가) 수격작용 흡수
(나) 서징작용 흡수
(다) 수질환경 개선
(라) 케비테이션 방지

① (가), (나) ② (가), (라)

③ (나), (다) ④ (다), (라)

37 다음은 화력발전소의 재생·재열사이클 모형이다. 과정 명칭이 잘못 짝지어진 것은?

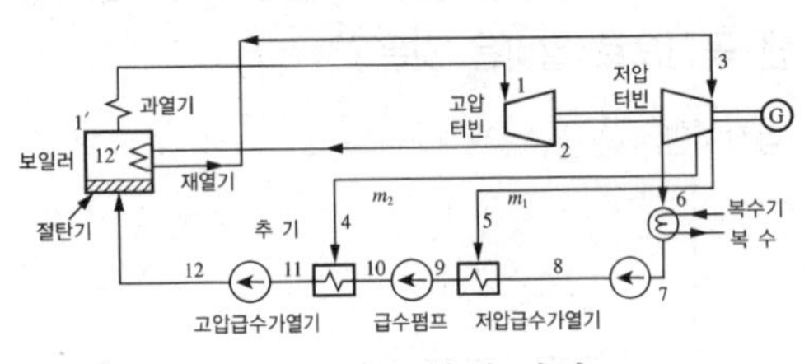

구 분	과정 명칭
① 1→2, 6	단열 팽창
② 3→6	단열 팽창
③ 6→7	단열 압축
④ 9→10	단열 압축

38 다음 중 원자력발전에 사용되는 감속재의 종류로 알맞지 않은 것은?

① 붕소(B)
② 중수(D_2O)
③ 경수(H_2O)
④ 금속베릴륨(Be)

39 다음 중 선로정수(R, L, C, G)에 가장 영향을 많이 주는 요소는?

① 역 률
② 송전전류
③ 송전전압
④ 전선의 종류

40 다음 중 송전선로(송전단, 수전단)에서 사용되는 직렬콘덴서의 역할이 아닌 것은?

① 정태안정도 증가
② 페란티 현상 방지
③ 선로의 인덕턴스 보상
④ 수전단의 전압변동률 감소

41 이상전압 방지대책 중 역섬락방지 및 철탑 접지저항의 저감을 위해 설치하는 기구로 알맞은 것은?

① 피뢰기
② 매설지선
③ 가공지선
④ 서지흡수기

42 다음 중 개폐 장치들이 차단할 수 있는 전류의 개수 합으로 가장 알맞은 것은?(만약 단로기가 무부하전류를 차단할 수 있으면 O 즉, 1개로 산정한다)

구 분	무부하전류	부하전류	고장전류
단로기(DS)			
유입개폐기(OS)			
차단기(CB)			

① 3개 ② 4개
③ 5개 ④ 6개

43 다음 중 고압 계기용 변성기의 2차측 전로에 시설해야 하는 접지 종별로 알맞은 것은?

① 제1종 접지
② 제2종 접지
③ 제3종 접지
④ 특별 제3종 접지

44 전선 상호 간 이격거리에서 케이블–케이블 간의 이격거리는 몇 [m] 이상이어야 하는가?

① 0.5[m] 이상 ② 1.0[m] 이상
③ 1.5[m] 이상 ④ 2.0[m] 이상

45 지중선로로의 직접매설식에서 차량, 기타 중량물의 압력이 있을 경우 매설 깊이는 몇 [m] 이상으로 규정하고 있는가?

① 0.5[m] 이상 ② 1.0[m] 이상
③ 1.2[m] 이상 ④ 1.5[m] 이상

46 어떤 제어계의 출력이 $C(s) = \dfrac{5s}{s(s^3+2s^2+7s)}$ 라면, 시간함수 $c(t)$의 정상상태값으로 알맞은 것은?

① 0 ② $\dfrac{5}{7}$
③ $\dfrac{7}{5}$ ④ ∞

47 $C(s) = \dfrac{-s-13}{(s+3)(s-2)}$ 의 라플라스 역변환으로 알맞은 것은?

① $e^{-3t} - e^{2t}$ ② $2e^{-3t} - 3e^{2t}$
③ $3e^{-2t} - 2e^{3t}$ ④ $e^{-2t} - e^{-3t}$

48 다음 블록다이어그램의 전달함수 $\dfrac{Y(s)}{U(s)}$ 로 알맞은 것은?

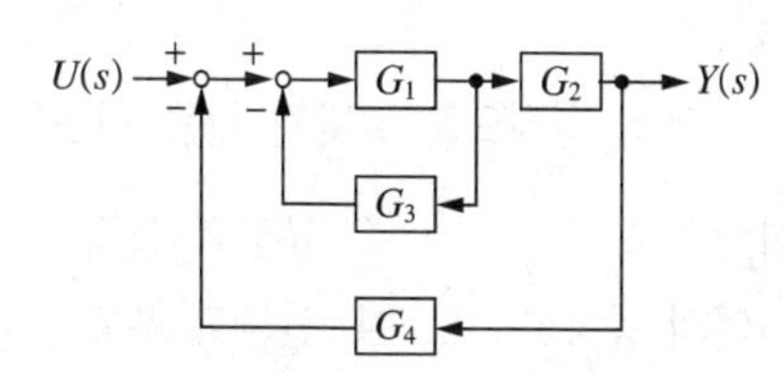

① $\dfrac{G_1G_2}{1+G_1+G_3+G_4}$

② $\dfrac{G_1G_2}{1+G_1G_3+G_1G_4}$

③ $\dfrac{G_1G_2}{1+G_1G_3+G_1G_2G_4}$

④ $\dfrac{G_1G_2}{1+G_1G_2+G_1G_3G_4}$

49 다음 회로의 전압비 전달함수 $\frac{V_o(s)}{V_i(s)}$로 알맞은 것은?

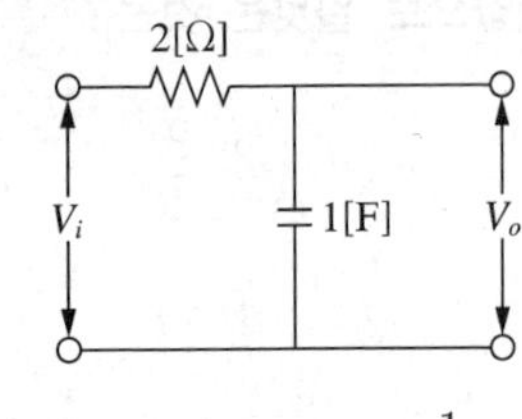

① $2s+1$
② $\frac{1}{2s+1}$
③ $\frac{2}{0.5s+1}$
④ $\frac{1}{0.5s+2}$

50 다음 중 Exclusive OR게이트 2개, AND게이트 2개, OR게이트 1개로 구성할 수 있는 조합 논리회로로 가장 알맞은 것은?

① 디코더
② 전가산기
③ 전감산기
④ 다수결회로

51 정조의 업적으로 알맞지 않은 것은?

① 화성축조
② 규장각 설립
③ 서얼의 등용
④ 신문고 부활
⑤ 장용영 설치

52 조선시대의 발행된 서적과 그 저술자의 연결이 잘못된 것은?

① 지봉유설 – 이수광
② 성호사설 – 이익
③ 농사직설 – 정약용
④ 금양잡록 – 강희맹
⑤ 동의수세보원 – 이제마

53 백성들이 유교의 충과 효, 절개를 어떻게 생활에서 실천하며 살 것인가에 대해 상세히 설명해 놓은 책으로 세종 때 편찬된 이것은?

① 삼국유사
② 삼국사기
③ 용비어천가
④ 삼강행실도
⑤ 훈민정음 해례본

54 조선이 서양의 여러 나라들과 통상을 하고, 그 나라들의 기술을 배워 나라의 기반을 튼튼히 해야 한다는 내용이 담겨 있는 책으로 2차 수신사로 일본에 갔던 김홍집이 가져온 이 책은?

① 한국통사
② 조선책략
③ 독사신론
④ 구황촬요
⑤ 서유견문

55 조선 숙종 때 청나라와의 국경선 문제를 해결하기 위하여 백두산에 '서위압록, 동위토문'을 기록하고 세운 비석은?

① 척화비
② 황초령비
③ 마운령비
④ 백두산정계비
⑤ 중원고구려비

56 통일신라시대의 관리 선발 제도로 학문의 성취 정도를 '삼품'으로 나누어 관직 수여에 참고한 것은?

① 취 재
② 복 시
③ 전시과
④ 현량과
⑤ 독서삼품과

57 **고려 때 보각국사 일연이 지은 역사서로 고구려, 백제, 신라의 3국과 고조선에서 고려까지 우리 민족의 흥망성쇠를 다룬 것은?**

① 사 기 ② 삼국유사 ③ 삼국사기
④ 제왕운기 ⑤ 동명왕편

58 **조선후기의 실학자 중에서 중상학파에 속하지 않는 인물은?**

① 홍대용 ② 박지원 ③ 유형원
④ 유수원 ⑤ 박제가

59 **조선시대 삼사에 속하는 기관으로 알맞게 묶인 것은?**

① 승정원, 사간원, 사헌부
② 승정원, 의정부, 사간원
③ 홍문관, 승정원, 사간원
④ 홍문관, 사헌부, 사간원
⑤ 홍문관, 사헌부, 의정부

60 **조선 18대 왕 현종 때, 17대 왕 효종이 승하하자 16대 왕 인조의 부인인 자의대비가 상복을 몇 년 입을지에 대한 서인과 남인의 싸움은?**

① 1차 예송논쟁
② 2차 예송논쟁
③ 임오군란
④ 이자겸의 난
⑤ 서경천도운동

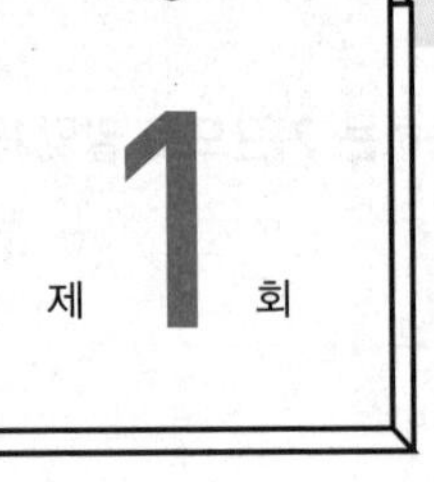

기출복원문제 정답 및 해설

01	02	03	04	05	06	07	08	09	10	11	12	13	14
①	②	④	②	③	④	①	③	②	①	③	③	④	①
15	**16**	**17**	**18**	**19**	**20**	**21**	**22**	**23**	**24**	**25**	**26**	**27**	**28**
①	①	③	②	④	①	②	③	③	①	②	③	④	④
29	**30**	**31**	**32**	**33**	**34**	**35**	**36**	**37**	**38**	**39**	**40**	**41**	**42**
②	①	②	②	②	③	①	②	①	④	②	②	①	②
43	**44**	**45**	**46**	**47**	**48**	**49**	**50**	**51**	**52**	**53**	**54**	**55**	**56**
①	③	④	②	①	②	③	②	②	①	④	①	⑤	②
57	**58**	**59**	**60**										
④	④	③	②										

01

$i_1 = \frac{15}{\sqrt{2}} \angle 60°[A],\ i_2 = \frac{3}{\sqrt{2}} \angle 30°[A]$

$$\therefore \frac{i_1}{i_2} = \frac{\frac{15}{\sqrt{2}} \angle 60°[A]}{\frac{3}{\sqrt{2}} \angle 30°[A]} = 5\angle 30° = 5\left(\cos\frac{\pi}{6} + j\sin\frac{\pi}{6}\right)$$

02

전파의 속도(v)는 진공 중에서 광속(c)과 동일하므로 $v=c$로 해석할 수 있다.

$v = \lambda \cdot f$[m/s]이므로

파장 $\lambda = \frac{v[m/s]}{f[Hz]} = \frac{3\times 10^8}{1.8\times 10^9} = \frac{1}{6}$[m]

03

[보기]의 내용은 모두 옳은 설명이다.

(가) 자화율은 자계에 두어진 물체가 자화하는 정도를 나타낸다.

(나) 투자율은 자속밀도(B)와 자화의 세기(H)의 비$\left(\mu = \frac{B}{H}\right)$로 나타낼 수 있다.

(다) 유전율은 전속밀도(D)와 전계의 세기(E)의 비$\left(\varepsilon = \frac{D}{E}\right)$로 나타낼 수 있다.

(라) 전도율은 고유저항의 역수로 도체에 전류가 흐르기 쉬운 정도를 나타낸다.

04

점전하 외부($r > a$)에서 전계의 세기는 $E = \frac{Q}{4\pi\varepsilon_0 r^2}$

$$\therefore E = \frac{Q}{4\pi\varepsilon_0 r^2} = 9\times 10^9 \times \frac{5\times 10^{-6}}{3^2} = 5\times 10^3[V/m]$$

05 무한평면 2장(평행판 전극)에 의한 전계의 세기

구 분	모 형	구 간	전계 E[V/m]	전위 V[V]
다른 극성의 $+\rho_s$, $-\rho_s$[C/m²] 2장이 d[m] 간격으로 분포된 경우	ρ, $-\rho$, +1, d	내 부	$\frac{\rho_s}{\varepsilon}$	$V = E \cdot d = \frac{\rho_s}{\varepsilon} \cdot d$
		외 부	0	

※ 전계의 세기(E)는 거리(r)와 무관하다.

06 $Q = CV$이므로, $Q = CV = 20 \times 10^{-6} \times 200 = 4{,}000 \times 10^{-6} = 4 \times 10^{-3}$[C]

07 표피효과(Skin Effect, 1가닥)

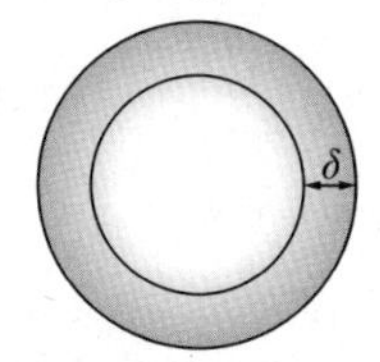

- 침투(표피)깊이 $\delta = \sqrt{\frac{2}{\omega\mu\sigma}} = \frac{1}{\sqrt{\pi f \mu\sigma}}$ [m]
- 교류(AC)선로에 흐르는 전류가 전선의 바깥쪽(표면)으로 집중되는 현상
- 원인 : 전선 단면적 내의 중심부일수록 자속쇄교수가 커지고, 인덕턴스가 증가하여 중심부에는 전류가 흐르기 어려움
- 영 향
  - 도체 내부로 들어갈수록 전류밀도가 감소한다.
  - 위상각이 늦어지게 되어 전류가 도체 외부로 몰린다.
  - 전력손실이 증가한다(유효단면적이 감소하여 상대적으로 저항이 증가).
  - 송전용량이 감소된다.
- 특 징
  - 주파수가 커질수록 표피효과가 증대된다(표피깊이(δ)가 작아진다).
  - 전선에 직류가 흐를 때보다 교류(실효치)가 흘렀을 때 전력손실이 많아진다.
  - 전선의 단면적, 도전율, 투자율이 클수록 표피효과는 커진다.
- 대 책
  - 가공선의 경우 복도체를 사용한다.
  - 지중선의 경우 분할도체를 사용한다.
  - 중공연선을 사용한다(가운데가 비어 있는 형태의 전선 사용).

근접효과(Proximity Effect, 2가닥 이상)

• 교류(AC)선로에 나란한 두 도체에 전류가 흐를 때 그 밀도가 방향성을 가지고 집중되는 현상

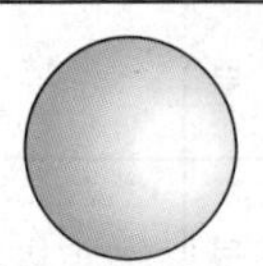 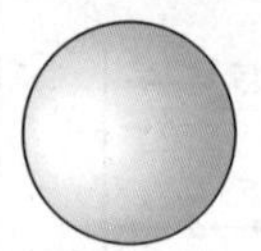 같은 방향으로 전류가 흐를 때 (척력 = 바깥쪽으로 전류밀도 집중)	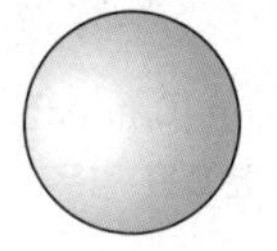 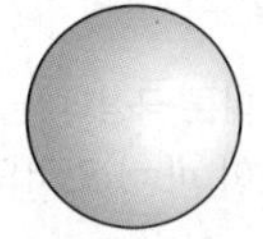 다른 방향으로 전류가 흐를 때 (인력 = 안쪽으로 전류밀도 집중)

※ 표피효과와 근접효과는 교류에서 발생되는 현상이며, 그 특징은 대체로 비슷하다.

• 대 책
  - 사용주파수를 낮춘다.
  - 절연전선을 사용한다.
  - 양 도체 간의 간격을 넓게 한다.

핀치효과(Pinch Effect)

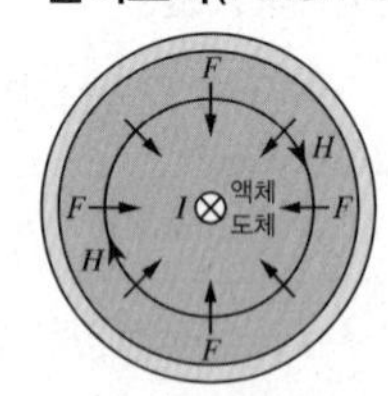

• 직류(DC)선로에서 전선의 중심으로 힘이 작용하여 전류가 중심으로 집중되는 현상
• 일정한 단면적의 전선을 제작할 때 핀치효과에 의한 압력을 이용하여 일정한 굵기의 전선을 제작할 수 있다(DC전류가 선로에 크게 흐르면 → 외부에서 작용하는 힘(F)이 커져 → 전류가 중심으로 집중 → 전류가 흐르는 단면적이 작아지게 되어 → 선로의 저항 증가 → DC전류가 적게 흐름).
• 이러한 과정들을 반복하여 최상의 DC전류 크기 조정 주기를 찾아내어 일정한 쇳물, 전선 제작 등에 사용하게 된다.

08

코일에 유기되는 기전력은 $E=-L\frac{di}{dt}$[V]이므로, 시간에 따른 구간을 분리하면 다음과 같다.

구 분	역기전력[V]
1구간(0 ~ 2[sec])	$E=-L\frac{di}{dt}=-4\cdot\frac{0-0}{2-0}=0$[V]
2구간(2 ~ 4[sec])	$E=-L\frac{di}{dt}=-4\cdot\frac{8-0}{4-2}=-16$[V]
3구간(4 ~ 6[sec])	$E=-L\frac{di}{dt}=-4\cdot\frac{12-8}{6-4}=-8$[V]
4구간(6[sec] ~)	시간에 따른 전류의 변화량이 없으므로 “0”

09 **자기력선의 성질**

- 자력선의 밀도는 자계의 세기와 같다.
- 자기력선은 서로 교차하지 않고 반발한다.
- 자기력선은 N극에서 시작하여 S극에서 그친다.
- 자기력선은 스스로 폐곡선을 이룬다.
- 임의의 점에서 자기력선의 접선방향과 자계의 방향은 같다.
- 임의의 점에서 자기력선의 밀도는 자계의 세기와 같다.
- 자기력선은 등자위면에 수직으로 교차한다.
- 자기력선수는 $\dfrac{m}{\mu_0}$으로 표현 가능하다(m은 자속수).

10 환상 솔레노이드의 자계는 $\oint_c H \cdot dl = N \cdot I$이므로, $H \cdot l = N \cdot I$로 적용 가능하다.

여기서, 자로의 길이는 $l = 2\pi r$[m]이므로, 자계의 세기 $H = \dfrac{N \cdot I}{l} = \dfrac{N \cdot I}{2\pi r} = \dfrac{20 \times 4}{2\pi \times 2} = \dfrac{20}{\pi}$[AT/m]

11

- $E_{진공} = \dfrac{Q}{\varepsilon \cdot S} = \dfrac{Q}{\varepsilon_s \varepsilon_0 \cdot S} = \dfrac{Q}{1 \cdot \varepsilon_0 \cdot S} = \dfrac{Q}{\varepsilon_0 S}$[V/m]
- $E_{(\varepsilon_s = 5)} = \dfrac{Q}{\varepsilon \cdot S} = \dfrac{Q}{\varepsilon_s \varepsilon_0 \cdot S} = \dfrac{Q}{5 \cdot \varepsilon_0 \cdot S} = \dfrac{Q}{5\varepsilon_0 S}$[V/m]

∴ 기존의 $E_{진공}$보다 $\dfrac{1}{5}$배 $= 0.2$배 되었다.

12 (자계 내에서)전류가 흐르는 도체에 작용되는 힘은 $F = BIl\sin\theta = 2 \cdot 15 \cdot 0.2 \cdot 1 = 6$[N]

13 코일에 축적되는 에너지 $W_L = \dfrac{1}{2}LI^2 = \dfrac{1}{2} \times 4{,}800 \times I^2 = 6$

$I^2 = \dfrac{6}{2{,}400} = \dfrac{1}{400}$

$\therefore I = \sqrt{\dfrac{1}{400}} = \dfrac{1}{20} = 0.05$[A]

14

구 분	강자성체	상자성체	반자성체(역자성체)
투자율	$\mu_s \gg 1$	$\mu_s > 1$	$\mu_s < 1$
자화율	$\chi > 0$	$\chi > 0$	$\chi < 0$
종 류	철, 코발트, 니켈 등	알루미늄, 백금, 산소 등	비스무트, 은, 구리, 물 등

15 쿨롱의 법칙(힘) $F = m \cdot H$[N]에서 자계의 세기는 $H = \dfrac{F}{m} = \dfrac{9 \times 10^3}{3} = 3{,}000$[AT/m]

16

구 분	실횻값	평균값	파형률	파고율
정현파	$\frac{V_m}{\sqrt{2}}$	$\frac{2V_m}{\pi}$	1.11	1.41
정현반파	$\frac{V_m}{2}$	$\frac{V_m}{\pi}$	1.57	2
삼각파	$\frac{V_m}{\sqrt{3}}$	$\frac{V_m}{2}$	1.15	1.73
삼각반파	$\frac{V_m}{\sqrt{6}}$	$\frac{V_m}{4}$	1.63	2.45
구형파	V_m	V_m	1	1
구형반파	$\frac{V_m}{\sqrt{2}}$	$\frac{V_m}{2}$	1.41	1.41

※ 파고율 = $\frac{\text{최대값}}{\text{실횻값}}$, 파형률 = $\frac{\text{실횻값}}{\text{평균값}}$

17

- 인덕턴스(L)만의 회로 : 전압이 전류보다 90° 앞선다(Leading).
- 콘덴서(C)만의 회로 : 전압이 전류보다 90° 뒤진다(Lagging).

TIP 일반적 상용부하에서는 모터(전동기)부하가 그 비중의 많은 부분을 차지하고 있다. 이러한 모터부하는 인덕턴스(L)를 매우 많이 포함하고 있기 때문에, 일반적인 부하의 경우 전압이 전류보다 앞서는 모형으로 해석하는 것이 바람직하다.

18

임의의 부하에 흐르는 전류를 측정하기 위해서는 그 부하와 전류계를 직렬접속해야 한다. 또한 임의의 부하 양단에 걸리는 전압을 측정하기 위해서는 그 부하와 전압계를 병렬접속해야 한다.

19

가동, 차동 접속 분류법

i → 전류가 유입-유입
i → 전류가 유출-유출
) 가동형(가극성)

i → 전류가 유입-유출
i → 전류가 유출-유입
) 차동형(감극성)

문제의 그림은 전류가 유출-유출에 해당하므로 직렬접속 가동형(가극성)에 해당한다.

직렬접속		병렬접속	
가동접속(가극성)	차동접속(감극성)	가동접속(가극성)	차동접속(감극성)
$L=L_1+L_2+2M$ $(M=k\sqrt{L_1L_2})$	$L=L_1+L_2-2M$ $(M=k\sqrt{L_1L_2})$	$L=\frac{L_1L_2-M^2}{L_1+L_2-2M}$	$L=\frac{L_1L_2-M^2}{L_1+L_2+2M}$

$\therefore L=L_1+L_2+2M+L_3=3+7+(2\cdot 3)+4=20[\text{mH}]$

20

$R-L$, $R-C$ 직렬회로의 과도현상 해석에서 사용되는 시정수(τ)는 다음과 같다.

$R-L$ 직렬회로의 시정수(τ)	$R-C$ 직렬회로 시정수(τ)
$\frac{L}{R}$[sec]	RC[sec]

21 $R-L-C$ 직렬회로에서 전류가 최대가 되기 위해서는 직렬공진이 발생해야 한다. 직렬공진이 발생하기 위한 조건은 다음과 같다.

- 임피던스 Z가 최소가 되어야 한다($Z=R+j(X_L-X_C)$, 즉 허수부가 "0" 일 때).
- 어드미턴스는 $Y=\frac{1}{Z}$이므로 임피던스와 반비례 관계를 갖는다.

22 그림과 같은 회로를 중첩의 원리로 구하기에는 너무나 복잡한 계산과정이 발생하므로 밀만의 정리를 이용하는 것이 효과적이다.

※ 밀만의 정리(Millman's Theorem)

- 다수의 병렬전압원을 단일 등가전압원으로 단순화시키는 회로해석방법으로 부하에 흐르는 전류나 인가되는 전압을 쉽게 구할 수 있다. 밀만의 정리(Millman's Theorem)는 병렬전압원에 대한 테브난 정리의 특수한 형태이며, V_{AB}를 통해 회로를 재해석하여 전류와 전압 등을 구할 수 있다(전압원의 극성(+, -)이 바뀌면 전압(V)의 부호도 그에 따라 바뀌어야 함을 주의할 것).
- $V_{AB}=\dfrac{\frac{V_1}{Z_1}+\frac{V_2}{Z_2}+\frac{V_3}{Z_3}+\cdots+\frac{N_n}{Z_n}}{\frac{1}{Z_1}+\frac{1}{Z_2}+\frac{1}{Z_3}+\cdots+\frac{1}{Z_n}}=\dfrac{Y_1V_1+Y_2V_2+Y_3V_3+\cdots+Y_nV_n}{Y_1+Y_2+Y_3+\cdots+Y_n}$

밀만의 정리를 이용하여 전압 V를 구하면,

$$\therefore V=\dfrac{\frac{8}{4}+\frac{18}{6}+\left(\frac{-8}{8}\right)}{\frac{1}{4}+\frac{1}{6}+\frac{1}{8}}=\dfrac{2+3+(-1)}{\frac{6+4+3}{24}}=\frac{24\cdot 4}{13}=\frac{96}{13}\,[\mathrm{V}]$$

23

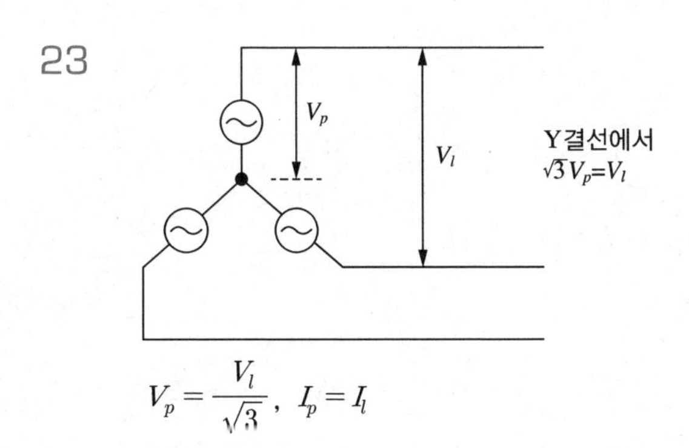

$V_p=\dfrac{V_l}{\sqrt{3}}$, $I_p=I_l$

24 $i=I_m\sin(\omega t-30°)=282\sin(\omega t-30°)$이므로 282는 최댓값을 나타낸다. 따라서 실횻값을

$I_{\mathrm{rms}}=\dfrac{\text{최대값}}{\sqrt{2}}$으로 구하면, $I_{rms}=\dfrac{282}{1.41}\fallingdotseq 200\,[\mathrm{A}]$

25 선형회로(Linear Circuits), 비선형회로(Nonlinear Circuits)의 해석

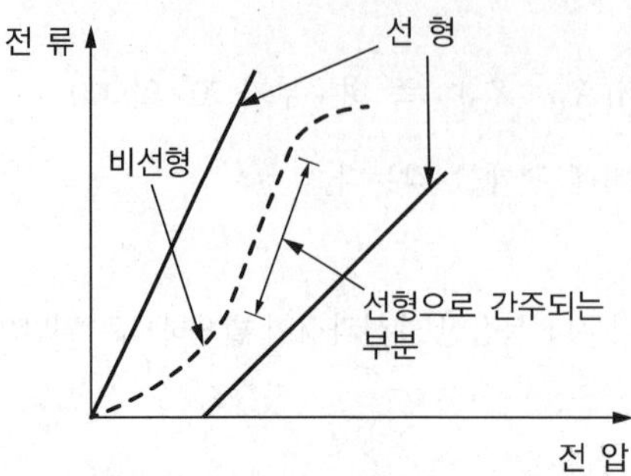

선형회로	비선형회로
• 전압과 전류가 비례하는 회로 • 수동소자뿐인 회로 예 저항, 인덕턴스, 정전용량(콘덴서가 전하를 축적할 수 있는 능력을 나타내는 것)등으로 구성되어 있는 회로	회로의 전압과 전류가 단순한 비례관계로 표시될 수 없을 경우의 회로 예 다이오드나 배리스터(Varistor), 철심을 넣은 코일 등은 전류와 전압이 비례관계가 없다.
키르히호프 법칙, 중첩의 원리, 가역 정리 등	키르히호프 법칙

26 분류기(Electrical Shunt)

통상적으로 전류계는 그 회로에 직렬로 접속, 전압계는 병렬로 접속한다. 하지만 전류 측정 범위를 확대하기 위해 전류계와 병렬로 분류기를 추가할 수 있다(전류의 흐름(분배)을 바꾸어 전류계가 측정할 수 있는 범위를 확장).

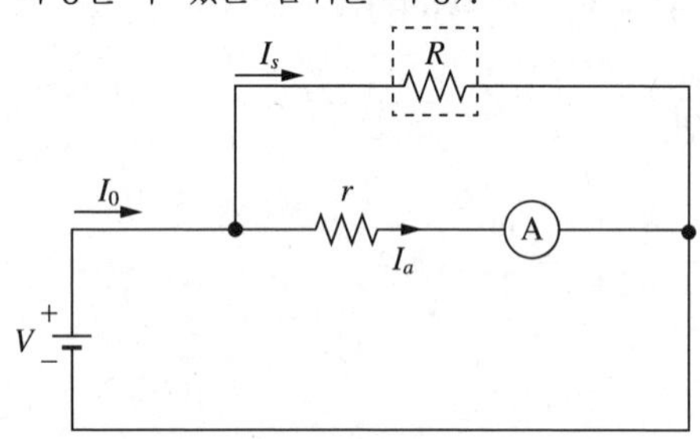

$I_0 = I_a + I_s$

$V = I_a r = I_s R \rightarrow \dfrac{I_s}{I_a} = \dfrac{r}{R}$

$\therefore$ 배율$(m) = \dfrac{I_0}{I_a} = \dfrac{I_a + I_s}{I_a} = 1 + \dfrac{I_s}{I_a} = 1 + \dfrac{r}{R} \rightarrow I_0 = \left(1 + \dfrac{r}{R}\right) I_a$

여기서, r : 전류계의 저항, R : 분류기의 저항

10[mA] → 100[A] : 배율(m)은 10,000배

$m = 1 + \dfrac{r}{R}$을 이용하면

$10{,}000 = 1 + \dfrac{r}{R} = 1 + \dfrac{10}{R}$

$9{,}999R = 10$

$\therefore R = \dfrac{10}{9{,}999} \fallingdotseq 0.001[\Omega]$

27 RLC 공진회로

RLC 직렬회로	RLC 병렬회로
$\omega L = \frac{1}{\omega C}$	$\omega C = \frac{1}{\omega L}$
$\omega L > \frac{1}{\omega C}$(유도성)	$\omega C > \frac{1}{\omega L}$(용량성)
$Z_0 = R$(최소)	$Y_0 = \frac{1}{R}$(최소, $= Z_0$는 최대)
$I_0 = \frac{V}{Z_0} = \frac{V}{R}$(최대)	$I_0 = VY_0 = \frac{V}{R}$(최소)
각속도 $\omega_0 = \frac{1}{\sqrt{LC}}$	
공진주파수 $f_0 = \frac{1}{2\pi\sqrt{LC}}$	
선택도 $Q = \frac{V_L}{V_R} = \frac{V_C}{V_R} = \frac{1}{R}\sqrt{\frac{L}{C}}$	선택도 $Q = \frac{I_L}{I_R} = \frac{I_C}{I_R} = R\sqrt{\frac{C}{L}}$

$\therefore$ $R-L-C$ 직렬공진회로 선택도 $Q = \frac{1}{R}\sqrt{\frac{L}{C}} = \frac{1}{5}\sqrt{\frac{10\times10^{-3}}{25\times10^{-6}}} = \frac{1}{5}\cdot\frac{1}{5}\sqrt{\frac{10\times10^{3}}{1}} = 4$

28

좌표평면(실수-허수)에 전압과 전류의 벡터 형태를 표현해 보면, 전류의 위상이 전압의 위상보다 앞선다(= 전압의 위상이 전류의 위상보다 뒤진다).

일반적으로 부하는 모터 등의 유도성 부하가 많으므로 전압이 전류보다 앞서는 모형이지만, 문제의 경우 전류가 앞서는 모형이다.

- 전압이 전류보다 앞서는 경우 : 지상전류
- 전류가 전압보다 앞서는 경우 : 진상전류

따라서 위상이 작은 전압측에 공액(Conjugation)을 취하여 복소전력을 계산한다.

$\dot{S} = \dot{I}\cdot\dot{V}^* = (6+j8)(100-j50) = 1{,}000+j500$

$\therefore$유효전력 $P = 1{,}000$[W], 무효전력 $P_r = 500$[Var]

한편 역률은 $\cos\theta = \frac{P}{\sqrt{P^2+P_r^2}} = \frac{1{,}000}{\sqrt{(1{,}000)^2+(500)^2}} = \frac{1{,}000}{\sqrt{1{,}250{,}000}} = \frac{1{,}000}{500\sqrt{5}} = \frac{2}{\sqrt{5}}$

29

최대전력을 공급하기 위한 조건은 $Z_{Th} = Z_L^*$

$P_{\max} = I^2\cdot R = \left(\frac{V_{Th}}{Z_{Th}+Z_L^*}\right)^2\cdot Z_L^*$

$= \left(\frac{200}{400+j100+400-j100}\right)^2\cdot 400$($\because$ 유효전력이므로 R만 적용)

$= \frac{1}{16}\cdot 400 = 25$[W]

30 4단자 정수($ABCD$ 파라미터, Four Parameter)

- 중거리 송전선로를 해석할 수 있다.
- 내부의 4가지($ABCD$)값으로 1차측과 2차측의 시스템 관계를 알 수 있다.

$$\begin{bmatrix} V_1 \\ I_1 \end{bmatrix} = \begin{bmatrix} A & B \\ C & D \end{bmatrix} \begin{bmatrix} V_2 \\ I_2 \end{bmatrix}$$

$$V_1 = AV_2 + BI_2$$

$$I_1 = CV_2 + DI_2$$

$A = \left.\dfrac{V_1}{V_2}\right|_{I_2=0}$: 전압비의 차원(출력측 개방)

$B = \left.\dfrac{V_1}{I_2}\right|_{V_2=0}$: 임피던스(Z)(출력측 단락)[Ω]

$C = \left.\dfrac{I_1}{V_2}\right|_{I_2=0}$: 어드미턴스(Y)(출력측 개방)[℧]

$D = \left.\dfrac{I_1}{I_2}\right|_{V_2=0}$: 전류비의 차원(출력측 단락)

31 직류발전기의 정류

- $e_b > e_L = L\dfrac{di}{dt} = L\dfrac{2I_a}{T_c}$

여기서, e_b : 브러시 접촉면 전압강하, e_L : 평균 리액턴스전압, I_a : 전기자전류,

T_c : 정류시간($T_c = \dfrac{b-\delta}{v_c}$[sec], b : 브러시의 두께[m], δ : 정류자 편 사이의 절연두께[m],

v_c : 정류자의 주변속도[m/s])

- 자체 인덕턴스가 작아야 한다(단절권 사용).
- 정류주기가 길어야 한다(회전속도 느릴 것 = 저속운전).
- 브러시 접촉저항이 커야 한다. → 저항정류(탄소브러시)
- 리액턴스 평균전압이 작아야 한다. → 전압정류(보극 설치)
- 브러시 접촉면 전압강하 > 평균 리액턴스전압($e_b > e_L$)

32 직류발전기 특성곡선 상호 관계

종 류	횡축(가로)	종축(세로)	조 건
무부하 포화곡선	I_f	E	n 일정, $I=0$
외부 특성곡선	I	V	n 일정, R_f 일정
내부 특성곡선	I	E	n 일정, R_f 일정
부하 특성곡선	I_f	V	n 일정, I 일정
계자 조정곡선	I	I_f	n 일정, V 일정

여기서, I_f : 계자전류, I : 부하전류, V : 단자전압, E : 유기기전력, n : 회전수, R_f : 계자저항

33 직류발전기 병렬운전조건

- 극성이 같을 것(극성이 다르면 폐회로가 형성되어 발전기로 전류 유입)
- 단자전압이 같을 것(단자전압이 다를 경우 전압이 낮은 발전기로 전류 유입)
- 용량은 상이해도 됨(부하 분담은 용량에 비례하게 됨)
- 외부 특성곡선이 수하특성이며 두 발전기의 특성곡선이 비슷할 것(발생하는 단자전압이 같아야 하기에 특성곡선도 비슷해야 함)

※ 병렬운전 시 직권, 과복권은 균압모선이 필요

※ 분권발전기를 병렬운전할 때 부하의 분담(R_f 조정)

- A기기의 부하 분담 감소 : R_f증가 → I_f감소 → ϕ감소 → E_A감소 → I_A감소
- A기기의 부하 분담 증가 : R_f감소 → I_f증가 → ϕ증가 → E_A증가 → I_A증가

34 직류전동기의 속도변동률

$$\varepsilon = \frac{\text{무부하속도} - \text{정격속도}}{\text{정격속도}} \times 100 = \frac{N_0 - N_n}{N_n} \times 100\,[\%]$$

※ 속도변동률 : 직권 > 가동(복권) > 분권 > 차동(복권)

35 **분권 직류전동기** : 계자권선과 회전자권선이 병렬로 연결되어 있는 모형

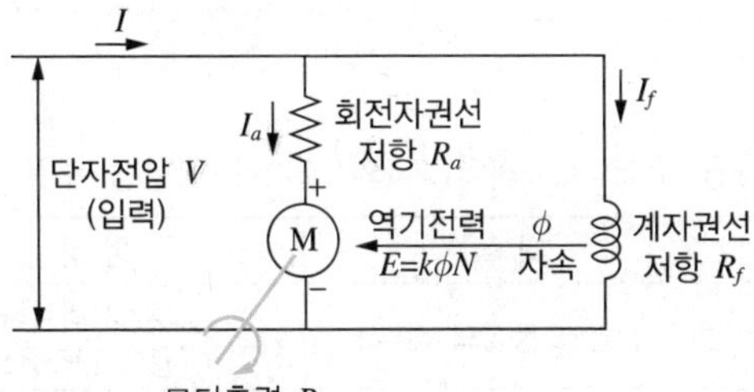

구 분	특징(부하 시)
전 류	$I = I_a + I_f$(단, I_f는 보통 매우 작은 값)
단자전압	• $V = E + I_a R_a$ • $I_f = \frac{V}{R_f}$
역기전력	• $E = V - I_a R_a$ • $E = \frac{Pz}{60a}\phi N = k\phi N$
회선속도	• $N = k\frac{V - I_a R_a}{\phi}$ ($N \propto \frac{1}{\phi}$, 계자저항 R_a로 속도 조절 가능) – R_a 증가 → I_a 감소 → ϕ 감소 → N 증가 – 만약, 계자전류가 0이 되면 위험속도에 도달(계자권선 단선 금지) – I_f가 작아지면 ϕ가 0에 가까워지므로 N은 위험속도 도달 – 분권전동기에 연결하는 이하 기구 등은 톱니나 체인을 사용하여 견고하게 고정해야 함
토크(회전력)	$T = \frac{Pz}{2a\pi}\phi I_a = k\phi I_a$[N · m]$\left(T \propto I_a \propto \frac{1}{N}\right)$

구 분	특징(부하 시)
회전방향 변경	• 전기자전류나 계자전류 중 1개만 변경 • 전원 극성 반대(회전방향 불변)
기 타	※ 정속도 운전 가능 N 증가 → E 증가 → I_a 감소 → I_f 증가 → ϕ 증가 → T 증가(N 감소) → E 감소 → I_a 증가 → I_f 감소 → ϕ 감소 → T 감소(N 증가) → … (유지하려는 성질) ※ 정속도 가능 전동기 : 타여자전동기, 분권전동기, 동기전동기

36 동기기(발전기)의 회전계자형

동기기(발전기)의 회전자(Rotor)는 회전계자형과 회전전기자형으로 구분되는데, 표준으로 회전계자형을 사용하며, 그 이유는 다음과 같다.

- 절연이 용이하다(계자권선은 저전압, 전기자권선은 고전압에 유리).
- 기계적으로 튼튼하다.
- 계자권선에 저압 직류회로로 소요동력이 적다(인출도선 2개).
- 계자권선의 인출도선이 2가닥이므로 슬립링, 브러시의 수가 감소한다.
- 전기자권선은 고전압에 결선이 복잡하며, 대용량인 경우 전류도 커지고 3상 결선 시 인출선은 4개이다.
- 과도안정도 향상에 기여한다(회전자의 관성 증가가 용이).

37 동기기(발전기)의 전기자 반작용

전기자자속(ϕ_a)에 의해 주자속(ϕ)에 영향을 주어 여자전압(E_f)의 크기에 영향을 주는 것

전기자전류(I_a) – 유기기전력(E)	해 설	현 상
I_a와 E가 동상($\cos\theta = 1$)	전압과 동상의 전류	교차 자화작용 (횡축 반작용)
I_a가 E보다 뒤진 위상각 (지상, L 부하)	전류가 전압보다 뒤짐	감자작용 (직축 반작용)
I_a가 E보다 앞선 위상각 (진상, C 부하)	전류가 전압보다 앞섬	증자작용 (직축 반작용)

※ 동기기는 대부분 발전기로 출제되지만, 전동기로 출제될 경우 반대 현상으로 해석

38 단락비(K_s)의 특징

구 분	단락비가 큰 경우(철기계)	단락비가 작은 경우(동기계)
단락전류	크다.	작다.
전압변동률	작다.	크다.
전기자 반작용	작다.	크다.
동기임피던스	작다.	크다.
사용처	저속 수차발전기(K_s) 0.9~1.2(돌극기)	터빈발전기(K_s) 0.5 ~ 0.8(원통형)
구 조	• 철기계이기에 고가이며 중량이 높다. • 철손이 증가하여 효율이 감소한다.	• 동기계이기에 상대적으로 저가이며, 중량이 가볍다. • 효율이 증가한다.

구 분	단락비가 큰 경우(철기계)	단락비가 작은 경우(동기계)
그 밖의 특징	• 안정도가 높다. • 자기여자를 방지할 수 있다. • 출력, 선로의 충전용량이 크다. • 계자기자력, 공극, 단락전류가 크다.	철기계와 반대 특징

39

속도변동률 $\varepsilon = \dfrac{\text{무부하속도} - \text{정격속도}}{\text{정격속도}} \times 100 = \dfrac{N_0 - N_n}{N_n} \times 100[\%]$

$$\varepsilon = \frac{N_0 - 1{,}200}{1{,}200} \times 100 = 20$$

$\therefore N_0 = 1{,}440[\text{rpm}]$

40 **변압기의 손실**

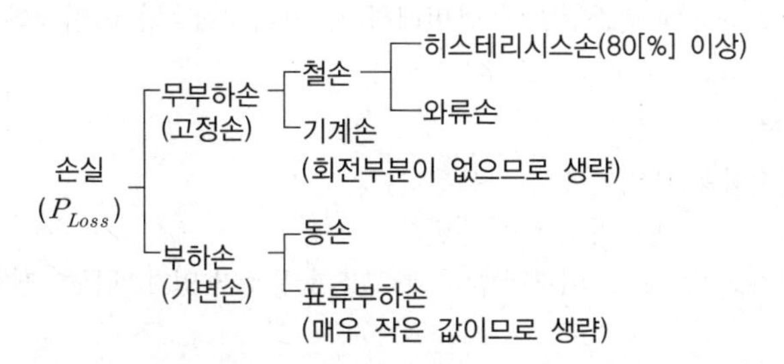

변압기의 시험(저항시험, 무부하시험, 단락시험)

측정항목	특성시험
철손, 기계손	무부하시험
동기임피던스, 동기리액턴스	단락시험
단락비	무부하시험, 단락시험
절연내력시험	충격전압시험, 유도시험, 가압시험

저항 시험	무부하(개방)시험	단락시험
r_1, r_2 측정	여자전류 측정	임피던스전압 측정
	철손 측정	임피던스와트(동손) 측정
	여자어드미턴스 측정	전압변동률 측정

41 **변압기의 병렬운전조건**

필요조건	단상 변압기	3상 변압기
(각) 기전력의 극성(위상)이 일치할 것	○	○
(각) 권수비 및 1, 2차 정격전압이 같을 것	○	○
(각) 변압기의 %Z가 같을 것	○	○
(각) 변압기의 저항과 리액턴스비가 같을 것	○	○
(각) 상회전방향 및 각 변위가 같을 것		○

3상 변압기 병렬운전 가능 여부

3개의 △, 3개의 Y는 2차 간에 정격전압이 다르며 30°의 변위가 생겨 순환전류가 흐른다.

- 가능한 결선(Y나 △의 총합이 짝수인 경우)
  - △-△와 △-△
  - Y-Y와 Y-Y
  - △-△와 Y-Y
  - △-Y와 △-Y
  - Y-△와 Y-△
  - △-Y와 Y-△
- 불가능한 결선(Y나 △의 총합이 홀수인 경우)
  - △-△와 △-Y
  - △-Y와 Y-Y
  - △-Y와 △-△

※ 부하분담전류 : 누설임피던스와 임피던스전압에 반비례하고, 자기정격용량에 비례한다.

42 변압기의 3상 Y-△, △-Y 결선

- △-Y결선은 발전소와 같이 승압용 변압기에서 사용된다.
- Y-△결선은 수전단과 같이 강압용 변압기에서 사용된다.
- △결선을 1차 또는 2차에 포함하고 있으므로 여자전류의 제3고조파 통로가 있기 때문에 제3고조파에 의한 장해가 적다.
- 사고 시 △결선→V결선으로 임시 운전할 수 있다(Y결선→역V결선으로 변형시킬 수 있지만 대중적으로 사용하지 않음).
- Y결선의 중성점을 접지할 수 있다.
- Y-△, △-Y결선은 30°의 위상변위가 발생한다.

변압기 결선에 따른 1차측, 2차측 에너지 상태

구 분	1차측		2차측	
	상	선 간	상	선 간
△-Y결선	V_1	V_1	$\frac{V_2}{\sqrt{3}}$	V_2
	$\frac{I_1}{\sqrt{3}}$	I_1	I_2	I_2
Y-△결선	$\frac{V_1}{\sqrt{3}}$	V_1	V_2	V_2
	I_1	I_1	$\frac{I_2}{\sqrt{3}}$	I_2

43 계기용 변성기(CT, PT)

- 변류기(CT ; Current Transformer)
  - 대전류의 교류회로에서 전류를 취급하기 쉬운 크기로 변환, 측정하기 위하여 사용되는 변압기를 계기용 변류기라 한다. 일반적으로 변류기 2차측 정격전류는 5[A]이며, 디지털 및 원방계측용은 0.1 ~ 1[A]를 사용하기도 한다.

- $I_2 = \frac{n_1}{n_2} I_1$

• 계기용 변압기(PT ; Potential Transformer)
- 고전압의 교류회로에서 전압을 취급하기 쉬운 크기로 변환, 측정하기 위하여 사용되는 변압기를 계기용 변압기라 한다. 일반적으로 계기용 변압기 2차측 정격전압은 110[V]이다.
- $V_1 = \frac{n_1}{n_2} V_2$(변류기와 상이함에 유의)

44 단상 유도(전동)기의 특징

• 교번자계 발생
• 기동 시 기동토크가 존재하지 않으므로 기동장치가 필요하다.
• 슬립이 0이 되기 전에 토크는 미리 0이 된다.
• 2차 저항이 증가되면 최대토크는 감소한다(비례추이 할 수 없다).
• 2차 저항값이 어느 일정 값 이상이 되면 토크는 부(-)가 된다.

45 전력변환기(Converter)의 분류

정류기(Rectifier)	교류(AC) → 직류(DC)	
사이클로 컨버터(Cyclo-Converter)	교류(AC) → 교류(AC)	주파수 변환
인버터(Inverter)	직류(DC) → 교류(AC)	
초퍼(DC Chopper)	직류(DC) → 직류(DC)	On-Off 고속도 반복 스위치

• 일반적으로 전기 입문과정에서 인버터와 컨버터를 반대 개념으로 설명하는 경우가 있지만, 컨버터와 인버터는 본질적으로 반대 개념이 아니므로 주의해야 한다(= 다른 개념).
• 변압기(Transformer) : 고전압을 저전압, 저전압을 고전압으로 변성

46 전선관의 1본당 표준길이[m]

• PVC전선관 : 4.0[m]
• 금속(Steel, 강제)전선관 : 3.6[m]

47 가공송전로 공칭전압별 일련 현수애자 개수(설치 장소에 따라 차이가 있을 수 있음)

전압[kV]	22.9	66	154	345	765
현수애자수	2 ~ 3	4 ~ 6	9 ~ 11	19 ~ 23	39 ~ 43
암기법	약 3개	약 5개	약 10개	약 20개	약 40개

48 조명 명칭과 단위

명 칭	조 도	광 도	휘 도	광 속	광속발산도
기호(단위)	[lx]	[cd]	[nt], [sb]	[lm]	[rlx]

49 페란티 현상(Ferranti Effect)

- 정의 : 무부하 또는 경부하에서 정전용량 충전전류의 영향으로 인해 송전단전압보다 수전단전압이 높아지는 현상(주로 전력 사용이 적은 심야에 많이 나타난다)
  - 쉽게 설명하자면, 부하측에서는 일반적으로 많은 인덕턱스를 포함하고 있는 모터성 부하를 사용한다. 이는 역률을 저하시키는 원인이 되는데, 역률을 개선하기 위해 수전단(부하측)에 콘덴서를 많이 설치하게 된다. 이는 분명 장점이 있지만, 심야와 같은 부하의 사용이 급격히 줄어들 경우 수전단에 설치되어 있는 콘덴서의 영향으로 송전단전압보다 수전단전압이 높아지는 현상이 발생된다(전압보다 위상이 앞서는 충전전류의 발생). 이는 전력기기의 큰 부담을 주며, 절연계급을 높여야 하는 등의 안전, 비용 등의 문제를 야기한다.
- 대책 : 수전단에 분로리액터 설치, 동기조상기의 부족여자 운전

50 열사이클

- 랭킨사이클 : (작업)유체가 액체(물)에서 기상(증기)으로 순환 반복하면서 작동

전기설비	과정명	특징(의미)
보일러	정압 가열	압력을 유지시킨 상태에서 가열한다(물 → 증기).
터 빈	단열 팽창	단열시킨 상태에서 과열 증기가 터빈을 운전
복수기	정압 방열	압력을 유지시킨 상태에서 식혀 준다(증기 → 물).
급수 펌프	단열 압축	단열시킨 상태에서 보일러로 물을 압축(이동)시킨다.

- 재생사이클 : 급수가열기 이용, 증기 일부분을 추출 후 급수 가열
- 재열사이클 : 재열기 이용, 증기 전부 추출 후 증기 가열
- 재생재열사이클 : 대용량 기력발전소

[한국사는 별도 해설 없음]

기출복원문제 정답 및 해설

01	02	03	04	05	06	07	08	09	10	11	12	13	14
①	②	②	①	①	②	④	④	③	②	①	②	②	③
15	**16**	**17**	**18**	**19**	**20**	**21**	**22**	**23**	**24**	**25**	**26**	**27**	**28**
①	③	①	③	④	③	②	②	④	①	①	④	①	②
29	**30**	**31**	**32**	**33**	**34**	**35**	**36**	**37**	**38**	**39**	**40**	**41**	**42**
③	④	③	③	①	③	④	③	①	②	①	①	④	①
43	**44**	**45**	**46**	**47**	**48**	**49**	**50**	**51**	**52**	**53**	**54**	**55**	**56**
④	②	④	③	②	②	④	③	②	①	①	②	②	②
57	**58**	**59**	**60**										
⑤	⑤	②	③										

01 원통(원주)도체에 의한 전계

구 분	모 형	구 간	전계 E[V/m]	전위 V[V]
전하가 균일하게 대전되어 있을 때 (내부에 전하(Q)가 존재)	r Q (균일)	내부 ($r<a$)	$\frac{\lambda \cdot r}{2\pi\varepsilon a^2}$	• (무한장)직선도체에서 b만큼 떨어진 지점부터 a만큼 떨어진 지점 사이의 전위차 $V_{ab}=\frac{\lambda}{2\pi\varepsilon}\ln\frac{b}{a}$ • 외부($r>a$) (무한장)직선도체에서 r만큼 떨어진 지점에서의 전위 $V=-\int_{\infty}^{r} E \cdot dr=\infty$
		외부 ($r>a$)	$\frac{\lambda}{2\pi\varepsilon r}$ ※ (무한장)직선도체 공식 동일함	
전하가 표면에만 있을 때 (내부에 전하(Q)가 존재 ×)	r Q가 표면에만 존재	내부 ($r<a$)	0	
		외부 ($r>a$)	$\frac{\lambda}{2\pi\varepsilon r}$ ※ (무한장)직선도체 공식 동일함	

∴ 전하가 균등(균일)하게 분포되어 있는 경우

- 전계(E)는 내부($r<a$)는 거리 r에 비례한다.
- 전계(E)는 외부($r>a$)는 거리 r에 반비례한다.

02

전위차 $V=E \cdot d$[V]이므로, $E=\frac{V}{d}=\frac{220}{2}=110$[V/m]

03 구도체구의 전계 $E=\dfrac{Q}{4\pi\varepsilon_0 r^2}$[V/m] → 전속밀도 $D=\varepsilon E$[C/m²]

$\therefore D=\varepsilon_0\varepsilon_r E=\varepsilon_0 \cdot 1 \cdot \dfrac{4Q}{4\pi\varepsilon_0 2^2}=\dfrac{Q}{4\pi}$[C/m²]

04 **전기력선의 성질**

- 전기력선의 밀도는 전계의 세기와 같다.
- 전기력선은 서로 교차하지 않고 반발한다.
- 전기력선은 도체 표면과 수직으로 통과한다.
- 전기력선은 정(+)전하에서 부(−)전하에 그친다.
- 전기력선은 그 자신만으로 폐곡선이 되지 않는다.
- 전기력선은 도체 표면(= 등전위면)에 수직(= 직교)한다.
- 전기력선은 전위가 높은 곳에서 낮은 곳으로 향한다.
- 전계의 방향은 전기력선의 접선방향과 같다.
- 대전, 평형상태에서는 표면에만 전하가 분포한다.
- 전기력선수는 $\dfrac{Q}{\varepsilon_0}$으로 표현 가능하다(Q는 전속수).
- 전하가 없는 곳에서는 전기력선의 발생과 소멸이 없으며 연속이다.
- 전하는 뾰족한(날카로운) 부분일수록 많이 모이려는 성질을 갖는다.

구 분	(뾰족한 형태)	(완만한 형태)
곡 률	크다.	작다.
곡률 반지름	작다.	크다.
표면전하밀도	크다.	작다.

05 **전압(V)을 과도하게 인가할 경우 가장 먼저 파괴되는 콘덴서의 순서**

콘덴서를 직렬로 접속하는 경우는 회로 전체의 내압을 늘려야 할 때이다. 직렬접속을 통해 비록 전체 정전용량은 감소하겠지만 회로 전체의 내압을 증가시킬 수 있어 사용자의 필요에 의해 사용되기도 한다.

예 인가전압 20[V]에서 콘덴서 내압 15[V] 1개를 사용할 경우 파괴의 위험이 존재하지만, 15[V] 1개를 추가 직렬접속할 경우 10[V]씩 전압 분배되어 파괴를 방지할 수 있다.

$Q_1=C_1V_1$, $Q_2=C_2V_2$, $Q_3=C_3V_3$(여기서 V_1, V_2, V_3 는 콘덴서의 내압)

Q_1, Q_2, Q_3 중 그 값이 가장 작은 콘덴서가 과전압에 대해서 가장 먼저 파괴된다.

그러므로 인가할 수 있는 최대전압은(Q_1이 가장 작다고 가정할 경우) 즉, 인가될 수 있는 전압의 한계는 V_1이다.

06 기존 콘덴서(공기)의 정전용량을 $C=\dfrac{\varepsilon S}{d}$라 하고, 목재를 50[%] 즉, 두께의 $\dfrac{1}{2}$만큼을 목재로 채운 것으로 해석해야 한다.

$$\therefore\ C'_{공기} = \frac{\varepsilon_0 S}{\frac{d}{2}} = 2\frac{\varepsilon_0 S}{d} = 2C,\ \ C'_{목재} = \frac{4\varepsilon_0 S}{\frac{d}{2}} = 8\frac{\varepsilon_0 S}{d} = 8C$$

여기서, $C'_{공기}$와 $C'_{목재}$는 같은 전극 내에 평행하게 있으므로 직렬접속으로 해석함

$$\therefore C = \frac{2C \cdot 8C}{2C+8C} = \frac{16C^2}{10C} = 1.6C \rightarrow \text{기존 콘덴서의 1.6배}$$

07
- 전속 D[C/m²]
- 자속 B[Wb/m²]
- 투자율 μ[H/m]
- 유전율 ε[F/m]

08

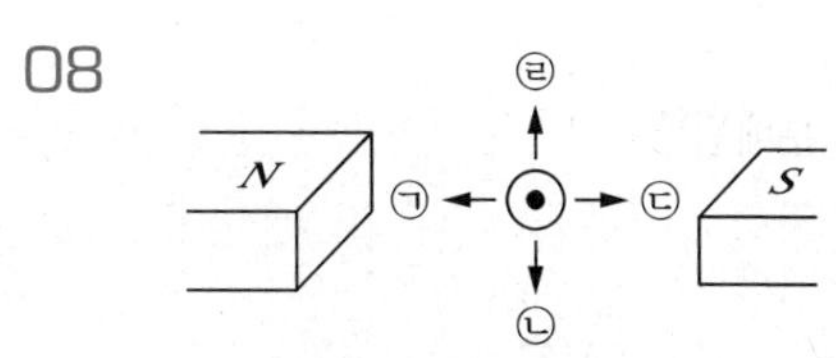

- 플레밍의 왼손법칙 이용
  - 엄지 : 도체의 힘의 방향(F)
  - 인지 : N극에서 S극으로 B(자계) 형성
  - 중지 : 전류는 나오는(◉) 방향 I

09 **렌츠의 법칙**

$$e = -L\frac{di}{dt} = -200 \times 10^{-3} \times \frac{0-20}{1} = 4[\text{V}]$$

10 **철심의 히스테리시스 곡선**

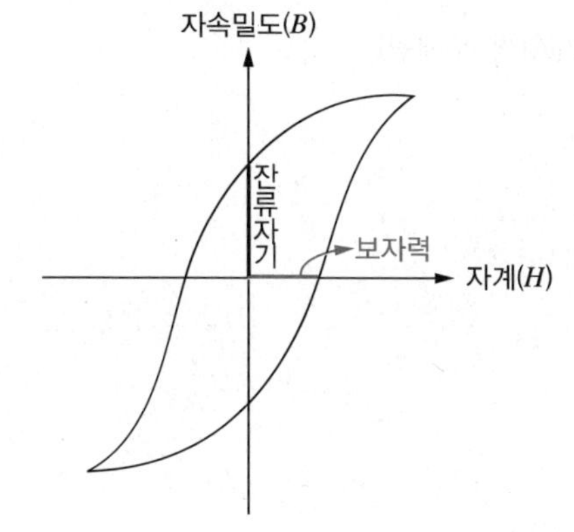

11 • 스위치 S를 단락시켰을 경우의 $V_{AB(Short)}$

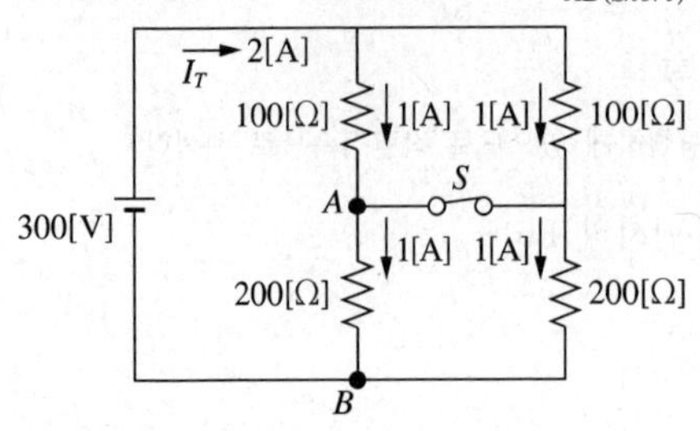

$100//100=50[\Omega]$

$200//200=100[\Omega]$

$R_T=50+100=150[\Omega]$

$\therefore I_T=\dfrac{300}{150}=2[A]$

$V_{AB(Short)}=1\times 200=200[V]$(∵전류 2[A]가 1[A]씩 분배됨)

• 스위치 S를 개방시켰을 경우의 $V_{AB(Open)}$

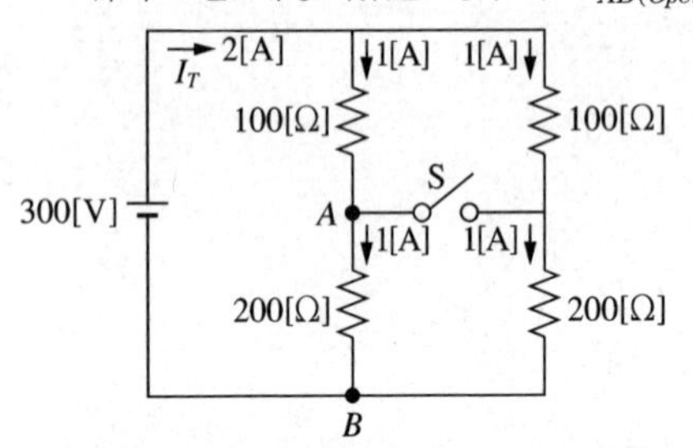

직렬저항합성이 2조

$100+200=300[\Omega]$

$\therefore R_T=300//300=150[\Omega]$

$\therefore I_T=\dfrac{300}{150}=2[A]$

$V_{AB(Open)}=1\times 200=200[V]$(∵전류 2[A]가 1[A]씩 분배됨)

12

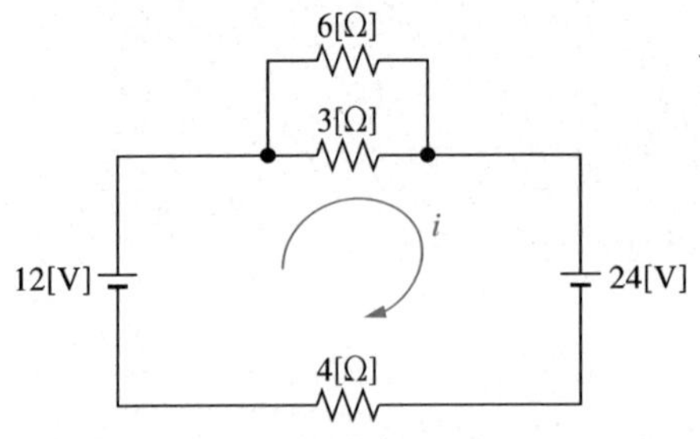

$6//3=2[\Omega]$이므로 주어진 회로에 KVL을 적용하면

$12-2i-24-4i=0$(24[V]는 전류에 방향으로 해석 시 전압하강이 이루어진다)

$\therefore -6i=12\rightarrow i=-2[A]$

13 **배율기(Electrical Multiplier)**

통상적으로 전류계는 그 회로에 직렬로 접속, 전압계는 병렬로 접속한다. 하지만 전압 측정 범위를 확대하기 위해 전압계와 직렬로 배율기를 추가할 수 있다(전압의 분배를 바꾸어(부담을 줄여) 전압계가 측정할 수 있는 범위를 확장).

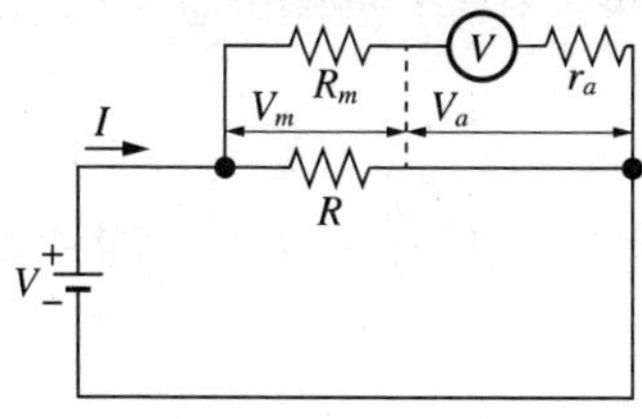

$V = V_m + V_a$

$V_a = V \times \dfrac{r_a}{r_a + R_m}$

$\therefore$ 배율$(m) = \dfrac{V}{V_a} = \dfrac{r_a + R_m}{r_a} = 1 + \dfrac{R_m}{r_a} \rightarrow \boxed{V = \left(1 + \dfrac{R_m}{r_a}\right) \times V_a}$

여기서, r_a : 전압계의 저항, R_m : 배율기의 저항

배율기 기본공식 $V = \left(1 + \dfrac{R_m}{r_a}\right) \times V_a$를 이용하면,

$220 = \left(1 + \dfrac{R_m}{2{,}000}\right) \times 55$

$\therefore R_m = 3 \times 2{,}000 = 6[\text{k}\Omega]$

14 **파형의 종류**

구 분	실횻값	평균값	파형률	파고율
정현파	$\dfrac{V_m}{\sqrt{2}}$	$\dfrac{2V_m}{\pi}$	1.11	1.41
정현반파	$\dfrac{V_m}{2}$	$\dfrac{V_m}{\pi}$	1.57	2
삼각파	$\dfrac{V_m}{\sqrt{3}}$	$\dfrac{V_m}{2}$	1.15	1.73
삼각반파	$\dfrac{V_m}{\sqrt{6}}$	$\dfrac{V_m}{4}$	1.63	2.45
구형파	V_m	V_m	1	1
구형반파	$\dfrac{V_m}{\sqrt{2}}$	$\dfrac{V_m}{2}$	1.41	1.41

※ 파고율 $= \dfrac{\text{최대값}}{\text{실횻값}}$, 파형률 $= \dfrac{\text{실횻값}}{\text{평균값}}$

파형이 교류전압 정현파 형태로 이루어져 있으므로 $V_m = 110\sqrt{2}\pi$

$\therefore V_a = \dfrac{2V_m}{\pi} = \dfrac{2 \cdot 110\sqrt{2}\pi}{\pi} = 220\sqrt{2}\,[\text{V}]$

15 인덕터의 특징

- $X_L = 2\pi f L[\Omega]$이며, 직류에서는 $f = 0[\text{Hz}]$이므로 $X_L = 0[\Omega]$이다. 따라서 단락회로 해석 가능하다.
- $X_L = 2\pi f L[\Omega]$이므로 X_L은 f에 비례한다.
- $V_L = L\frac{di}{dt}$[V]에서 전류가 일정하게 흐르는 것은 시간에 따른 전류의 변화량이 없는 것으로 해석할 수 있으므로$\left(\frac{di}{dt}=0\right)$ $V_L = 0$이 된다.
- $V_L = L\frac{di}{dt}$[V]에서 전류가 단위시간당 매우 급격히 변화한다는 것은 $\frac{di}{dt} = \infty$로 해석할 수 있으므로 $V_L = \infty$가 된다.

※ 교류에서 L만의 회로일 경우 전류의 위상이 전압의 위상보다 90° 뒤진다(Lagging).

16 RLC 직렬회로

임피던스	$Z = R + j(X_L - X_C) = R + j\left(\omega L - \frac{1}{\omega C}\right)[\Omega]$
전 류	• 직렬회로이기에 각 소자에 흐르는 전류는 동일하다. • $I = \frac{V}{Z}$[A]
역 률	$\cos\theta = \frac{R}{\sqrt{R^2 + (X_L - X_C)^2}}$
각 소자에 걸리는 전압	• $V_R = I \times R$[V] • $V_L = I \times j\omega L$[V] • $V_C = \frac{I}{j\omega C}$[V] • $V = \sqrt{V_R^2 + (V_L - V_C)^2}$[V]
특 징	• $X_L > X_C$: 유도성 • $X_L < X_C$: 용량성 • $X_L = X_C$: 공진

17 최대전력 전달조건

최대전력 전달조건은 저항(R)보다는 임피던스(Z)를 기준으로 이해하는 것이 문제를 해결하는 데 더욱더 유리하다. 개념은 동일하지만, 저항(R)만의 회로가 아닌 리액턴스(X)를 포함하고 있는 임피던스(Z)로 구성된 회로로 회로를 해석한다.

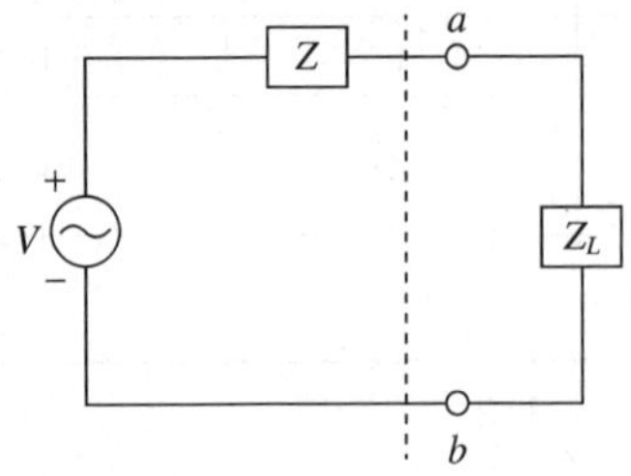

- $\dot{Z} = R + jX$일 경우 $\dot{Z}_L = \overline{Z} = R - jX$이면 Z_L에 최대전력($P_{\max}$)이 공급된다.
- $P_{\max} = I^2 \cdot R = \left(\frac{V}{Z + Z_L}\right)^2 \cdot R = \left(\frac{V}{R + jX + R - jX}\right)^2 \cdot R = \left(\frac{V}{2R}\right)^2 \cdot R = \frac{V^2}{4R}$[W]

– 입력측이 L만의 회로인 경우 : $P_{max} = \dfrac{V^2}{2X_L}$[W]

– 입력측이 C만의 회로인 경우 : $P_{max} = \dfrac{V^2}{2X_C}$[W]

– 문제에서 제시된 전압원을 이상적으로 해석(Short)하고 Z_T를 구하면,

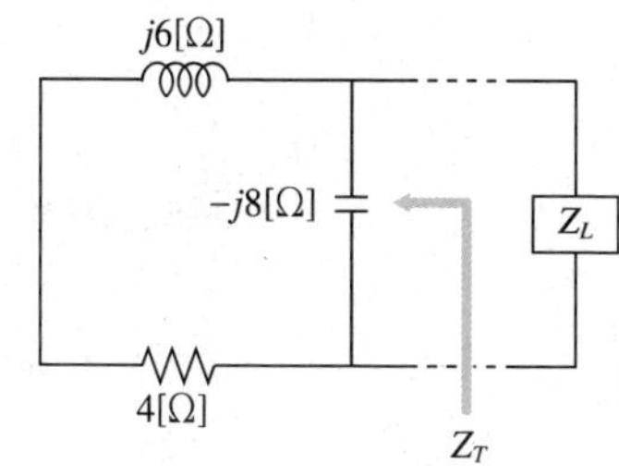

$$Z_T = \frac{(j6+4)\times(-j8)}{(j6+4)+(-j8)} = \frac{(24-j16)(2+j)}{(2-j)(2+j)} = \frac{64-j8}{5}$$

$\therefore Z_L = Z_T^*$이므로 $Z_L = \dfrac{64+j8}{5}$[Ω]

18

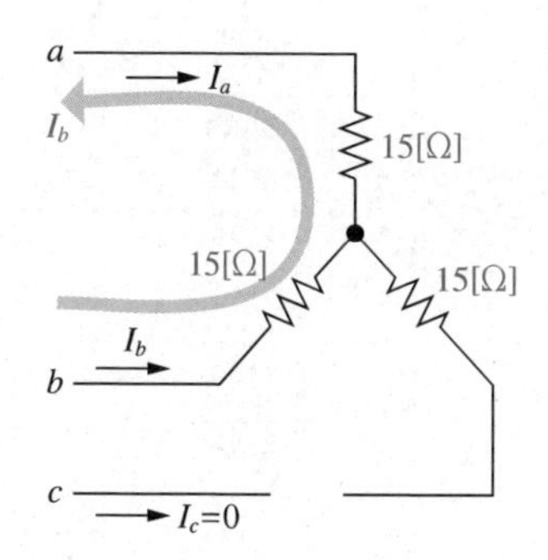

• 단선 전 $I_b = I_p = \dfrac{V_p}{15} = \dfrac{300}{15} = 20$[A]

• 단선 후 $I_b = I_p = \dfrac{300\sqrt{3}}{15+15} = 10\sqrt{3}$[A]

$\because$ 단선 후 $b-a$사이에 선간전압이 형성되며, 15[Ω]와 15[Ω]이 직렬연결됨

19 **시정수(시상수, τ, Time Constant)**

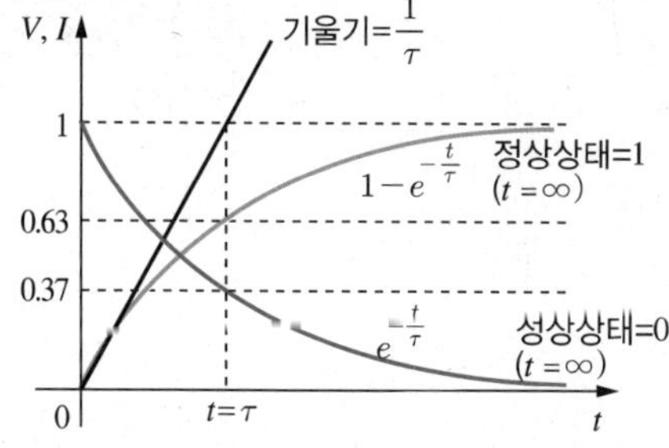

• 단위 : [sec]

• 어떤 회로, 어떤 물체, 혹은 어떤 제어대상이 외부로부터의 입력에 얼마나 빠르게 혹은 느리게 반응할 수 있는지를 나타내는 지표이다.

- 만약 저항(R)과 콘덴서(C)가 직렬로 접속된 회로를 가정할 경우, 시점($t=0$)에서 일정전압의 DC를 갑자기 인가한다면 콘덴서 양단의 전압은 갑작스레 상승하지 못하고, 지수함수적(Exponential)으로 상승하는 양상을 나타내며, 어느 정도의 시간이 흐리게 된 후 인가된 DC전압에 도달하게 된다. 이때 인가된 DC전압의 약 63[%]에 도달하는 시각을 시정수라고 한다.
- 시정수(τ)가 큰 경우 특징
  - 특성근이 작다.
  - 시스템 응답속도가 느리다.
  - 과도현상이 오랫동안 지속된다.
  - 정상값에 도달하는 데 많은 시간이 걸린다.
  - 과도전류가 사라지는 데 많은 시간이 걸린다.
  - 충·방전이 이루어지는 데 많은 시간이 걸린다.

20 $ABCD$ 파라미터의 각종 예제

① V_1 —[Z]— V_2

$$\begin{pmatrix} A & B \\ C & D \end{pmatrix} = \begin{pmatrix} 1 & Z \\ 0 & 1 \end{pmatrix}$$

② V_1 [Z] V_2

$$\begin{pmatrix} A & B \\ C & D \end{pmatrix} = \begin{pmatrix} 1 & 0 \\ \frac{1}{Z} & 1 \end{pmatrix}$$

"어드미턴스 차원"

참고 V_1 [Y] V_2

$$\begin{pmatrix} A & B \\ C & D \end{pmatrix} = \begin{pmatrix} 1 & 0 \\ Y & 1 \end{pmatrix}$$

③ i_1, i_2, Z_1, Z_2, Z_3, V_1, V_2, D, A

$$\begin{pmatrix} A & B \\ C & D \end{pmatrix} = \begin{pmatrix} 1+\frac{Z_1}{Z_3} & \frac{Z_1Z_2+Z_2Z_3+Z_1Z_3}{Z_3} \\ \frac{1}{Z_3} & 1+\frac{Z_2}{Z_3} \end{pmatrix}$$

④ i_1, i_2, Z_1, Z_2, Z_3, V_1, V_2, D, A

$$\begin{pmatrix} A & B \\ C & D \end{pmatrix} = \begin{pmatrix} 1+\frac{Z_1}{Z_3} & Z_1 \\ \frac{Z_1+Z_2+Z_3}{Z_2 \cdot Z_3} & 1+\frac{Z_1}{Z_2} \end{pmatrix}$$

⑤ i_1, i_2 임의로 추가해서 계산, Z_1, O, Z_2, V_1, V_2, D, A

$$\begin{pmatrix} A & B \\ C & D \end{pmatrix} = \begin{pmatrix} 1+\frac{Z_1}{Z_2} & Z_1 \\ \frac{1}{Z_2} & 1+\frac{O}{Z_2} \end{pmatrix}$$

③ 모형을 적용하여 해석하면,

$$A=1+\frac{Z_1}{Z_3},\ B=\frac{Z_1Z_2+Z_2Z_3+Z_1Z_3}{Z_3},\ C=\frac{1}{Z_3},\ D=1+\frac{Z_2}{Z_3}$$

$$\therefore Z_2=Z_3(D-1)=\frac{(D-1)}{C}$$

21 브러시(Brush)

- 정류자면에 접촉하여 전기자권선과 외부회로를 연결하는 단자이다.
- 큰 접촉저항이 있어야 한다.
- 연마성이 적어서 정류자면을 손상시키지 않아야 한다(= 마찰저항이 작을 것).
- 기계적으로 튼튼해야 한다.
  - 탄소브러시(접촉저항이 커 정류가 용이하며, 허용전류가 작다. 소형기, 저속기용으로 사용)
  - 흑연브러시(접촉저항이 작아 허용전류가 크다. 고속기, 대전류기에서 사용)
  - 전기흑연브러시(불순물의 함유량이 적고 접촉저항이 커 정류가 용이하며, 각종 기계에 널리 사용)
  - 금속흑연브러시(저항율과 접촉저항이 매우 낮아 허용전류가 크다. 60[V] 이하 저전압, 대전류기기에 사용)

※ (다)의 내용은 정류자의 내용이다. 정류자의 편수가 많으면, 전기자에 발생되는 파형이 겹치므로 평균전압은 커지고, 맥동률이 개선되며, 좋은 품질의 직류를 생성한다.

22 직류전동기의 손실

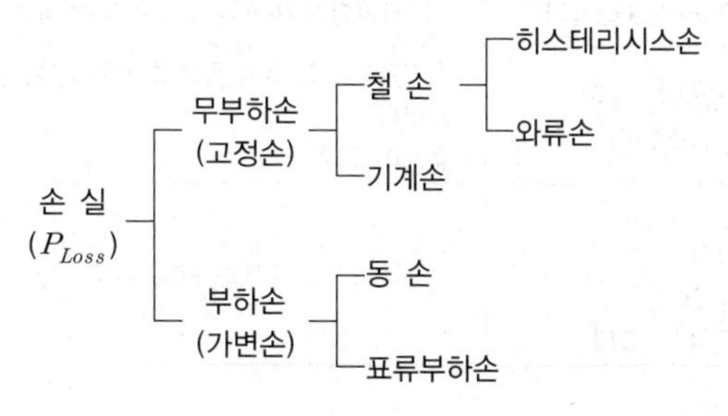

- 무부하손 : 부하와 관련 없는 손실(철손 ≫ 기계손)
- 철손 : 철에서 나타나는 손실(자기장과 관련, 보통 변압기 코어 부분)
- 히스테리시스손 : 전동기의 회전자권선에서 자속이 변화할 때 발생하는 손실(히스테리시스 곡선의 내부면적이 작을수록 손실 적음)
- 와류손 : 와류전류에 의해 발생하는 손실(회전자와 같은 철판에 유기되는 자기장이 시간에 따라 변화하면 전류 발생)

- 부하손 : 부하의 변동에 따라 변화되는 손실(전류와 관련, 동손 ≫ 표류부하손)
- 동손 : 구리선에서 나타나는 손실(구리선 저항에 따른 열 발생)
- 표류부하손 : 정의된 손실 외에 측정이 불가능한 모든 손실

※ 규소강판 사용 → 히스테리시스손 감소, 성층 → 와류손 감소

23

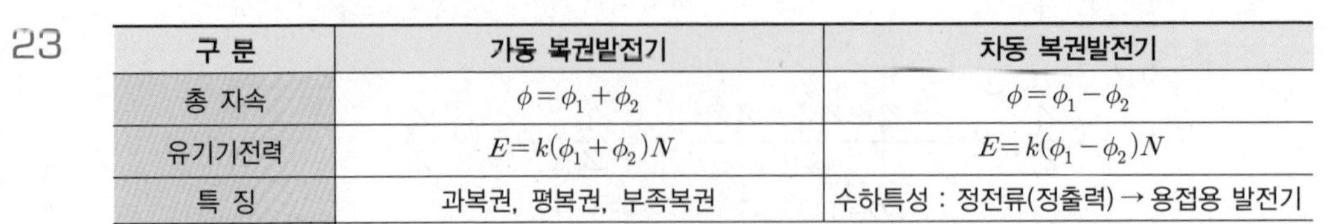

구 분	가동 복권발전기	차동 복권발전기
총 자속	$\phi=\phi_1+\phi_2$	$\phi=\phi_1-\phi_2$
유기기전력	$E=k(\phi_1+\phi_2)N$	$E=k(\phi_1-\phi_2)N$
특 징	과복권, 평복권, 부족복권	수하특성 : 정전류(정출력) → 용접용 발전기
외부 특성곡선 ($V-I$)	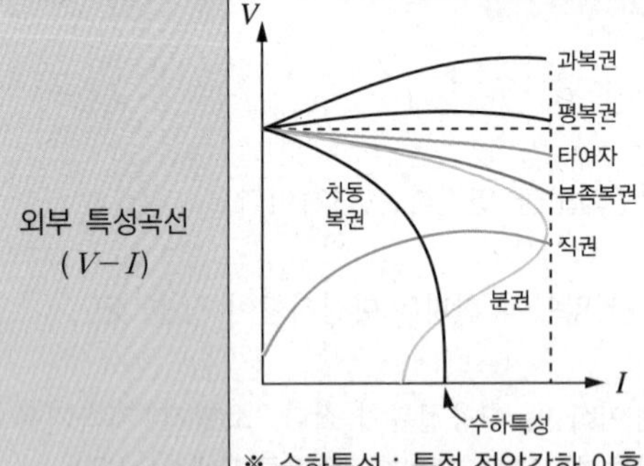 ※ 수하특성 : 특정 전압강하 이후로는 전류가 부하에 상관없이 일정값으로 유지되는 현상	
※ 가동 복권 및 차동 복권발전기는 계자코일이 만드는 자속의 합 또는 차로 해석		

24 단락비(Short Circuit Ratio)의 특징

구 분	단락비가 큰 경우(철기계)	단락비가 작은 경우(동기계)
단락전류	크다.	작다.
전압변동률	작다.	크다.
전기자 반작용	작다.	크다.
동기임피던스	작다.	크다.
사용처	저속 수차발전기(K_s) 0.9~1.2(돌극기)	터빈발전기(K_s) 0.5~0.8(원통형)
구 조	• 철기계이기에 고가이며 중량이 높다. • 철손이 증가하여 효율이 감소한다.	• 동기계이기에 상대적으로 저가이며, 중량이 가볍다. • 효율이 증가한다.
그 밖의 특징	• 안정도가 높다. • 자기여자를 방지할 수 있다. • 출력, 선로의 충전용량이 크다. • 계자기자력, 공극, 단락전류가 크다.	철기계와 반대 특징

25 동기발전기의 동기속도(N_s)

- 동기발전기의 병렬운전조건(기전력의 크기, 위상, 주파수, 파형이 같을 것)

$$\therefore\ N_s=\frac{120f}{P}=\frac{120\cdot f}{4}=3{,}600\rightarrow f=120[\text{Hz}]\ :\ 4\text{극}$$

$$N_s=\frac{120f}{P}=\frac{120\cdot 120}{8}=1{,}800[\text{rpm}]$$

26 변압기 절연유

- 구비조건
  - 절연내력이 클 것
  - 열전도율이 클 것
  - 열팽창계수가 작을 것
  - 고온에서 산화하지 않고, 침전물이 생기지 않을 것
  - 점도가 작고 비열이 커서 냉각효과(열방사)가 클 것
  - 절연재료와 금속에 접촉하여도 화학작용을 일으키지 않을 것
  - 인화점은 높고(130[℃] 이상), 응고점은 낮을 것(-30[℃] 이하)
- 변압기 절연유의 열화
  - 원인 : 변압기의 호흡작용에 의해 고온의 절연유가 외부 공기와 접촉 및 열화 발생
  - 영향 : 절연내력의 저하, 냉각효과 감소, 침식작용
  - 방지설비 : 브리더, 질소 봉입, 콘서베이터 설치 등

27 변압기의 권수비(a)

권수비 $a=\frac{V_1}{V_2}=\frac{N_1}{N_2}=\frac{I_2}{I_1}$를 이용하면, $\frac{N_1}{N_2}=\frac{200}{100}=2=\frac{V_1}{V_2}=\frac{100}{V_2}$

$\therefore V_2=50[\text{V}]$

$I_2=\frac{50}{60//30}=\frac{50}{20}=2.5[\text{A}]$

$\therefore \frac{I_2}{I_1}=\frac{2.5}{I_1}=2 \rightarrow I_1=\frac{2.5}{2}=1.25[\text{A}]$

28 3상 유도전동기의 에너지 비례 관계식

2차 입력(공극전력) : 2차 동손(저항손) : 기계적 출력(동력)

$\rightarrow P_2 : P_{2c} : P = P_2 : sP_2 : (1-s)P_2 = 1 : s : (1-s)$

- 기동시점($s=1$) → 모두 동손 상태(1 : 1 : 0)
- 동기속도 도달 시($s=0$) → 모두 기계적 출력(1 : 0 : 1)

2차 입력[kW] P_2 = 1차 입력[kW] − 1차 손실[kW] = 52[kW] − 2[kW] = 50[kW]

$P_2 : P_o = 1 : (1-s) \rightarrow 50 : P_o = 1 : (1-0.1)$

$\therefore P_o = 50\times 0.9 = 45[\text{kW}]$

29 3상 유도(전동)기의 주파수 변화에 따른 특성

우리나라 기준 주파수인 60[Hz], 3상 유도전동기를 동일 전압으로 50[Hz]에서 사용했을 때의 현상은 다음과 같다.

주파수를 60[Hz]에서 50[Hz]로 변환

자 속	자속밀도	여자전류	철 손	리액턴스	온도상승	속 도
반비례 $\frac{6}{5}$	반비례 $\frac{6}{5}$	반비례 $\frac{6}{5}$	반비례 $\frac{6}{5}$	비례 $\frac{5}{6}$	반비례 $\frac{6}{5}$	비례 $\frac{5}{6}$

※ 철손전류 + 여자전류 = 무부하전류

30 각종 전력소자의 방향성

방향성	전력소자
단방향성	SCR, GTO, SCS, LASCR
쌍(양)방향성	SSS, TRIAC, DIAC, SBS

31 케이블의 종류

약 호	명 칭
EV	폴리에틸렌절연 비닐시스케이블
IV	인입용 비닐절연케이블
OF	유입케이블(154[kV] 이상의 지중선로에 주로 사용)
VV	비닐절연 비닐시스케이블

32 전선 접속 시 유의사항

- 전선 접속부의 전기적 저항을 증가시키지 않아야 한다.
- 접속 부위의 기계적 강도를 80[%] 이상 되도록 유지한다.
- 접속점의 절연이 약해지지 않도록 와이어 커넥터를 사용하여 접속한다.
- 전선의 접속은 박스 안에서 이루어지도록 하며, 접속점에 장력이 발생하지 않도록 해야 한다.

33 조명 명칭과 단위

명 칭	조 도	광 도	휘 도	광 속	광속발산도
기호(단위)	[lx]	[cd]	[nt], [sb]	[lm]	[rlx]

34 송전방식의 비교

직류송전 (Direct Current Transmission Line)	교류송전 (Alternating Current Transmission Line)
• 코로나손 및 전력손실이 작다. • 절연계급[주1)]이 낮고, 단락용량이 작다. • 송전손실(리액턴스손실)이 없어 송전효율이 좋다. • 비동기 연계가 가능하며 다른 계통 간의 연계가 가능하다. • 차단기 설치 및 전압의 변성이 어렵고, 회전자계를 만들 수 없다.	• 유도장해가 발생한다. • 차단 및 전압의 승압과 강압이 쉽다. • 회전자계를 쉽게 얻을 수 있어 전력설비의 소형화가 가능하다. • 손실이 적고 경제적이다(전압 $\sqrt{2}$ 배, 전류 $\sqrt{2}$ 배, 전력 2배 송전 가능).
주1) 절연계급은 전압의 크기에 따라 결정되는데, 전압의 분류(크기)를 참고할 수 있다.	

※ 전력계통 연계

- 장점 : 설비용량 절감, 경제적 급전, 신뢰도 증가, 안정된 주파수 유지
- 단점 : 연계설비 신설, 사고 시 타 계통으로 사고 파급 확대, 병렬회로수 증가로 인해 선로의 임피던스 감소→단락전류 증가→통신선의 전자유도 증가

35 이도(Deep)

- 두 지지점 간의 수평선과 송전선이 무게에 의해 처진 가장 낮은 부분과의 거리
- 이도 $D=\frac{WS^2}{8T}$ [m]

여기서, T : 허용최대장력, W : 전선 단위길이 1[m]의 중량, S : 두 지점 간의 경간

36

전력용 퓨즈(PF)는 계통에서 단락사고가 발생했을 때 단락전류를 제한, 차단하기 위해 설치한다. 저렴하고, 보수가 간단하며, 큰 차단용량을 갖는 장점이 있는 반면, 재투입을 할 수 없으며, 동작시간, 전류특성 등을 조정할 수 없다는 단점이 있다.

37

전선 상호 간 이격거리(판단기준 제135조)

구 분	나전선	특고압 절연전선	케이블
나전선	1.5[m]	–	–
특고압 절연전선	–	1.0[m]	–
케이블	–	–	0.5[m]

38

각종 사용 공구

- 리머(Reamer) : 드릴로 뚫은 구멍을 정확한 치수로 넓히거나, 진원으로 다듬질하거나, 지름을 정밀하게 다듬질하는 데 사용하는 공구
- 홀소(Hole Saw) : 원형 톱의 미국식 표현, 전동드라이버에 비트 형태로 끼워 원형 구멍작업을 수행할 때 사용하는 공구
- 오스터형 나사 절삭기(Oster Type Die Stock) : 관의 나사를 수동으로 깎을 때 사용하는 공구
- 녹아웃 펀치(Knockout Punch) : 유압에 의해 철판에 구멍을 뚫을 때 사용하는 공구

39

특수장소의 저압 옥내배선(판단기준 제199조, 제202조, 제203조, 제205조, 제215조)

구 분	특 징
폭연성 분진	• 금속관공사 • 케이블공사
가연성 분진	• 금속관공사 • 케이블공사 • 합성수지관공사
화약류 저장소	• 대지전압은 300[V] 미만일 것 • 금속관공사 • 케이블공사
흥행장	• 사용전압은 400[V] 미만일 것(무대, 오케스트라 박스, 영사실 등 사람의 접촉 시) • 무대마루 밑에 시설하는 전구선은 300/300[V] 편조 고무코드 또는 0.6/1[kV] EP 고무 절연 클로로프렌 캡타이어케이블일 것 • 금속제 외함은 제3종 접지공사
쇼윈도/진열장	• 사용전압은 400[V] 미만일 것 • 0.75[mm^2] 이상의 코드 또는 캡타이어케이블일 것 • 전선의 붙임점 간 거리는 1[m] 이하
네온방전등공사	• 관등회로의 사용전압이 1[kV] 이하의 방전등으로서 방전관에 네온방전관 사용 • 외함 및 금속제는 제3종 접지공사

40 풍압하중의 종별과 적용(판단기준 제62조)

• 갑종(고온계)

<table>
<tr><th colspan="4">풍압을 받는 구분</th><th>구성재의 수직 투영면적 1[m²]에 대한 풍압</th></tr>
<tr><td colspan="4">목 주</td><td>588[Pa]</td></tr>
<tr><td rowspan="10">지지물</td><td rowspan="4">철 주</td><td colspan="2">원형의 것</td><td>588[Pa]</td></tr>
<tr><td colspan="2">삼각형 또는 마름모형의 것</td><td>1,412[Pa]</td></tr>
<tr><td colspan="2">강관에 의하여 구성되는 4각형의 것</td><td>1,117[Pa]</td></tr>
<tr><td colspan="2">기타의 것</td><td>복재가 전·후면에 겹치는 경우에는 1,627[Pa], 기타의 경우에는 1,784[Pa]</td></tr>
<tr><td rowspan="2">철근 콘크리트주</td><td colspan="2">원형의 것</td><td>588[Pa]</td></tr>
<tr><td colspan="2">기타의 것</td><td>882[Pa]</td></tr>
<tr><td rowspan="4">철 탑</td><td rowspan="2">단주(완철류는 제외함)</td><td>원형의 것</td><td>588[Pa]</td></tr>
<tr><td>기타의 것</td><td>1,117[Pa]</td></tr>
<tr><td colspan="2">강관으로 구성되는 것(단주는 제외함)</td><td>1,255[Pa]</td></tr>
<tr><td colspan="2">기타의 것</td><td>2,157[Pa]</td></tr>
<tr><td rowspan="2">전선 기타 가섭선</td><td colspan="3">다도체(구성하는 전선이 2가닥마다 수평으로 배열되고 또한 그 전선 상호 간의 거리가 전선의 바깥지름의 20배 이하인 것에 한한다. 이하 같다)를 구성하는 전선</td><td>666[Pa]</td></tr>
<tr><td colspan="3">기타의 것</td><td>745[Pa]</td></tr>
<tr><td colspan="4">애자장치(특고압 전선용의 것에 한한다)</td><td>1,039[Pa]</td></tr>
<tr><td colspan="4">목주·철주(원형의 것에 한한다) 및 철근 콘크리트주의 완금류(특고압 전선로용의 것에 한한다)</td><td>단일재로서 사용하는 경우에는 1,196[Pa], 기타의 경우에는 1,627[Pa]</td></tr>
</table>

• 을종(저온계)

전선 기타의 가섭선 주위에 두께 6[mm], 비중 0.9의 빙설이 부착된 상태에서 수직 투영면적 372[Pa](다도체를 구성하는 전선은 333[Pa]), 그 이외의 것은 갑종 풍압하중의 $\frac{1}{2}$

• 병종(저온계)

빙설이 적은 지역으로 인가 밀집한 장소이며 35[kV] 이하의 가공전선로, 갑종 풍압하중의 $\frac{1}{2}$

• 풍압하중의 적용

<table>
<tr><th colspan="2">지 역</th><th>고온 계절</th><th>저온 계절</th></tr>
<tr><td colspan="2">빙설이 많은 지방 이외의 지방</td><td>갑 종</td><td>병 종</td></tr>
<tr><td rowspan="2">빙설이 많은 지방</td><td>일반 지역</td><td>갑 종</td><td>을 종</td></tr>
<tr><td>해안지방, 기타 저온의 계절에 최대풍압이 생기는 지역</td><td>갑 종</td><td>갑종과 을종 중 큰 값 선정</td></tr>
<tr><td colspan="2">인가가 많이 연접되어 있는 장소</td><td>병 종</td><td>병 종</td></tr>
</table>

41

• $11101111_2 = 2^7 \times 1 + 2^6 \times 1 + 2^5 \times 1 + 2^3 \times 1 + 2^2 \times 1 + 2^1 \times 1 + 2^0 \times 1 = 239_{10}$

• $367_8 = 8^2 \times 3 + 8^1 \times 6 + 8^0 \times 7 = 247_{10}$

• 235_{10}

• $FB_{16} = 16^1 \times 15 + 16^0 \times 11 = 251_{10}$

42 논리동작을 트랜지스터로 표현

AND	OR
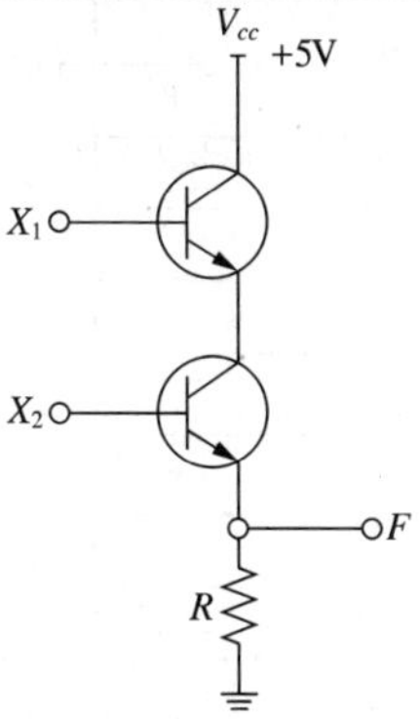	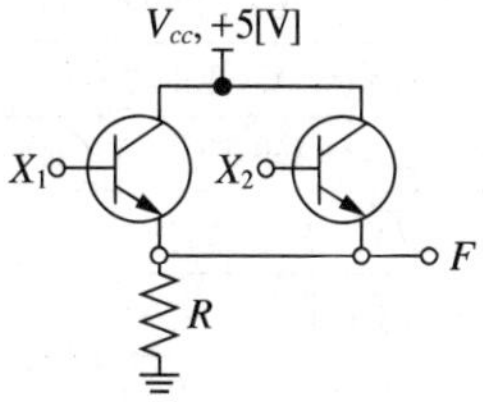
NAND	**NOR**
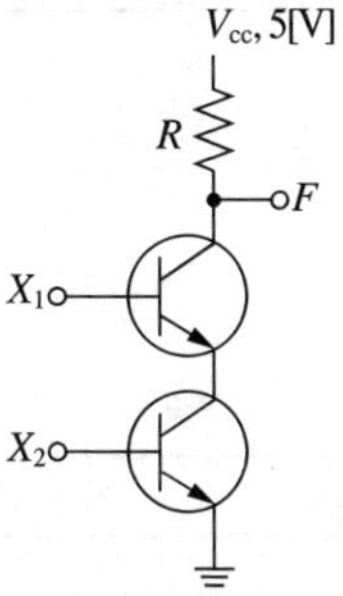	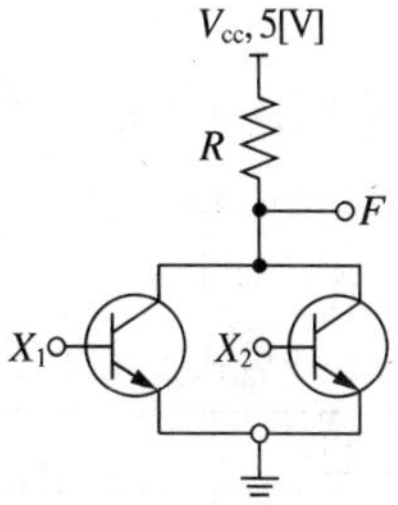

43 논리회로의 해석

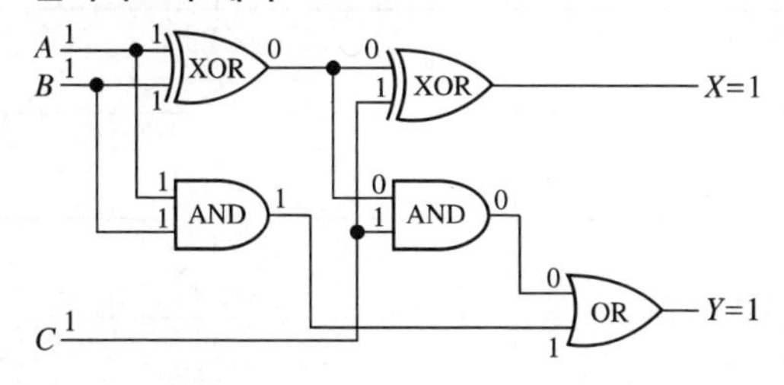

44 불대수 법칙

수 식	비 고
$X+0=0+X=X$	기본법칙
$X\cdot 1=1\cdot X=X$	
$X+1=1+X=1$	
$X\cdot 0=0\cdot X=0$	
$X+X=X$	
$X\cdot X=X$	
$X+\overline{X}=1$	
$X\cdot \overline{X}=0$	
$\overline{\overline{X}}=X$	

수 식	비 고
$X+Y=Y+X$	교환법칙
$X\cdot Y=Y\cdot X$	
$(X+Y)+Z=X+(Y+Z)$	결합법칙
$(X\cdot Y)\cdot Z=X\cdot(Y\cdot Z)$	
$X\cdot(Y+Z)=X\cdot Y+X\cdot Z$	분배법칙
$X+Y\cdot Z=(X+Y)\cdot(X+Z)$	
$\overline{X+Y}=\overline{X}\cdot\overline{Y}$	드모르간의 정리
$\overline{X\cdot Y}=\overline{X}+\overline{Y}$	
$X+X\cdot Y=X$	흡수법칙
$X\cdot(X+Y)=X$	
$XY+YZ+\overline{X}Z=XY+\overline{X}Z$	합의의 정리
$(X+Y)(Y+Z)(\overline{X}+Z)=(X+Y)(\overline{X}+Z)$	

45 • 반가산기를 나타내는 회로이다.
• $S=A\overline{B}+\overline{A}B$로 나타낼 수 있다.

46 라플라스 변환표(1~5 : ★★★★★, 6~9 : ★★★, 그 외 : ★)

순 번	$f(t)=\mathcal{L}^{-1}[F(s)]$	$F(s)=\mathcal{L}[f(t)]$
1	$\delta(t)$	1
2	$u(t)$ 또는 1	$\frac{1}{s}$
3	t	$\frac{1}{s^2}$
4	t^n	$\frac{n!}{s^{n+1}}$
5	e^{-at}	$\frac{1}{(s+a)}$
6	te^{-at}	$\frac{1}{(s+a)^2}$
7	$t^n e^{-at}$	$\frac{n!}{(s+a)^{n+1}}$
8	$\sin\omega t$	$\frac{\omega}{(s^2+\omega^2)}$
9	$\cos\omega t$	$\frac{s}{(s^2+\omega^2)}$
10	$\sinh at$	$\frac{a}{(s^2-a^2)}$
11	$\cosh at$	$\frac{s}{(s^2-a^2)}$
12	$t\sin\omega t$	$\frac{2\omega s}{(s^2+\omega^2)^2}$

순 번	$f(t)=\mathcal{L}^{-1}[F(s)]$	$F(s)=\mathcal{L}[f(t)]$
13	$t\cos\omega t$	$\dfrac{s^2-\omega^2}{(s^2+\omega^2)^2}$
14	$e^{-at}\sin\omega t$	$\dfrac{\omega}{(s+a)^2+\omega^2}$
15	$e^{-at}\cos\omega t$	$\dfrac{s+a}{(s+a)^2+\omega^2}$

$$\therefore \mathcal{L}[u(t)\times(-3)]=\mathcal{L}[(-3)\times u(t)]=-3\times\frac{1}{s}=-\frac{3}{s}$$

47 **전달함수 해석**

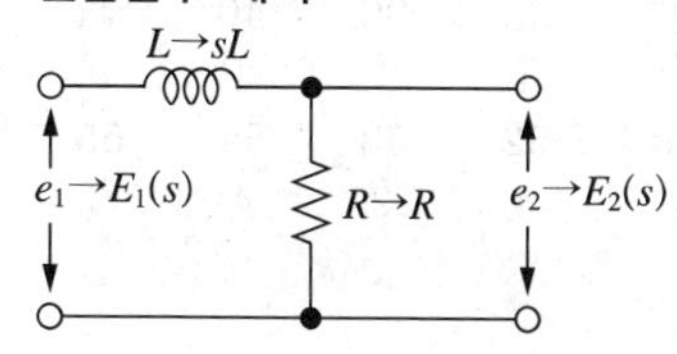

전달함수 해석에서 $L\rightarrow sL$, $C\rightarrow\dfrac{C}{s}$ 으로 해석하므로, $E_1(s)=I(sL+R)$, $E_2(s)=IR$

$$\therefore G(s)=\frac{출력}{입력}=\frac{E_2(s)}{E_1(s)}=\frac{IR}{I(sL+R)}=\frac{1}{1+s\cdot\dfrac{L}{R}}=\frac{1}{1+Ts}$$

48 **블록선도 해석**

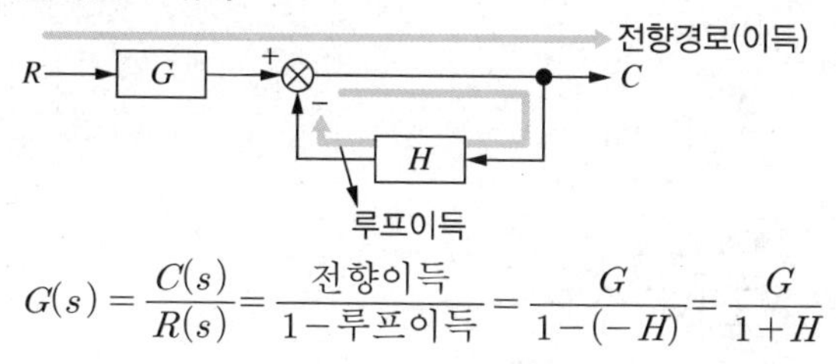

$$G(s)=\frac{C(s)}{R(s)}=\frac{전향이득}{1-루프이득}=\frac{G}{1-(-H)}=\frac{G}{1+H}$$

49 궤환제어계에는 주궤환요소의 제어량을 검출하는 검출부가 있으며, 이 값과 목표값을 합산점에서 비교하여 제어계에 다시 공급된다(Feedback). 따라서 입력과 출력을 비교하는 장치가 반드시 필요하다.

50 **RLC 직렬공진회로에서 n고조파 공진주파수 해석**

$Z_n=R+jn\omega L-j\dfrac{1}{n\omega C}=R+j\left(n\omega L-\dfrac{1}{n\omega C}\right)$이므로 허수부가 0일 때 공진조건이 형성

$$\therefore n\omega L=\frac{1}{n\omega C}\rightarrow\ \therefore f_n=\frac{1}{2\pi n\sqrt{LC}}=\frac{1}{2\pi\times3\sqrt{LC}}=\frac{1}{6\pi\sqrt{LC}}[\text{Hz}]$$

[한국사는 별도 해설 없음]

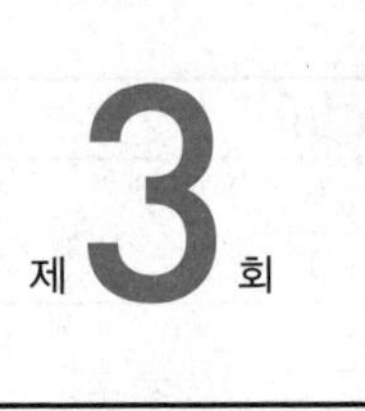

기출복원문제 정답 및 해설

01	02	03	04	05	06	07	08	09	10	11	12	13	14
④	③	②	①	④	③	②	①	④	①	④	①	④	③
15	16	17	18	19	20	21	22	23	24	25	26	27	28
③	④	②	①	④	①	①	④	②	③	②	②	③	①
29	30	31	32	33	34	35	36	37	38	39	40	41	42
④	①	①	④	②	②	④	④	③	④	①	①	③	①
43	44	45	46	47	48	49	50	51	52	53	54	55	56
①	③	③	④	①	②	②	③	④	③	②	④	③	⑤
57	58	59	60										
③	④	⑤	④										

01

- 구전하도체에 의한 전계 $E=\dfrac{Q}{4\pi\varepsilon r^2}$[V/m]
- 점전하도체에 의한 전계 $E=\dfrac{Q}{4\pi\varepsilon r^2}$[V/m]
- 무한 평면도체에 의한 전계 $E=\dfrac{\sigma}{2\varepsilon}$[V/m]
- 무한장 직선도체에 의한 전계 $E=\dfrac{\lambda}{2\pi\varepsilon r}$[V/m]

02

- 렌츠의 법칙(Lenz's Law) : $e=-N\dfrac{d\phi}{dt}$[V]
- 스토크의 정리(Stokes' Theorem) : $\oint_C F\cdot dr=\iint_S \mathrm{curl}\,F\cdot dS$
- 가우스의 법칙(Gauss's Law) : $\phi_E=\oint_S E\cdot ds=\dfrac{Q}{\varepsilon}$
- 패러데이의 법칙(Faraday's Law) : $e=N\dfrac{d\phi}{dt}$[V]

03 정사각형 한 변의 길이가 $2\sqrt{2}$[m]이므로 한 꼭짓점으로부터 중심까지의 거리는 2[m]이다. 한 꼭짓점에 존재하는 점전하로부터 발생되는 전계의 세기를 정사각형의 중심에서 구해 보면,

$E=\dfrac{Q}{4\pi\varepsilon r^2}=9\times10^9\times\dfrac{2\times10^{-9}}{2^2}=\dfrac{18}{4}=4.5$[V]

따라서 정사각형 중심에서의 전위는 $V=E\cdot d=4.5\times2=9$[V]

그러므로 4개의 점전하에 의한 중심에서의 전위는 $V'=4\times V=4\times9=36$[V]

04 도체구 전계의 세기 $E=\dfrac{Q}{4\pi\varepsilon r^2}$[V/m], 도체구의 전위 $V=E\cdot d=\dfrac{Q}{4\pi\varepsilon r}$[V]

$Q=CV$에서 정전용량 $C=\dfrac{Q}{V}=\dfrac{Q}{\dfrac{Q}{4\pi\varepsilon r}}=4\pi\varepsilon r|_{r=a}=4\pi\varepsilon a$[F]

에너지 $W=\dfrac{1}{2}CV^2=\dfrac{1}{2}\times 4\pi\varepsilon a\times V^2=2\pi\varepsilon a V^2$[J]

05 $Q=CV$의 공식을 바탕으로 문제를 해석한다(∵ 직렬회로에서는 흐르는 전류가 동일하며, 이는 콘덴서에 시간당 축적되는 전하량이 동일한 것으로 해석될 수 있다).
따라서 전하용량(Q)이 작은 콘덴서일수록 그 한계에 먼저 도달하여 가장 빨리 파괴된다.

- $Q_1=C_1V_1=3\times10^{-6}\times400=1.2$[mC]
- $Q_2=C_2V_2=4\times10^{-6}\times300=1.2$[mC]
- $Q_3=C_3V_3=5\times10^{-6}\times200=1.0$[mC]

∴ Q_3 즉, 5[μF]의 콘덴서가 가장 빨리 파괴된다.

06

- 기존 공기콘덴서의 정전용량 $C_0=\dfrac{\varepsilon_0 S}{d}$[F]
- 극판 간 거리(d)는 동일하며, 극판 면적(S)이 $\dfrac{1}{3}S$, $\dfrac{2}{3}S$으로 분리됨

∴ $C_1=\dfrac{\varepsilon S}{d}=\dfrac{\varepsilon_0\varepsilon_r\times\dfrac{1}{3}S}{d}=\dfrac{\varepsilon_r}{3}\cdot\dfrac{\varepsilon_0 S}{d}=\dfrac{\varepsilon_r}{3}C_0$[F], $C_2=\dfrac{\varepsilon S}{d}=\dfrac{\varepsilon_0\times\dfrac{2}{3}S}{d}=\dfrac{2}{3}\cdot\dfrac{\varepsilon_0 S}{d}=\dfrac{2}{3}C_0$[F]

C_1과 C_2는 콘덴서 병렬접속으로 해석할 수 있으므로

$C_T=C_1+C_2=\left(\dfrac{\varepsilon_r}{3}+\dfrac{2}{3}\right)\cdot C_0=\left(\dfrac{2+\varepsilon_r}{3}\right)C_0$

07

- 전기저항 $R=\rho\dfrac{l}{S}=\dfrac{l}{\sigma S}$[Ω]
  여기서, ρ : 저항률, l : 도체길이, S : 도체단면적, σ : 도전율
- 전기저항은 일반적으로 온도의 변화에 정특성을 갖는다(온도↑ → 저항↑).
- 절연체와 반도체는 일반적으로 온도의 변화에 부특성을 갖는다(온도↑ → 저항↓).
- 초전도체는 (특정)임계온도까지 낮아졌을 때 저항값이 0이 된다(예 자기부상열차, 무(저)손실 송전선로)

08 **철심의 히스테리시스 곡선**

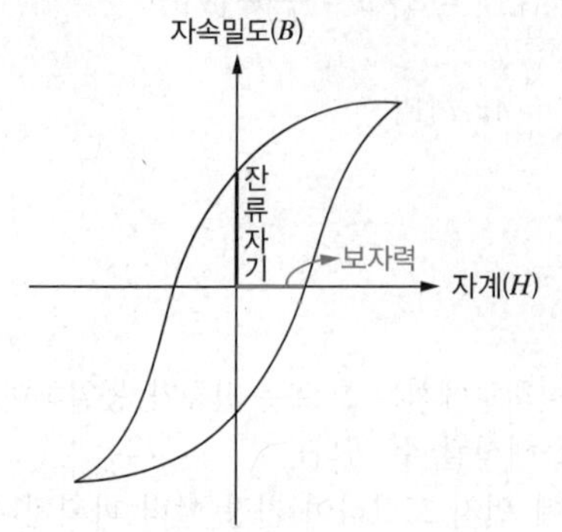

기울기$=\dfrac{\text{종축 증가량}}{\text{횡축 증가량}}=\dfrac{B}{H}=\mu$[H/m]

09

- $e=-N\dfrac{d\phi}{dt}$ [V]
- 렌츠의 법칙은 $e=-\dfrac{d\phi}{dt}$ [V]이며, 방향성(부호)을 결정한다.
- 패러데이 법칙은 $e=N\dfrac{d\phi}{dt}$ [V]이며, 크기를 결정한다.

10 **전자유도법칙 이용(상호인덕턴스 M의 역할을 고려)**

- $e_1=L_1\dfrac{di_1}{dt}+M\dfrac{di_2}{dt}$ (i_2는 무시하므로 0으로 계산) $\rightarrow 120=L_1\cdot 60$

  $\therefore\ L_1=2$[H]
- $e_2=L_2\dfrac{di_2}{dt}+M\dfrac{di_1}{dt}$ (i_2은 무시하므로 0으로 계산) $\rightarrow 60=M\cdot 60$

  $\therefore\ M=1$[H]

11

- 정전용량이 C[F]인 콘덴서 4개를 병렬로 연결한 경우 $C'_{\text{병렬}}=4C$
- 정전용량이 C[F]인 콘덴서 4개를 직렬로 연결한 경우 $C'_{\text{직렬}}=\dfrac{C}{4}$

$\therefore\ C'_{\text{병렬}}=16C'_{\text{직렬}}$

12 **가동, 차동접속 분류법**

i → 전류가 유입–유입
i → 전류가 유출–유출
) 가동형(가극성)

i → 전류가 유입–유출
i → 전류가 유출–유입
) 차동형(감극성)

회로의 결합상태를 살펴보면, L_1(전류 유입), L_2(전류 유출)에 Dot이 찍혀있으므로 L_1, L_2는 차동결합 상태이다.

$\therefore L_T=L_1+L_2-2M+L=3+3-(2\cdot 3)+4=4$[H] ($\because M=k\sqrt{L_1L_2}=1\sqrt{3\cdot 3}$ [H])

13 사용자가 주파수를 공진주파수(Resonant Frequency)로 조절할 경우 리액턴스 성분이 상쇄 즉, "0"이 되어 임피던스(Z)에는 R성분만 존재하게 된다. 따라서 공진주파수일 때 임피던스가 최소가 되고, 전류가 최대가 된다.

$$\therefore I=\frac{v}{Z}=\frac{v}{R}=\frac{220}{4\times10^3}=55[\text{mA}]$$

14 그림과 같은 회로를 중첩의 원리로 구하기에는 너무나 복잡한 계산과정이 발생하므로 밀만의 정리를 이용하는 것이 효과적이다.

밀만의 정리(Millman's Theorem)

Z_1, Z_2, Z_3, Z_n, V_1, V_2, V_3, V_n, A, B → Z_{EQ}, V_{EQ}, A, B

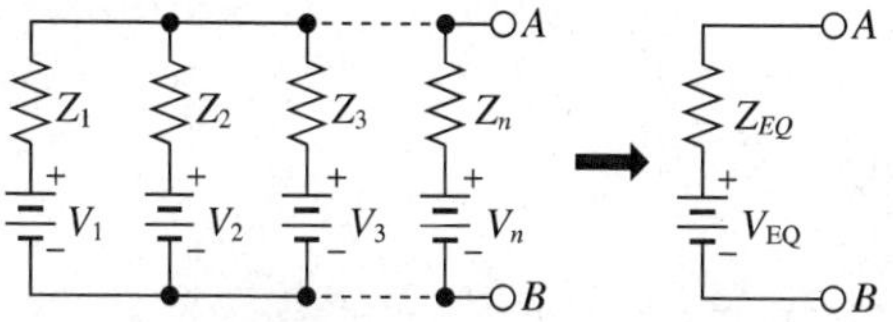

- 다수의 병렬전압원을 단일 등가전압원으로 단순화시키는 회로해석방법으로 부하에 흐르는 전류나 인가되는 전압을 쉽게 구할 수 있다. 밀만의 정리(Millman's Theorem)는 병렬전압원에 대한 테브난 정리의 특수한 형태이며, V_{AB}를 통해 회로를 재해석하여 전류와 전압 등을 구할 수 있다(전압원의 극성(+, −)이 바뀌면 전압(V)의 부호도 그에 따라 바뀌어야 함을 주의할 것).
- $V_{AB}=\dfrac{\dfrac{V_1}{Z_1}+\dfrac{V_2}{Z_2}+\dfrac{V_3}{Z_3}+\cdots+\dfrac{V_n}{Z_n}}{\dfrac{1}{Z_1}+\dfrac{1}{Z_2}+\dfrac{1}{Z_3}+\cdots+\dfrac{1}{Z_n}}=\dfrac{Y_1V_1+Y_2V_2+Y_3V_3+\cdots+Y_nV_n}{Y_1+Y_2+Y_3+\cdots+Y_n}$

밀만의 정리를 이용하여 전압 V_{ab}를 구하면,

$$\therefore V_{ab}=\frac{\frac{30}{5}+\frac{42}{7}}{\frac{1}{5}+\frac{1}{7}}=\frac{6+6}{\frac{7+5}{35}}=\frac{\frac{12}{1}}{\frac{12}{35}}=35[\text{V}]$$

15 $i_1=15\sqrt{2}\sin\omega t\rightarrow I_1=15\angle0°\rightarrow15$

$$i_2=10\sqrt{2}\cos\left(\omega t-\frac{\pi}{6}\right)=10\sqrt{2}\cos(\omega t-30°)$$

$$=10\sqrt{2}\sin(\omega t-30°+90°)=10\sqrt{2}\sin(\omega t+60°)\rightarrow I_2=10\angle60°$$

$$\rightarrow10\angle60°=10(\cos60°+j\sin60°)=10\left(\frac{1}{2}+j\frac{\sqrt{3}}{2}\right)=5+j5\sqrt{3}$$

$$\therefore I=I_1+I_2=15+5+j5\sqrt{3}=20+j5\sqrt{3}$$

$$|I|=\sqrt{20^2+(5\sqrt{3})^2}=\sqrt{475}=5\sqrt{19}[\text{A}]$$

16 4단자 정수($ABCD$ 파라미터, Four Parameter)

- 중거리 송전선로를 해석할 수 있다.
- 내부의 4가지($ABCD$)값으로 1차측과 2차측의 시스템 관계를 알 수 있다.

$$\begin{bmatrix} V_1 \\ I_1 \end{bmatrix} = \begin{bmatrix} A & B \\ C & D \end{bmatrix} \begin{bmatrix} V_2 \\ I_2 \end{bmatrix}$$

$V_1 = AV_2 + BI_2$

$I_1 = CV_2 + DI_2$

$A = \left.\frac{V_1}{V_2}\right|_{I_2=0}$: 전압비의 차원(출력측 개방)

$B = \left.\frac{V_1}{I_2}\right|_{V_2=0}$: 임피던스(Z)(출력측 단락)[Ω]

$C = \left.\frac{I_1}{V_2}\right|_{I_2=0}$: 어드미턴스(Y)(출력측 개방)[℧]

$D = \left.\frac{I_1}{I_2}\right|_{V_2=0}$: 전류비의 차원(출력측 단락)

17 RLC 공진회로

RLC 직렬회로	RLC 병렬회로
$\omega L = \frac{1}{\omega C}$	$\omega C = \frac{1}{\omega L}$
$\omega L > \frac{1}{\omega C}$(유도성)	$\omega C > \frac{1}{\omega L}$(용량성)
$Z_0 = R$(최소)	$Y_0 = \frac{1}{R}$(최소)(=Z_0는 최대)
$I_0 = \frac{V}{Z_0} = \frac{V}{R}$(최대)	$I_0 = VY_0 = \frac{V}{R}$(최소)
각속도 $\omega_0 = \frac{1}{\sqrt{LC}}$	
공진주파수 $f_0 = \frac{1}{2\pi\sqrt{LC}}$	
선택도 $Q = \frac{V_L}{V_R} = \frac{V_C}{V_R} = \frac{1}{R}\sqrt{\frac{L}{C}}$	선택도 $Q = \frac{I_L}{I_R} = \frac{I_C}{I_R} = R\sqrt{\frac{C}{L}}$

18 RC **직렬회로**

스위치 단락 시(= 전원 ON 시 = 충전 중인 상태)		
콘덴서(C)에서의 전하 일반해	$q(t)=CE\left(1-e^{-\frac{1}{RC}t}\right) = \underset{\text{정상해}}{\underline{CE}}-\underset{\text{과도해}}{\underline{CE\cdot e^{-\frac{1}{RC}t}}}$[C]	
전류의 일반해	$i(t)=\frac{dq(t)}{dt}=\frac{E}{R}e^{-\frac{1}{RC}t}$[A]	$i(t)=0.368\frac{E}{R}$[A](시정수 $t=RC$ 대입 시)
저항(R)에서의 전압 일반해	$E_R(t)=i(t)R=E\cdot e^{-\frac{1}{RC}t}$[V]	
콘덴서(C)에서의 전압 일반해	$E_C(t)=\frac{q(t)}{C}=E-E\cdot e^{-\frac{1}{RC}t}$[V] 단, 시정수 $\tau=RC$[sec]	

$$q(t)=CE\left(1-e^{-\frac{1}{RC}t}\right)=0.2\cdot 200\left(1-e^{-\frac{1}{20\times 0.2}t}\right)=40\left(1-e^{-\frac{1}{4}t}\right)\text{[C]}$$

19 전지는 전압소스(기전력)와 내부저항(r)로 구성되어 있으므로

$E=I(r_{\text{내부저항}}+R_{\text{외부저항}})$

$E=4(r+13)\rightarrow E-4r=52$ … ①

$E=3(r+18)\rightarrow E-3r=54$ … ②

∴ ①과 ②를 연립방정식으로 풀면 $E=60$[V]

20 **3상 전력 측정(2전력계법)**

- 유효전력 $P=P_1+P_2$[W]
- 무효전력 $P_r=\sqrt{3}(P_2-P_1)$[Var](큰 값에서 작은 값의 차)
- 피상전력 $P_a=2\sqrt{(P_1^2+P_2^2-P_1P_2)}$[VA]
- 역률 $\cos\theta=\dfrac{P_1+P_2}{2\sqrt{(P_1^2+P_2^2-P_1P_2)}}$

21

- 전동기 토크 $T=k\phi I_a$[N · m]
- $E=V-I_aR_a=\dfrac{Pz}{60a}\phi N=k\phi N\rightarrow N=\dfrac{E}{k\phi}=\dfrac{V-I_aR_a}{k\phi}$[rpm]

∴ 토크는 자속과 비례, 회전속도는 자속과 반비례 관계이다.

22 **직류발전기(3대 요소 : 계자, 전기자, 정류자)**

- 계자(Field) : 철심과 코일로 구성되며, 외부에서 코일에 전류를 흘려주었을 때(여자) 자속을 만드는 부분이다. 직류기에서 계자는 고정자에 해당한다.
- 전기자(Armature) : 전기자권선과 철심으로 구성되며, 계자에서 발생된 주자속을 끊어서 기전력을 유도하는 부분이다. 단, 전기자에 유도된 기전력은 교류이다. 직류발전기에서 전기자는 회전자에 해당한다.

– 전기자철심은 철손을 적게 하기 위해 규소강판을 사용 → 히스테리시스손 감소
($P_h = \sigma_h \cdot f \cdot B_m^{1.6 \sim 2.0}$[W/kg])
– 0.35 ~ 0.5[mm] 두께로 여러 장을 겹쳐 성층하여 사용 → 와류손 감소($P_e = f^2 \cdot B_m^2 \cdot t^2$ [W/kg])
– 전기자권선은 코일단과 코일변으로 구성되며, 주자속을 끊어서 기전력을 유도하는 부분인 '코일변'은 두 개가 한 개의 코일에 존재하게 된다.

- 정류자(Commutator) : 직류기에만 존재하며, 전기자에 유도된 기전력 교류를 직류로 변화시켜주는 부분으로 브러시와 함께 정류(AC → DC)작용을 담당한다.
- 브러시(Brush) : 정류자면에 접촉하여 전기자권선과 외부회로를 연결하는 단자이다.
  – 큰 접촉저항이 있어야 한다.
  – 연마성이 적어서 정류자면을 손상시키지 않아야 한다(= 마찰저항이 작을 것).
  – 기계적으로 튼튼해야 한다.
    ⓐ 탄소브러시(접촉저항이 커 정류가 용이하며, 허용전류가 작다. 소형기, 저속기용으로 사용)
    ⓑ 흑연브러시(접촉저항이 작아 허용전류가 크다. 고속기, 대전류기에서 사용)
    ⓒ 전기흑연브러시(불순물의 함유량이 적고 접촉저항이 커 정류가 용이하며, 각종 기계에 널리 사용)
    ⓓ 금속흑연브러시(저항율과 접촉저항이 매우 낮아 허용전류가 크다. 60[V] 이하 저전압, 대전류 기기에 사용)

23 **동기기(발전기)의 전기자 반작용**

전기자자속(ϕ_a)에 의해 주자속(ϕ)에 영향을 주어 여자전압(E_f)의 크기에 영향을 주는 것

전기자전류(I_a) – 유기기전력(E)	해 설	현 상
I_a와 E가 동상($\cos\theta = 1$)	전압과 동상의 전류	교차 자화작용 (횡축 반작용)
I_a가 E보다 뒤진 위상각 (지상, L부하)	전류가 전압보다 뒤짐	감자작용 (직축 반작용)
I_a가 E보다 앞선 위상각 (진상, C부하)	전류가 전압보다 앞섬	증자작용 (직축 반작용)

※ 동기기는 대부분 발전기로 출제되지만, 전동기로 출제될 경우 반대 현상으로 해석

24 22번 해설 참조

25 **단락비(K_s)와 동기임피던스(Z_s)**

- 무부하 특성곡선에서 정격전압(V_n)을 만드는 데 필요한 계자전류(I_{f1})
- 단락 특성곡선에서 정격전류(I_n)를 흘리는 데 필요한 계전전류(I_{f2})

$$\therefore \text{단락비}(K_s) = \frac{I_{f1}}{I_{f2}} = \frac{I_s}{I_n} = \frac{1}{Z_s[\text{pu}]}\left(I_s = \frac{100}{\%Z} \times I_n = K_s \times I_n\right)$$

$$\therefore \text{동기임피던스}(Z_s) = \frac{E_n}{I_s},\ \%Z_s = \frac{I_n Z_s}{E_n} \times 100[\%] = \frac{I_n Z_s}{E_n}[\text{pu}]$$

- 단락전류 $I_s = \dfrac{E}{\sqrt{3}\,Z_s} = \dfrac{6,000}{\sqrt{3} \cdot 5} = \dfrac{1,200}{\sqrt{3}}$ [A]
- 정격전류 $I_n = \dfrac{P}{\sqrt{3}\,V} = \dfrac{12,000 \times 10^3}{\sqrt{3} \cdot 6,000} = \dfrac{2,000}{\sqrt{3}}$ [A]
- 단락비 $K_s = \dfrac{I_s}{I_n} = \dfrac{\frac{1,200}{\sqrt{3}}}{\frac{2,000}{\sqrt{3}}} = \dfrac{1,200}{2,000} = \dfrac{3}{5} = 0.6$

26 $E = k\phi N$에서 타여자발전기의 구조상 $I_f \propto \phi$이므로 $E = kI_fN$으로 해석할 수 있음

$I_f = \dfrac{E}{kN}$

$\therefore\ I_f \propto E \propto \dfrac{1}{N}$

$\dfrac{\text{Case2}}{\text{Case1}} \rightarrow \dfrac{I_f'}{I_f} = \dfrac{140}{120} \times \dfrac{800}{640}$

$\therefore\ I_f' = \dfrac{140}{120} \times \dfrac{800}{640} \times 4 = \dfrac{140}{24} = \dfrac{35}{6}$ [A]

27 $\text{전력이득} = \dfrac{\text{부하용량}}{\text{자기용량}} = \dfrac{(E_1 + E_2)I_2}{E_2 I_2} = \dfrac{E_1 + E_2}{E_2} = \dfrac{V_h}{V_h - V_l}$

$\therefore\ \text{부하용량} = \text{자기용량} \times \dfrac{E_1 + E_2}{E_2} = 3,000 \times \dfrac{3,000 + 100}{100} = 93$ [kVA]

※ 만약 문제에서 [kVA]가 아니라 [kW]로 출제된다면, [kVA]× $\cos\theta$=[kW]로 해석

28 $a = \dfrac{V_1}{V_2} = \dfrac{I_2}{I_1} = \dfrac{N_1}{N_2} = \sqrt{\dfrac{Z_1}{Z_2}}$

$\therefore$ 입력측에서 바라본 환산된 $Z = \dfrac{1,000}{a^2} = \dfrac{1,000}{10^2} = 10\,[\Omega]$

$Z_{in} = 10 + 10 = 20\,[\Omega]$

$I_1 = \dfrac{100}{10 + 10} = \dfrac{100}{20} = 5$ [A]

$\dfrac{N_1}{N_2} = \dfrac{I_2}{I_1} \rightarrow \dfrac{1}{10} = \dfrac{I_2}{5} \rightarrow I_2 = \dfrac{5}{10} = \dfrac{1}{2}$ [A]

$\therefore\ P_{20[\Omega]} = I_2^2 \cdot R_{20[\Omega]} = \left(\dfrac{1}{2}\right)^2 \cdot 200 = \dfrac{1}{4} \cdot 200 = 50$ [W]

29 변압기의 등가회로 모형

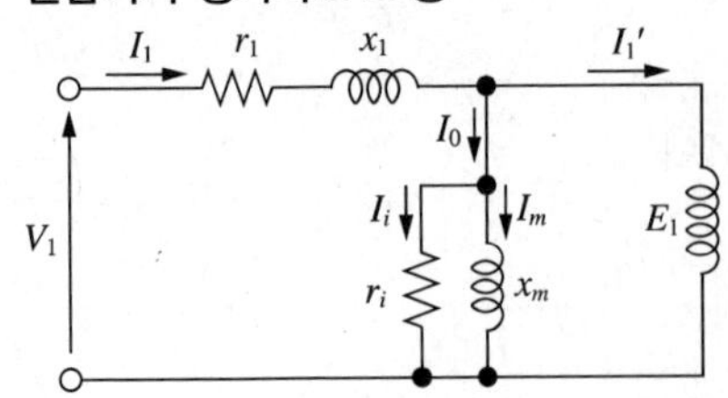

여기서, r_1 : 1차측 권선의 저항, x_1 : 1차측 누설리액턴스, I_0 : 여자전류, I_i : 철손전류, I_m : 자화전류, r_i : 철손저항, x_m : 자화 리액턴스

- 무부하일 경우 $I_1 = I_0$, $I_1' = 0$으로 가정(이상적) → 여자전류 = 무부하전류

$\dot{I_0} = \dot{I_i} + \dot{I_m} \rightarrow I_0 = \sqrt{I_i^2 + I_m^2}$ … ①

여기서, 철손전류 I_i : 철손(P_i)이 발생시키는 전류, 자화전류 I_m : 자속(ϕ)이 발생시키는 전류

$$\therefore\ I_i = \frac{P_i}{V_i} = \frac{300}{1,000} = 0.3[\text{A}]$$

①식에 의하여 $0.5 = \sqrt{0.3^2 + I_m^2} \rightarrow \therefore\ I_m = 0.4[\text{A}]$

30 역률 개선 방법(콘덴서, 동기조상기 등) → 콘덴서 용량 Q[kVA]

여기서, $\theta_1 > \theta_2$, P : 유효전력, $\cos\theta_1$: 개선 전 역률, $\cos\theta_2$: 개선 후 역률

$$Q = P\tan\theta_1 - P\tan\theta_2 = P\left(\frac{\sin\theta_1}{\cos\theta_1} - \frac{\sin\theta_2}{\cos\theta_2}\right) = P\left(\frac{\sqrt{1-\cos^2\theta_1}}{\cos\theta_1} - \frac{\sqrt{1-\cos^2\theta_2}}{\cos\theta_2}\right)$$

- $P = \sqrt{3}\,VI\cos\theta = \sqrt{3} \cdot 2,000 \cdot \dfrac{1,000}{\sqrt{3}} \cdot 0.6 = 1,200[\text{kW}]$
- $Q = P\left(\dfrac{\sqrt{1-\cos^2\theta_1}}{\cos\theta_1} - \dfrac{\sqrt{1-\cos^2\theta_2}}{\cos\theta_2}\right) = 1,200 \times \left(\dfrac{\sqrt{1-0.6^2}}{0.6} - \dfrac{\sqrt{1-0.8^2}}{0.8}\right) = 700[\text{kVA}]$

31

- DV : 인입용 비닐절연전선
- OW : 옥외용 비닐절연전선
- NR : 450/750[V] 일반용 단심 비닐절연전선
- HRS : 300/500[V] 내열 실리콘 고무절연전선(180[℃])

32 점멸장치와 타임스위치 등의 시설(판단기준 제177조)

- 고압방전등의 효율 : 70[lm/W] 이상
- 자동 소등 시간
  - 관광숙박업 또는 숙박업(호텔 등) : 1분 이내(여인숙업은 제외)
  - 주택, 아파트 각 호실의 현관 : 3분 이내

33 과전류차단기의 시설(판단기준 제38조, 제39조)

구 분	한 계	정격전류	용단시간	
			정격전류의 1.6배	정격전류의 2배
저압 퓨즈	1.1배	30[A] 이하	60분	2분
		30[A] 초과 60[A] 이하	60분	4분
		60[A] 초과 100[A] 이하	120분	6분
		100[A] 초과 200[A] 이하	120분	8분
		200[A] 초과 400[A] 이하	180분	10분
		400[A] 초과 600[A] 이하	240분	12분
		600[A] 초과	240분	20분
배선용 차단기	1배	정격전류	용단 시간	
			정격전류의 1.25배	정격전류의 2배
		30[A] 이하	60분	2분
		30[A] 초과 50[A] 이하	60분	4분
		50[A] 초과 100[A] 이하	120분	6분
		100[A] 초과 225[A] 이하	120분	8분
		225[A] 초과 400[A] 이하	120분	10분
		400[A] 초과 600[A] 이하	120분	12분
		600[A] 초과 800[A] 이하	120분	14분
		800[A] 초과 1,000[A] 이하	120분	16분
		1,000[A] 초과 1,200[A] 이하	120분	18분
		1,200[A] 초과 1,600[A] 이하	120분	20분
		1,600[A] 초과 2,000[A] 이하	120분	22분
		2,000[A] 초과	120분	24분
고압용 퓨즈	포 장	정격전류의 1.3배의 전류에 견디고 2배의 전류로 120분 내에 용단		
	비포장	정격전류의 1.25배의 전류에 견디고 2배의 전류로 2분 내에 용단		

34 내선규정(제1415절 전압강하)

저압 배선 중의 전압강하는 간선 및 분기회로에서 각각 표준전압의 2[%] 이하로 하는 것을 원칙으로 한다. 다만, 전기사용장소 안에 시설한 변압기에 의하여 공급되는 경우에 간선의 전압강하는 3[%] 이하로 할 수 있다.

35

- 부싱 : 전선관에 전선을 배선할 때 전선의 소손을 방지
- 새들 : 전선관을 작업공간(조영재)에 지지
- 커플링 : 전선관 상호 연결(접속) 시 사용
- 로크너트 : 전선관과 박스를 전기적, 기계적으로 접속할 때 사용

36 수요와 부하

- 수용률(Demand Factor) : 수용장소에 설비된 모든 부하설비용량의 합에 대한 실제 사용되고 있는 최대수용전력의 비(배전변압기 용량 계산 활용)
  - $\text{수용률} = \dfrac{\text{최대수용전력}}{\text{총부하설비용량}} \times 100[\%]$
- 부하율(Diversity Factor) : 임의의 수용가에서 공급설비용량이 어느 정도 유효하게 사용되고 있는가를 나타낸다.

- 부하율 $= \dfrac{\text{평균수용전력}}{\text{합성최대수용전력}} \times 100 = \dfrac{\text{부등률} \times \text{평균전력}}{\text{수용률} \times \text{설비용량}} \times 100\,[\%]$
- 평균수용전력 $= \dfrac{\text{전력량}[\text{kWh}]}{\text{기준시간}[\text{h}]}$
- 부하율↑ → 공급설비에 대한 설비의 이용률↑ → 전력 변동↓

• 부등률(Load Factor) : 다수의 수용가에서 어떤 임의의 시점에서 동시에 사용되고 있는 합성최대수용전력에 대한 각 수용가에서의 최대수용력과의 비로 나타낸다.
- 다수의 수용가에서의 변압기용량(합성최대수용전력)을 결정한다.
- 부등률 $= \dfrac{\text{각 수용가의 최대수용전력의 합}}{\text{합성최대수용전력}} \geq 1$
- 변압기용량[kVA] $= \dfrac{\text{각 수용가의 최대수용전력의 합}}{\text{부등률} \times \text{역률} \times \text{효율}} = \dfrac{\text{설비용량} \times \text{수용률}}{\text{부등률} \times \text{역률} \times \text{효율}}$
- 부등률↓ → 변압기용량↓ → 설비계통의 이용률↓

$\therefore$ 부등률 $= \dfrac{\text{각 수용가의 최대수용전력의 합}}{\text{합성최대전력}} = \dfrac{6+7+8+13+14}{40} = 1.2$

37

시[h]	A부하[kW]	B부하[kW]	합성전력[kW]
0 ~ 6	20	60	80
6 ~ 12	40	80	120
12 ~ 18	80	0	80
18 ~ 24	60	40	100

6 ~ 12시 사이에 합성최대전력 120[kW]이 발생한다.

$\therefore$ 부등률 $= \dfrac{\text{각 수용가의 최대수용전력의 합}}{\text{합성최대수용전력}} = \dfrac{80+80}{120} \fallingdotseq 1.33$

38

ZCT(영상변류기, Zero Current Transformer)

지락사고 시 지락전류(또는 영상전류)를 검출하는 용도로 지락계전기와 조합하여 차단기를 작동, 사고의 파급을 억제, 방지하는 장치

39

수격현상(Water Hammering)

• 관로 안 물의 운동 상태가 급격히 변화(운동에너지 → 압력에너지)하면서 일어나는 현상
• 수력발전소에서 관로의 밸브를 급격히 열거나 닫을 때 관로 내의 압력이 높아지는 수격현상이 발생하며, 밸브의 폐쇄속도를 제어하거나 안전밸브 등을 이용하여 방지해야 한다.

40

• 핀치 효과(Pinch Effect) : 직류(DC)선로에서 전선의 중심으로 힘이 작용하여 전류가 중심으로 집중되는 현상
• 근접 효과(Proximity Effect, 2가닥 이상) : 교류(AC)선로에 나란한 두 도체에 전류가 흐를 때 그 밀도가 방향성을 가지고 집중되는 현상
• 표피 효과(Skin Effect, 1가닥) : 교류(AC)선로에 흐르는 전류가 전선의 바깥쪽(표면)으로 집중되는 현상
• 광전 효과(Photoelectric Effect) : 물질에 전자기파(광자, 빛 등)가 입사되었을 때 그 물질로부터 자유전자가 튀어 나오는 현상(전류가 흐르는 현상)

41

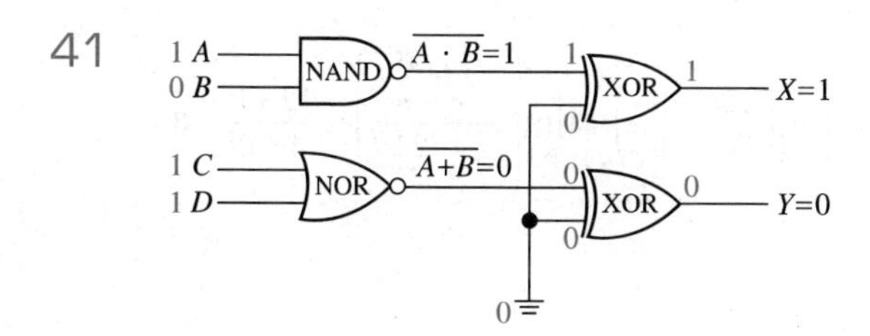

42 드모르간의 정리에 의하여 변형 가능($\overline{X+Y}=\overline{X}\,\overline{Y}$, $\overline{XY}=\overline{X}+\overline{Y}$)

43

m	ABC	$F=A+\overline{B}C$
0	000	0
1	001	1
2	010	0
3	011	0
4	100	1
5	101	1
6	110	1
7	111	1

44

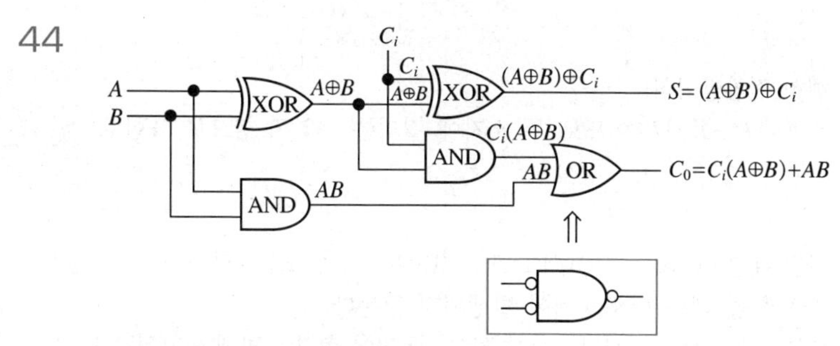

$\therefore S$, C_0의 논리출력에 따라 전가산기 논리회로이다.

45 $f(t)=2u(t)-2u(t-4)$이므로 각각 라플라스 변환을 수행하면

$$\mathcal{L}[f(t)]=F(s)=\frac{2}{s}e^{-0s}-\frac{2}{s}e^{-4s}=\frac{2}{s}-\frac{2}{s}e^{-4s}\left(\because \mathcal{L}[u(t-a)]=\frac{1}{s}e^{-as}\right)$$

46 **초기값 및 최종값 정리**

구 분	초기값 정리	최종값 정리
s변환	$x(0)=\lim\limits_{s\to\infty}sX(s)$	$x(\infty)=\lim\limits_{s\to 0}sX(s)$
z변환	$x(0)=\lim\limits_{z\to\infty}X(z)$	$x(\infty)=\lim\limits_{z\to 1}\left(1-\frac{1}{z}\right)X(z)$

$$\lim_{s\to\infty}\left(s \cdot \frac{12(s+8)}{4s(s+6)}\right)=\lim_{s\to\infty}\left(\frac{12(s+8)}{4(s+6)}\right)=\lim_{s\to\infty}\left(\frac{12s+96}{4s+24}\right)=\lim_{s\to\infty}\left(\frac{12+\frac{96}{s}}{4+\frac{24}{s}}\right)=\frac{12+0}{4+0}=3$$

47 목표값에 따른 제어방식 분류

정치제어	시간에 관계없이 목표값이 일정한 제어	
	프로세스	유압, 압력, 온도, 농도, 액위 등의 제어
	자동조정	전압, 주파수, 속도제어
추치제어	목표값이 시간에 따라 변하는 경우	
	추종제어 (서보기구)	물체의 위치, 자세, 방향, 방위제어(예 미사일)
	프로그램제어	시간을 미리 설정해 놓고 제어(예 엘리베이터, 열차 무인 운전)
	비율제어	목표값이 다른 어떤 양에 비례하는 제어(예 보일러 연소 제어)

48

$$\frac{\text{출력}}{\text{입력}}=\frac{C}{R}=1=\frac{G}{1-\{(-GH1)+(-GH2)\}}=\frac{G}{1+GH1+GH2}$$

$G=1+GH1+GH2 \rightarrow G(1-H1-H2)=1$

$\therefore G=\dfrac{1}{1-H1-H2}$

49

s 변수로 회로를 KVL해석(전압방정식)

$E(s)=I(s)(R+Ls)=I(s)R+I(s)Ls$ 이므로 두 소자에 걸리는 전압의 합으로 표현

50 트랜지스터의 동작

- Base(B)에 신호가 인가될 때만 Collector(C)에서 Emitter(E)로 전류가 도통된다. 따라서 트랜지스터의 C→E로 전류가 도통될 때는 D에 출력이 발생되지 않는다.
- C→E로 전류가 도통되지 않을 때만 전류가 D방향으로 도통되어 출력이 발생한다(입력측 : OR, 출력측 : NOT).

X	Y	D
0	0	1
0	1	0
1	0	0
1	1	0

[한국사는 별도 해설 없음]

제 4 회 기출복원문제 정답 및 해설

01	02	03	04	05	06	07	08	09	10	11	12	13	14
②	④	②	③	①	④	③	②	③	④	②	④	④	①
15	**16**	**17**	**18**	**19**	**20**	**21**	**22**	**23**	**24**	**25**	**26**	**27**	**28**
④	②	①	①	④	②	④	②	③	①	④	②	④	①
29	**30**	**31**	**32**	**33**	**34**	**35**	**36**	**37**	**38**	**39**	**40**	**41**	**42**
③	③	④	②	①	①	①	③	③	②	②	②	①	④
43	**44**	**45**	**46**	**47**	**48**	**49**	**50**	**51**	**52**	**53**	**54**	**55**	**56**
①	③	③	②	④	③	④	④	①	①	②	④	①	①
57	**58**	**59**	**60**										
④	②	⑤	④										

01

전계 $E=-\text{grad}\,V=-\nabla V=-\left(\dfrac{\partial}{\partial x}i+\dfrac{\partial}{\partial y}j+\dfrac{\partial}{\partial z}k\right)V=-\dfrac{\partial V}{\partial x}i-\dfrac{\partial V}{\partial y}j-\dfrac{\partial V}{\partial z}k=-(4xi+4k)$

$\therefore$ (1, 0, 2)에서의 전계의 세기는 $E=-4i-4k$[V/m]

02

- 최초 평행판 콘덴서의 정전용량 $C=\dfrac{\varepsilon_0 S}{d}$[F]
- 극판 면적을 $\dfrac{1}{2}$배, 간격을 3배를 적용한 정전용량 $C'=\dfrac{\varepsilon_0\cdot\frac{1}{2}S}{3d}=\dfrac{1}{6}\dfrac{\varepsilon_0 S}{d}=\dfrac{1}{6}C$

03

환상 솔레노이드 자계의 세기 $H=\dfrac{NI}{l}=\dfrac{n\cdot 3I}{a}=\dfrac{3nI}{a}$[AT/m]

04

- 도체구(점전하) 전계의 세기 $E=\dfrac{Q}{4\pi\varepsilon r^2}$[V/m]
- 도체구(점전하) 전위 $V=E\cdot d=\dfrac{Q}{4\pi\varepsilon r}$[V]

$\therefore V_{AB}=V_B-V_A=\dfrac{Q}{4\pi\varepsilon\cdot 6}-\dfrac{Q}{4\pi\varepsilon\cdot 3}=\dfrac{Q}{24\pi\varepsilon}-\dfrac{Q}{12\pi\varepsilon}=-\dfrac{Q}{24\pi\varepsilon}$

$\left(\because |r_A|=\sqrt{\left(\dfrac{3}{\sqrt{2}}\right)^2+\left(\dfrac{3}{\sqrt{2}}\right)^2}=3,\ |r_B|=\sqrt{\left(\dfrac{6}{\sqrt{2}}\right)^2+\left(\dfrac{6}{\sqrt{2}}\right)^2}=6\right)$

05 • 전계 $E=\frac{M}{4\pi\varepsilon r^3}\sqrt{1+3\cos^2\theta}$ [V/m]

• 전위 $V=\frac{M}{4\pi\varepsilon r^2}\cos\theta$[V]

• 전기쌍극자 모멘트 $M=Q\cdot d$[C·m]

∴ 전기쌍극자에 의한 전계는 전기쌍극자 모멘트에 비례한다.

06 고유임피던스 $Z_0=\sqrt{\frac{\mu_0}{\varepsilon_0}}=\frac{E}{H}\fallingdotseq 377\fallingdotseq 120\pi[\Omega]$(단, μ_s와 ε_s를 1로 가정)

즉, 실수로 표현가능하므로 위상차가 발생하지 않는다(전계 $E=377H$, 자계 $H=\frac{E}{377}$).

07 분극의 세기 $P=D\left(1-\frac{1}{\varepsilon_s}\right)=\varepsilon E\left(1-\frac{1}{\varepsilon_s}\right)=\varepsilon_0\varepsilon_s E\left(1-\frac{1}{\varepsilon_s}\right)=\varepsilon_0 E(\varepsilon_s-1)$ [C/m²]

$\therefore P=36\pi\times10^3\cdot\left(1-\frac{1}{3}\right)=24\pi\times10^3$[C/m²]

08 표피효과의 표피두께 $\delta=\sqrt{\frac{2}{\omega\mu\sigma}}=\frac{1}{\sqrt{\pi f\mu\sigma}}$ [m]

여기서, f : 주파수, μ : 투자율, σ : 도전율

09 • 렌츠의 법칙 : 독일의 물리학자인 렌츠가 패러데이 법칙을 더욱 자세히 연구하여 만든 법칙(방향성 추가)으로 유도기전력의 방향은 코일면을 통과하는 자속의 변화를 방해하는 방향으로 나타난다. 즉, 유도전류에 의한 자기장은 자속의 변화를 방해하는 방향이 된다.

• 가우스의 법칙 : 발산하는 전기선속의 합은 전하량과 같다(전속의 발산 및 불연속성).

• 비오-사바르의 법칙 : 주어진 전류가 생성하는 자기장이 전류에 수직이고 전류에서의 거리의 역제곱에 비례한다는 물리법칙이다.

10 **단위체적당 에너지**

$W=\frac{1}{2}ED=\frac{1}{2}\varepsilon_0 E^2=\frac{D^2}{2\varepsilon_0}$[J/m³](단, $\varepsilon_s=1$)

$\therefore W=\frac{1}{2}ED=\frac{1}{2}\cdot10\cdot25=125$[C·V/m³] 또는 [J/m³]

11 R_m을 전류계의 내부저항, R_s를 분류기저항이라고 한다면, 분류기의 배율은 $m=1+\frac{R_m}{R_s}$이므로

$7=1+\frac{12[\text{k}\Omega]}{R_s}\rightarrow\therefore R_s=2[\text{k}\Omega]$

12 전체 임피던스 성분($Z=R+jX$)에서 리액턴스 성분(X)의 값이 0이라면 순저항회로로 해석할 수 있으므로 전압과 전류의 위상차가 발생하지 않는다.

$$Z=-j3+\frac{(-j4)(jX_L)}{(-j4)+(jX_L)}+2=-j3+\frac{4X_L}{-j(4-X_L)}+2=-j3+\frac{j4X_L}{4-X_L}+2$$

$$=\frac{j4X_L-j3(4-X_L)}{4-X_L}+2=\frac{j(7X_L-12)}{4-X_L}+2$$

허수부가 0을 만족하려면 분자의 $7X_L-12=0$을 만족해야 한다.

$\therefore X_L=\frac{12}{7}[\Omega]$

13 정격전압에서의 소비전력 $P=\frac{V^2}{R}=300[\text{kW}]$

정격전압 70[%]에서의 소비전력

$$P'=\frac{(0.7V)^2}{R}=0.49\cdot\frac{V^2}{R}=0.49\cdot 300=0.49\cdot\frac{2,100}{7}=147[\text{kW}]$$

14 복소전력 $S=P+jP_r$ 형태의 문제를 해결하기 위해서는 먼저 전압과 전류의 위상을 비교해야 한다($P=VI\cos\theta$에서 θ의 의미는 V와 I가 이루는 각임을 반드시 인지).

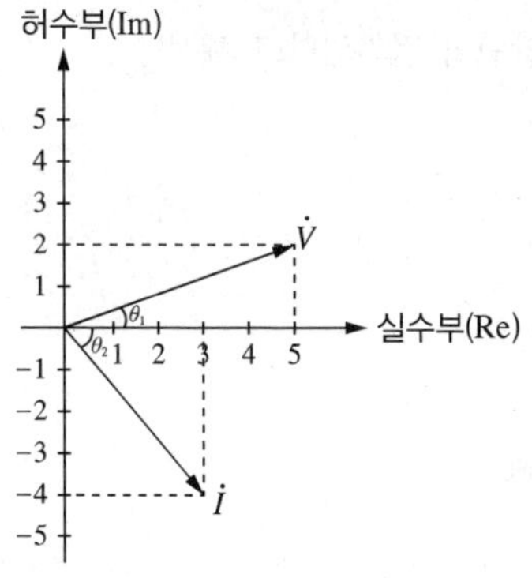

$\theta=\theta_1+\theta_2$형태가 되어야하지만, θ_2가 (−)의 부호를 가지므로 공액을 취하여 (+)형태로 바꾸어 계산하여야 한다. 그러므로 θ_2를 공액(I에 공액) 취한다.

$S=VI^*=(5+j2)\cdot(3+j4)=15+j20+j6-8=7+j26$

여기서, 실수부는 유효전력 P[W], 허수부는 무효전력 P_r[Var]

15 한 상의 임피던스가 주어져 있으므로 상전류 $I_p=\frac{V_p}{Z_p}=\frac{V_p}{\sqrt{3^2+4^2}}=\frac{V_p}{5}[\text{A}]$

3상 전력 $P_{3상}=3I_p^2R=3\cdot\left(\frac{V_p}{5}\right)^2\cdot 3=22.5\times10^3[\text{W}]$

(위 식은 문제에서 유효 = 소비전력이 주어져 있으므로 저항만을 고려한다)

$$\frac{V_p^2}{25}=\frac{22,500}{9}\rightarrow V_p=\sqrt{\frac{22,500}{9}\times 25}=\sqrt{\frac{25}{9}\times\frac{9}{4}\times 10,000}=\frac{5}{2}\times 100=250[\text{V}]$$

16 • 테브난-노튼 등가회로에서 $Z_{th}=Z_N=4[\Omega]$이 성립한다.

• 테브난-노튼 등가회로의 관계 $V_{th}=I_N \cdot Z_N$

$\therefore I_N=\dfrac{V_{th}}{Z_N}=\dfrac{20}{4}=5[\text{A}]$(단, 전압원의 극성에 따라 전류원의 방향이 결정)

17 RLC 병렬공진에서 첨예도(= 선택도 = 전류확대비)

$$Q=\frac{I_L}{I_R}=\frac{I_C}{I_R}=\sqrt{\frac{R^2C}{L}}=R\sqrt{\frac{C}{L}}=15\cdot\sqrt{\frac{225}{1{,}000\times10^{-3}}}=15\cdot15\sqrt{\frac{1}{1}}=225$$

18 RC 직렬회로는 콘덴서(C)에서의 전하 일반해로 정리할 수 있다.

$$q(t)=CE\left(1-e^{-\frac{1}{RC}t}\right)=\underbrace{CE}_{\text{정상해}}-\underbrace{CE\cdot e^{-\frac{1}{RC}t}}_{\text{과도해}}[\text{C}]$$

19 v와 i의 위상차는 30°이다. 즉, 무효전력 $P_r=VI\sin\theta=VI\sin30°$이므로

$$P_r=\frac{50}{\sqrt{2}}\cdot\frac{20}{\sqrt{2}}\times\frac{1}{2}=250[\text{Var}]$$

20 밀만의 정리를 이용하면(6[Ω]의 저항에는 0[V]의 전압원이 걸려있다고 해석)

$$V_{ab}=\frac{\frac{V_1}{Z_1}+\frac{V_2}{Z_2}+\frac{V_3}{Z_3}}{\frac{1}{Z_1}+\frac{1}{Z_2}+\frac{1}{Z_3}}=\frac{\frac{0}{6}+\frac{8}{4}+\frac{6}{3}}{\frac{1}{6}+\frac{1}{4}+\frac{1}{3}}=\frac{4}{\frac{9}{12}}=\frac{16}{3}[\text{V}]$$

21 • 단중 중권은 브러시수(a)와 극수(P)가 동일하다.

• 유기기전력 $E=\dfrac{PZ\phi N}{60a}\rightarrow 3{,}000=\dfrac{4\cdot150\cdot\phi\cdot6{,}000}{60\cdot4}$

$\therefore \phi=\dfrac{1}{5}=0.2[\text{Wb}]$

22 전압변동률 $\varepsilon=\dfrac{V_{20}-V_{2n}}{V_{2n}}\times100=\dfrac{1{,}000-800}{800}\times100=25[\%]$

23

발전기 및 변압기	전동기
$\eta_G=\dfrac{P_{out}}{P_{in}}\times100=\dfrac{P_{out}}{P_{out}+P_{loss}}\times100$ $=\dfrac{\text{출력}}{\text{출력}+\text{손실}}\times100[\%]$	$\eta_M=\dfrac{P_{out}}{P_{in}}\times100=\dfrac{P_{in}-P_{loss}}{P_{in}}\times100$ $=\dfrac{\text{입력}-\text{손실}}{\text{입력}}\times100[\%]$

$\therefore \eta=\dfrac{125}{125+25}\times100 \fallingdotseq 83.33[\%]$

24 **발전기 병렬운전조건 중 하나인 동일 주파수에 근거하여 해석**

- $N_s = \dfrac{120f}{p}$[rpm] $\rightarrow 1{,}500 = \dfrac{120 \cdot f}{4} \rightarrow f = 50$[Hz]
- $N_s' = \dfrac{120f}{p}$[rpm] $\rightarrow N_s = \dfrac{120 \cdot 50}{8} = \dfrac{6{,}000}{8} = 750$[rpm]

25 **변압기 개방회로 시험으로 측정할 수 있는 항목**

- 무부하전류
- 히스테리시스손
- 와류손
- 여자어드미턴스
- 철 손

변압기 단락시험으로 측정할 수 있는 항목

- 동 손
- 임피던스와트
- 임피던스전압

26

절연의 종류	Y종	A종	E종	B종	F종	H종	C종
허용최고온도[℃]	90	105	120	130	155	180	180 초과

27

구 분	단락비가 큰 경우(철기계)	단락비가 작은 경우(동기계)
단락전류	크다.	작다.
전압변동률	작다.	크다.
전기자 반작용	작다.	크다.
동기임피던스	작다.	크다.
사용처	저속 수차발전기(K_s) 0.9~1.2(돌극기)	터빈발전기(K_s) 0.5~0.8(원통형)
구 조	• 철기계이기에 고가이며 중량이 높다. • 철손이 증가하여 효율이 감소한다.	• 동기계이기에 상대적으로 저가이며, 중량이 가볍다. • 효율이 증가한다.
그 밖의 특징	• 안정도가 높다. • 자기여자를 방지할 수 있다. • 출력, 선로의 충전용량이 크다. • 계자기자력, 공극, 단락전류가 크다.	철기계와 반대 특징

28 • 전기자 반작용 : 전기자자속(ϕ_a)에 의해 주자속(ϕ)에 영향을 주어 여자전압(E_f)의 크기에 영향을 주는 것

전기자전류(I_a) – 유기기전력(E)	해 설	현 상
I_a와 E가 동상($\cos\theta = 1$)	전압과 동상의 전류	교차 자화작용(횡축 반작용)
I_a가 E보다 뒤진 위상각(지상, L부하)	전류가 전압보다 뒤짐	감자작용(직축 반작용)
I_a가 E보다 앞선 위상각(진상, C부하)	전류가 전압보다 앞섬	증자작용(직축 반작용)

29 $\dfrac{\text{자기용량}}{\text{부하용량}} = \dfrac{V_h - V_l}{V_h} = \dfrac{V_{\text{고압}} - V_{\text{저압}}}{V_{\text{고압}}}$

$\therefore \text{자기용량} = \dfrac{350-300}{350} \times 49{,}000 = \dfrac{1}{7} \times 49{,}000 = 7{,}000[\text{VA}]$

30 동기기(발전기)의 회전자(Rotor)는 회전계자형과 회전전기자형으로 구분되는데, 표준으로 회전계자형을 사용하며, 그 이유는 다음과 같다.

- 절연이 용이하다(계자권선은 저전압, 전기자권선은 고전압에 유리).
- 기계적으로 튼튼하다.
- 계자권선이 저압 직류회로로 소요동력이 적다(인출도선 2개).
- 계자권선의 인출도선이 2가닥이므로 슬립링, 브러시의 수가 감소한다.
- 전기자권선은 고전압에 결선이 복잡하며, 대용량인 경우 전류도 커지고 3상 결선 시 인출선은 4개이다.
- 과도안정도 향상에 기여한다(회전자의 관성 증가가 용이).

31 **이상전압 방지 대책**

- 피뢰기 : 이상전압에 대한 기계 및 기구 보호
- 가공지선 : 직격뢰 차폐, 통신선에 대한 전자유도장해 경감
- 매설지선 : 역섬락 방지, 철탑 접지저항의 저감
- 서지흡수기 : 변압기, 발전기 등을 서지로부터 보호
- 개폐저항기 : 개폐서지 이상전압의 억제

32 **계전기의 특성**

- 순한시 계전기 : 고장 및 이상이 생기면 즉시 동작하는 고속도계전기
- 반한시 계전기 : 전류가 크면 동작시한이 짧고 전류가 작으면 동작시한이 길어지는 계전기
- 과전압 계전기 : 계전기에 주어지는 전압이 설정한 값과 같거나 크면 동작하는 계전기
- 정한시 계전기 : 일정(설정) 전류 이상이 되면 크기에 관계없이 일정 시간 후 동작하는 계전기

33 **수용률(Demand Factor)**

$\text{수용률} = \dfrac{\text{최대수용전력}}{\text{총부하설비용량}} \times 100[\%]$

부하율(Diversity Factor)

- $\text{부하율} = \dfrac{\text{평균수용전력}}{\text{합성최대수용전력}} \times 100 = \dfrac{\text{부등률} \times \text{평균전력}}{\text{수용률} \times \text{설비용량}} \times 100[\%]$
- $\text{평균수용전력} = \dfrac{\text{전력량}[\text{kWh}]}{\text{기준시간}[\text{h}]}$
- 부하율↑ →공급설비에 대한 설비의 이용률↑ →전력 변동↓

부등률(Load Factor)

- 다수의 수용가에서의 변압기용량(합성최대수용전력)을 결정한다.
- $\text{부등률} = \dfrac{\text{각 수용가의 최대수용전력의 합}}{\text{합성최대수용전력}} \geq 1$

- 변압기용량[kVA] $= \dfrac{\text{각 수용가의 최대수용전력의 합}}{\text{부등률} \times \text{역률} \times \text{효율}} = \dfrac{\text{설비용량} \times \text{수용률}}{\text{부등률} \times \text{역률} \times \text{효율}}$
- 부등률↓ → 변압기 용량↓ → 설비계통의 이용률↓

34 페란티 현상(Ferranti Effect)

- 정의 : 무부하 또는 경부하에서 정전용량 충전전류의 영향으로 인해 송전단전압보다 수전단전압이 높아지는 현상(주로 전력 사용이 적은 심야에 많이 나타난다)
- 대책 : 수전단에 분로리액터 설치, 동기조상기의 부족여자 운전

리액터의 종류와 목적

리액터 종류	사용 목적
직 렬	제5고조파 제거
병렬(분로)	페란티 현상 방지
한 류	단락사고 시 단락전류 제한
소 호	지락사고 시 지락전류 제한

35 저압 전로의 절연성능(기술기준 제52조〈개정 2019.03.25, 시행 2021.01.01〉)

전로의 사용전압[V]	DC 시험전압[V]	절연저항[MΩ]
SELV 및 PELV	250	0.5
FELV, 500[V] 이하	500	1.0
500[V] 초과	1,000	1.0

- ELV(Extra Low Voltage) : 2차 전압이 AC 50[V], DC 120[V] 이하의 특별저압
- SELV(Separated Extra Low Voltage) : 1차와 2차가 절연되어 있고, 비접지방식
- PELV(Protected Extra Low Voltage) : 1차와 2차가 절연되어 있고, 접지방식
- FELV(Functional Extra Low Voltage) : 1차와 2차가 절연되어 있지 않은 방식(단권변압기)

즉, 일반적인 AC 50[V]를 초과하는 공칭전압 110[V], 220[V], 380[V] 등의 저압 전로는 1[MΩ]의 절연저항값을 유지해야 한다.

36 고압, 특고압 전로(판단기준 제13조)

접지방식	전로의 종류	시험전압
비접지	최대사용전압 7[kV] 이하인 전로	×1.5배
	최대사용전압 7[kV] 초과 60[kV] 이하인 전로	×1.25배 (10,500[V] 미만은 10,500[V])
중성점접지	최대사용전압 7[kV] 초과 25[kV] 이하인 중성점접지식 전로(다중접지)	×0.92배
	최대사용전압 60[kV] 초과 중성점접지식 전로	×1.1배 (75[kV] 미만은 75[kV])
직접접지	최대사용전압이 60[kV] 초과 중성점 직접접지식 전로	×0.72배
	최대사용전압이 170[kV] 초과 중성점 직접접지식 전로	×0.64배

$\therefore 154[\text{kV}] \times 1.1 = 169.4[\text{kV}]$

37 옥내 저압 간선의 시설(판단기준 제175조)

간선의 허용전류

- $\sum I_M \leq \sum I_H$인 경우 : $I_0 = \sum I_M + \sum I_H$
- $\sum I_M > \sum I_H$인 경우

$\sum I_M \leq 50[A]$	$\sum I_M > 50[A]$
$I_0 = 1.25\sum I_M + \sum I_H$	$I_0 = 1.1\sum I_M + \sum I_H$

$\therefore I_0 = 1.25\sum I_M + \sum I_H = 1.25(10+15+20)+(10+5+5) = 76.25[A]$

38 전선 상호 간 이격거리(판단기준 제135조)

구 분	나전선	특고압 절연전선	케이블
나전선	1.5[m]	–	–
특고압 절연전선	–	1.0[m]	–
케이블	–	–	0.5[m]

39 절연협조(Insulation Coordination)

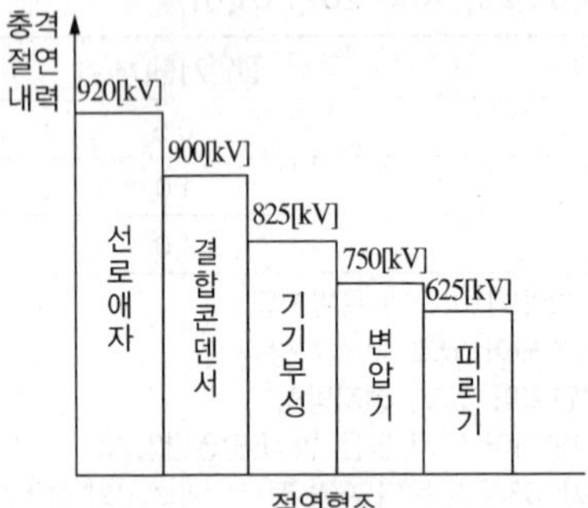

절연협조란 발·변전소의 기기나 송배전선 등 전력계통 전체의 절연설계를 보호장치와 관련시켜서 합리화를 도모하고 안전성과 경제성을 유지하는 것이다. 따라서 규정된 기준충격절연강도(BIL ; Basic Impulse Insulation Level, [kV])를 파악하여 절연계급에 따라 설계, 시공해야 한다.

40 애자(Insulator)

- 구비조건
  - 절연저항이 클 것
  - 절연내력이 클 것
  - 기계적 강도가 클 것
  - 온도 변화에 잘 버틸 것
  - 습기 흡수가 작을 것
  - 정전용량이 작을 것
  - 가격이 저렴할 것
- 애자련의 전압 분담(애자련에는 정전용량이 형성된다)
  - 최소가 되는 지점 : 철탑으로부터 1/3 애자(지점)
  - 최대가 되는 지점 : 전선 쪽에 가까운 애자(지점)

41 $X=(A+B)\cdot(\overline{A}+\overline{B})=A\oplus B$

$Y=\overline{\overline{A}+\overline{B}}=\overline{\overline{A}}\cdot\overline{\overline{B}}=A\cdot B$

∴ X와 Y의 출력값에 따라 정답은 반가산기이다.

42

A	B	Z
0	0	1
0	1	0
1	0	0
1	1	0

∴ Z의 출력값에 따라 정답은 NOR이다.

43 $\overline{A}\overline{B}\overline{C}+A\overline{B}\overline{C}+\overline{A}B\overline{C}+\overline{A}BC=\overline{B}\overline{C}(\overline{A}+A)+\overline{A}B(\overline{C}+C)=\overline{B}\overline{C}+\overline{A}B$

44

구 분	특 징
기본 법칙 (Basic Law)	• $X+0=0+X=X$ • $X\cdot 1=1\cdot X=X$ • $X+1=1+X=1$ • $X\cdot 0=0\cdot X=0$ • $X+X=X$ • $X\cdot X=X$ • $X+\overline{X}=1$ • $X\cdot\overline{X}=0$ • $\overline{\overline{X}}=X$
교환 법칙 (Commutative Law)	• $X+Y=Y+X$ • $XY=YX$
결합 법칙 (Associate Law)	• $(X+Y)+Z=X+(Y+Z)$ • $(XY)Z=X(YZ)$
분배 법칙 (Distributive Law)	• $X(Y+Z)=XY+XZ$ • $X+YZ=(X+Y)(X+Z)$
드모르간의 정리 (De morgan's Theorem)	• $\overline{X+Y}=\overline{X}\,\overline{Y}$ • $\overline{XY}=\overline{X}+\overline{Y}$
흡수 법칙 (Absorptive Law)	• $X+XY=X$ • $X(X+Y)=X$
합의의 정리 (Consensus Theorem)	• $XY+YZ+\overline{X}Z=XY+\overline{X}Z$ • $(X+Y)(Y+Z)(\overline{X}+Z)=(X+Y)(\overline{X}+Z)$

45 **최종값 정리**

$$c(\infty)=\lim_{s\to 0}sC(s)=\lim_{s\to 0}s\cdot\frac{4s+14}{2s(s^2+3s+3.5)}=\lim_{s\to 0}\frac{4s+14}{(2s^2+6s+7)}=2$$

46

$$G(s)=\frac{C(s)}{R(s)}=\frac{G}{1\mp GH}=\frac{\sum 전향경로이득}{1-\sum 루프이득}$$

$$\sum 전향경로이득=G_1,\ \sum 루프이득=G_1G_3-G_1G_2$$

$$\therefore G(s)=\frac{C(s)}{R(s)}=\frac{G_1}{1-G_1G_3+G_1G_2}$$

47 **선형회로(Linear Circuits), 비선형회로(Nonlinear Circuits)의 해석**

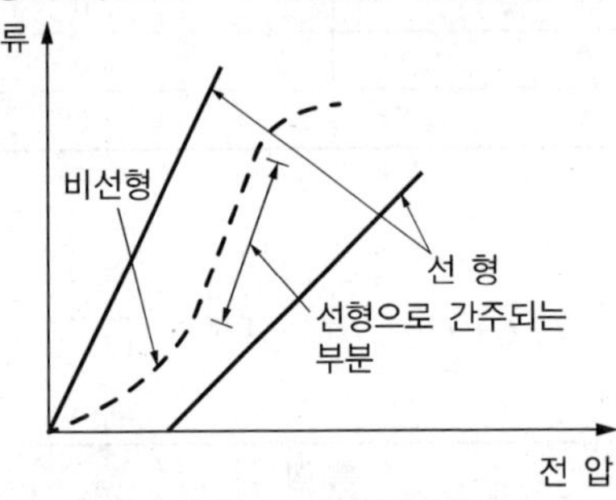

선형회로	비선형회로
• 전압과 전류가 비례하는 회로 • 수동소자뿐인 회로 예 저항, 인덕턴스, 정전용량(콘덴서가 전하를 축적할 수 있는 능력을 나타내는 것) 등으로 구성되어 있는 회로	회로의 전압과 전류가 단순한 비례관계로 표시될 수 없을 경우의 회로 예 다이오드나 배리스터(Varistor), 철심을 넣은 코일 등은 전류와 전압이 비례관계가 없다.
키르히호프법칙, 중첩의 원리, 가역정리 등	키르히호프법칙

48

$$\frac{C}{R}=\frac{V_o}{V_i}=\frac{\frac{1}{Cs}}{R+Ls+\frac{1}{Cs}}=\frac{\frac{1}{Cs}}{\frac{RCs+LCs^2+1}{Cs}}=\frac{1}{LCs^2+RCs+1}$$

49

$$f(t)=-u(t-1)+u(t-2)+u(t-3)$$

$$\therefore F(s)=-\frac{1}{s}e^{-s}+\frac{1}{s}e^{-2s}+\frac{1}{s}e^{-3s}=\frac{1}{s}(e^{-3s}+e^{-2s}-e^{-s})$$

50

$$\begin{vmatrix}A & B\\ C & D\end{vmatrix}=\begin{vmatrix}1+\frac{Z_1}{Z_3} & Z_1\\ \frac{Z_1+Z_2+Z_3}{Z_2\cdot Z_3} & 1+\frac{Z_1}{Z_2}\end{vmatrix}$$

$$\therefore D=1+\frac{Z_1}{Z_2},\ B=Z_1$$

$$D=1+\frac{B}{Z_2}\rightarrow Z_2=\frac{B}{D-1}$$

[한국사는 별도 해설 없음]

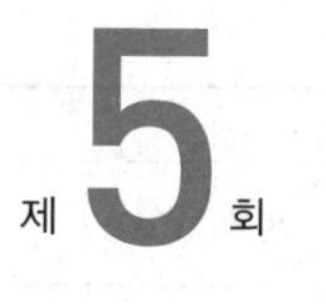

기출복원문제 정답 및 해설

01	02	03	04	05	06	07	08	09	10	11	12	13	14
③	③	①	③	④	③	①	②	②	③	③	②	①	④
15	16	17	18	19	20	21	22	23	24	25	26	27	28
③	①	②	③	②	③	③	①	③	②	④	④	②	①
29	30	31	32	33	34	35	36	37	38	39	40	41	42
①	③	②	①	④	③	④	①	③	①	④	②	②	④
43	44	45	46	47	48	49	50	51	52	53	54	55	56
③	①	③	②	②	③	②	②	④	③	④	②	④	⑤
57	58	59	60										
②	③	④	①										

01

두 벡터가 이루는 각이 수직이라는 것은 두 벡터의 내적이 0이라는 것을 의미한다.

따라서 $A \cdot B = |A||B|\cos\theta = |A||B|\cos 90° = 0$

$|A||B|\cos 90° = (2\times 3) + (4\times 0) + (-7\times a) = 0$

$\therefore a = \dfrac{6}{7}$

02

두 벡터의 외적은 행렬식을 이용하여 간편하게 구할 수 있다.

$$A\times B = \begin{vmatrix} i & j & k \\ A_x & A_y & A_z \\ B_x & B_y & B_z \end{vmatrix} = \begin{vmatrix} i & j & k \\ 2 & -4 & 3 \\ -3 & 7 & -1 \end{vmatrix} = i\begin{vmatrix} -4 & 3 \\ 7 & -1 \end{vmatrix} - j\begin{vmatrix} 2 & 3 \\ -3 & -1 \end{vmatrix} + k\begin{vmatrix} 2 & -4 \\ -3 & 7 \end{vmatrix}$$

$$= i(4-21) - j(-2+9) + k(14-12) = -17i - 7j + 2k$$

03

등전위면의 성질

- 등전위면은 폐곡선이다.
- 도체 표면은 등전위면이다.
- 도체 내부의 전계는 0이다.
- 일반적으로 대지(땅)면은 0(영)전위이며, 등전위면이다.
- 등전위면과 전기력선은 서로 수직으로 교차한다.

04 가우스 법칙

구 분	미분형	적분형
가우스법칙	$\nabla \cdot \overline{D} = \text{div}\,\overline{D} = \rho_v$	$\oint_s \overline{D} \cdot d\overline{s} = \int_{vol} \rho_v dv = Q$
가우스 자기 법칙	$\nabla \cdot \overline{B} = \text{div}\overline{B} = 0$	$\oint_s \overline{B} \cdot d\overline{s} = 0$

임의의 폐곡면을 통과하는 전기선속은 그 폐곡면 내에 존재하는 총 선하량과 같다.
$\oint_s \overline{D} \cdot d\overline{s} = Q$로 수식화 할 수 있다. 즉, 구 내부의 전하량은 Q[C]일 때 단위구면을 통해 나오는 전기력선의 수는 가우스 정리에 의해 $\oint_s \overline{D} \cdot d\overline{s} = \frac{Q}{\varepsilon_0}$개가 된다.

05 두 점 사이의 전위차

$$V_{AB} = V_A - V_B = \frac{Q}{4\pi\varepsilon r}\bigg|_B^A = \frac{Q}{4\pi\varepsilon}\left(\frac{1}{a} - \frac{1}{b}\right) = \frac{Q}{4\pi\varepsilon_0}\left(\frac{1}{2} - \frac{1}{3}\right) = 9 \times 10^9 \times 2 \times 10^{-9} \times \left(\frac{1}{2} - \frac{1}{3}\right)$$

$$= 18 \times \frac{1}{6} = 3[\text{V}]$$

06 평행판 전극에서의 정전용량

- 최초 원형 도체판의 정전용량 $C = \frac{Q}{V} = \frac{\sigma S}{\frac{\sigma}{\varepsilon} d} = \frac{\varepsilon S}{d} = \frac{\varepsilon \pi r^2}{d}$[F]
- 반지름 2배 원형 도체판의 정전용량 $C' = \frac{\varepsilon\pi(2r)^2}{d'} = \frac{\varepsilon\pi 4r^2}{d'}$[F]

$\therefore C = C'$ 조건이 만족되기 위해서는 $d' = 4d$가 되어야 한다. 따라서 간격을 4배로 해야 한다.

07 단위체적당 에너지

$$W = \frac{1}{2}ED = \frac{1}{2}\varepsilon_0 E^2 = \frac{D^2}{2\varepsilon_0}[\text{J/m}^3](\text{단, } \varepsilon_s = 1)$$

$$\therefore \text{유전율 } \varepsilon = \frac{D^2}{2W} = \frac{(4 \times 10^{-6})^2}{2 \times 5 \times 10^{-3}} = \frac{16 \times 10^{-12}}{10 \times 10^{-3}} = 1.6 \times 10^{-9}[\text{F/m}]$$

08 변위전류(I_d)와 변위전류밀도(i_d)

$$i_d = \frac{I_d}{S} = \frac{\frac{dQ}{dt}}{S} = \frac{\frac{dD}{dt} \times S}{S} = \frac{dD}{dt} = \varepsilon \cdot \frac{dE}{dt}[\text{A/m}^2](\because Q = D \cdot S)$$

즉, 전계 또는 전속밀도의 시간적인 변화로 해석할 수 있다.

09 무한장 직선도체에서의 자계

- $H \cdot l = N \cdot I$(암페어의 오른나사의 법칙, 암페어의 주회적분 법칙)
- $H = \frac{NI}{l} = \frac{I}{2\pi r}$[AT/m](도선이 1가닥일 경우 $N = 1$, 자로의 길이 $l = 2\pi r$[m])
- 자속밀도 $B = \mu H = \mu_0 \mu_s H = \frac{\mu_0 \mu_s I}{2\pi r}$[Wb/m²]으로 정리될 수 있다.

10 맥스웰 방정식(Maxwell's Equations)의 표현

구 분	미분형	적분형
패러데이 법칙	$\nabla\times\overline{E}=\text{rot}\overline{E}=-\dfrac{\partial\overline{B}}{\partial t}$	$\oint_c \overline{E}\cdot d\overline{l}=-\int_s \dfrac{\partial\overline{B}}{\partial t}\cdot d\overline{s}$
암페어 법칙	$\nabla\times\overline{H}=\text{rot}\,\overline{H}=\dfrac{\partial\overline{D}}{\partial t}+i$	$\oint_c \overline{H}\cdot d\overline{l}=\int_s \dfrac{\partial\overline{D}}{\partial t}\cdot d\overline{s}+I$
가우스 법칙	$\nabla\cdot\overline{D}=\text{div}\,\overline{D}=\rho_v$	$\oint_s \overline{D}\cdot d\overline{s}=\int_{vol}\rho_v\,dv=Q$
가우스 자기 법칙	$\nabla\cdot\overline{B}=\text{div}\overline{B}=0$	$\oint_s \overline{B}\cdot d\overline{s}=0$

11 벡터의 계산

- Gradient
  - 편미분 연산 $\nabla=\dfrac{\partial}{\partial x}i+\dfrac{\partial}{\partial y}j+\dfrac{\partial}{\partial z}k$
  - $\text{grad}\ A=\nabla A=\left(\dfrac{\partial}{\partial x}i+\dfrac{\partial}{\partial y}j+\dfrac{\partial}{\partial z}k\right)A=\dfrac{\partial A}{\partial x}i+\dfrac{\partial A}{\partial y}j+\dfrac{\partial A}{\partial z}k$
- Divergence

$$\text{div}\vec{A}=\nabla\cdot\vec{A}=\left(\frac{\partial}{\partial x}i+\frac{\partial}{\partial y}j+\frac{\partial}{\partial z}k\right)\cdot(A_xi+A_yj+A_zk)=\frac{\partial A_x}{\partial x}+\frac{\partial A_y}{\partial y}+\frac{\partial A_z}{\partial z}$$

- Curl(= Rotation)

$$\text{curl}\vec{A}=\nabla\times\vec{A}=\left(\frac{\partial}{\partial x}i+\frac{\partial}{\partial y}j+\frac{\partial}{\partial z}k\right)\times(A_xi+A_yj+A_zk)=\begin{vmatrix} i & j & k \\ \dfrac{\partial}{\partial x} & \dfrac{\partial}{\partial y} & \dfrac{\partial}{\partial z} \\ A_x & A_y & A_z \end{vmatrix}$$

$$=i\left(\frac{\partial A_z}{\partial y}-\frac{\partial A_y}{\partial z}\right)-j\left(\frac{\partial A_z}{\partial x}-\frac{\partial A_x}{\partial z}\right)+k\left(\frac{\partial A_y}{\partial x}-\frac{\partial A_x}{\partial y}\right)$$

∴(가), (라)는 Gradient에 대한 계산이며, (나), (다)는 Divergence에 대한 계산이다.

12 전지회로의 계산

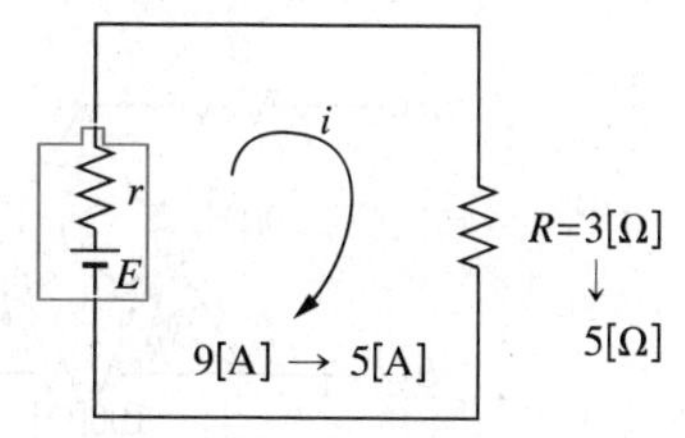

- 부하저항(R)이 3[Ω]일 경우

$$\frac{E}{3+r}=9\rightarrow\frac{E}{9}-3=r\ \cdots\ ①$$

- 부하저항(R)이 5[Ω]일 경우

$$\frac{E}{5+r}=5\rightarrow\frac{E}{5}-5=r\ \cdots\ ②$$

①과 ②를 조합해서 E를 계산하면,

$$\frac{E}{9}-3=\frac{E}{5}-5$$

$\therefore E=22.5[\mathrm{V}]$

13 콘덴서에 흐르는 전류

관계식 $i_c(t)=C\frac{dv_c(t)}{dt}$[A]를 이용하여 콘덴서에 흐르는 전류를 구한다.

- 0~3초 : $i_c(t)=C\frac{dv_c(t)}{dt}=3\cdot\frac{6-0}{3-0}=6[\mathrm{A}]$
- 3~6초 : $i_c(t)=C\frac{dv_c(t)}{dt}=3\cdot\frac{6-6}{6-3}=0[\mathrm{A}]$
- 6~9초 : $i_c(t)=C\frac{dv_c(t)}{dt}=3\cdot\frac{0-6}{9-6}=-6[\mathrm{A}]$

∴ 각 구간별 전류를 파형으로 표현하면 ① 파형을 그릴 수 있다.

14 RLC 직렬회로에 흐르는 전류

문제에서 위상은 고려할 필요가 없으므로 $v_s=v_m\cos(\omega t-30°)=100\sqrt{2}\cos(\omega t-30°)$를 그대로 이용한다.

$$i=\frac{v_s}{Z}=\frac{v_s}{\sqrt{R^2+(X_L-X_c)^2}}=\frac{100\sqrt{2}}{\sqrt{30^2+(70-30)^2}}=\frac{100\sqrt{2}}{50}=2\sqrt{2}\,[\mathrm{A}]$$

15 RLC회로의 특성

- $v_C=Ee^{-\frac{1}{RC}t}$에서 $t=0$이면 E, 즉 10[V]가 인가된다(콘덴서의 전압은 급변하지 않는다).
- $i_L=\frac{E}{R}e^{-\frac{R}{L}t}$에서 $t=0$이면 $\frac{E}{R}$, 즉, 2.5[A]가 흐른다(인덕터의 전류는 급변하지 않는다).

16 Y-△ 회로의 변환

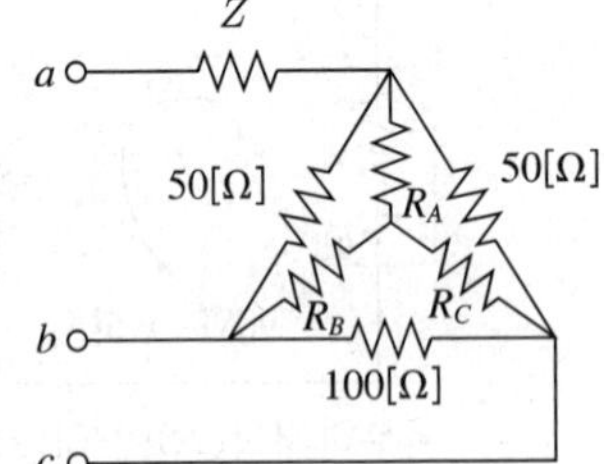

$$R_A=\frac{50\times50}{50+50+100}=12.5[\Omega]$$

$$R_B=\frac{50\times100}{50+50+100}=25[\Omega]$$

$$R_C=\frac{100\times50}{50+50+100}=25[\Omega]$$

각 상에 흐르는 전류가 동일하려면 $R_A+Z=25[\Omega]$이 만족해야 하므로 $Z=12.5[\Omega]$

17 2단자망의 해석

전달함수 $Z(s) = R + \frac{1}{sC}$ 이므로, $Z(s) = 8 + \frac{1}{2s} = \frac{8s+0.5}{s}$

18 4단자망의 영상(Image)임피던스

$$\begin{bmatrix} A\,B \\ C\,D \end{bmatrix} = \begin{bmatrix} 1\,2 \\ 0\,1 \end{bmatrix} \begin{bmatrix} 1 & 0 \\ \frac{1}{3} & 1 \end{bmatrix} \begin{bmatrix} 1\,2 \\ 0\,1 \end{bmatrix} = \begin{bmatrix} \frac{5}{3} & 2 \\ \frac{1}{3} & 1 \end{bmatrix} \begin{bmatrix} 1\,2 \\ 0\,1 \end{bmatrix} = \begin{bmatrix} \frac{5}{3} & \frac{16}{3} \\ \frac{1}{3} & \frac{5}{3} \end{bmatrix}$$

$$\therefore Z_{01} = \sqrt{\frac{AB}{CD}} = \sqrt{\frac{\frac{5}{3} \cdot \frac{16}{3}}{\frac{1}{3} \cdot \frac{5}{3}}} = \sqrt{\frac{\frac{80}{9}}{\frac{5}{9}}} = \sqrt{16} = 4[\Omega]$$

$$Z_{02} = \sqrt{\frac{DB}{CA}} = \sqrt{\frac{\frac{5}{3} \cdot \frac{16}{3}}{\frac{1}{3} \cdot \frac{5}{3}}} = \sqrt{\frac{\frac{80}{9}}{\frac{5}{9}}} = \sqrt{16} = 4[\Omega]$$

19 도체 운동에 의한 유기기전력

$F = BIL\sin\theta = BIL\sin 90°$

여기서, θ는 자계와 전류가 이루는 각

$\therefore B = \frac{F}{IL} = \frac{6}{2\times 1} = 3[\text{Wb/m}^2]$

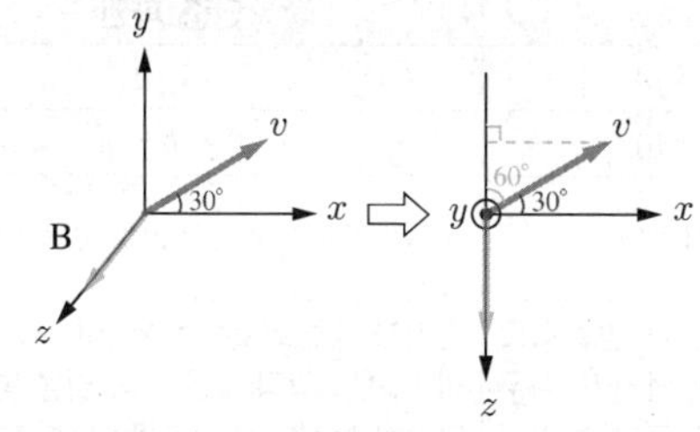

유기기전력 $e = Blv\sin\theta = 3\times 1\times 10\times \sin 60° = 15\sqrt{3}\,[\text{V}]$

여기서, θ는 B와 v가 이루는 각

20 종속전압원의 노드해석법

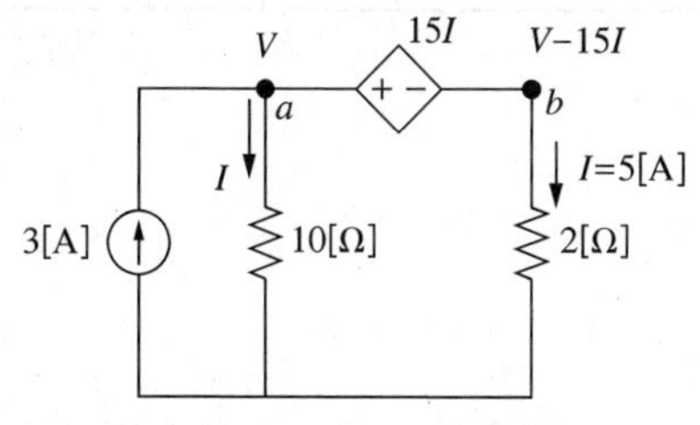

노드해석법으로 회로를 해석하고자 한다. 노드 a의 전압을 V라 한다면, 노드 b의 전압은 $V-15I = V - \frac{15V}{10}$ 로 해석할 수 있다$\left(\because I = \frac{V-0}{10} = \frac{V}{10}\right)$.

• 노드 a에서 KCL을 적용하면,

$$-3+\frac{V}{10}+\frac{V-\frac{15}{10}V}{2}=0$$

$$-30+V+5V-\frac{15}{2}V=0$$

$$-60+2V+10V-15V=0$$

$$\therefore V=-20[\text{V}]$$

• 노드 b에서의 전압은 $-20-\frac{15}{10}\cdot(-20)=-20+30=10[\text{V}]$

$$\therefore I_{2[\Omega]}=\frac{10}{2}=5[\text{A}]$$

$\therefore$소비전력 $P_{2[\Omega]}=I^2R=5^2\times 2=50[\text{W}]$

21 직류발전기의 전기자

전기자권선과 철심으로 구성되며, 계자에서 발생된 주자속을 끊어서 기전력을 유도하는 부분이다. 단, 전기자에 유도된 기전력은 교류이다. 직류발전기에서 전기자는 회전자에 해당한다.

- 전기자철심은 철손을 적게 하기 위해 규소강판을 사용 → 히스테리시스손 감소
- 0.35~0.5[mm] 두께로 여러 장을 겹쳐 성층하여 사용 → 와류손 감소

22 중권과 파권 비교

구 분	단중 중권	단중 파권
병렬회로수(a)	극수 p와 동일($a=p$)	$a=2$
브러시수(b)	극수 p와 동일($b=p$)	$2\le b\le p$
전기자도체의 굵기, 권수, 극수가 모두 같을 때	저전압이 되나 대전류가 이루어진다.	전류는 적으나 고전압이 이루어진다.
유도기전력의 불균일	전기자 병렬회로수가 많고, 각 병렬회로 사이에 기전력의 불균일이 생기기 쉬우며, 브러시를 통하여 국부전류가 흘러서 정류를 해칠 염려가 있다.	전기자 병렬회로수는 2이며, 각 병렬회로의 도체는 각각 모든 자극 밑을 통하고, 그 영향을 동시에 받기 때문에 병렬회로 사이에 기전력의 불균일이 생기는 일이 적다.
균압권선	필 요	불필요
다중도 m인 경우 병렬회로수(a)	$a=mp$	$a=2m$

23 변압기 기본이론

$$E=\frac{2\pi f\phi N}{\sqrt{2}}=4.44f\phi N=4.44fB_mSN[\mathrm{V}]$$

여기서, f : 주파수, ϕ : 자속, B_m : 자속밀도, S : 단면적, N : 감은 수

$$E_1=4.44f\phi_m N_1 \rightarrow \phi_m=\frac{E_1}{4.44fN_1}$$

$$\phi_m{}'=\frac{E_1}{4.44f\left(\frac{3}{2}N_1\right)}=\frac{2}{3}\frac{E_1}{4.44fN_1}=\frac{2}{3}\phi_m$$

24 이상적인 변류기 설계

- 누설자속을 작게 한다.
- 암페어턴을 크게 한다.
- 철심의 단면적을 크게 한다.
- 철심의 투자율을 크게 한다.
- 권선의 임피던스를 작게 한다.
- 철심의 철손이 작은 것을 사용한다.

25 기계적 출력(P_0)

$$f_2=sf_1 \rightarrow s=\frac{f_2}{f_1}=\frac{3}{60}=0.05$$

$$P_{c2}=sP_2 \rightarrow P_2=\frac{P_{c2}}{s}=\frac{500}{0.05}=10[\mathrm{kW}]$$

$$\therefore P_0=P_2-P_{c2}=10-0.5=9.5[\mathrm{kW}]$$

26 비례추이(Proportional Shifting)

- 유도전동기에서 전압이 일정하면 전류나 회전력이 2차 저항(회전자저항)에 비례하여 변화하는 현상
- 비례추이 하는 제량 : 1차 전류, 역률, 1차 입력, 2차 전류, 토크
- 비례추이 하지 않는 제량 : 2차 동손, 출력, 효율, 동기속도

27 동기속도와 슬립

동기속도 $N_s=\frac{120f}{P}=\frac{120 \cdot 60}{6}=1{,}200[\mathrm{rpm}]$

슬립 $s=\frac{N_s-N}{N_s}=\frac{1{,}200-1{,}152}{1{,}200}=0.04$

$$\therefore E_{2s}=sE_2=0.04\times 220=8.8[\mathrm{V}]$$

28 동기기(발전기)의 전기자 반작용

전기자자속(ϕ_a)에 의해 주자속(ϕ)에 영향을 주어 여자전압(E_f)의 크기에 영향을 주는 것

전기자전류(I_a) – 유기기전력(E)	해 설	현 상
I_a와 E가 동상($\cos\theta = 1$)	전압과 동상의 전류	교차 자화작용 (횡축 반작용)
I_a가 E보다 뒤진 위상각 (지상, L부하)	전류가 전압보다 뒤짐	감자작용 (직축 반작용)
I_a가 E보다 앞선 위상각 (진상, C부하)	전류가 전압보다 앞섬	증자작용 (직축 반작용)

※ 동기기는 대부분 발전기로 출제되지만, 전동기로 출제될 경우 반대 현상으로 해석

29 역률 개선 방법(콘덴서)

콘덴서 용량(Q)$= P\tan\theta_1 - P\tan\theta_2 = P\left(\frac{\sin\theta_1}{\cos\theta_1} - \frac{\sin\theta_2}{\cos\theta_2}\right)$

$$= P\left(\frac{\sqrt{1-\cos^2\theta_1}}{\cos\theta_1} - \frac{\sqrt{1-\cos^2\theta_2}}{\cos\theta_2}\right)$$

여기서, $\theta_1 > \theta_2$, P : 유효전력, $\cos\theta_1$: 개선 전 역률, $\cos\theta_2$: 개선 후 역률

$\cos\theta_1 = 0.6 \rightarrow \sin\theta_1 = 0.8$

$\cos\theta_2 = 0.8 \rightarrow \sin\theta_2 = 0.6$

$$\therefore Q = P(\tan\theta_1 - \tan\theta_2) = P\left(\frac{\sin\theta_1}{\cos\theta_1} - \frac{\sin\theta_2}{\cos\theta_2}\right) = 6{,}000\left(\frac{0.8}{0.6} - \frac{0.6}{0.8}\right) = 3{,}500[\text{kVA}]$$

30 TRIAC

SCR 두 개 역병렬 → 전류제어(평균전류)소자, (+)(−)Gate

방향성	전력소자	
단방향성	3단자	SCR, GTO, LASCR
	4단자	SCS
쌍(양)방향성	2단자	DIAC, SSS → 과전압(전파제어)
	3단자	TRIAC

31 송전방식의 비교

• 교류방식의 장점
- 전압의 승압, 강압 변경이 용이하다.
- 교류방식으로 일관된 운용을 기할 수 있다.
- 교류방식으로 회전자계를 쉽게 얻을 수 있다.

• 직류방식의 장점
- 안정도가 좋다.
- 송전효율이 좋다.
- 절연계급을 낮출 수 있다.

- 비동기연계가 가능하므로 주파수가 다른 계통 간의 연계가 가능하다
- 직류에 의한 계통연계는 단락용량을 증대시키지 않기 때문에 교류계통의 차단용량이 작아도 된다.

32 가공전선로와 지중전선로의 비교

구 분	지중전선로	가공전선로
안전도	충전부의 절연으로 안전성 확보	충전부의 노출로 적정 이격거리 확보
신규수용	설비구성상 신규수용 대응 탄력성 결여	신규 수요에 신속 대처 가능
고장형태	외상 사고, 접속개소 시공불량에 의한 영구 사고 발생	수목 접촉 등 순간 및 영구 사고 발생
유도장해	차폐케이블 사용으로 유도장해 경감	유도장해 발생
공급능력	동일 루트에 다회선이 가능하여 도심 지역에 적합	동일 루트에 4회선 이상 곤란하여 전력공급에 한계
유지보수	설비의 단순 고도화로 보수업무가 비교적 적음	설비의 지상 노출로 보수업무가 많은 편임
송전용량	발생열의 구조적 냉각장해로 가공전선에 비해 낮음	발생열의 냉각이 수월해 송전용량이 높은 편임
설비보안	지하시설로 설비보안 유지 용이	지상 노출로 설비보안 유지 곤란
계통구성	환상 방식, 망상 방식, 예비선 절체 방식	수지상 방식, 연계 방식, 예비선 절체 방식

33 중성점접지방식의 분류

방 식	직접접지	저항접지	비접지	소호리액터접지
보호계전기 동작	확 실	→	×	불확실
지락전류	최 대	→	→	0
1선 지락 시 전위상승	1.3배	$\sqrt{3}$ 배	$\sqrt{3}$ 배	$\sqrt{3}$ 배 이상
과도안정도	최 소	→	→	최 대
유도장해	최 대	→	→	최 소
특 징	중성점 영전위 유지를 통해 단절연변압기 사용 가능		저전압 단거리	병렬공진

※ 차단기의 차단 능력(보호계전기의 동작) : 직접접지 > 저항접지 > 비접지 > 소호리액터접지

34 보호계전기의 동작시간에 의한 분류(곡선 기준으로 나열)

㉣ 순한시 계전기 : 고장 즉시 동작(0.3초 이내)
㉢ 정한시 계전기 : 고장 후 일정 시간이 경과한 후 동작
㉡ 반한시 정한시 계전기 : 전류가 작은 구간은 반한시, 전류가 일정범위 이상이면 정한시 특성으로 동작
㉠ 반한시 계전기 : 고장전류의 크기에 반비례하여 동작

35 배전선로의 송전거리 계산

기존 선간전압을 V_1, 승압 선간전압을 V_2라 하면,

- 같은 전력이므로 역률을 같다고 가정한다면, $P=\sqrt{3}\,V_1 I_1 \cos\theta=\sqrt{3}\,V_2 I_2 \cos\theta$

$$\therefore \frac{I_1}{I_2}=\frac{V_2}{V_1}=\frac{6.6}{3.3}=2$$

- 같은 전력손실이므로 $3I_1^2 R_1=3I_2^2 R_2$

$$\therefore \frac{R_2}{R_1} = \frac{I_1^2}{I_2^2} = \left(\frac{I_1}{I_2}\right)^2 = 4$$

• $R = \rho\frac{l}{A}$ 를 이용하면(단, 동일한 소재의 전력선 사용 $\rho_1 = \rho_2$, $A_1 = A_2$)

$$\therefore \frac{R_2}{R_1} = \frac{\rho\frac{l_2}{A}}{\rho\frac{l_1}{A}} = \frac{l_2}{l_1} = 4$$

즉, 4배 증가(전력선의 길이가 4배)된다.

36 조압수조(Surgy Tank)

• 정의 : 압력수로와 수압관을 접속하는 장소에 자연수면을 가진 수조이다.
• 기능 : 수격작용 흡수(부하의 급격한 변화 시), 서징작용 흡수(수차의 사용유량 변동 시)

※ 케이테이션(Cavitation 현상)
물에 잠기는 기계부분의 표면 및 표면 근처에서 물이 완전히 차지 않는 빈 곳이 생기고 유수의 압력이 그 부분의 포화증기압 이하일 경우, 기포가 생겨 기포가 이동되다가 고압에 달했을 때 크랙음을 내면서 충격을 주는 현상이다.

37 재생 · 재열사이클의 모형

구 분	과 정	과정 설명
1→2, 6	단열 팽창	고압 터빈 내에서 과열 증기가 팽창하면서 일을 하고, 압력, 온도 모두 저하되어 습한 포화 증기가 된다.
2→3	재 열	고압 증기터빈 내에서 일을 한 증기를 보일러로 돌려보내 재열기로 가열시킨 후 다시 저압 터빈으로 보내어 나머지 일을 하도록 하는 과정이다.
4, 5	추 기	저압 터빈에서 팽창 도중의 증기 일부를 추기하여 그것이 갖는 열을 급수 가열에 이용하는 과정이다.
3→6	단열 팽창	터빈 내에서 과열 증기가 팽창하면서 일을 하는 과정이다.
6→7	등압 방열	터빈 내에서 일을 한 증기가 복수기에서 냉각되어 물이 되는 과정이다.
7→8 9→10 11→12	단열 압축	급수 펌프에서 물을 압축하여 포화수를 압축수로 만드는 과정이다.
8→9 10→11	급수 가열	압축수를 터빈에서 추기한 증기로 가열하는 과정이다.
12→12′	등압 수열	압축수를 보일러 내에서 가열하여 포화수를 거쳐 포화 증기로 만드는 과정이다.
12′→1′	등압 수열	포화 증기를 과열기로 과열시켜 과열 증기로 만드는 과정이다.

38 원자력발전에서의 감속재 종류

• 감속재의 종류로는 경수(H_2O), 중수(D_2O), 금속베릴륨(Be), 흑연(C) 등이 있다.
• 냉각재의 종류로는 경수(H_2O), 중수(D_2O), 액체금속(Na, Bi) 등이 있다.
• 제어봉의 종류로는 붕소(B)와 그 화합물, 하프늄(Hf), 은(Ag), 카드뮴(Cd)과 그 화합물 등이 있다.

39 선로정수

선로정수에 영향을 주는 요소는 전선의 종류(소재), 굵기, 배치(상간 배열) 등이 있다.

40 송전선로에서 직렬콘덴서의 역할

- 선로의 인덕턴스 보상
- 수전단의 전압변동률 감소
- 부하 역률이 나쁠수록 효과가 극대
- 정태안정도 증가

※ 페란티 현상 발생을 방지하기 위해서는 리액터를 설치해야 한다.

41 이상전압 방지대책

- 피뢰기 : 이상전압에 대한 기계 및 기구 보호
- 가공지선 : 직격뢰 차폐, 통신선에 대한 전자유도장해 경감
- 매설지선 : 역섬락 방지, 철탑 접지저항의 저감
- 서지흡수기 : 변압기, 발전기 등을 서지로부터 보호
- 개폐저항기 : 개폐서지 이상전압의 억제

42 개폐 장치

사고 발생 시 사고 구간을 신속하게 구분, 제거

구 분	무부하전류	부하전류	고장전류
단로기(DS)	○	×	×
유입개폐기(OS)	○	○	×
차단기(CB)	○	○	○

43 접지공사

종 별	접지저항	접지선[mm^2](이상)	특 징
제1종 접지 (기기)	10[Ω] 이하	• 연동선 : 6 • 케이블 : 10	• 특고압 계기용 변성기의 2차측 전로 • 고압, 특고압 기계기구의 철대 및 외함 • 특고압 권선과 고압 권선 간에 혼촉방지판을 시설 • 피뢰기(침), 항공장해등, 보호망 및 보호선, 전기집진장치
제2종 접지 (계통)	$\frac{100 \text{ or } 300 \text{ or } 600}{I_g}$[Ω] 이하 • 150 : 차단기 × • 300 : 차단기 1 ~ 2초 • 600 : 차단기 1초 이내 • I_g : 최소 2[A]	• 고압, 22.9[kV-Y] : 6 • 특고압 : 16 • 케이블 : 10	• 고압, 특고압 권선과 저압 권선 사이에 설치하는 금속제 혼촉방지판 • 고압, 특고압을 저압으로 변성하는 변압기의 저압측 중성점 또는 1단자
제3종 접지 (인체)	100[Ω] 이하	• 연동선 : 2.5 • 케이블(1심) : 0.75 • 기타 : 1.5	• 고압 계기용 변성기의 2차측 전로 • 400[V] 미만의 저압용 기계기구의 철대 및 금속제 외함 • 지중전선로 외함, 네온변압기 외함, 조가용선, X선 발생 장치
특별 제3종 접지	10[Ω] 이하		• 풀용 수중조명등 용기 외함 • 400[V] 이상의 저압용 기계기구의 외함 및 철대

44 전선 상호 간 이격거리(판단기준 제135조)

구 분	나전선	특고압 절연전선	케이블
나전선	1.5[m]	–	–
특고압 절연전선	–	1.0[m]	–
케이블	–	–	0.5[m]

45 지중전선로의 매설방식(판단기준 제136조, 제137조, 제138조)

• 직접매설식의 특징

장 소	차량, 기타 중량물의 압력	기 타
깊 이	1.2[m] 이상	0.6[m] 이상

• 관로식의 특징

매설깊이	1.0[m] 이상
주의점	폭발성 또는 연소성의 가스가 침입할 우려가 있는 곳에 1[m^3] 이상의 가스 방산 통풍장치 등을 시설할 것
케이블 가압 장치	냉각을 위해 가스 밀봉(1.5배 유압 또는 수압, 1.25배 기압에 10분간 견딜 것)

46 초기값 및 최종값 정리

구 분	초기값 정리	최종값 정리
s변환	$x(0)=\lim\limits_{s\to\infty} sX(s)$	$x(\infty)=\lim\limits_{s\to 0} sX(s)$
z변환	$x(0)=\lim\limits_{z\to\infty} X(z)$	$x(\infty)=\lim\limits_{z\to 1}\left(1-\dfrac{1}{z}\right)X(z)$

$$\therefore \lim_{t\to\infty} c(t)=\lim_{s\to 0} sC(s)=\lim_{s\to 0} s\frac{5s}{s(s^3+2s^2+7s)}=\lim_{s\to 0}\frac{5}{s^2+2s+7}=\frac{5}{7}$$

47 라플라스 역변환

[$C(s)$가 서로 다른 두 근을 가지는 경우(부분분수 이용)]

$$C(s)=\frac{-s-13}{(s+3)(s-2)}=\frac{A}{(s+3)}+\frac{B}{(s-2)}$$

$$A=C(s)\times(s+3)|_{s=-3}=\frac{-s-13}{(s+3)(s-2)}\times(s+3)\bigg|_{s=-3}=2$$

$C(s)$에 $s+3$를 곱하고, $s+3$를 0을 만드는 숫자(−3)를 최종적으로 s에 대입해 준다.

$$A=C(s)\times(s-2)|_{s=+2}=\frac{-s-13}{(s+3)(s-2)}\times(s-2)\bigg|_{s=+2}=-3$$

$C(s)$에 $s-2$를 곱하고, $s-2$를 0을 만드는 숫자(+2)를 최종적으로 s에 대입해 준다.

$$\therefore C(s)=\frac{2}{s+3}-\frac{3}{s-2}\ \rightarrow\ \mathcal{L}^{-1}[C(s)]=c(t)=2e^{-3t}-3e^{2t}$$

48 블록선도의 전달함수

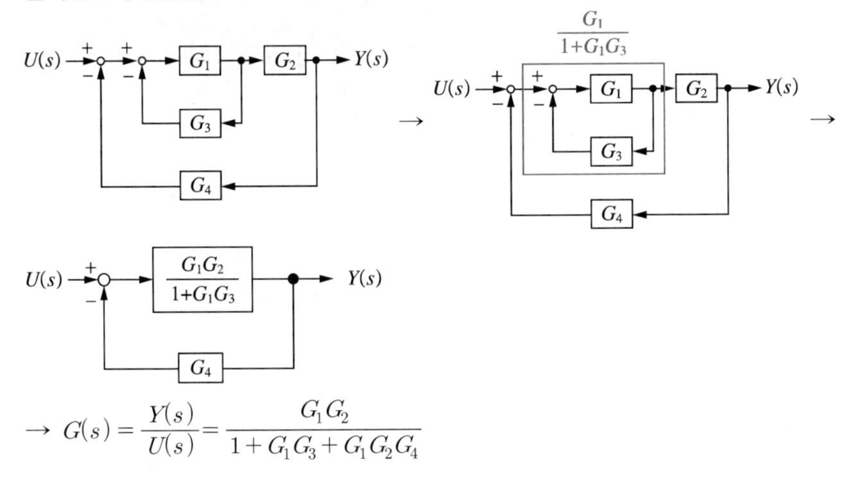

$$\rightarrow G(s)=\frac{Y(s)}{U(s)}=\frac{G_1G_2}{1+G_1G_3+G_1G_2G_4}$$

49 전압비 전달함수

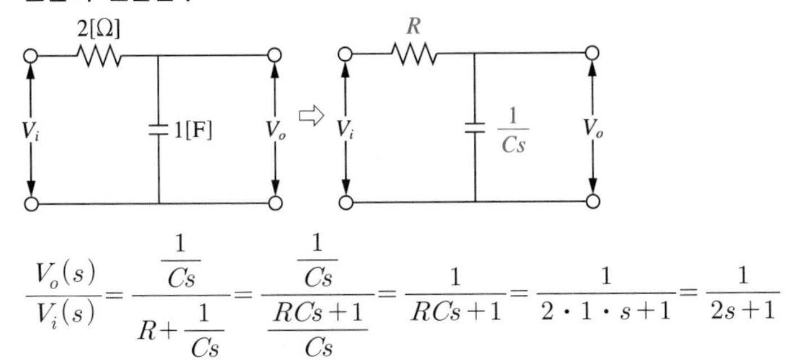

$$\frac{V_o(s)}{V_i(s)}=\frac{\frac{1}{Cs}}{R+\frac{1}{Cs}}=\frac{\frac{1}{Cs}}{\frac{RCs+1}{Cs}}=\frac{1}{RCs+1}=\frac{1}{2\cdot 1\cdot s+1}=\frac{1}{2s+1}$$

50 조합 논리회로(전가산기)

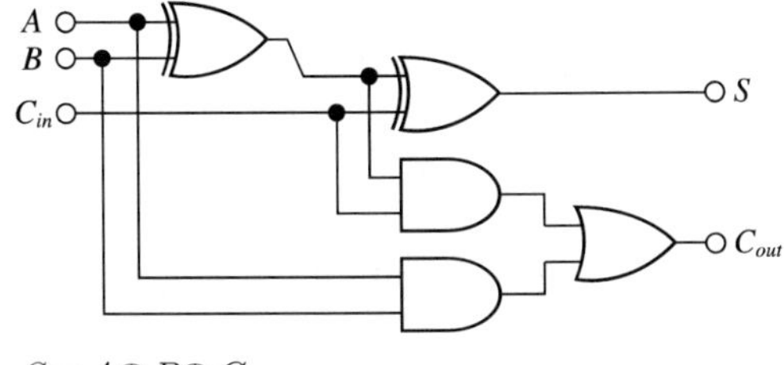

$S=A\oplus B\oplus C_{in}$

$C_{out}=(A\cdot B)+C_{in}(A\oplus B)$

[한국사는 별도 해설 없음]

MEMO

부록 Ⅱ

한국전기설비 규정

제1장 한국전기설비규정
제2장 한국전기설비규정 예상문제

공사공단 공기업 전공 [필기]

전기직 필수 이론 500제

(주)시대고시기획
(주)시대교육
www.sidaegosi.com
시험정보 · 자료실 · 이벤트
합격을 위한 최고의 선택

시대에듀
www.sdedu.co.kr
자격증 · 공무원 · 취업까지
BEST 온라인 강의 제공

한국전기설비규정

■ 전압의 종별(KEC 111)

종 류 / 크 기		현행(~ 2020.12.31)	개정(2021.01.01 ~)
저 압	DC	~ 750[V] 이하	~ 1,500[V] 이하
	AC	~ 600[V] 이하	~ 1,000[V] 이하
고 압	DC	750[V] 초과 ~ 7,000[V] 이하	1,500[V] 초과 ~ 7,000[V] 이하
	AC	600[V] 초과 ~ 7,000[V] 이하	1,000[V] 초과 ~ 7,000[V] 이하
특고압	DC, AC	7,000[V] 초과 ~	7,000[V] 초과 ~

■ 전선의 식별(색상) 변경(KEC 121.2)

• 개정 전

구 분	A(R)	B(S)	C(T)	N(N)	E(E)
색 상	흑 색	적 색	청 색	백 색	녹 색

•개정 후

구 분	L1	L2	L3	N	PE(보호도체)
색 상	갈 색	흑 색	회 색	청 색	녹색-노란색

■ 접지시스템(KEC 140)

• 접지시스템의 종류
  - 계통접지 : 전력계통의 이상현상에 대비하여 대지와 계통(변압기 포함)을 접속
  - 보호접지 : 인체 감전 보호를 목적으로 전기설비의 한 지점(외함 = 노출도전부) 이상을 접지
  - 피뢰시스템접지 : 뇌격전류를 안전하게 대지로 방류하기 위한 접지

• 접지시스템의 시설
  - 단독접지 : (특)고압계통의 접지극과 저압계통의 접지극을 각각 독립적으로 시설하는 방법
  - 공통접지 : (특)고압계통의 접지극과 저압계통의 접지극을 등전위 형성을 위해 공통으로 시설하는 방법
  - 통합접지 : 계통, 보호, 피뢰시스템, 통신계통의 접지극을 통합하여 시설하는 방법

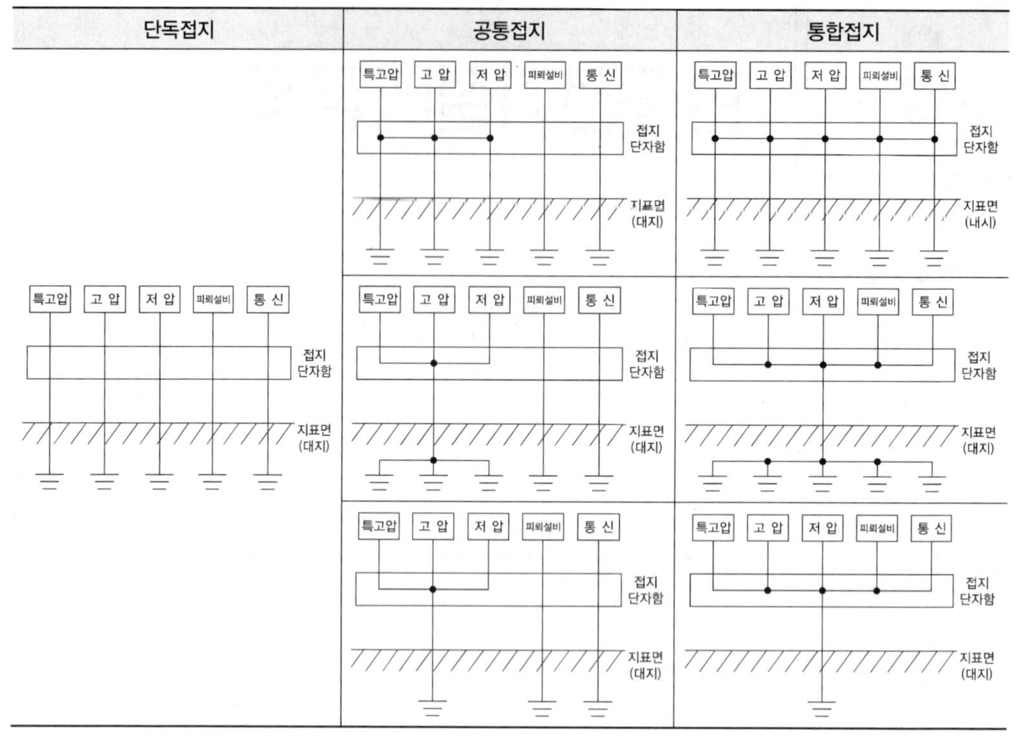

- 독립접지 → TT계통
- 공통, 통합접지 → TN계통(TN-C, TN-S, TN-C-S)
- 비접지 → IT계통

■ 접지도체, 보호도체(KEC 142)

- 보호도체(PE ; ProtEctive Conductor or Protective Earthing) : 인체 감전에 대한 보호, 안전을 목적으로 하는 도체 전선
  예 부하에서부터 접지 단자 접속함까지 연결되는 접지 전선
- 접지도체(Grounded Conductor) : 대지에 접지된 낮은 임피던스를 가진 도체 전선
  예 접지 단자 접속함에서 대지까지 연결되는 접지 전선, 일반적으로 접지도체를 보호도체보다 굵게 산정해야 함.

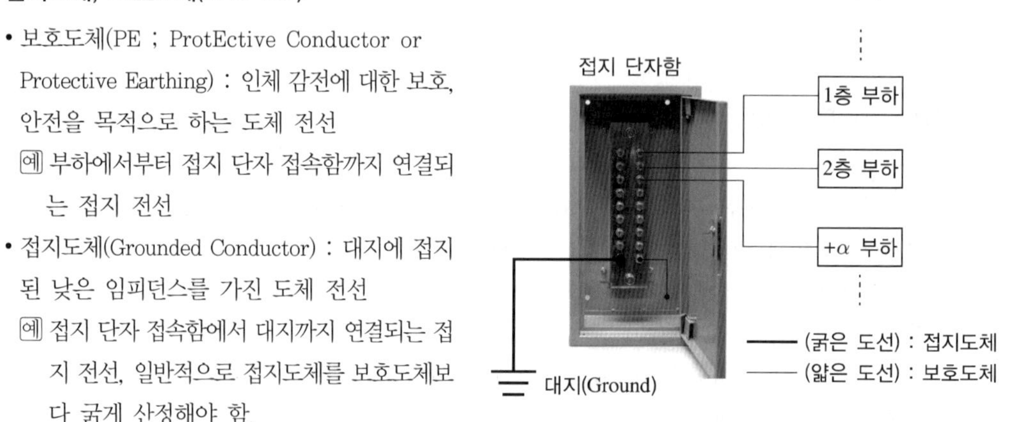

■ 계통접지의 방식(KEC 203)

<table>
<tr><th>구 분</th><th>영어 단어</th><th>의 미</th><th>첫 번째 문자</th><th>두 번째 문자</th><th>세 번째 문자</th></tr>
<tr><td>T</td><td>Terra</td><td>땅, 대지, 흙</td><td rowspan="2">T</td><td rowspan="2">N</td><td>S</td></tr>
<tr><td>N</td><td>Neutral</td><td>중성선</td><td>C</td></tr>
<tr><td>I</td><td>Insulation/Impedance</td><td>절연/임피던스</td><td>T</td><td>T</td><td rowspan="2">–</td></tr>
<tr><td>S</td><td>Separator</td><td>구분, 분리</td><td>I</td><td>T</td></tr>
<tr><td>C</td><td>Combine</td><td>결 합</td><td colspan="3">• 첫 번째 문자 : 계통/전원측 변압기와 대지와의 관계/접지 상태
• 두 번째 문자 : 설비/부하의 노출도전성부분(외함)과 대지와의 관계/접지 상태
• 세 번째 문자 : 중성선(N)과 보호도체(PE)의 관계</td></tr>
</table>

• TIP • R, S, T 상 → L1, L2, L3상으로 명칭 변경, N : 중성선

기호 설명	
	중성선(N), 중간도체(M)
	보호도체(PE)
	중성선과 보호도체겸용(PEN)

■ TN-S계통(KEC 203.2)

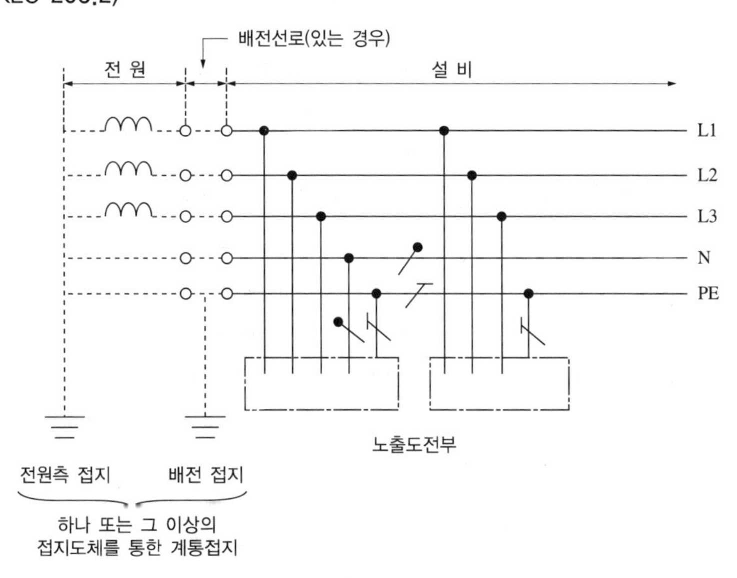

[계통 내에서 별도의 중성선과 보호도체가 존재]

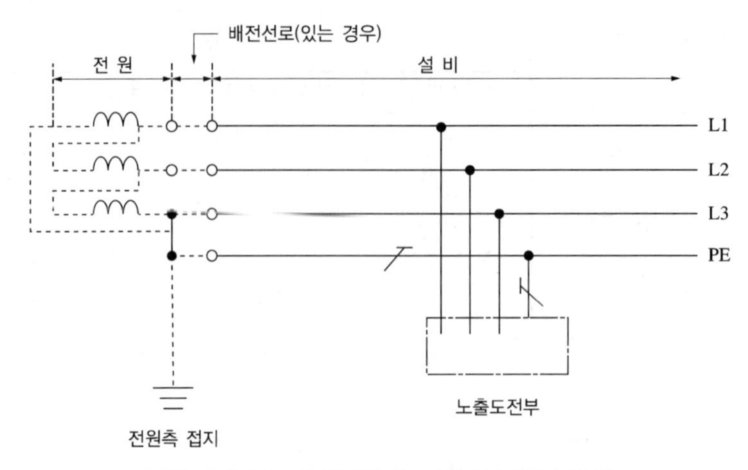

[계통 내에서 별도의 접지된 선도체와 보호도체가 존재]

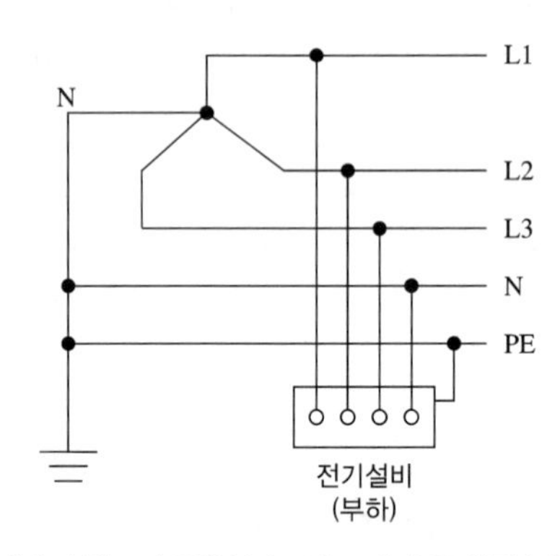

[계통 내에서 별도의 중성선과 보호도체가 존재(간소화 회로)]

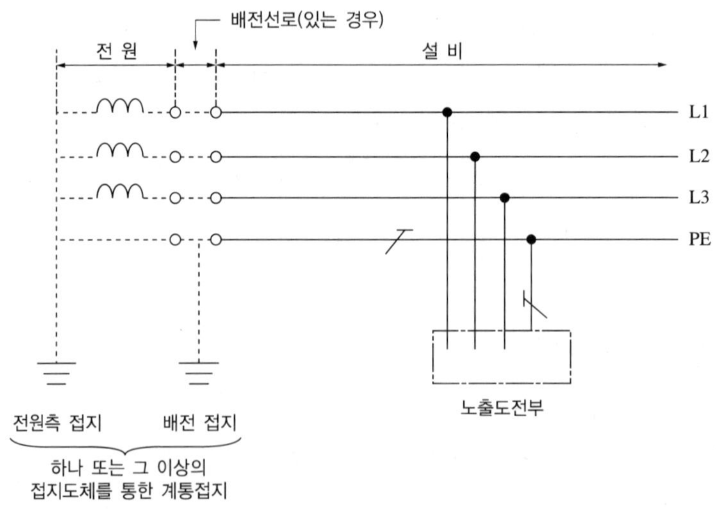

[계통 내에서 접지된 보호도체는 있으나 중성선의 배선이 없는 경우]

- TN-S계통은 계통 전체에 대해 별도의 중성선 또는 PE도체를 사용한다.
- 배전계통에서 PE도체를 추가로 접지할 수 있다.
- 계통 전체에 걸쳐서 중선선과 보호도체를 분리하여 시설
- 정보통신설비, 전산센터, 병원 등의 노이즈에 예민한 설비가 갖춰진 곳에 시설
- 설비비 고가
- 루프(Loop) 임피던스가 작아 고장전류(지락전류)가 큰 단점이 있다.

■ TN-C계통(KEC 203.2)

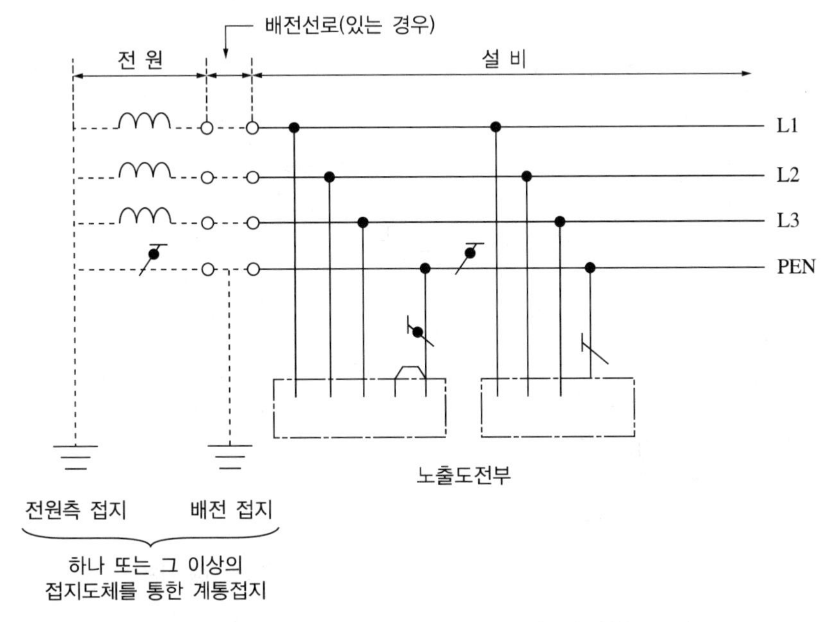

[계통 내에서 중성선과 보호도체를 동일하게 사용]

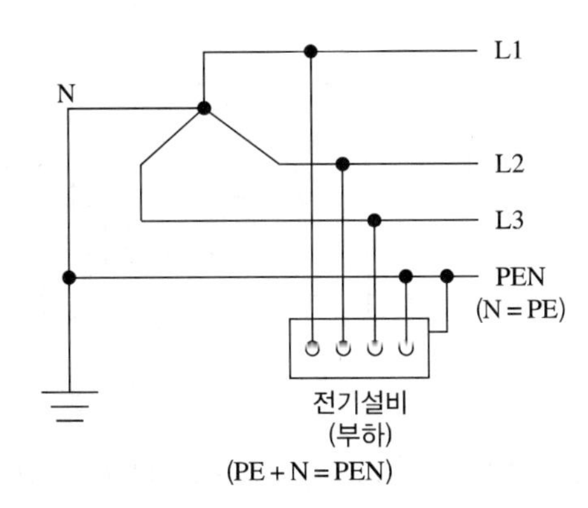

[계통 내에서 중성선과 보호도체를 동일하게 사용(간소화 회로)]

- TN-C계통은 그 계통 전체에 대해 중성선과 보호도체의 기능을 동일도체로 겸용한 PEN도체를 사용한다.
- 배전계통에서 PEN도체를 추가로 접지할 수 있다.
- 계통 전체에 걸쳐서 중선선과 보호도체를 하나의 도선으로 시설
- 우리나라 배전계통에 적용되고 있음
- 누전차단기 설치가 불가능하지만, 지락보호용 과전류차단기는 사용 가능

■ TN-C-S계통(KEC 203.2)

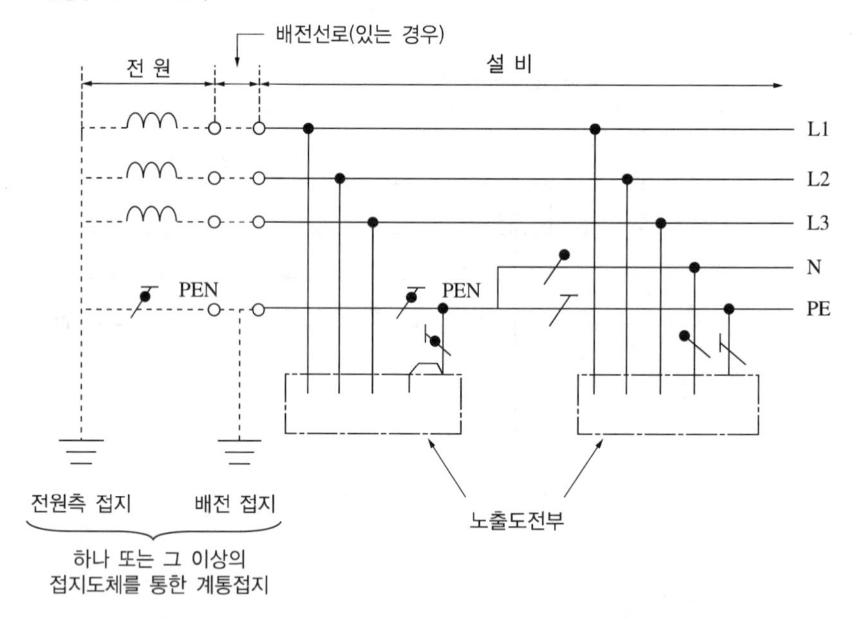

[계통의 일부분에서 PEN도체 또는 중성선과 별도로 PE도체를 사용]

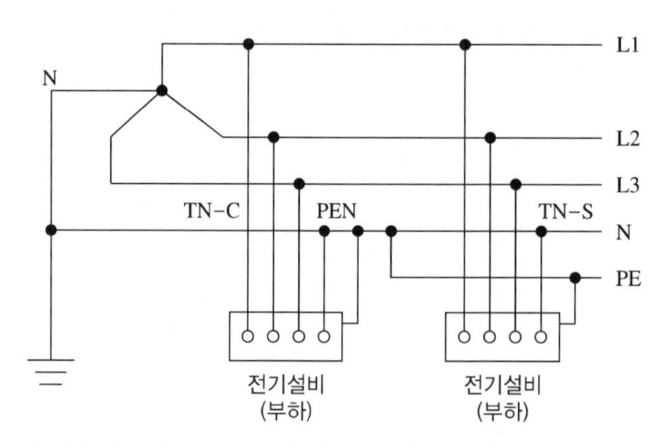

[계통의 일부분에서 PEN도체 또는 중성선과 별도로 PE도체를 사용(간소화 회로)]

- TN-C-S계통은 계통의 일부분에서 PEN도체를 사용하거나, 중성선과 별도의 PE도체를 사용하는 방식이 있다.
- 배전계통에서 PEN도체와 PE도체를 추가로 접지할 수 있다.
- TN-S와 TN-C방식을 결합한 형태
- 수변전실을 갖춘 대형 건축물에서 사용
- 전원계통의 2차측은 TN-C방식(중성선과 보호도체 함께 사용 = PEN)
- 간선계통은 TN-S방식(중성선과 PE도체 분리 사용)

■ TT계통(KEC 203.3)

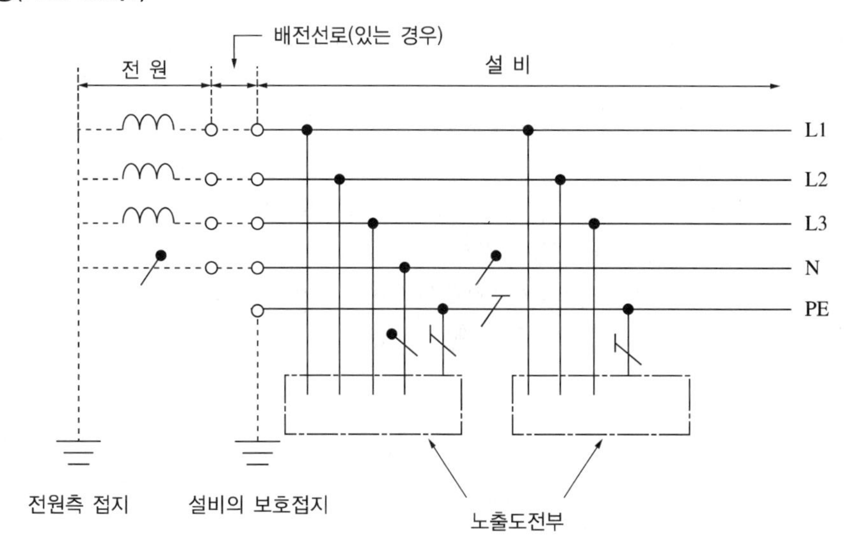

[설비 전체에서 별도의 중성선과 PE도체가 있는 TT계통]

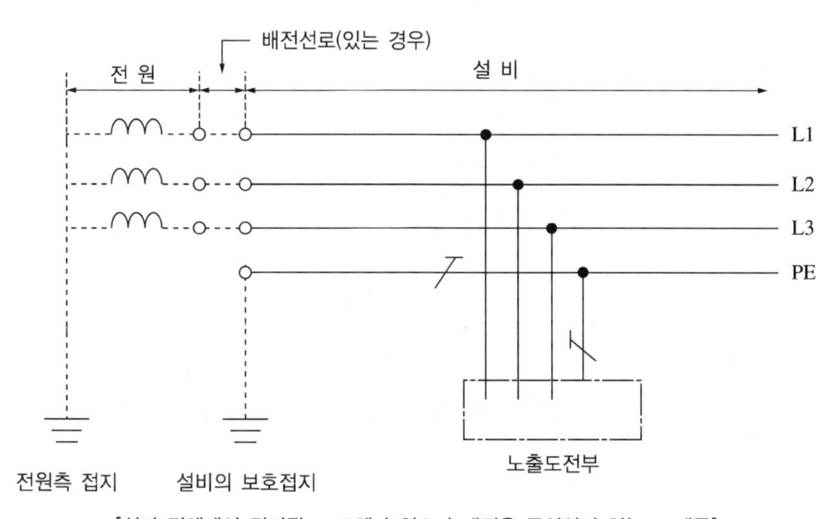

[설비 전체에서 접지된 PE도체가 있으나 배전용 중성선이 없는 TT계통]

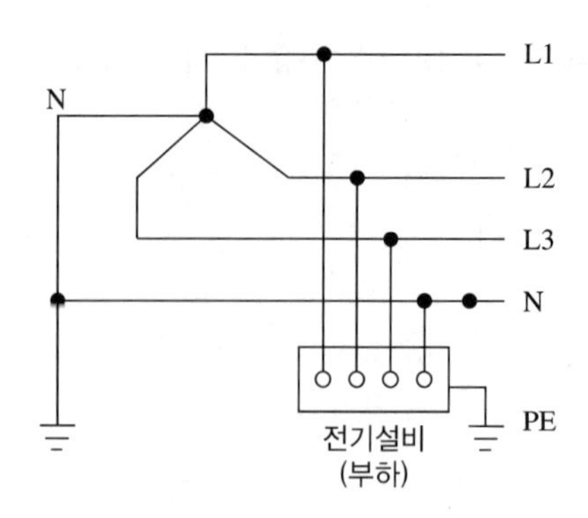

[전원계통과 설비계통의 노출도전부를 각각 독립적으로 접지(간소화 회로)]

- 전원의 한 점을 직접접지하고 설비의 노출도전부는 전원의 접지전극과 전기적으로 독립적인 접지극에 접속시킨다.
- 배전계통에서 PE도체를 추가로 접지할 수 있다.
- 계통과 전기설비(부하)측을 개별적으로 접지 시설

예) 전주 주상변압기 접지선과 각 수용가의 접지선이 따로 있는 형태

- 전력계통에서 PE도체를 분기하지 않고, 전기설비(부하) 자체를 단독접지하는 방식
- 전기설비(부하) 개별접지 방식이므로 누전차단기(ELB)로 인체를 보호
- 2개의 전압을 사용하기 위해서는 N상이 존재해야 함

■ IT계통(KEC 203.4)

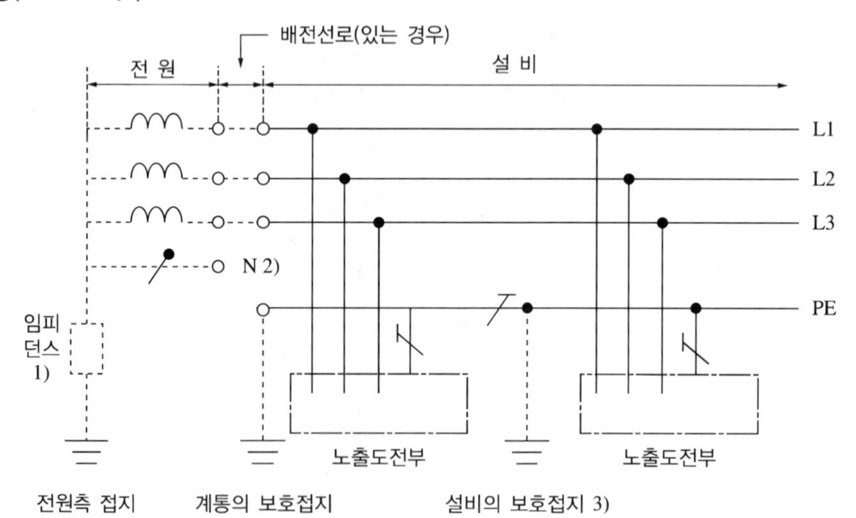

[계통 내에 모든 노출도전부가 보호도체에 의해 접속되어 일괄 접지된 IT계통]

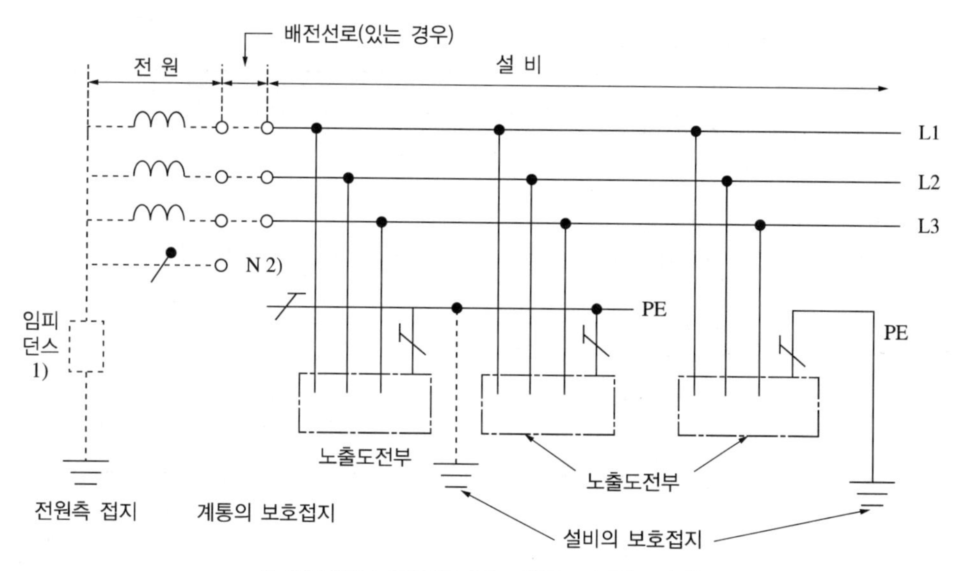

[노출도전부가 조합으로 또는 개별로 접지된 IT계통]

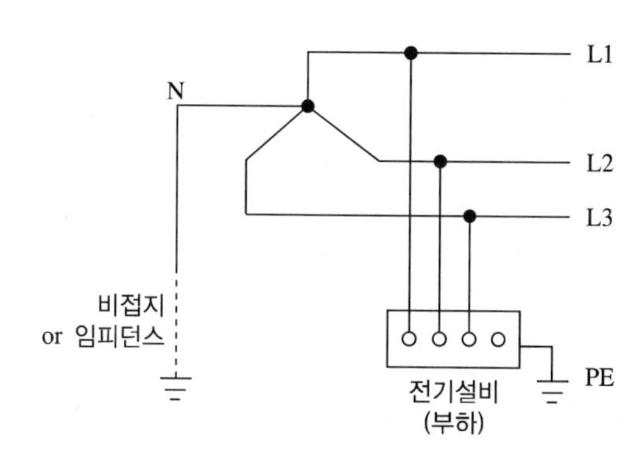

[전원계통은 비접지 또는 임피던스를 통해 접지하고, 노출도전부는 개별접지(간소화 회로)]

- 충전부 전체를 대지로부터 절연시키거나, 한 점을 임피던스를 통해 대지에 접속시킨다. 전기설비의 노출도전부를 단독 또는 일괄적으로 계통의 PE도체에 접속시킨다. 배전계통에서 추가접지가 가능하다.
- 계통은 충분히 높은 임피던스를 통하여 접지할 수 있다. 이 접속은 중성점, 인위적 중성점, 선도체 등에서 할 수 있다. 중성선은 배선할 수도 있고, 배선하지 않을 수도 있다.
- 계통은 비접지 또는 임피던스를 삽입하여 접지, 전기설비(부하)의 노출도전성부분은 개별접지 시설
- 임피던스 $Z=R+jX$이므로 전원 계통을 R로 구성할 경우 저항접지, L로 구성할 경우 소호리액터접지, Z를 ∞로 구성할 경우 비접지
- 병원과 같이 무정전이 필요한 곳에 사용함

■ 접지계통별 사용처 및 보호장치(KEC 203.2)

구 분	특 징
TN계통	• 사용처 : 자가용 배전계통, 빌딩설비, 공장설비 • 보호장치의 종류 – TN-S : 과전류차단기, 누전차단기 – TN-C : 과전류차단기 – TN-C-S : 누전차단기 설치 시 보호도체와 PEN도체의 접속은 전원측에서 한다(누전차단기의 부하측에는 PEN도체를 사용할 수 없다).
TT계통	• 사용처 : 자가용 배전계통, 농장의 전기설비 • 보호장치의 종류 : 과전류차단기, 누전차단기
IT계통	• 사용처 : 병원의 전기설비, 화학공장 전기설비 • 보호장치의 종류 : 절연감시장치(음향, 시각장치 포함), 누설전류 감시장치, 절연고장점 검출장치, 과전류차단기, 누전차단기

■ 접지도체, 보호도체(KEC 142.3)

• 접지도체(KEC 142.3.1)

– 접지도체의 선정

ⓐ 큰 고장전류가 접지도체에 흐르지 않을 경우

구리 : 6[mm^2] 이상, 철제 : 50[mm^2] 이상

ⓑ 피뢰시스템접지 시

구리 : 16[mm^2] 이상, 철제 : 50[mm^2] 이상

> 특별한 경우(고장 시 고장전류를 안전하게 제어할 수 있는 경우)
> • 특고압·고압 전기설비용 접지도체 : 6[mm^2] 이상의 연동선
> • 중성점접지용 접지도체 : 16[mm^2] 이상의 연동선(단, 7[kV] 이하의 전로 또는 25[kV] 이하의 특고압 가공전선로일 경우는 6[mm^2] 이상의 연동선 가능)

– 접지도체의 시설 : 지하 0.75[m]부터 지표상 2[m]까지 합성수지관(두께 2[mm] 이상) 또는 이와 동등 이상의 절연 및 강도를 가지는 몰드로 덮을 것

• 보호도체(142.3.2)

– 보호도체의 선정

[기본 단면적]

선도체의 단면적 S([mm^2], 구리)	보호도체의 최소 단면적([mm^2], 구리)	
	보호도체의 재질	
	선도체와 같은 경우	선도체와 다른 경우
$S \leq 16$	S	$(k_1/k_2) \times S$
$16 < S \leq 35$	16^a	$(k_1/k_2) \times 16$
$S > 35$	$S^a/2$	$(k_1/k_2) \times (S/2)$

k_1 : 선도체에 의해 정해진 k값

k_2 : 나도체에 의해 정해진 k값

a : PEN도체의 최소단면적은 중성선과 동일하게 적용한다.

- 그 밖의 단면적(차단 시간이 5초 이하인 경우)

$$S = \frac{\sqrt{I^2 t}}{k} [\mathrm{mm}^2]$$

I : 보호장치를 통해 흐를 수 있는 예상고장전류[A]
t : 자동차단을 위한 보호장치 동작시간[sec]
[비고] 회로 임피던스에 의한 전류제한 효과와 보호장치의 I2t의 한계를 고려해야 한다.
k : 보호도체, 절연, 기타 부위의 재질 및 초기온도와 최종온도에 따라 정해지는 계수(k값의 계산은 KS C IEC 60364-5-54 부속서 A 참조)

- 보호도체가 케이블의 일부가 아닌 경우, 선도체와 동일 외함에 설치되지 않은 경우
  ⓐ 기계적 보호가 된 것은 구리도체 2.5[mm^2], 알루미늄도체 16[mm^2] 이상
  ⓑ 기계적 보호가 없는 것은 구리도체 4[mm^2], 알루미늄도체 16[mm^2] 이상
- 보호도체의 단면적 보강이 필요한 경우(정상운전상태에서 보호도체에 10[mA] 초과가 흐를 경우) : 구리도체 10[mm^2], 알루미늄도체 16[mm^2] 이상
- 보호도체와 계통도체를 겸용으로 사용하는 경우(PEN도체, 고정된 전기설비에 적용)
  ⓐ 구리도체 10[mm^2], 알루미늄도체 16[mm^2] 이상
  ⓑ 겸용도체(PEN)는 전기설비의 부하측에 시설할 수 없다.
  ⓒ 겸용도체는 보호도체용 단자 또는 부스바에 접속해야 한다.
- 보호도체 또는 보호본딩도체로 사용할 수 없는 금속 부분
  ⓐ 금속 수도관
  ⓑ 가스, 액체, 분말과 같은 잠재적인 인화성 물질을 포함한 금속관
  ⓒ 상시 기계적 응력을 받는 지지 구조물
  ⓓ 가요성 금속배관. 다만, 보호도체의 목적으로 설계된 경우는 예외
  ⓔ 가요성 금속전선관
  ⓕ 지지선, 케이블트레이 및 이와 비슷한 것
- 기타사항
  ⓐ 접속부는 납땜(Soldering)으로 접속해서는 안 된다.
  ⓑ 보호도체에는 어떠한 개폐장치를 연결해서는 안 된다.
  ⓒ 접지에 대한 전기적 감시를 위한 전용장치(동작센서, 코일, 변류기 등)를 설치하는 경우, 보호도체 경로에 직렬로 접속하면 안 된다.

■ 등전위본딩(Equipotential Bonding)(KEC 143 감전보호용 등전위본딩)

- 본딩 : 건축 공간에 있어서 금속도체들을 서로 연결하여 전위를 동일하게 하는 것
- 등전위본딩 : 접촉 가능한 도전성부분(노출 및 계통외도전성 부분) 사이에 동시 접촉한 경우에서도 위험한 접촉전압이 발생하지 않도록 하는 것

종 별	해당 설비	역 할
보호용 등전위본딩	저압전로설비	인체 감전 보호
기능용 등전위본딩	정보통신설비	전위 기준점 확보, EMC 대책
뇌보호용 등전위본딩	뇌보호설비	낙뢰보호, 등전위화

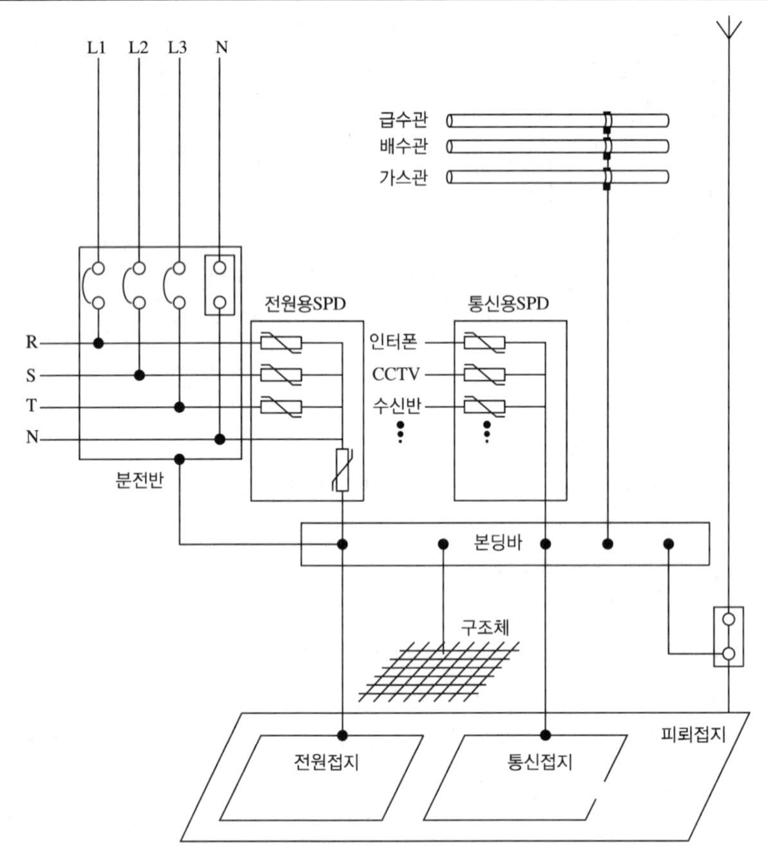

• 저압전로의 등전위본딩(감전 보호용 등전위본딩)

인체 보호를 목적으로 한 보호용 등전위본딩은 감전 방지를 위해 접촉전압을 저감 또는 영(0)으로 하기 위해 실시한다(설비 간 루프 임피던스 저감).

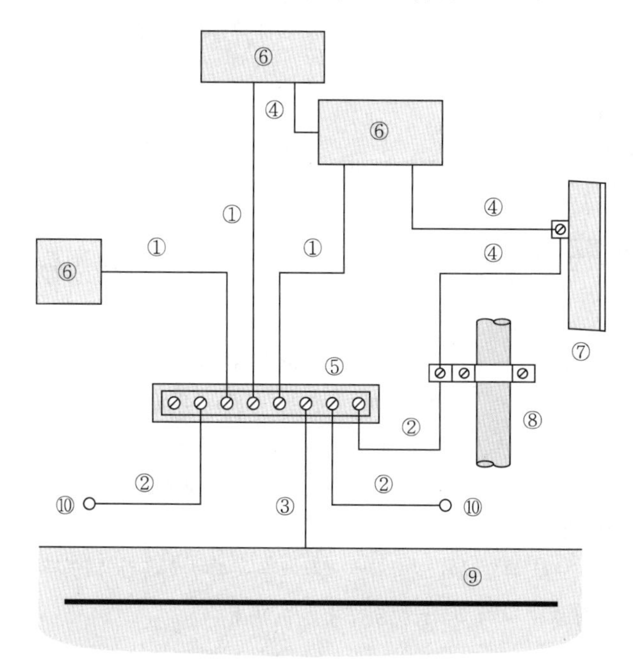

① 보호 도체(PE)
② 주 등전위 본딩용 도체
③ 접지선
④ 보조 등전위 본딩용 도체
⑤ 등전위 본딩 모선 혹은 등전위 본딩 바
⑥ 전기기기의 노출 전도성 부분
⑦ 계통 외 전도성 부분 (빌딩 철골, 금속 더스트)
⑧ 계통 외 전도성 부분 (금속제 수도관, 가스관)
⑨ 접지극
⑩ 전기설비 · 기기 (IT 기기, 뇌보호 설비)

• 주등전위본딩(보호등전위본딩)

건축물 내부 전기설비의 안전상 가장 중요한 사항이며, 계통 외의 도전부를 주접지단자에 접속하여 등전위를 확보할 수 있다.

- 건축물의 외부에서 인입하는 각종 금속제 인입설비의 배관은 최대 단면적을 갖는 배관 부분에서 서로 접속
- 가능한 인입구 부분에서 접속하여야 하며, 건축물 안에서 수도관(상, 하)과 가스관의 배관은 건축물 유입하는 방향의 최초 밸브 후단에서 등전위본딩
- 건축물에서 접지도체, 주접지단자와 다음의 도전성 부분은 등전위본딩(바)에 접속함
  - ⓐ 수도관, 가스관과 같이 건축물로 인입되는 금속관
  - ⓑ 접촉할 수 있는 건축물의 계통외도전부, 금속제 중앙 난방설비
  - ⓒ 철근 콘크리트 금속보강재
- 보호등전위본딩도체 굵기 : 주접지단자에 접속하기 위한 등전위본딩도체는 설비 내에 있는 가장 큰 보호접지도체 단면적의 1/2 이상의 단면적을 가져야 하고 다음의 단면적 이상이어야 한다.
  - ⓐ 구리(Cu)도체 : 6[mm^2]
  - ⓑ 알루미늄(Al)도체 : 16[mm^2]
  - ⓒ 강철도체 : 50[mm^2]

  또한, 25[mm^2] 주접지단자에 접속하기 위한 보호본딩도체의 단면적은 구리도체 25[mm^2]또는 다른 재질의 동등한 단면적을 초과할 필요는 없다.

• 보조등전위본딩(보조 보호등전위본딩)

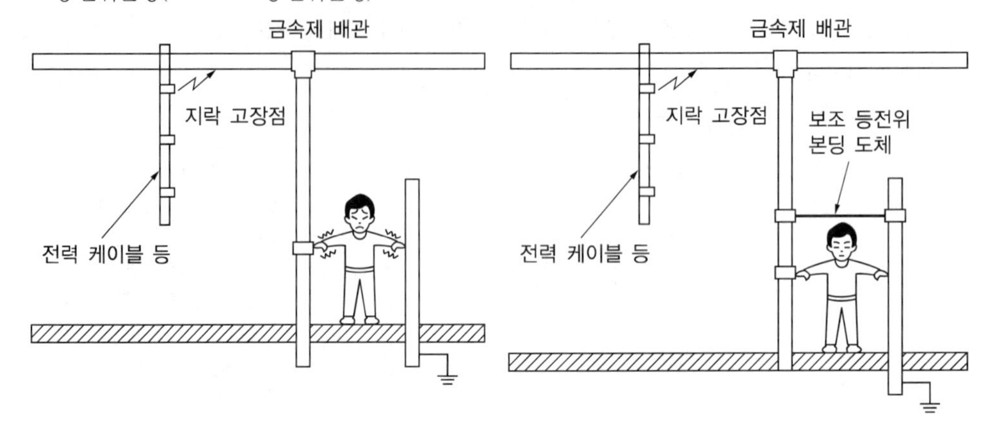

(a) 등전위 본딩이 되어 있지 않은 경우 (b) 등전위 본딩이 되어 있는 경우

고장에 대한 추가 보호대책으로서 화재, 기기의 응력에 대한 보호 등 다른 이유에 의한 전원 차단이 필요한 경우도 포함되며, 설비 전체 또는 일부분, 특정 기기에 적용할 수 있다.

- 전기설비에서 고장이 발생한 경우 계통 차단 조건이 충족되지 않은 경우 보조등전위본딩을 하며, 보조등전위본딩을 실시한 경우에도 전원 차단은 필요
- 주등전위본딩에 대한 보조적인 역할이므로 유효성이 의심되는 경우에는 동시에 접촉될 수 있는 노출도전부와 계통외도전부 사이의 전기저항이 다음 조건을 충족하여야 한다.

  교류계통 : $R \le \dfrac{50[\mathrm{V}]}{I_a}[\Omega]$

  직류계통 : $R \le \dfrac{120[\mathrm{V}]}{I_a}[\Omega]$

  I_a : 보호장치의 동작전류[A]
  (누전차단기의 경우 정격감도전류, 과전류차단기의 경우 5초 이내에 작동하는 전류)
  ※ 교류 50[V], 직류 120[V]는 특별저압전원(ELV ; Extra Low Voltage) 기준임
- 건축물 구성부재인 계통외도전성 부분은 다음의 경우 보조등전위본딩을 실시
  ⓐ 욕조 또는 샤워욕조가 설치된 장소의 설비
  ⓑ 수영풀장 또는 기타 욕조가 설치된 장소의 설비
  ⓒ 농업 및 원예용 전기설비
  ⓓ 이동식 숙박차량 또는 정박지의 전기설비
  ⓔ 피뢰설비 등
- 보조 보호등전위본딩 도체 굵기
  ⓐ 두 개의 노출도전부를 접속하는 경우 도전성은 노출도전부에 접속된 더 작은 보호도체의 도전성보다 커야 한다.
  ⓑ 노출도전부를 계통외도전부에 접속하는 경우 도전성은 같은 단면적을 갖는 보호도체의 1/2 이상이어야 한다.

ⓒ 케이블의 일부가 아닌 경우 또는 선로도체와 함께 수납되지 않은 본딩도체는 다음 값 이상이어야 한다.

- 기계적 보호가 된 것은 구리도체 2.5[mm^2], 알루미늄도체 16[mm^2]
- 기계적 보호가 없는 것은 구리도체 4[mm^2], 알루미늄도체 16[mm^2]

– 비접지 국부등전위본딩 : 절연성 바닥으로 된 비접지장소에서 다음의 경우 국부등전위본딩을 하여야 한다.

ⓐ 전기설비 상호 간이 2.5[m] 이내인 경우

ⓑ 전기설비와 이를 지지하는 금속체 사이

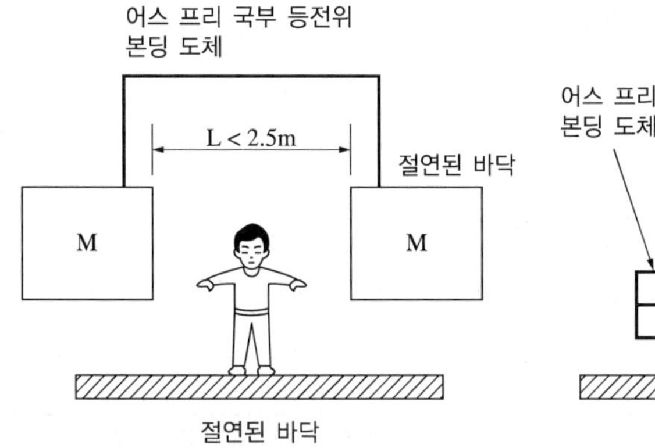

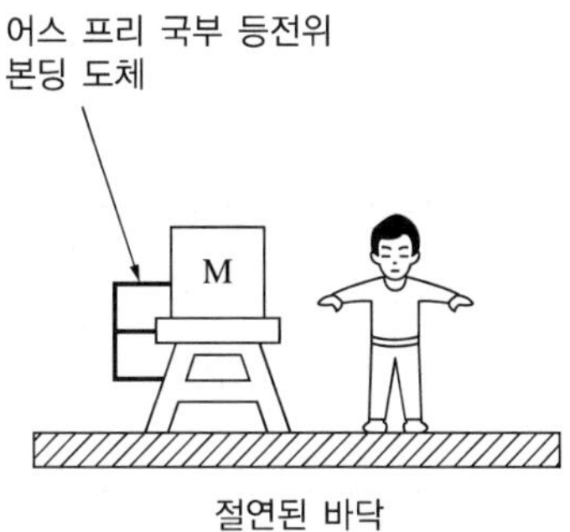

– 저압 전원계통 등전위본딩(높은 수준으로 내용 생략)

■ 저압 전기설비 감전 보호대책 추가(KEC 211)

지금까지 기준이 되었던 접지저항의 값보다는 설비고장 시 인체에서 발생되는 접촉저항(R_{Body})을 안전 한계전압(Safety Voltage) 교류 50[V](직류일 경우 120[V]) 이하로 낮추도록 규정이 변경되었다.

($50 \geq I_g \times R_b$, 여기서 I_g : 사고전류, 지락전류, R_b : 인체 접촉저항)

※ 안전 한계전압(건조상태 시 약 50[V](전압밴드I), 수분 고려 시 약 25[V](전압밴드II)

- 건축 전기설비의 전압밴드(KS C IEC 60449)
  - 전압밴드I : 전압값의 특정 조건에 이해 감전 보호를 실시하는 경우의 설비
    기능상의 이유(전기통신, 신호, 레벨, 제어, 경호설비 등)에 의해 전압을 제한하는 설비
  - 전압밴드II : 가정용, 상업용 및 공업용 설비에 공급하는 전압, 국가의 공공 배전계통전압
- 직류 전압밴드

전기설비의 정격전압 U[V]	접지계통		비접지 또는 비유효접지
	대지 간	선로 간	선로 간
I	$U \leq 120$	$U \leq 120$	$U \leq 120$
II	$120 < U \leq 900$	$120 < U \leq 1,500$	$120 < U \leq 1,500$

• 교류 전압밴드

전기설비의 정격전압 U[V]	접지계통		비접지 또는 비유효접지
	대지 간	선로 간	선로 간
Ⅰ	$U \leq 50$	$U \leq 50$	$U \leq 50$
Ⅱ	$50 < U \leq 600$	$50 < U \leq 1{,}000$	$50 < U \leq 1{,}000$

그러한 안전 한계전압을 구축, 유지하기 위해서 등전위본딩, 보조등전위본딩을 실시해야 한다.

• 전압밴드

설비 규정은 특히 감전 보호를 다루는 방법 적용에 관해서는 그 사용전압값에 의존하는 바가 크다. 실무적으로 발생할 수 있는 각 개별 전압값을 고려한 것은 불가능하며 필요도 없기 때문에 각각의 특정 전압밴드에 대한 공통의 요구사항을 규정하였다. 이 권고사항은 그러한 전압밴드를 일률적으로 구분하는 기초를 제공할 것을 목적으로 한다.

■ 고장 시의 전원의 자동차단(KEC 211.2.3)

저압 전기회로에서 선도체와 노출도전부, 선도체와 보호도체 사이에 고장이 발생한 경우에는 다음에 규정된 시간 이내에 차단되어야 한다.

[보호장치의 최대차단시간]

공칭전압 (대지전압)	고장 시 최대차단시간[sec]					
	32[A] 이하의 분기회로				32[A] 초과 분기회로 배전회로	
	교 류		직 류			
	TN	TT	TN	TT	TN	TT
50[V] 초과 120[V] 이하	0.8	0.3	–	–	5	1
120[V] 초과 230[V] 이하	0.4	0.2	5	0.4		
230[V] 초과 400[V] 이하	0.2	0.07	0.4	0.2		
400[V] 초과	0.1	0.04	0.1	0.1		

• TN계통

– $Z_s \times I_a \leq U$[V]의 조건을 만족시킬 수 없는 경우 보조등전위본딩을 실시해야 한다.

Z_s[Ω] : 고장 시의 회로의 전체 임피던스 = 루프 임피던스
I_a[A] : 차단기의 동작전류
U[V] : 공칭전압(대지전압)

– 보호장치 : 과전류차단기, 누전차단기
– TN-C계통에서는 누전차단기를 사용할 수 없다.
– TN-C-S계통에서 누전차단기 설치 시 보호도체와 PEN도체의 접속은 전원측에서 한다(누전차단기의 부하측에는 PEN도체를 사용할 수 없다).

- TT계통
  - $R_A \times I_{\Delta n} \leq 50[\mathrm{V}]$의 조건을 만족시킬 수 없는 경우 보조등전위본딩을 실시해야 한다.

    $R_A[\Omega]$: 노출도전부에 접속된 보호도체와 해당 접지극 저항의 합
    $I_{\Delta n}[\mathrm{A}]$: 누전차단기의 정격동작전류
  - 보호장치 : 과전류차단기, 누전차단기
- IT계통

  노출도전부는 개별 또는 집합적으로 접지해야 하며, 다음 조건을 만족해야 한다(고장전류가 매우 작다).
  - 직류 : $R_A \times I_d \leq 120[\mathrm{V}]$
  - 교류 : $R_A \times I_d \leq 50[\mathrm{V}]$

    $R_A[\Omega]$: 노출도전부에 접속된 보호도체와 해당 접지극 저항의 합
    $I_d[\mathrm{A}]$: 1차 고장이 발생했을 때의 고장전류
  - 보호장치 : 절연감시장치(음향, 시각 장치 포함), 누설전류 감시장치, 절연고장점 검출장치, 과전류차단기, 누전차단기

■ 절연저항

- 개정 전(전기설비기술기준 제52조)

사용전압	대지전압(상전압)	절연저항	예시전압
400[V] 미만	150[V] 이하	0.1[MΩ] 이상	110[V]
	150[V] 초과 300[V] 이하	0.2[MΩ] 이상	220[V]
	300[V] 초과 400[V] 미만	0.3[MΩ] 이상	380[V]
400[V] 이상	400[V] 이상	0.4[MΩ] 이상	440[V]

- 절연저항 개정 이유(대표적 3가지)
  - 최소감지전류는 인체에 통전되었을 경우에 그 통전을 인간이 감지할 수 있는 최소의 전류이다. 계통, 설비의 사고 시 이러한 최고감지전류(누설전류)를 감소시키기 위함(즉, 안전에 더욱더 강한 규정을 적용하기 위함)

    $$\text{최소감지전류}(I_g) = \frac{V(\text{대지전압})}{R(\text{절연저항})} = \frac{220}{0.2 \times 10^6} = 1.1[\mathrm{mA}]$$

    일반적으로 성인 남자가 느끼는 최소감지전류는 1[mA]로 알려져 있다. 이러한 절연저항값을 개선(상향 조정)하여 최소감지전류를 더 작게 형성하게 되면 보다 안전에 효과적인 시스템을 구축할 수 있다.
  - 절연저항값은 측정을 통해 얻게 되는데, 이러한 측정에 사용되는 시험전압은 DC 500[V]를 기준(절연저항계 DC 500[V])으로 하고 있음. 하지만 이러한 시험전압 500[V]를 측정 대상이 되는 기기에 인가하면 대상 기기가 소손되는 사례가 많이 발생되었다(특히 PCB 등과 같은 기판을 사용하는 기기의 경우 이러한 사고가 빈번히 발생하였다. 편법이지만 실무에서는 기판을 사용하는 기기에는 DC 250[V] 절연저항계를 사용하고 있다. 하지만 이는 기존 시험전압 규정 500[V]와 상이하므로 행정과 실무의 큰 괴리를 보이고 있다).
  - 국제 표준에 따라 절연저항값을 상향 조정하여 안전에 대한 표준을 보다 엄격하게 적용하였다.

• 개정 후(전기설비기술기준 제52조)

사용전압	DC 시험전압	절연저항	비 고
SELV 및 PELV	DC 250[V]	0.5[MΩ] 이상	PCB와 같은 기판을 사용하는 부하
FELV, 500V 이하	DC 500[V]	1.0[MΩ] 이상	AC 220[V], 380[V] 등
500V 초과	DC 1,000[V]	1.0[MΩ] 이상	

"특별저압(ELV ; Extra Low Voltage)"이란 인체에 위험을 초래하지 않을 정도의 저압(전압밴드I의 상한값인 교류 50[V] 이하, 직류 120[V] 이하)을 말한다. 여기서 SELV(Safety Extra Low Voltage)는 비접지회로, PELV(Protective Extra Low Voltage)는 접지회로이며, 1차와 2차가 전기적으로 절연된 상태이다. FELV(Functional Extra Low Voltage)는 1차와 2차가 전기적으로 절연되지 않은 회로를 말한다.

- Safety : 전원계통이 델타결선된 경우(비접지회로) 지락사고 시 지락전류가 매우 작다. → 안전한 회로
- Protective : 전원계통이 접지되어 지락사고 시 지락전류가 매우 크다. → 전기적으로 보호해 줘야 하는 회로

[주] 측정 시 영향을 주거나 손상을 받을 수 있는 SPD(Surge Protective Device, 서지보호장치) 또는 기타 기기 등은 측정 전에 분리시켜야 하고, 부득이하게 분리가 어려운 경우에는 시험전압은 250[V] DC로 낮추어 측정할 수 있지만 절연저항값은 1[MΩ] 이상이어야 한다(∵ 500[V] DC의 절연저항계로 측정할 경우 시험(측정)전압을 이상전압으로 판단할 수 있다).

■ 전력 간선의 허용전압강하 변경(KEC 232.3.9)

• 개정 전(전선길이 60[m]를 초과하는 경우의 전압강하)

공급변압기의 2차측 단자 또는 인입선 접속점에서 최원단부하에 이르는 전선 사이의 전선 길이	허용전압강하[%]	
	사용장소 안에 시설한 전용 변압기에서 공급하는 경우	전기사업자로부터 저압으로 전기를 공급받는 경우
120[m] 이하	5[%] 이하	4[%] 이하
200[m] 이하	6[%] 이하	5[%] 이하
200[m] 초과	7[%] 이하	6[%] 이하

예 22.9[kV]의 특고압을 직접 수전하는 빌딩의 수변전설비실(변압기 2차측)에서 최원단부하에 이르는 전선 사이의 전선 길이가 150[m]일 경우 6[%] 이하로 허용전압강하를 유지해야 한다.

• 개정 후(수용가 설비의 전압강하)

설비의 유형	조명[%]	기타[%](+ 동력부하)
A : 저압으로 수전하는 경우	3[%] 이하	5[%] 이하
B : 고압 이상으로 수전하는 경우[a]	6[%] 이하	8[%] 이하

a : 가능한 한 최종회로 내의 전압강하가 A유형의 값을 넘지 않도록 하는 것이 바람직하다. 사용자의 배선설비가 100[m]를 넘는 부분의 전압강하는 미터당 0.005[%] 증가할 수 있으나 이러한 증가분은 0.5[%]를 넘지 않아야 한다.

예 22.9[kV]의 특고압으로 수전하며, 사용자의 조명배선설비가 120[m]인 경우
기본조명 6[%] + (20[m](100[m] 초과분) × 0.005) = 6 + 0.1 = 6.1[%] 이하로 시설

- 더 큰 전압강하를 허용할 수 있는 경우
  - 기동시간 중의 전동기
  - 돌입전류가 큰 기타 기기
- 고려하지 않아도 되는 일시적인 조건
  - 과도과전압
  - 비정상적인 사용으로 인한 전압변동

■ 분기차단기 설치 위치 변경(예외 규정 신설)

- 개정 전(내선규정 3315-4, 분기회로의 개폐기 및 과전류차단기의 시설)
  - 기준 : 분기점에서 전선의 길이가 3[m] 이하의 장소에 개폐기 및 과전류차단기를 시설하여야 한다.
  - 분기선의 허용전류 ≥ $0.35 \times B_1$(B_1 정격전류의 35[%]) : 8[m] 이내에 설치

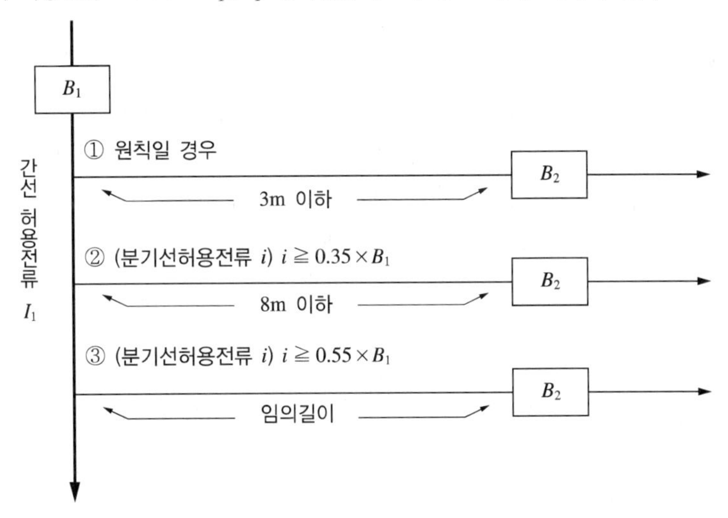

  - 분기선의 허용전류 ≥ $0.55 \times B_1$(B_1 정격전류의 55[%]) : 3[m]를 초과하는 임의의 장소에 설치
- 개정 후(KEC 212.4.2 과부하 보호장치의 설치 위치)
  - 거리에 관계없이 설치 가능한 경우 : 분기회로(S_2)에 즉, 분기점(O)과 과부하 보호장치(P_2) 사이에 다른 분기회로 또는 콘센트 접속이 없고, 단락보호(P_2 동작으로 인한 P_1의 영향이 없어야 함)가 이루어지고 있는 경우

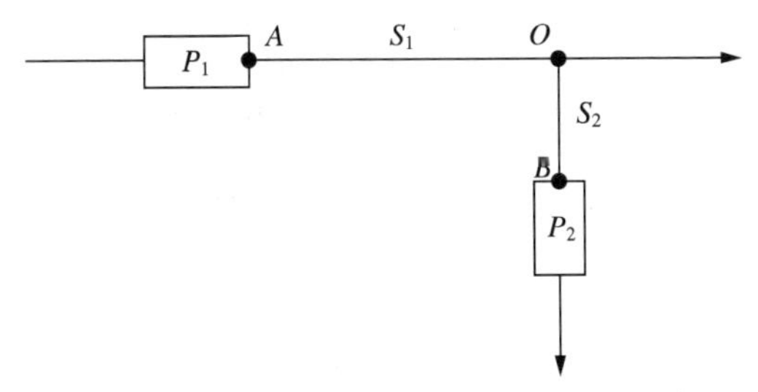

[분기회로(S_2)의 분기점(O)에 설치되지 않은 분기회로 과부하 보호장치(P_2)]

– 3[m] 이내에 시설해야 하는 경우 : 분기회로(S_2)에 즉, 분기점(O)과 과부하 보호장치(P_2) 사이에 다른 분기회로 또는 콘센트 접속이 없고, 단락의 위험과 화재 및 인체에 대한 위험성이 최소화되도록 시설된 경우

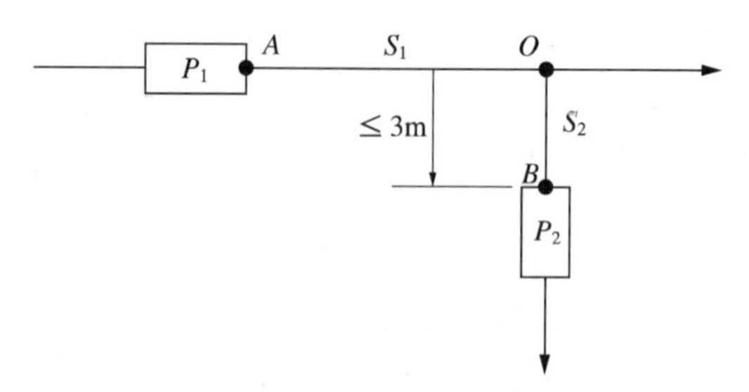

[분기회로(S_2)의 분기점(O)에서 3[m] 이내에 설치된 과부하 보호장치(P_2)]

■ 케이블 등의 단락전류(KEC 212.5.5)

회로의 임의의 지점에서 발생한 모든 단락전류는 케이블 및 절연도체의 허용온도를 초과하지 않는 시간 내에 차단되도록 해야 한다. 단락지속시간이 5초 이하인 경우, 통상 사용조건에서의 단락전류에 의해 절연체의 허용온도에 도달하기까지의 시간 t는 다음 식과 같이 계산할 수 있다.

$$t = \left(\frac{kS}{I}\right)^2$$

t : 단락전류 지속시간[sec]
S : 도체의 단면적[mm^2]
I : 유효단락전류[A, rms]
k : 도체 재료의 저항률, 온도계수, 열용량, 해당 초기온도와 최종온도를 고려한 계수

■ 차단기 용량선정 방법 변경(KEC 212.6.3)

• 개정 전(2가지 방법 중 작은 값 = 경제적인 값)
 – 동력부하의 정격전류가 50[A] 이하일 경우 1.25배, 50[A] 초과일 경우 1.1배를 곱한 허용전류 I_0를 구한다. 이러한 허용전류의 2.5배를 곱해서 나온 값
 – 전동기 정격전류에 3배를 곱한 값

• 개정 후(전동기의 특성, 기동방식에 따른 용량 산정)
 허용전류 I_0를 구하는 규정은 여전히 존재한다. 하지만 이를 통해 차단기 용량을 선정하는 방법이 개정됨. 차단기 동작특성표(매뉴얼)를 참조하여 기동전류와 기동시간 안에 트립되지 않는 범위의 차단기를 선정하는 것이 중요하다.

■ 피뢰설비(KEC 150)

- 적용범위(KEC 151.1)
  전기전자설비가 설치된 건축물·구조물로서 낙뢰로부터 보호가 필요한 것 또는 지상으로부터 높이가 20[m] 이상인 것
- 외부피뢰시스템(KEC 152)
  - 수뢰부시스템
    ⓐ 돌침, 수평도체, 메시도체의 요소 중에 한 가지 또는 이를 조합한 형식으로 시설하여야 한다.
    ⓑ 지상으로부터 높이 60[m]를 초과하는 건축물·구조물에 측뢰 보호가 필요한 경우에는 수뢰부시스템을 시설하여야 한다. 전체 높이 60[m]를 초과하는 건축물·구조물의 최상부로부터 20[%] 부분에 한하며, 피뢰시스템 등급 IV의 요구사항에 따른다.

> 피뢰설비의 등급
> 피뢰시스템의 특성은 보호대상 구조물의 특성과 고려되는 피뢰레벨에 따라 결정되며, 피뢰시스템의 네 개의 등급은 KS C IEC 62305-1에 정의된 피뢰레벨과 일치한다. 피뢰시스템의 등급과 관계있는 데이터는 다음과 같다.
> - 뇌파라미터(KS C IEC 62305-1 의 표3, 4
> - 회전구체의 반경, 메시(Mesh)의 크기 및 보호각
> - 인하도선사이 및 환상도체사이의 전형적인 최적거리
> - 위험한 불꽃방전에 대비한 이격거리
> - 접지극의 최소길이
>
> **[피뢰레벨 및 피뢰시스템의 등급]**

피뢰레벨	피뢰시스템의 등급
I	I
II	II
III	III
IV	IV

    ⓒ 지붕 마감재가 높은 가연성 재료로 된 경우 지붕재료와 초가지붕 또는 이와 유사한 경우 0.15[m] 이상, 다른 재료의 가연성 재료인 경우 0.1[m] 이상 이격하여 시설한다.
  - 인하도선시스템(건축물·구조물과 분리되지 않은 피뢰시스템인 경우)
    ⓐ 인하도선의 수는 2가닥 이상으로 한다.
    ⓑ 병렬 인하도선의 최대 간격은 피뢰시스템 등급에 따라 I·II 등급은 10[m], III 등급은 15[m], IV 등급은 20[m]로 한다.
    ⓒ 철근콘크리트 구조물의 철근을 자연적구성부재의 인하도선으로 사용하기 위해서는 해당 철근 전체 길이의 전기저항값은 0.2[Ω] 이하가 되어야 한다.
  - 접지극시스템 : 지표면에서 0.75[m] 이상 깊이로 매설하여야 한다.
- 내부피뢰시스템(KEC 153)
  - 전기전자설비 보호 : 전기적 절연, 접지와 본딩(등전위본딩망은 메시폭이 5[m] 이내), 서지보호장치(SPD) 시설
  - 피뢰등전위본딩 : 금속제 설비, 구조물에 접속된 외부 도전성 부분, 내부시스템
  ※ 건축물·구조물에는 지하 0.5[m]와 높이 20[m]마다 환상도체를 설치한다.

한국전기설비규정 예상문제

01

다음 중 전압의 종별과 전압이 올바르게 짝지어진 것은?

① 저압 – AC 1,000[V]
② 고압 - DC 1,200[V]
③ 고압 - DC 1,500[V]
④ 특고압 - AC 7,000[V]

• 정답 • ①

• 해설 •

적용범위(KEC 111.1)

크 기 \ 종 류		현행 (~ 2020.12.31)	개정 (2021.01.01 ~)
저 압	DC	~ 750[V] 이하	~ 1,500[V] 이하
	AC	~ 600[V] 이하	~ 1,000[V] 이하
고 압	DC	750[V] 초과 ~ 7,000[V] 이하	1,500[V] 초과 ~ 7,000[V] 이하
	AC	600[V] 초과 ~ 7,000[V] 이하	1,000[V] 초과 ~ 7,000[V] 이하
특고압	DC, AC	7,000[V] 초과 ~	7,000[V] 초과 ~

02

다음 중 전선의 식별(색상)에 포함되지 않는 것은?(단, L1, L2, L3, N상을 기준으로 한다)

① 갈 색 ② 적 색
③ 회 색 ④ 청 색

• 정답 • ②

• 해설 •

• 개정 전

구 분	A(R)	B(S)	C(T)	N(N)	E(E)
색 상	흑 색	적 색	청 색	백 색	녹 색

• 개정 후(KEC 121.2 전선의 식별)

구 분	L1	L2	L3	N	PE (보호도체)
색 상	갈 색	흑 색	회 색	청 색	녹색–노란색

03

다음 중 보호도체(PE)의 식별(색상)로 옳은 것은?

① 흑색–갈색
② 청색–녹색
③ 녹색–노란색
④ 노란색–백색

• 정답 • ③

• 해설 •

• 개정 전

구 분	A(R)	B(S)	C(T)	N(N)	E(E)
색 상	흑 색	적 색	청 색	백 색	녹 색

• 개정 후(KEC 121.2 전선의 식별)

구 분	L1	L2	L3	N	PE (보호도체)
색 상	갈 색	흑 색	회 색	청 색	녹색–노란색

04

(특)고압계통의 접지극과 저압계통의 접지극의 등전위 형성을 위해 시설하는 접지 방법으로 알맞은 것은?(단, 통신, 피뢰시스템은 별로도 접지하는 것으로 가정한다)

① 독립접지 ② 단독접지
③ 통합접지 ④ 공통접지

• 정답 • ④

• 해설 •

접지시스템의 구분 및 종류(KEC 141

- 단독접지 : (특)고압계통의 접지극과 저압계통의 접지극을 각각 독립적으로 시설하는 방법
- 공통접지 : (특)고압계통의 접지극과 저압계통의 접지극의 등전위 형성을 위해 공통으로 시설하는 방법
- 통합접지 : 계통, 보호, 피뢰시스템, 통신 계통의 접지극을 통합하여 시설하는 방법

05

다음 중 통합 접지 시스템의 모형으로 옳지 않은 것은?

①
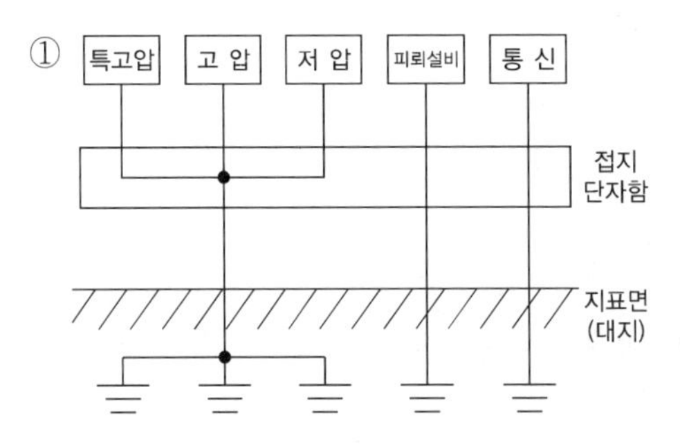

②
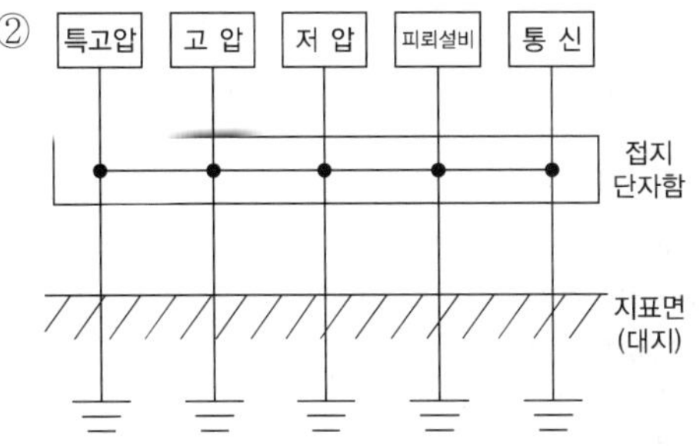

③ ④
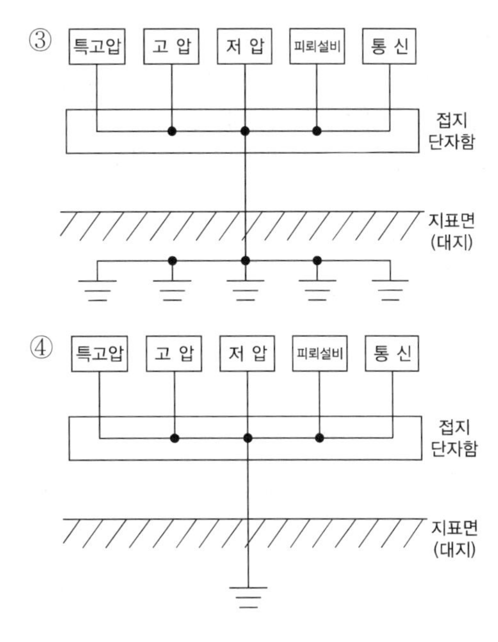

• 정답 • ①

• 해설 •

접지시스템의 구분 및 종류(KEC 141)

①은 공통접지시스템의 모형이다.

06

다음 중 보호도체의 약호로 옳은 것은?

① N ② E
③ S ④ PE

• 정답 • ④

• 해설 •

접지도체 · 보호도체(KEC 142.3)

보호도체(PE ; ProtEctive Conductor or Protective Earthing)
: 인체 감전에 대한 보호, 안전을 목적으로 하는 도체 전선
예 부하에서부터 접지단자 접속함까지 연결되는 접지 전선

07

지중에 매설되어 있는 금속체 수도관로를 각종 접지공사의 접지극으로 사용하려면 대지와의 전기저항값이 몇 [Ω] 이하의 값을 유지하여야 하는가?

① 1[Ω] ② 2[Ω]
③ 3[Ω] ④ 4[Ω]

• 정답 • ③

• 해설 •

접지극의 시설 및 접지저항(KEC 142.2)
수도관 등을 접지극으로 사용하는 경우
• 지중에 매설되어 있고 대지와의 전기저항값이 3[Ω] 이하의 값을 유지하고 있는 경우 접지극으로 사용이 가능하다.

08

고압 이상의 전기설비와 변압기 중성점접지에 의하여 시설하는 접지극의 매설 깊이는 지표면으로부터 몇 [m] 이상이어야 하는가?

① 0.5[m] ② 0.75[m]
③ 1.0[m] ④ 1.2[m]

• 정답 • ②

• 해설 •

접지극의 시설 및 접지저항(KEC 142.2)
• 접지극은 매설하는 토양을 오염시키지 않아야 하며, 가능한 다습한 부분에 설치한다.
• 접지극은 동결 깊이를 감안하여 시설하되 고압 이상의 전기설비와 변압기 중성점접지에 의하여 시설하는 접지극의 매설깊이는 지표면으로부터 지하 0.75[m] 이상으로 한다.

09

큰 고장전류가 접지도체를 통하여 흐르지 않을 경우 접지도체 구리(Cu)의 최소 단면적[mm^2]으로 옳은 것은?

① 6[mm^2] ② 16[mm^2]
③ 24[mm^2] ④ 50[mm^2]

• 정답 • ①

• 해설 •

접지도체 · 보호도체(KEC 142.3)
접지도체의 선정
• 큰 고장전류가 접지도체에 흐르지 않을 경우
 – 구리 : 6[mm^2] 이상
 – 철제 : 50[mm^2] 이상

10

접지도체에 피뢰시스템이 접속되는 경우, 접지도체 구리(Cu)의 최소 단면적[mm^2]으로 옳은 것은?

① 16[mm^2] ② 17.5[mm^2]
③ 35[mm^2] ④ 70[mm^2]

• 정답 • ①

• 해설 •

접지도체 · 보호도체(KEC 142.3)
피뢰시스템 접지 시
• 구리 : 16[mm^2] 이상
• 철제 : 50[mm^2] 이상

11

접지도체를 합성수지관(두께 2[mm] 이상) 또는 이와 동등 이상의 절연 및 강도를 가지는 몰드로 보호할 경우 지표상으로부터 몇 [m]까지 시설해야 하는가?

① 1.8[m]　　② 2.0[m]
③ 2.4[m]　　④ 3.0[m]

• 정답 • ②

• 해설 •

접지도체(KEC 142.3.1)

접지도체는 지하 0.75[m]부터 지표상 2[m]까지 합성수지관(두께 2[mm] 이상) 또는 이와 동등 이상의 절연 및 강도를 가지는 몰드로 덮을 것

12

공통접지공사 적용 시 선도체의 단면적이 16[mm²]인 경우 보호도체(PE)에 적합한 단면적은?(단, 보호도체의 재질이 선도체와 같은 경우이다)

① 4[mm²]　　② 6[mm²]
③ 10[mm²]　　④ 16[mm²]

• 정답 • ④

• 해설 •

보호도체(KEC 142.3.2)

보호도체의 선정

• 기본 단면적

선도체의 단면적 S ([mm²], 구리)	보호도체의 최소 단면적([mm²], 구리)	
	보호도체의 재질	
	선도체와 같은 경우	선도체와 다른 경우
$S \le 16$	S	$(k_1/k_2)\times S$
$16 < S \le 35$	16^a	$(k_1/k_2)\times 16$
$S > 35$	$S^a/2$	$(k_1/k_2)\times(S/2)$

k_1 : 선도체에 의해 정해진 k값
k_2 : 나도체에 의해 정해진 k값
a : PEN도체의 최소단면적은 중성선과 동일하게 적용한다.

13

선도체의 단면적이 구리(Cu) 35[mm²]일 경우, 이와 동일한 구리(Cu)로 보호도체를 시설하고자 할 때 구리(Cu)의 최소 단면적[mm²]은?

① 16[mm²]　　② 17.5[mm²]
③ 35[mm²]　　④ 70[mm²]

• 정답 • ①

• 해설 •

보호도체(KEC 142.3.2)

보호도체의 선정

• 기본 단면적

선도체의 단면적 S ([mm²], 구리)	보호도체의 최소 단면적([mm²], 구리)	
	보호도체의 재질	
	선도체와 같은 경우	선도체와 다른 경우
$S \le 16$	S	$(k_1/k_2)\times S$
$16 < S \le 35$	16^a	$(k_1/k_2)\times 16$
$S > 35$	$S^a/2$	$(k_1/k_2)\times(S/2)$

k_1 : 선도체에 의해 정해진 k값
k_2 : 나도체에 의해 정해진 k값
a : PEN도체의 최소단면적은 중성선과 동일하게 적용한다.

14

자동차단을 위한 보호장치의 동작시간이 5초 이하인 경우 보호도체의 단면적 관계식으로 알맞은 것은?

① $S = \dfrac{\sqrt{I^2 t}}{k}$[mm²]

② $S = \dfrac{\sqrt{I t^2}}{k}$[mm²]

③ $S = \dfrac{\sqrt{I^2}}{tk}$[mm²]

④ $S = \dfrac{k}{\sqrt{I^2 t}}$[mm²]

• 정답 • ①

• 해설 •

보호도체(KEC 142.3.2)

자동차단을 위한 보호장치의 동작시간이 5초 이하인 경우 부호도체의 단면적 관계식 $S=\frac{\sqrt{I^2t}}{k}[\mathrm{mm}^2]$

S : 단면적[mm²]

I : 보호장치를 통해 흐를 수 있는 예상 고장전류 실횻값[A]

t : 자동차단을 위한 보호장치의 동작시간[sec]

k : 보호도체, 절연, 기타 부위의 재질 및 초기온도와 최종온도에 따라 정해지는 계수로 KS C IEC 60364-5-54(저압전기설비-제5-54부 : 전기기기의 선정 및 설치-접지설비 및 보호도체)의 "부속서 A(기본보호에 관한 규정)"에 의한다.

15

전기설비의 정상 운전상태에서 보호도체에 10[mA]를 초과하는 전류가 흐르고 있다. 보호도체가 하나인 경우 구리(Cu)로 전 구간 단면적을 보강한다면 구리(Cu)의 최소 단면적[mm²]은?

① 2.5[mm²]
② 4[mm²]
③ 10[mm²]
④ 16[mm²]

• 정답 • ③

• 해설 •

보호도체의 단면적 보강(KEC 142.3.3)

보호도체의 단면적 보강이 필요한 경우(정상 운전상태에서 보호도체에 10[mA]를 초과하여 흐를 경우) 구리 도체 10[mm²], 알루미늄 도체 16[mm²] 이상

16

주택 등 저압 수용 장소에서 고정 전기설비에 TN-C-S 접지방식으로 접지공사 시 중성선 겸용 보호도체(PEN)를 알루미늄으로 사용할 경우 단면적은 몇 [mm²] 이상이어야 하는가?

① 2.5[mm²] ② 4[mm²]
③ 10[mm²] ④ 16[mm²]

• 정답 • ④

• 해설 •

보호도체와 계통도체 겸용(KEC 142.3.4)

- 보호도체와 계통도체를 겸용하는 겸용도체(중성선과 겸용, 선도체와 겸용, 중간도체와 겸용 등)는 해당하는 계통의 기능에 대한 조건을 만족하여야 한다.
- 겸용도체는 고정된 전기설비에서만 사용할 수 있으며 다음에 의한다.
  - 단면적은 구리 10[mm²] 또는 알루미늄 16[mm²] 이상이어야 한다.
  - 중성선과 보호도체의 겸용도체는 전기설비의 부하측으로 시설하여서는 안 된다.
  - 폭발성 분위기 장소는 보호도체를 전용으로 하여야 한다.

17

주택 등 저압 수용장소에서 계통접지가 TN-C-S 방식인 경우, 중성선 겸용 보호도체(PEN)의 최소 단면적[mm²]으로 옳은 것은?(단, 전기설비는 고정상태이며, 도체는 구리로 가정한다)

① 6[mm²] ② 8[mm²]
③ 10[mm²] ④ 16[mm²]

• 정답 • ③

• 해설 •

주택 등 저압수용장소 접지(KEC 142.4.2)

저압수용장소에서 계통접지가 TN-C-S방식인 경우에 보호도체는 다음에 따라 시설하여야 한다.

- 보호도체의 최소 단면적은 보호도체의 최소 단면적 규정(KEC 142.3.2의 1)에 의한 값 이상으로 한다.
- 중성선 겸용 보호도체(PEN)는 고정 전기설비에만 사용할 수 있고, 그 도체의 단면적이 구리는 10[mm²] 이상, 알루미늄은 16[mm²] 이상이어야 하며, 그 계통의 최고전압에 대하여 절연되어야 한다.

18

감전보호용 등전위본딩의 종류로 옳지 않은 것은?

① 뇌보호용 등전위본딩
② 기능용 등전위본딩
③ 보호용 등전위본딩
④ 단락보호 등전위본딩

• 정답 • ④

• 해설 •

감전보호용 등전위 본딩(Equipotential Bonding)(KEC 143)

- 본딩 : 건축 공간에 있어서 금속도체들을 서로 연결하여 전위를 동일하게 하는 것
- 등전위본딩 : 접촉 가능한 도전성부분(노출 및 계통외도전성 부분) 사이에 동시 접촉한 경우에서도 위험한 접촉전압이 발생하지 않도록 하는 것

종 별	해당 설비	역 할
보호용 등전위본딩	저압전로설비	인체 감전 보호
기능용 등전위본딩	정보통신설비	전위 기준점 확보, EMC 대책
뇌보호용 등전위본딩	뇌보호설비	낙뢰보호, 등전위화

19

보조 보호등전위본딩에서 전원자동차단이 요구하는 최대차단시간을 초과하는 경우 노출도전부와 계통외도전부는 감전보호용 보조 보호등전위본딩을 실시해야 한다. 노출도전부와 계통외도전부의 거리가 몇 [m] 이하일 때 실시하여야 하는가?

① 1.5[m]　　② 2.0[m]
③ 2.5[m]　　④ 3.0[m]

• 정답 • ③

• 해설 •

(143.2.2) 보조 보호등전위본딩

- 보조 보호등전위본딩의 대상은 전원자동차단에 의한 감전보호방식에서 고장 시 자동차단시간이 211.2.3(고장보호의 요구사항)의 3(고장 시 자동차단)에서 요구하는 계통별 최대차단시간을 초과하는 경우이다.
- 위의 차단시간을 초과하고 2.5[m] 이내에 설치된 고정기기의 노출도전부와 계통외도전부는 보조 보호등전위본딩을 하여야 한다.

20

다음이 설명하는 등전위본딩도체의 규정에서 $a \times b$의 값으로 옳은 것은?

> - 주접지단자에 접속하기 위한 등전위본딩도체는 설비 내에 있는 가장 큰 보호접지도체 단면적의 (a) 이상의 단면적을 가져야 하고 다음의 단면적 이상이어야 한다.
> - 노출도전부를 계통외도전부에 접속하는 경우 도전성은 같은 단면적을 갖는 보호도체의 (b) 이상이어야 한다.

① 0.25　　② 0.50
③ 1.00　　④ 1.25

• 정답 • ①

• 해설 •

등전위본딩도체(KEC 143.3)

$a=\frac{1}{2},\ b=\frac{1}{2} \rightarrow \therefore\ a\times b=\frac{1}{4}=0.25$

21

피뢰설비의 적용범위에서 전기전자설비가 설치된 건축물 · 구조물은 지상으로부터 몇 [m] 이상부터 보호해야 하는가?

① 15[m] ② 20[m]
③ 30[m] ④ 40[m]

• 정답 • ②

• 해설 •

적용범위(KEC 151.1)
전기전자설비가 설치된 건축물 • 구조물로서 낙뢰로부터 보호가 필요한 것 또는 지상으로부터 높이가 20[m] 이상인 것

22

다음 중 수뢰부시스템 구성요소 해당하지 않는 것은?

① 돌 침
② 수평도체
③ 메시도체
④ 인하도선

• 정답 • ④

• 해설 •

외부피뢰시스템(KEC 152)
• 수뢰부시스템
- 돌침, 수평도체, 메시도체의 요소 중에 한 가지 또는 이를 조합한 형식으로 시설하여야 한다.

23

수뢰부시스템은 지상으로부터 높이 A[m]를 초과하는 경우 측뢰보호를 해야 한다. 이때 시설 범위는 건축물 · 구조물의 최상부로부터 B[%]이다. A와 B의 값으로 알맞은 것은?

	A	B
①	40[m]	20[%]
②	40[m]	30[%]
③	60[m]	20[%]
④	60[m]	30[%]

• 정답 • ③

• 해설 •

외부피뢰시스템(KEC 152)
지상으로부터 높이 60[m]를 초과하는 건축물 • 구조물에 측뢰 보호가 필요한 경우에는 수뢰부시스템을 시설하여야 한다. 전체 높이 60[m]를 초과하는 건축물 • 구조물의 최상부로부터 20[%] 부분에 한하며, 피뢰시스템 등급 IV의 요구사항에 따른다.

24

건축물 · 구조물과 분리되지 않은 피뢰시스템인 경우 병렬 인하도선의 최대 간격[m]으로 알맞은 것은?(단, 피뢰시스템 등급은 III이라고 가정한다)

① 10[m] ② 15[m]
③ 20[m] ④ 25[m]

• 정답 • ②

• 해설 •

외부피뢰시스템(KEC 152)
• 인하도선시스템
- 인하도선의 수는 2가닥 이상으로 한다.
- 병렬 인하도선의 최대 간격은 피뢰시스템 등급에 따라 I • II 등급은 10[m], III 등급은 15[m], IV 등급은 20[m]로 한다.

25

피뢰등전위본딩의 일반사항에서 피뢰시스템의 등전위화를 위해 접속되는 설비로 옳지 않은 것은?

① 내부시스템
② 금속제 설비
③ 서지보호장치
④ 구조물에 접속된 외부도전성 부분

• 정답 • ③

• 해설 •

피뢰등전위본딩(KEC 153.2)

피뢰시스템의 등전위화는 다음과 같은 설비들을 서로 접속함으로써 이루어진다.

- 금속제 설비
- 구조물에 접속된 외부 도전성 부분
- 내부시스템

26

피뢰등전위본딩에서 금속제 설비의 등전위본딩을 실시할 경우 건축물 · 구조물에는 지하 몇 [m]와 높이 몇 [m]마다 환상도체를 설치해야 하는가?

	지하[m]	높이[m]
①	0.5	20
②	0.5	25
③	1.0	20
④	1.0	25

• 정답 • ①

• 해설 •

금속제 설비의 등전위본딩(KEC 153.2.2)

건축물 • 구조물에는 지하 0.5[m]와 높이 20[m]마다 환상도체를 설치한다. 다만 철근콘크리트, 철골구조물의 구조체에 인하도선을 등전위본딩하는 경우 환상도체는 설치하지 않아도 된다.

27

다음 표시 기호의 설명으로 옳은 것은?

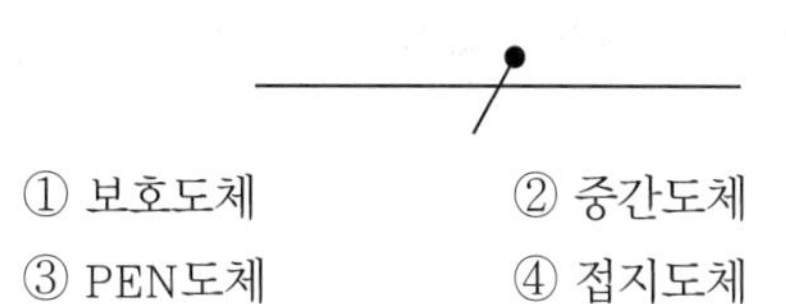

① 보호도체 ② 중간도체
③ PEN도체 ④ 접지도체

• 정답 • ②

• 해설 •

계통접지 구성(KEC 203.1)

기호	설명
	중성선(N), 중간도체(M)
	보호도체(PE)
	중성선과 보호도체겸용(PEN)

28

다음은 계통접지방식의 표현법이다. 문자의 위치에 따른 의미가 잘못 짝지어진 것은?

O	O	-	O
첫 번째 문자	두 번째 문자	-	세 번째 문자

① 첫 번째 문자 – 계통/전원측 변압기와 대지와의 관계/접지 상태

② 두 번째 문자 – 설비/부하의 노출도전성부분과 대지와의 관계/접지 상태

③ 두 번째 문자 – 설비/부하의 외함과 대지와의 관계/접지 상태

④ 세 번째 문자 – 중성선(N)과 접지 도체의 관계

• 정답 • ④

• 해설 •

구 분	영어 단어	의 미
T	Terra	땅, 대지, 흙
N	Neutral	중성선
I	Insulation/Impedance	절연/임피던스
S	Separator	구분, 분리
C	Combine	결 합

첫 번째 문자	두 번째 문자	세 번째 문자
T	N	S
		C
T	T	–
I	T	

• 첫 번째 문자 : 계통/전원측 변압기와 대지와의 관계/접지 상태
• 두 번째 문자 : 설비/부하의 노출도전성부분(외함)과 대지와의 관계/접지 상태
• 세 번째 문자 : 중성선(N)과 보호도체(PE)의 관계

29

다음 중 TN-S 계통의 모형으로 옳지 않은 것은?

①

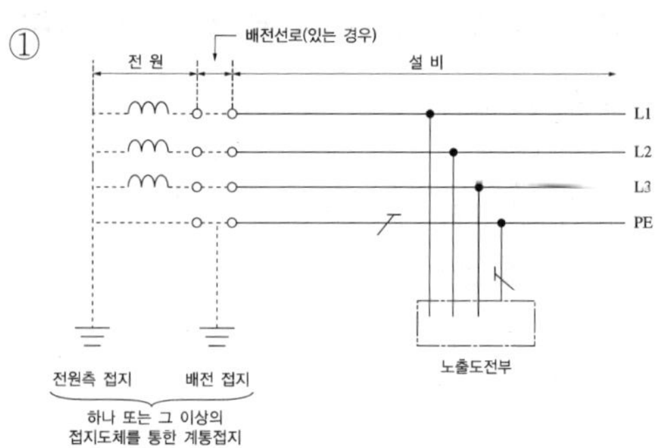

②

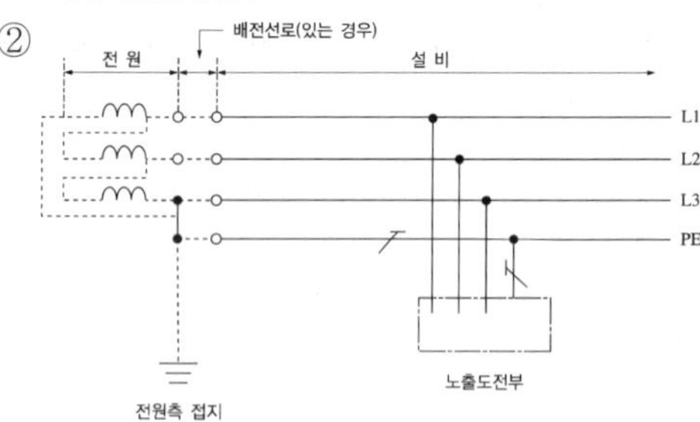

③

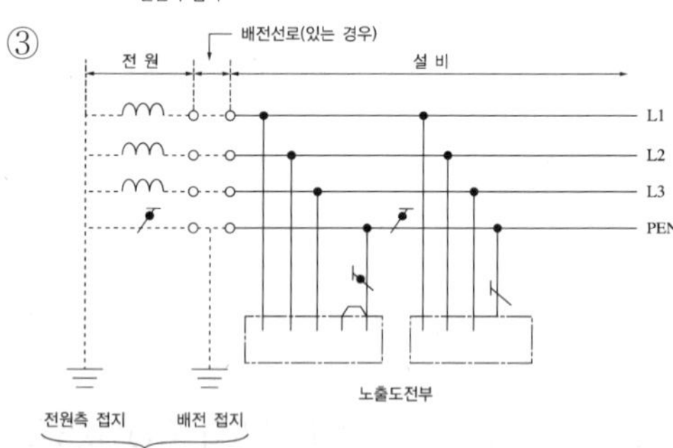

④

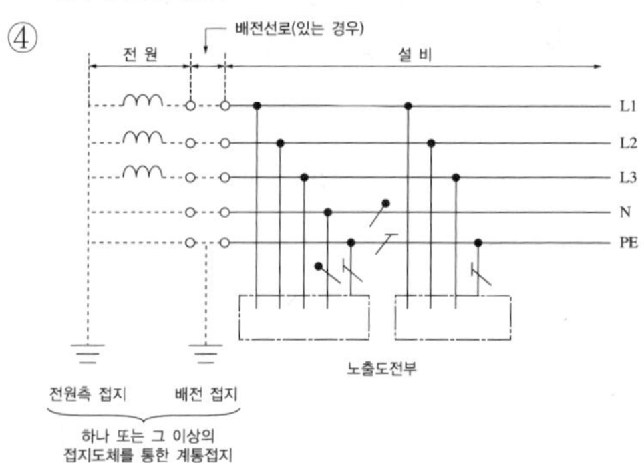

• 정답 • ③

• 해설 •

TN계통(KEC 203.2)
③은 TN-C계통의 모형이다.

30

다음 모형의 계통접지방식을 갖는 시스템의 특징으로 옳지 않은 것은?

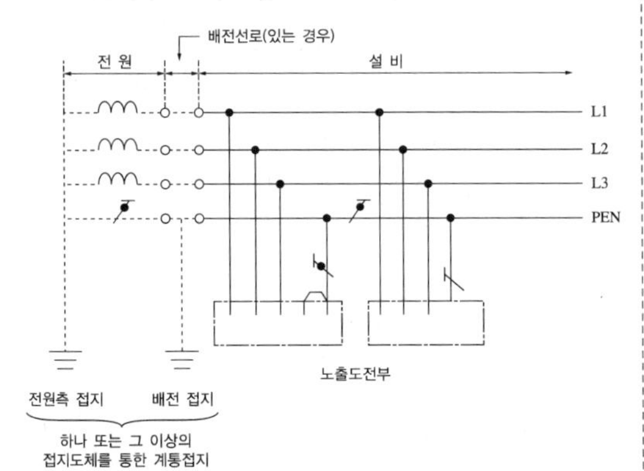

① 우리나라 배전계통에 적용되고 있다.

② 루프(Loop) 임피던스가 작아 고장전류(지락전류)가 큰 단점이 있다.

③ 누전차단기 설치는 불가능, 지락보호용 과전류차단기는 설치 가능하다.

④ 계통 전체에 걸쳐서 중성선과 보호도체를 하나의 도선으로 시설하였다.

• 정답 • ②

• 해설 •

TN계통(KEC 203.2)

②는 TN-S계통의 특징이다.

31

다음 모형의 계통접지시스템이 갖는 특징으로 옳은 것은?

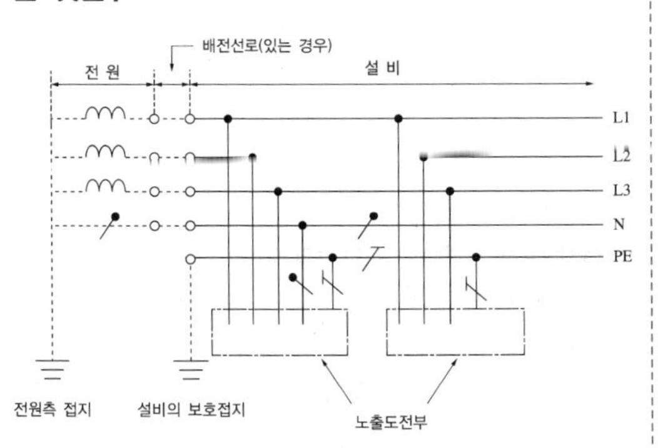

① 수변전실을 갖춘 대형 건축물에서 사용된다.

② 전원계통의 2차측은 중성선과 보호도체를 함께 사용한다.

③ 전원계통의 1차측은 소호리액터접지, 저항접지 등으로 구분할 수 있다.

④ 전기설비(부하) 접지에는 누전차단기(ELB)를 설치해서 인체를 보호해야 한다.

• 정답 • ④

• 해설 •

TT 계통(KEC 203.3)

그림은 TT계통을 나타낸다.

① TN-C-S계통

② TN-C계통

③ IT계통

④ TT계통

32

다음 모형의 접지계통으로 옳은 것은?

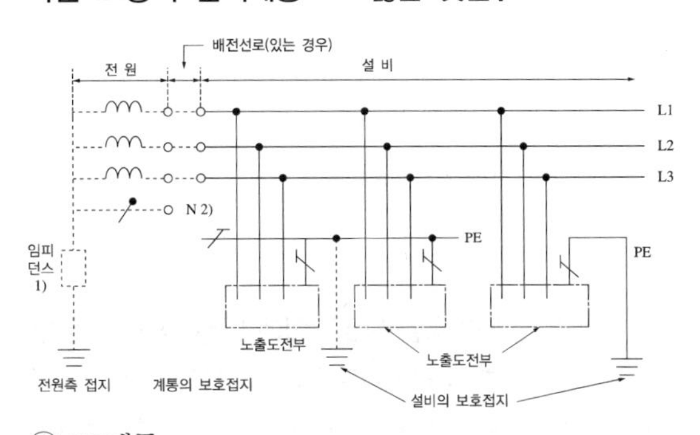

① TT계통

② IT계통

③ TN-C계통

④ TN-C-S계통

• 정답 • ②

• 해설 •

IT계통(KEC 203.4)

주어진 모형은 IT계통접지 구성이다.

33

다음 중 누전차단기(ELB)를 사용할 수 없는 접지계통은?

① TN−S ② TN−C
③ TT ④ IT

• 정답 • ②

• 해설 •

TN계통(KEC 211.2.5)

누전차단기(ELB)의 내부에는 영상변류기(ZCT)가 포함되어 있으며, 중성선(N)에 유입되는 누설전류를 감지하여 동작한다. 하지만 TN−C계통에서는 접지선과 중성선을 동일하게 사용하므로 누전차단기로 유입되는 중성선 전류가 0으로 영상변류기(ZCT)가 동작하지 않는다. 따라서 TN−C계통은 과전류차단기를 통해 사고(고장)전류부터 기기 및 인체를 보호한다. TN−C 계통에는 누전차단기를 사용해서는 아니 된다. TN−C−S 계통에 누전차단기를 설치하는 경우에는 누전차단기의 부하측에는 PEN 도체를 사용할 수 없다. 이러한 경우 PE도체는 누전차단기의 전원측에서 PEN 도체에 접속하여야 한다.

34

다음은 접지계통별 보호장치에 대한 표이다. 일반적인 계통별 보호장치로 옳게 짝지어진 것은?(기기, 인체를 보호하기 위해 반드시 필요한 보호장치를 기준으로 한다. ○ : 설치, × : 미설치)

	접지계통	과전류 차단기	누전 차단기	절연 감시장치
①	TN−C	○	×	×
②	TN−S	×	○	×
③	TT	○	×	○
④	IT	○	○	○

• 정답 • ④

• 해설 •

접지계통별 사용처 및 보호장치(KEC 203)

구 분	특 징
TN계통	• 사용처 : 자가용 배전계통, 빌딩설비, 공장설비 • 보호장치의 종류 − TN-S : 과전류차단기, 누전차단기 − TN-C : 과전류차단기 − TN-C-S : 누전차단기 설치 시 보호도체와 PEN도체의 접속은 전원측에서 한다(누전차단기의 부하측에는 PEN도체를 사용할 수 없다).
TT계통	• 사용처 : 자가용 배전계통, 농장의 전기설비 • 보호장치의 종류 : 과전류차단기, 누전차단기
IT계통	• 사용처 : 병원의 전기설비, 화학공장 전기설비 • 보호장치의 종류 : 절연감시장치(음향, 시각장치 포함), 누설전류 감시장치, 절연고장점 검출장치, 과전류차단기, 누전차단기

35

병원, 반도체 공장, 화학 공장 등과 같이 전원 차단이 이루어지면 안 되는 곳에 적용할 수 있는 접지계통 모형은?

① TN−S ② TN−C
③ TT ④ IT

• 정답 • ④

• 해설 •

접지계통별 사용처 및 보호장치(KEC 203)

- IT계통에서는 다수의 보호장치를 설치하여 전원 차단을 예방, 방지하고 있다.
- 절연감시장치(음향, 시각장치 포함), 누설전류 감시장치, 절연고장점 검출장치, 과전류차단기, 누전차단기

36

감전에 대한 일반적인 보호대책으로 옳지 않은 것은?

① 전원의 자동차단
② 이중절연 또는 강화절연
③ SELV와 FELV에 의한 특별저압
④ 한 개의 전기사용기기에 전기를 공급하기 위한 전기적 분리

• 정답 • ③

• 해설 •

다음의 보호대책을 일반적으로 적용하여야 한다.

- 전원의 자동차단(KEC 211.2)
- 이중절연 또는 강화절연(KEC 211.3)
- 한 개의 전기사용기기에 전기를 공급하기 위한 전기적 분리(KEC 211.4)
- SELV와 PELV에 의한 특별저압(KEC 211.5)
- FELV(Functional Extra Low Voltage)는 기능적 특별저압에 해당한다.

37

1차와 2차가 절연되어 있지 않은 특징을 갖는 특별저압방식은?

① ELV(Extra Low Voltage)
② SELV(Safety Extra Low Voltage)
③ PELV(Protective Extra Low Voltage)
④ FELV(Functional Extra Low Voltage)

• 정답 • ④

• 해설 •

저압전로의 절연성능(기술기준 제52조)

- ELV(Extra Low Voltage) : 2차 전압이 AC 50[V], DC 120[V] 이하의 특별저압
- SELV(Safety Extra Low Voltage) : 1차와 2차가 절연되어 있고, 비접지방식
- PELV(Protective Extra Low Voltage) : 1차와 2차가 절연되어 있고, 접지방식
- FELV(Functional Extra Low Voltage) : 1차와 2차가 절연되어 있지 않은 방식(단권변압기)

38

저압 전기회로에서 선도체와 노출도전부, 선도체와 보호도체 사이에 고장이 발생한 경우 차단시간으로 옳은 것은?(단, TN계통이며, 32[A] 이하의 분기회로, 380[V] 공칭전압이다)

① 0.1초 이내
② 0.2초 이내
③ 0.4초 이내
④ 0.8초 이내

• 정답 • ②

• 해설 •

고장보호의 요구사항(KEC 211.2.3)

[보호장치의 최대차단시간]

<table>
<tr><th rowspan="4">공칭전압
(대지전압)</th><th colspan="6">고장 시 최대차단시간[sec]</th></tr>
<tr><th colspan="4">32[A] 이하의 분기회로</th><th colspan="2" rowspan="2">32[A] 초과
분기회로
배전회로</th></tr>
<tr><th colspan="2">교 류</th><th colspan="2">직 류</th></tr>
<tr><th>TN</th><th>TT</th><th>TN</th><th>TT</th><th>TN</th><th>TT</th></tr>
<tr><td>50[V] 초과
120[V] 이하</td><td>0.8</td><td>0.3</td><td>–</td><td>–</td><td rowspan="4">5</td><td rowspan="4">1</td></tr>
<tr><td>120[V] 초과
230[V] 이하</td><td>0.4</td><td>0.2</td><td>5</td><td>0.4</td></tr>
<tr><td>230[V] 초과
400[V] 이하</td><td>0.2</td><td>0.07</td><td>0.4</td><td>0.2</td></tr>
<tr><td>400[V] 초과</td><td>0.1</td><td>0.04</td><td>0.1</td><td>0.1</td></tr>
</table>

39

TN계통에서 보호장치의 특성과 회로의 임피던스 조건식으로 옳은 것은?(단, $Z_s[\Omega]$: 고장 시의 회로의 전체 임피던스=루프 임피던스, I_a[A] : 차단기의 동작전류, U[V] : 공칭전압(대지전압))

① $Z_s \times U \leq I_a$ ② $Z_s \times U \geq I_a$

③ $Z_s \times I_a \geq U$ ④ $Z_s \times I_a \leq U$

• 정답 • ④

• 해설 •

TN 계통(KEC 211.2.5)

$Z_s \times I_a \leq U_0$

- Z_s : 다음과 같이 구성된 고장루프임피던스[Ω]
  - 전원의 임피던스
  - 고장점까지의 선도체 임피던스
  - 고장점과 전원 사이의 보호도체 임피던스
- I_a : 차단장치 또는 누전차단기를 자동으로 동작하게 하는 전류[A]
- U_0 : 공칭대지전압[V]

40

TT계통에서 누전차단기를 사용하여 고장보호를 하는 경우의 조건식으로 옳은 것은?(단, R_A : 노출도전부에 접속된 보호도체와 접지극 저항의 합[Ω], $I_{\Delta n}$: 누전차단기의 정격동작전류[A])

① $R_A \times I_{\Delta n} \leq 50[V]$

② $R_A \times I_{\Delta n} \geq 50[V]$

③ $R_A \times I_{\Delta n} \leq 120[V]$

④ $R_A \times I_{\Delta n} \geq 120[V]$

• 정답 • ①

• 해설 •

고장보호를 위한 누전차단기 조건(KEC 211.2.6)

$R_A \times I_{\Delta n} \leq 50[V]$

- R_A : 노출도전부에 접속된 보호도체와 접지극 저항의 합[Ω]
- $I_{\Delta n}$: 누전차단기의 정격동작전류[A]

41

IT계통에서 만족해야 하는 조건식으로 옳은 것은?(단, R_A : 접지극과 노출도전부에 접속된 보호도체 저항의 합, I_d : 하나의 선도체와 노출도전부 사이에서 무시할 수 있는 임피던스로 1차 고장이 발생했을 때의 고장전류[A]로 전기설비의 누설전류와 총 접지임피던스를 고려한 값)

① 교류계통 $R_A \times I_d \leq 50[V]$

② 교류계통 $R_A \times I_d \leq 120[V]$

③ 직류계통 $R_A \times I_d \geq 50[V]$

④ 직류계통 $R_A \times I_d \geq 120[V]$

• 정답 • ①

• 해설 •

IT계통(KEC 221.2.7)

- 노출도전부 또는 대지로 단일고장이 발생한 경우에는 고장전류가 작기 때문에 제2의 조건을 충족시키는 경우에는 211.2.3의 3에 따른 자동차단이 절대적 요구사항은 아니다. 그러나 두 곳에서 고장발생시 동시에 접근이 가능한 노출도전부에 접촉되는 경우에는 인체에 위험을 피하기 위한 조치를 하여야 한다.
- 노출도전부는 개별 또는 집합적으로 접지하여야 하며, 다음 조건을 충족하여야 한다.
  - 교류계통 : $R_A \times I_d \leq 50[V]$
  - 직류계통 : $R_A \times I_d \leq 120[V]$

  R_A : 접지극과 노출도전부에 접속된 보호도체 저항의 합

  I_d : 하나의 선도체와 노출도전부 사이에서 무시할 수 있는 임피던스로 1차 고장이 발생했을 때의 고장전류[A]로 전기설비의 누설전류와 총 접지임피던스를 고려한 값

42

특별저압의 기준이 되는 전압으로 알맞은 것은?

	직류(DC)	교류(AC)
①	80[V] 이하	40[V] 이하
②	100[V] 이하	40[V] 이하
③	100[V] 이하	50[V] 이하
④	120[V] 이하	50[V] 이하

• 정답 • ④

• 해설 •

보호대책 일반 요구사항(KEC 211.5.1)

보호대책의 요구사항

특별저압 계통의 전압한계는 KS C IEC 60449(건축전기설비의 전압밴드)에 의한 전압밴드 I의 상한 값인 교류 50[V] 이하, 직류 120[V] 이하이어야 한다.

43

분기회로(S_2)에 즉, 분기점(O)과 과부하 보호장치(P_2) 사이에 다른 분기회로 또는 콘센트 접속이 없고, 단락의 위험과 화재 및 인체에 대한 위험성이 최소화되도록 시설된 경우 분기회로의 분기점으로부터 몇 [m] 이내에 과부하 보호장치를 설치해야 하는가?

① 2　② 3
③ 4　④ 5

• 정답 • ②

• 해설 •

(KEC 212.4.2) 과부하 보호장치의 설치 위치

• 3[m] 이내에 시설해야 하는 경우
분기회로(S_2)에 즉, 분기점(O)과 과부하 보호장치(P_2) 사이에 다른 분기회로 또는 콘센트 접속이 없고, 단락의 위험과 화재 및 인체에 대한 위험성이 최소화되도록 시설된 경우

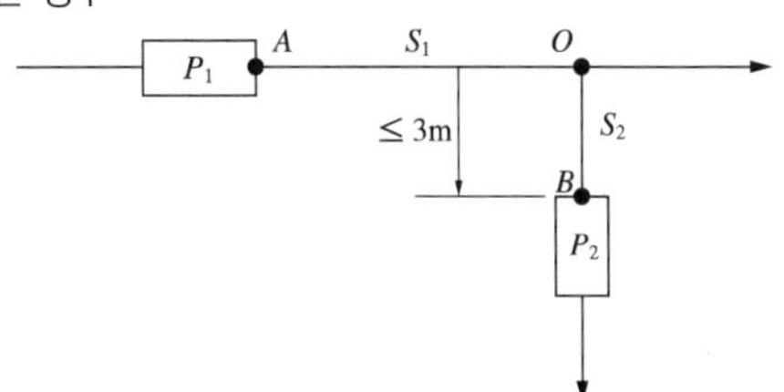

[분기회로(S_2)의 분기점(O)에서 3[m] 이내에 설치된 과부하 보호장치(P_2)]

44

저압 전기설비에서 안전을 위해 과부하보호장치를 생략할 수 있는 회로로 알맞은 않은 것은?

① 회전기의 여자회로
② 소방설비의 전원회로
③ 전류변성기의 2차회로
④ PCB와 같은 기판 부하 전원회로

• 정답 • ④

• 해설 •

과부하보호장치의 생략(KEC 212.4.3)

사용 중 예상치 못한 회로의 개방이 위험 또는 큰 손상을 초래할 수 있는 다음과 같은 부하에 전원을 공급하는 회로에 대해서는 과부하 보호장치를 생략할 수 있다.

• 회전기의 여자회로
• 전자석 크레인의 전원회로
• 전류변성기의 2차회로
• 소방설비의 전원회로
• 안전설비(주거침입경보, 가스누출경보 등)의 전원회로

45

케이블 등의 단락전류를 계산할 때, $t=\left(\frac{kS}{I}\right)^2$의 관계식을 사용할 수 있는 단락지속시간($t$)의 기준으로 알맞은 것은?(단, t : 단락전류 지속시간[sec], S : 도체의 단면적[mm^2], I : 유효단락전류[A, rms], k : 도체 재료의 저항률, 온도계수, 열용량, 해당 초기온도와 최종온도를 고려한 계수)

① 1초 이하　② 2초 이하
③ 3초 이하　④ 4초 이하

• 정답 • ④

• 해설 •

케이블 등의 단락전류(KEC 212.5.5)
회로의 임의의 지점에서 발생한 모든 단락전류는 케이블 및 절연도체의 허용온도를 초과하지 않는 시간 내에 차단되도록 해야 한다. 단락지속시간이 5초 이하인 경우, 통상 사용조건에서의 단락전류에 의해 절연체의 허용온도에 도달하기까지의 시간 t는 다음 식과 같이 계산할 수 있다.

$$t=\left(\frac{kS}{I}\right)^2$$

- t : 단락전류 지속시간[sec]
- S : 도체의 단면적[mm^2]
- I : 유효단락전류[A, rms]
- k : 도체 재료의 저항률, 온도계수, 열용량, 해당 초기온도와 최종온도를 고려한 계수

46

22.9[kV]의 특고압으로 수전하며, 수용가의 동력 부하까지의 길이가 150[m]인 경우의 전압강하 기준으로 옳은 것은?

① 6.75[%] 이하　② 8.00[%] 이하
③ 8.25[%] 이하　④ 8.75[%] 이하

• 정답 • ③

• 해설 •

수용가 설비에서의 전압강하(KEC 232.3.9)

설비의 유형	조명[%]	기타[%](+ 동력부하)
A : 저압으로 수전하는 경우	3[%] 이하	5[%] 이하
B : 고압 이상으로 수전하는 경우[a]	6[%] 이하	8[%] 이하

a : 가능한 한 최종회로 내의 전압강하가 A유형의 값을 넘지 않도록 하는 것이 바람직하다. 사용자의 배선설비가 100[m]를 넘는 부분의 전압강하는 미터당 0.005[%] 증가할 수 있으나 이러한 증가분은 0.5[%]를 넘지 않아야 한다.

∴ 기본 조명 8[%] + (50[m](100[m] 초과분) × 0.005)
= 8 + 0.25 = 8.25[%] 이하로 시설

47

옥내에 시설하는 저압 접촉전선 배선에서 사용전압이 220[V]인 경우 절연저항 기준으로 알맞은 것은?(단, DC 500[V]의 시험전압으로 측정한다)

① 0.1[MΩ] 이상　② 0.2[MΩ] 이상
③ 0.5[MΩ] 이상　④ 1.0[MΩ] 이상

• 정답 • ④

• 해설 •

옥내에 시설하는 저압 접촉전선 배선(KEC 232.81), 저압전로의 절연성능(기술기준 제52조)

사용전압	DC 시험전압	절연저항	비 고
SELV 및 PELV	DC 250[V]	0.5[MΩ] 이상	PCB와 같은 기판을 사용하는 부하
FELV, 500V 이하	DC 500[V]	1.0[MΩ] 이상	AC 220[V], 380[V] 등
500V 초과	DC 1,000[V]	1.0[MΩ] 이상	

"특별저압(ELV ; Extra Low Voltage)"이란 인체에 위험을 초래하지 않을 정도의 저압(전압밴드 I의 상한 값인 교류 50[V] 이하, 직류 120[V] 이하)을 말한다. 여기서 SELV (Safety Extra Low Voltage)는 비접지회로, PELV(Protective Extra Low Voltage)는 접지회로이며, 1차와 2차가 전기적으로 절연된 상태이다. FELV(Functional Extra Low Voltage)는 1차와 2차가 전기적으로 절연되지 않은 회로를 말한다.

48

저압 전기설비에서 수용가 설비의 인입구로부터 기기까지의 전압강하 규정으로 알맞은 것은?(단, 저압으로 수전하며, 설비는 조명으로 한정한다)

① 1[%] 이하 ② 2[%] 이하
③ 3[%] 이하 ④ 5[%] 이하

• 정답 • ③

• 해설 •

수용가 설비에서의 전압강하(KEC 232.3.9)

설비의 유형	조명[%]	기타[%](+동력부하)
A : 저압으로 수전하는 경우	3[%] 이하	5[%] 이하
B : 고압 이상으로 수전하는 경우[a]	6[%] 이하	8[%] 이하

a : 가능한 한 최종회로 내의 전압강하가 A유형의 값을 넘지 않도록 하는 것이 바람직하다. 사용자의 배선설비가 100[m]를 넘는 부분의 전압강하는 미터당 0.005[%] 증가할 수 있으나 이러한 증가분은 0.5[%]를 넘지 않아야 한다.

49

의료장소에서 전기설비 시설로 적합하지 않은 것은?

① 그룹 0 장소는 TN 계통 또는 TT 계통 접지를 적용한다.
② 의료 IT 계통의 분전반은 의료장소의 내부 혹은 가까운 외부에 설치한다.
③ 그룹 1 또는 그룹 2 의료장소의 생명유지 장치는 정전 시 10초 이내 비상전원을 공급한다.
④ 그룹 1 또는 그룹 2 의료장소의 수술등, 내시경, 수술실 테이블 조명등은 정전 시 0.5초 이내 비상전원을 공급한다.

• 정답 • ③

• 해설 •

의료장소(KEC 242.10)

절환시간 15초 이내에 비상전원을 공급하는 장치 또는 기기

- 15초 이내에 전력공급이 필요한 생명유지장치
- 그룹 2의 의료장소에 최소 50[%]의 조명, 그룹 1의 의료장소에 최소 1개의 조명

50

특고압 접지시설에서 고장 지속시간이 5초 초과일 때 허용되는 스트레스 전압은?

① $EPR \le 250[V]$
② $EPR \le 500[V]$
③ $EPR \le 1,000[V]$
④ $EPR \le 1,200[V]$

• 정답 • ①

• 해설 •

접지시스템(KEC 321.2)

접지전위상승(EPR ; Earth Potential Rise) 제한 값에 의한 고압 또는 특고압 및 저압 접지시스템의 상호접속의 최소 요건

저압계통의 형태 ([a], [b])		대지전위상승(EPR) 요건		
		접촉전압	스트레스 전압[c]	
			고장지속시간 $t_f \le 5[sec]$	고장지속시간 $t_f > 5[sec]$
TT		해당 없음	EPR ≤1,200[V]	EPR ≤250[V]
TN		EPR ≤ $F \cdot U_{Tp}$ ([d], [e])	EPR≤ 1,200[V]	EPR≤ 250[V]
IT	보호도체 있음	TN 계통에 따름	EPR≤ 1,200[V]	EPR≤ 250[V]
IT	보호도체 없음	해당 없음	EPR≤ 1,200[V]	EPR≤ 250[V]

a : 저압계통은 142.5.2를 참조한다.
b : 통신기기는 ITU 추천사항을 적용 한다.
c : 적절한 저압기기가 설치되거나 EPR이 측정이나 계산에 근거한 국부전위차로 치환된다면 한계 값은 증가할 수 있다.
d : F의 기본값은 2이다. PEN도체를 대지에 추가 접속한 경우보다 높은 F값이 적용될 수 있다. 어떤 토양구조에서는 F값은 5까지 될 수도 있다. 이 규정은 표토층이 보다 높은 저항률을 가진 경우 등 층별 저항률의 차이가 현저한 토양에 적용 시 주의가 필요하다. 이 경우의 접촉전압은 EPR의 50[%]로 한다. 단, PEN 또는 저압 중간도체가 고압 또는 특고압접지계통에 접속되었다면 F의 값은 1로 한다.
e : U_{Tp}는 허용접촉전압을 의미한다[KS C IEC 61936-1(교류 1[kV] 초과 전력설비-공통규정) "그림 12(허용접촉전압 U_{Tp})" 참조].

참 / 고 / 문 / 헌

- 박성운. Win-Q 전기기사 필기 단기완성. 시대고시기획.
- 박성운. Win-Q 전기산업기사 필기 단기완성. 시대고시기획.
- 류승헌 · 민병진. 전기기사 · 산업기사 필기 기본서. 시대고시기획.
- 강형부 외 3인, 전자기학 7th, McGraw-Hill Korea
- Alexander. Fundamentals of Electric Circuits. McGraw-Hill.
- Norman S. Nise. Control System Engineering. WILEY.
- 송길영. 최신 송배전공학. 동일출판사.
- 한국고시회. 전기기기. 고시넷.
- 한국고시회. 전기이론. 고시넷.
- 김재구 외 5인. 발송배전기술사 vol.1 발전공학. 성안당.
- 이종칠 외 2인. 9급 전기직공무원 전기이론 기본서. 세진사.
- 최재욱 외 1인. 9급 전기직공무원 전기기기 기본서. 세진사.
- 공기밥닷컴. 공기업 전기공학 기출문제. 공취달.
- 공기업단기 NCS출제연구소. 에너지 발전 계열 전기직 기출문제 500제. 에스티유니타스.
- 임석구 외 1인. 디지털 논리회로. 한빛미디어.
- 한국방송통신전파진흥원(https://emf.kca.kr/main.do#none)
- http://www.khnp.co.kr/board/BRD_000145/boardMain.do?mnCd=FN03060304

좋은 책을 만드는 길 독자님과 함께하겠습니다.

도서나 동영상에 궁금한 점, 아쉬운 점, 만족스러운 점이
있으시다면 어떤 의견이라도 말씀해 주세요.
시대고시기획은 독자님의 의견을 모아 더 좋은 책으로 보답하겠습니다.

www.sidaegosi.com

공사공단 공기업 전공필기 전기직 필수이론 500제 + 한국사

개정1판1쇄 발행	2021년 05월 03일 (인쇄 2021년 03월 12일)
초 판 발 행	2021년 01월 05일 (인쇄 2020년 07월 23일)
발 행 인	박영일
책 임 편 집	이해욱
편 저	김현민
편 집 진 행	윤진영 · 송영화
표지디자인	안병용 · 조혜령
편집디자인	심혜림
발 행 처	(주)시대고시기획
출 판 등 록	제10-1521호
주 소	서울시 마포구 큰우물로 75 [도화동 538 성지 B/D] 9F
전 화	1600-3600
팩 스	02-701-8823
홈 페 이 지	www.sidaegosi.com
I S B N	979-11-254-9445-4(13560)
정 가	24,000원